程系

理统计

震 任水利
涛 郭 茹
鑫 杨 阳
妮 郭姣姣

版社

本书主要内容有：随机事

机变量及其分布、随机变量的

统计的基本概念、参数估计、

的一些实际应用及其 MATLA

其余各章均配套了分别针对基

方面的精选习题。本书各章的

介绍了在概率论与数理统计相

递数学家的科学精神。

本书适合应用型本科高等

用，也可供工程技术人员参考

图书在版编目（CIP）数

概率论与数理统计/李建辉，

机械工业出版社，2023. 3

高等学校数学基础课程系列教

ISBN 978-7-111-72142-0

Ⅰ. ①概…　Ⅱ. ①李…　②王

高等学校-教材　②数理统计-高

中国版本图书馆 CIP 数据核字

机械工业出版社（北京市百万庄

策划编辑：韩效杰

责任校对：樊钟英　贾立萍

责任印制：任维东

北京中兴印刷有限公司印刷

2023 年 3 月第 1 版第 1 次印刷

184mm×260mm · 23. 75 印张 · 556

标准书号：ISBN 978-7-111-72142

定价：69. 80 元

电话服务

客服电话：010-88361066

010-88379833

010-68326294

高等学校数学基础课

概率论与数

主　编　李建辉　王
副主编　惠小健　丁毅
参　编　尚云艳　刘
　　　　石　森　郭妮

机 械 工 业 出

件与概率、一维随机变量及其分布、二维随
数字特征、大数定律和中心极限定理、数理
假设检验、方差分析与回归分析、概率统计
B 实现、随机过程简介。本书除第 10 章外，
基本概念、基本方法、基本理论和实际应用等
的最后设置了“数学家与数学家精神”栏目，
关领域具有突出贡献的数学家光辉事迹，传

等学校经管、理工类各专业作为课程教材使
考。

据

王震，任水利主编．—北京：

教材

… ③任…　Ⅲ．①概率论-
等学校-教材　Ⅳ．①O21

字（2022）第 225849 号

庄大街 22 号　邮政编码 100037）
责任编辑：韩效杰　李　乐
封面设计：王　旭

千字

2-0

网络服务
机　工　官　网：www. cmpbook. com
机　工　官　博：weibo. com/cmp1952
金　　书　　网：www. golden-book. com
机工教育服务网：www. cmpedu. com

前　言

概率论与数理统计课程是高等学校理工、经管、农医类各专业的基础课程。其主要内容由概率论和数理统计两部分构成。概率论部分是研究随机变量及其概率分布的工具，通过对简单随机事件的研究，进而对复杂随机现象进行建模与分析。数理统计部分主要研究随机现象及其统计规律，基于概率论的理论与方法，研究如何有效地收集、整理和分析随机数据，从而对研究对象进行统计推断。随着计算技术的发展，概率论与数理统计在工程、经济、管理、医学、农林等领域中应用越来越广。现实世界中存在着大量的随机现象，不论是自然科学还是人文社会科学，其研究对象都以随机现象居多。许许多多的理论和现实问题在一定条件下都可以转化为以随机数据为研究对象的数学问题，因此，一般均可以采用概率论与数理统计的原理和方法求解。可见，概率论与数理统计是从事科学研究和指导生产实践所必备的重要数学基础。

作为基础教材，本书旨在阐述概率论与数理统计的基本概念、基本方法和基本理论，同时兼顾理论与方法在实际问题中的应用，突出 MATLAB 软件在随机数的生成、随机数据的统计分析、现实问题的模拟和试验方案的设计等问题中的应用。本书符合国家对概率论与数理统计课程和“金课建设”的改革要求，适当增加了课程的高阶性、创新性和挑战度。

本书以随机变量为工具，阐述了概率论与数理统计的基本概念、原理和方法，力求内容充实、结构合理、逻辑严密。由于概率论与数理统计的概念抽象、原理复杂、应用广泛，本书编排上力求从简到繁、从易到难、从特殊到一般，并对重点内容提供了通俗易懂的实例，以便于学生更好地理解、掌握和应用概率统计方法。

本书是编者根据多年教学研究与实践经验编写的，同时也参考了国内外相关教材。全书共 11 章。其中，第 1 章由杨阳和李建辉共同编写，第 2 章由任水利和王震共同编写，第 3 章由石森和惠小健共同编写，第 4 章由丁毅涛和郭茹共同编写，第 5 章由郭妮妮编写，第 6 章由刘鑫编写，第 7 章由李建辉编写，第 8 章由郭茹和王震共同编写，第 9 章由丁毅涛和惠小健共同编写，第 10 章由尚云艳和郭姣姣共同编写，第 11 章由李建辉和王震共同编写，全书由李建辉、王震和任水利统稿校对。

本书虽经反复校对和多次讨论，但限于编者学识和水平，不妥之处在所难免，恳请读者批评指正。

编　者

目 录

第1章 随机事件与概率

随机事件与概率是对许多实际问题进行数学建模的基本工具，在自然科学、工程技术、经济管理、农林医学等领域有着广泛的应用。本章主要介绍随机事件及其概率、概率的公理化定义、条件概率、全概率公式以及贝叶斯公式。

1.1 随机事件

1.1.1 随机试验与随机事件

1. 随机现象

自然界及生活中出现的现象是多种多样的，从结果能否预测的角度划分，可以分为两大类：确定性现象和随机现象。

在一定条件下，可以预测其结果，即在一定的条件下，进行重复试验与观察，其结果总是确定的，这类现象称为**确定性现象**。例如，太阳的东升西落；向上抛一枚硬币必然下落；在标准大气压条件下，温度达到100℃的纯水必然沸腾等。

在一定的条件下，重复试验与观察，或出现这种结果，或出现那种结果，这类现象称为**随机现象**。随机现象随处可见。例如，抛一枚质地均匀的骰子所出现的点数；某电话台每小时接到的电话呼叫次数等。

对于某些随机现象，虽然对少数试验中其结果呈现出不确定性，但在大量重复试验中其结果又具有统计规律性。例如，抛掷一枚质地均匀的硬币，当抛掷的次数相当多时，就会出现正面和反面的次数比大约是1∶1；查看各国人口统计资料，就会发现新生婴儿中男女约各占一半，随机现象所呈现出的这种固有的规律性称为**统计规律性**。

2. 随机试验与随机事件

在一定条件下，对自然现象和社会现象进行的观察而从事的某种活动称为**试验**，如果一个试验同时满足以下三个条件：

(1) 可以在相同的条件下重复地进行;

(2) 每次试验的结果可能不止一个,但试验所有可能的结果是明确的;

(3) 每次试验之前无法预知会出现哪一种结果,

则称该试验为**随机试验**,用 E 来表示。

若无特殊说明,本书中提到的试验均指随机试验。

根据随机试验的定义可知,尽管一个随机试验的结果是不确定的,但其所有可能的结果是明确的。在此基础上给出如下定义:称随机试验所有可能的结果组成的集合为**样本空间**,记为 Ω;样本空间的每一个元素称为样本点,记为 ω;样本点组成的集合称为**随机事件**,简称为**事件**,一般用大写字母 A, B, C 等表示;特别地,单个样本点组成的集合称为一个**基本事件**;每次试验中总是发生的事件称为**必然事件**,记为 Ω;每次试验中均不发生的事件称为**不可能事件**,记为 $\varnothing$。

显然,随机试验的每一个可能的结果就是样本点,而随机事件是样本空间的子集。必然事件和不可能事件是最特殊的两个随机事件,一般情况下对于一个随机试验来说,其对应的必然事件和不可能事件均是不唯一的。

例 1.1.1 同时抛两枚质地均匀的硬币,观察"正面"和"反面"出现的结果。

(1) 写出该随机试验对应的样本空间;

(2) 事件 A 表示"至少出现一次正面",写出事件 A 的样本点。

解:用"1"和"0"分别表示出现"正面"和"反面",由于是两枚硬币,所以其每次的结果可以用二维坐标的形式来表示。

(1) 该随机试验对应的样本空间 $\Omega=\{(1,1),(1,0),(0,1),(0,0)\}$;

(2) 事件 $A=\{(1,1),(1,0),(0,1)\}$,其对应的样本点分别是 $(1,1)$, $(1,0)$, $(0,1)$。

例 1.1.2 观察掷一颗骰子的试验,设事件 A, B, C 分别表示"点数为 6""点数不大于 6""点数大于 6"。那么事件 $A=\{6\}$ 是基本事件,当且仅当掷出点数为 6 时,该事件发生;事件 $B=\{1,2,3,4,5,6\}$ 是必然事件,每次掷骰子时均会发生;事件 C 是不可能事件,每次掷骰子时均不可能发生。

1.1.2 事件间的关系与运算

因为事件是样本空间的一个集合,所以事件间的关系与运算就可按照集合间的关系和运算来处理。下面给出这些关系和运算在概率论中的提法，并根据“事件发生”的含义，给出它们在概率论中的含义。

1. 包含关系

若事件 A 发生必然导致事件 B 发生，则称事件 A 包含于事件 B 或称事件 B 包含事件 A，记作 $A\subset B$ 或 $B\supset A$。在这种情况下，事件 A 的样本点都是事件 B 的样本点。

在概率论中常用一个长方形表示样本空间 Ω，用长方形中一个圆或其他几何图形表示事件，这类图形称为文氏图，包含关系的文氏图如图 1.1.1 所示。

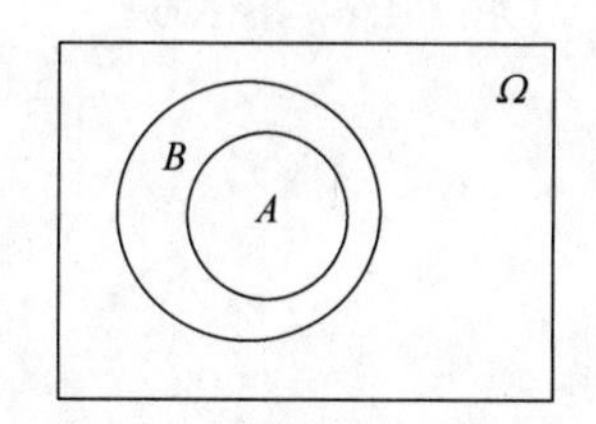

图 1.1.1　事件的包含关系

2. 相等

若 $A\subset B$ 且 $B\subset A$，则称事件 A 与事件 B 相等，记为 $A=B$。直观意义是两个事件的样本点完全相同。

3. 和事件

事件 A，B 至少有一个发生，即“A 发生或 B 发生”，称为事件 A 与事件 B 的和事件，记作 $A\cup B$ 或 $A+B$，如图 1.1.2 所示。

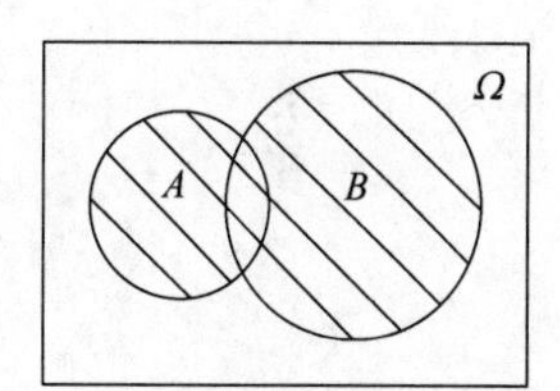

图 1.1.2　和事件

类似地，n 个事件 $A_1,A_2,\cdots,A_n$ 中至少有一个发生称为 n 个事件 $A_1,A_2,\cdots,A_n$ 的和事件，记作 $\bigcup\limits_{i=1}^{n} A_i$。

可列个事件 $A_1,A_2,\cdots$ 中至少有一个发生称为可列个事件 A_1，$A_2,\cdots$的和事件，记作$\bigcup\limits_{i=1}^{\infty}A_i$。

4. 积事件

若事件 A，B 同时发生，则称为事件 A 与事件 B 的积，记作 $A\cap B$ 或 AB，如图 1.1.3 所示。

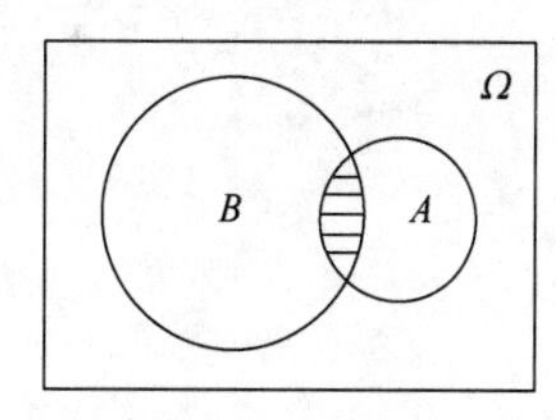

图 1.1.3　积事件

类似地，n 个事件 $A_1,A_2,\cdots,A_n$ 同时发生称为事件 $A_1,A_2,\cdots,A_n$ 的积事件，记作 $\bigcap\limits_{i=1}^{n} A_i$，可列个事件 $A_1,A_2,\cdots$同时发生称为可列个事件 $A_1,A_2,\cdots$的积事件，记作 $\bigcap\limits_{i=1}^{\infty} A_i$。

5. 互不相容事件

若两个事件 A，B 不能同时发生，即 $AB=\varnothing$，则称事件 A 与 B 是互不相容的或互斥的。基本事件是两两互不相容的，如图 1.1.4 所示。

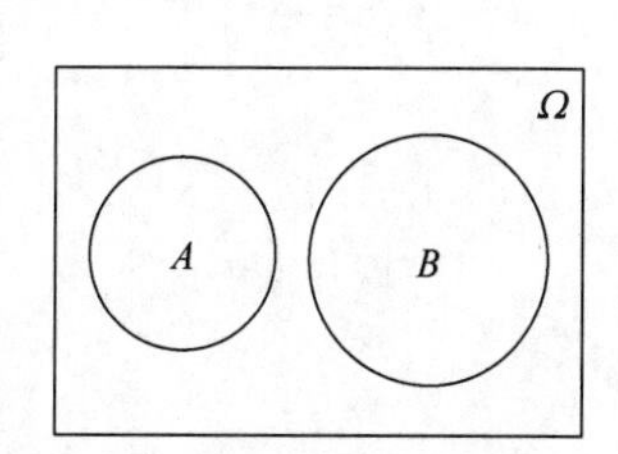

图 1.1.4　互不相容事件

6. 对立事件

若在每次试验中，事件 A，B 必有一个发生，且仅有一个发生，即 $A\cup B=\Omega$ 且 $AB=\varnothing$，则称事件 A 与 B 互为逆事件或为对立事件，记作 $A=\overline{B}$，$B=\overline{A}$，如图 1.1.5 所示。

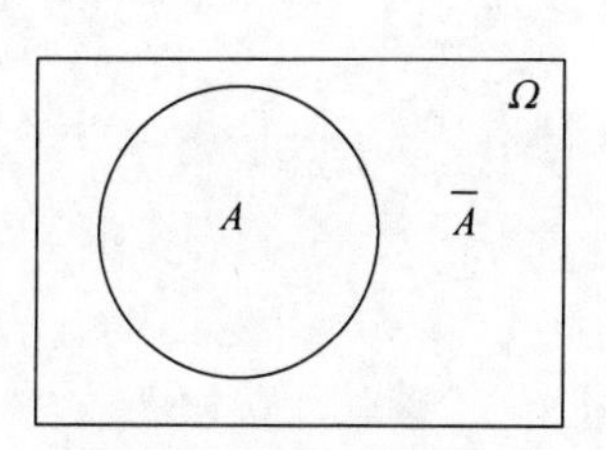

图 1.1.5　对立事件

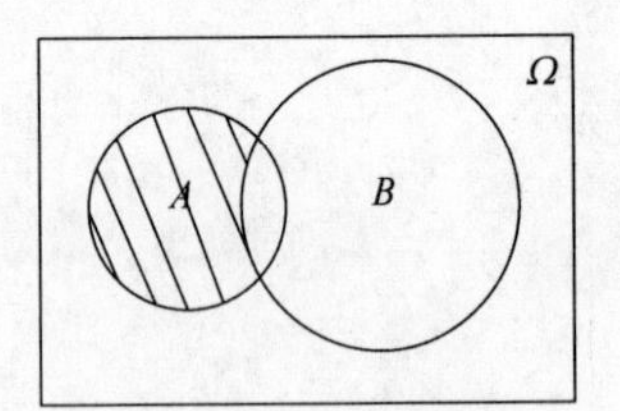

图 1.1.6 事件的差

7. 事件的差

若事件 A 发生且事件 B 不发生，则称为事件 A 与 B 的差事件，记作 $A-B$，如图 1.1.6 所示。

不难证明：

(1) $A-B=A\overline{B}=A-AB$；

(2) $\overline{A}=\Omega-A$。

8. 完备事件组

设 Ω 是试验 E 的样本空间，$A_1,A_2,\cdots,A_n$ 为 E 的一组事件。若：

(1) $A_iA_j=\varnothing$ $(i\neq j,\ i,\ j=1,2,\cdots,n)$；

(2) $A_1\cup A_2\cup\cdots\cup A_n=\Omega$，

则称 $A_1,A_2,\cdots,A_n$ 为样本空间 Ω 的一个完备事件组（或称为 Ω 的一个划分）。例如，A 与 $\overline{A}$ 构成一个简单的完备事件组。

在集合论与概率论中符号与意义的对比，见表 1.1.1。

表 1.1.1 集合论与概率论中符号与意义对比

符号	概 率 论	集 合 论
Ω	样本空间，必然事件	全集
$\varnothing$	不可能事件	空集
ω	基本事件	元素
A	事件	子集
$\overline{A}$	A 的对立事件	集合 A 的余集
$A\subset B$	事件 A 发生导致事件 B 发生	集合 A 是集合 B 的子集
$A=B$	事件 A 与事件 B 相等	集合 A，B 相等
$A\cup B$	事件 A 与事件 B 至少有一个发生	集合 A，B 的并集
AB	事件 A 与事件 B 同时发生	集合 A，B 的交集
$A-B$	事件 A 发生而事件 B 不发生	集合 A，B 的差集
$AB=\varnothing$	事件 A 和事件 B 互不相容	集合 A，B 没有相同元素

在进行事件运算时，经常要用到下述定律。设 A，B，C 为事件，则有：

(1) 交换律 $A\cup B=B\cup A$，$AB=BA$；

(2) 结合律 $(A\cup B)\cup C=A\cup(B\cup C)$，

$(A\cap B)\cap C=A\cap(B\cap C)$；

(3) 分配律 $(A\cup B)\cap C=(A\cap C)\cup(B\cap C)$，

$(A\cap B)\cup C=(A\cup C)\cap(B\cup C)$；

(4) 德摩根公式 $\overline{A\cup B}=\overline{A}\cap\overline{B}$，$\overline{A\cap B}=\overline{A}\cup\overline{B}$。

结合律、分配律、德摩根公式还可以推广到任意有限个事件或可列个事件的情形。

例 1.1.3　甲、乙、丙三人各射一次靶，记 A 表示甲中靶，B 表示乙中靶，C 表示丙中靶，用上述三个事件的运算来分别表示下列各事件：

（1）甲未中靶；

（2）甲中靶而乙未中靶；

（3）三人中只有丙未中靶；

（4）三人中恰好有一人中靶；

（5）三人中至少有一人中靶；

（6）三人中至少有一人未中靶；

（7）三人中恰有两人中靶；

（8）三人中至少有两人中靶；

（9）三人均未中靶；

（10）三人中至多一人中靶；

（11）三人中至多两人中靶。

解：（1）$\overline{A}$；

（2）$A\overline{B}$；

（3）$AB\overline{C}$；

（4）$A\overline{B}\,\overline{C}\cup\overline{A}B\overline{C}\cup\overline{A}\,\overline{B}C$；

（5）$A\cup B\cup C$；

（6）$\overline{A}\cup\overline{B}\cup\overline{C}$ 或 $\overline{ABC}$；

（7）$AB\overline{C}\cup A\overline{B}C\cup\overline{A}BC$；

（8）$AB\cup AC\cup BC$；

（9）$\overline{A}\,\overline{B}\,\overline{C}$；

（10）$A\overline{B}\,\overline{C}\cup\overline{A}B\overline{C}\cup\overline{A}\,\overline{B}C\cup\overline{A}\,\overline{B}\,\overline{C}$；

（11）$\overline{ABC}$ 或 $\overline{A}\cup\overline{B}\cup\overline{C}$。

注：用其他事件的运算来表示一个事件，方法往往不唯一，如上例中的（6）和（11）实际上是同一事件，读者应学会用不同方法表达同一事件，特别在解决具体问题时，往往要根据需要选择一种恰当的表示方法。

习题 1.1

1. 写出下列随机试验的样本空间。

（1）抛一枚硬币，用 H 表示正面朝上，用 T 表示反面朝上，观察正面和反面出现的情况；

（2）将一枚硬币抛掷两次，观察正面 H、反面

T出现的情况；

(3) 将一枚硬币抛掷两次，观察正面出现的次数；

(4) 在单位圆内任意取一点，记录它的（直角）坐标；

(5) 掷两颗骰子，观察其点数。

2. 袋中装有编号1，2，3，4，5的五个相同的球。若从中任取三个球，请写出这个随机试验的样本空间，并计算基本事件总数。

3. 在一次抽奖活动中，甲、乙、丙三人各随机抽取一张奖券，设A表示甲中奖，B比表示乙中奖，C表示丙中奖。试用A，B，C的运算关系表示下列各事件：

(1) 甲未中奖；

(2) 甲、乙中奖，丙未中奖；

(3) 三人均中奖；

(4) 至少有一人中奖；

(5) 恰有一人中奖；

(6) 恰有两人中奖；

(7) 至少有两人中奖；

(8) 三人均未中奖；

(9) 最多有一人中奖。

4. 一名射手向某个目标射击三次，事件A_i表示射手第i次射击时击中目标（$i=1,2,3$）。试用文字叙述下列事件：

(1) $A_1A_2A_3$；

(2) $\overline{A_1A_2A_3}$；

(3) $A_1\cup A_2\cup A_3$；

(4) $\overline{A_1\cup A_2\cup A_3}$；

(5) $A_1-A_2-A_3$；

(6) $A_1-A_2A_3$。

1.2 事件的概率

对一个随机事件（除了必然事件和不可能事件外）而言，在一次随机试验中可能会发生，也可能不发生。我们往往想知道在一次试验中，某些事件发生的可能性有多大。例如，遇到某种天气时，人们常会说“今天十之八九要下雨”，这个“十之八九”就是表示“今天下雨”这一件事件发生的可能性的大小。所以希望找到一个合适的数来表征事件在一次试验中发生的可能性的大小。为此，首先引入频率，它描述了事件发生的频繁程度，进而引出表征事件在一次试验中发生的可能性大小的数——概率。

1.2.1 概率的统计定义

1. 频率及其性质

定义 1.2.1 在相同条件下，进行n次试验，其中事件A发生的次数为n_A，则称次数n_A为事件A发生的频数。比值$\frac{n_A}{n}$称为事件A发生的频率，记作$f_n(A)$。

由定义，易得频率具有下述基本性质：

(1) 非负性 $0\leqslant f_n(A)\leqslant 1$；

(2) 规范性 $f_n(\Omega)=1$；

(3) 有限可加性 设 $A_1, A_2, \cdots, A_k$ 是两两互不相容的事件，则

$$f_n\left(\bigcup_{i=1}^{k} A_i\right) = \sum_{i=1}^{k} f_n(A_i)。$$

根据频率的定义可知，事件 A 的频率越大，事件 A 发生就越频繁，这意味着事件 A 发生的可能性就大。为了进一步明确事件的频率与其发生的可能性之间的关系，在此给出如下例题。

例 1.2.1　抛一枚质地均匀的硬币的试验，历史上有人做过。设 n 表示抛硬币的次数，$r_n(A)$ 表示出现正面的次数，$f_n(A)$ 表示出现正面的频率。得到表 1.2.1 所示的数据。

表 1.2.1　抛硬币试验

试验者	n	$r_n(A)$	$f_n(A)$
德摩根	2048	1061	0.5181
蒲丰	4040	2048	0.5069
皮尔逊	12000	6019	0.5016
皮尔逊	24000	12012	0.5005

从表 1.2.1 中的数据可以看出，抛硬币次数 n 较小时，出现正面的频率 $f_n(A)$ 在 0 与 1 之间波动相对较大。但随着 n 的增大，$f_n(A)$ 呈现出稳定性，即当 n 逐渐增大时，$f_n(A)$ 总在 0.5 附近徘徊，而逐渐稳定于 0.5。

可见，随着试验次数的增加，事件的频率具备一种稳定性，为了描述这种稳定性，下面介绍事件的概率。

2. 概率的统计定义

定义 1.2.2　在随机试验 E 中，若当试验的重复次数 n 充分大时，事件 A 发生的频率 $f_n(A)$ 稳定地在某常数 p 附近波动，则称 p 为事件 A 发生的概率，记为 $P(A)$，即

$$p = P(A)。$$

应该注意，频率是变动的，而概率（频率的稳定值）则是常数。频率给出了概率的估计值，这也是频率最有价值的方面。在日常生活中，经常所说的产品合格率，彩票的中奖率等都是频率。

上述概率的统计定义是对概率的频率解释，并非概率的严格定义，因为概率是事件本身所固有的客观属性，不是由试验结果决定的。在实际问题中，可以通过大量重复试验，将事件发生的频率作为概率的近似值，但不能由频率确定概率的准确值。

由概率的统计定义可以看到，易得概率具有以下三条性质：

(1) 非负性 对于每个事件 A 有 $0 \leqslant P(A) \leqslant 1$；

(2) 规范性 对于必然事件有 $P(\Omega)=1$；

(3) 有限可加性 设 $A_1,A_2,\cdots,A_k$ 是两两互不相容的事件，则

$$f_n\left(\bigcup_{i=1}^{k} A_i\right)=\sum_{i=1}^{k} f_n(A_i)。$$

这里需要指出，$f_n(A)=\dfrac{n_A}{n}$，当 $n\to\infty$ 时稳定在常数 p 附近，这似乎与极限的概念较为类似，但是又不完全等同于极限的概念，是因为频率 $f_n(A)$ 不能随着试验次数 n 的无限增大而收敛到概率 p。

例 1.2.2 检查某工厂一批产品的质量，从中分别抽取 10 件、20 件、50 件、100 件、150 件、200 件、300 件检查，检查结果及次品频率列入表 1.2.2。

表 1.2.2 检查结果及次品频率

抽取产品总件数 n	10	20	50	100	150	200	300
次品数 μ	0	1	3	5	7	11	16
次品频率 μ/n	0	0.05	0.06	0.05	0.047	0.055	0.053

由表 1.2.2 看出，在抽出的 n 件产品中，次品数 μ 随着 n 的不同而取不同值，从而次品频率 $\dfrac{\mu}{n}$ 仅在 0.05 附近有微小变化，所以 0.05 是次品频率的稳定值。

1.2.2 古典概型

1. 古典概型

对于一个随机试验，若具有以下两个特点：

(1) 试验的样本空间只包含有限个元素；

(2) 试验中每个基本事件发生的可能性相同。

这种试验称为**等可能概型**。具有以上两个特点的试验是大量存在的，它在概率论发展初期曾是主要的研究对象，所以也称为**古典概型**。

在古典概型的假设下，我们来推导事件概率的计算公式。设样本空间 $\Omega=\{\omega_1,\omega_2,\cdots,\omega_n\}$，事件 A 包含样本空间 Ω 中 k 个基本事件，即 $A=\{\omega_1\}\cup\{\omega_2\}\cup\cdots\cup\{\omega_k\}$。因为试验中每一个基本事件发生的可能性相同，所以有

$$P(\{\omega_1\})=P(\{\omega_2\})=\cdots=P(\{\omega_n\})=\frac{1}{n},$$

则事件 A 发生的概率

$$P(A)=P\left(\bigcup_{i=1}^{k}\{\omega_i\}\right)=\sum_{i=1}^{k}P(\{\omega_i\})=\frac{k}{n},$$

由此，得到古典概型的计算方法。

在古典概型中，如果样本空间为 $\Omega=\{\omega_1,\omega_2,\cdots,\omega_n\}$，且事件 A 包含 k 个样本点，则事件 A 的概率为

$$P(A)=\frac{k}{n},$$

其中，k 表示事件 A 所包含样本点的个数，n 表示样本空间 Ω 所有样本点的个数。

利用古典概型计算概率的关键是求出样本空间和事件所含样本点的个数，通常需要用到排列组合。先对加法原理、乘法原理及排列组合知识简要介绍如下：

加法原理：设完成一件事有 m 种方式，其中第一种方式有 n_1 种方法，第二种方式有 n_2 种方法，…，第 m 种方式有 n_m 种方法。若无论通过哪种方法都可以完成这件事，则完成这件事的方法总数为 $n_1+n_2+\cdots+n_m$。

乘法原理：设完成一件事有 m 个步骤，其中第一个步骤有 n_1 种方法，第二个步骤有 n_2 种方法，…，第 m 个步骤有 n_m 种方法。若完成该件事必须通过每一步骤才能完成，则完成这件事的方法总数为 $n_1\times n_2\times\cdots\times n_m$。

排列：从 n 个元素中不放回地取 r 个元素做排列，则排列总数为

$$\mathrm{A}_n^r=n\times(n-1)\times\cdots\times(n-r+1)。$$

组合：从 n 个元素中不放回地取 r 个元素做组合，则组合总数为

$$\mathrm{C}_n^r=\frac{n\times(n-1)\times\cdots\times(n-r+1)}{r!}。$$

例 1.2.3　设盒中有 3 个白球，2 个红球，现从盒中任取 2 个球，求取到一个红球一个白球的概率。

解：设事件 A 表示取到“一个红球一个白球”，则事件 A 包含的基本事件总数为 $\mathrm{C}_3^1\mathrm{C}_2^1=6$。样本空间包含的基本事件总数为 $\mathrm{C}_5^2=10$。根据古典概型的计算公式有

$$P(A)=\frac{6}{10}=\frac{3}{5}。$$

例 1.2.4　有 n 个人，N 个房间 $N(n\leqslant N)$，假定每个房间容纳人数没有限制，且每个人分到哪一个房间都是等可能的，求下列事件的概率：

(1) 某指定的 n 个房间各有一人；

(2) 恰好有 n 个房间，其中各有一人；

(3) 某指定的一个房间其中有 k（$k \leqslant n$）个人。

分析：因为 n 个人都等可能地被分到 N 个房间，而房间容纳人数没有限制，所以每个人均有 N 种选择房间的方法，故样本空间包含基本事件的总数为 N^n。

解：(1) 设事件 A 表示"某指定的 n 个房间各有一人"。指定的 n 个房间各有一人，相当于 n 个人被分到 n 个不同的房间，因此事件 A 包含基本事件的总数为 $n!$。由古典概型的计算公式有

$$P(A)=\frac{n!}{N^n}。$$

(2) 设事件 B 表示"恰好有 n 个房间，其中各有一人"。事件 B 包含基本事件的总数可以通过两步来确定：第 1 步从 N 个房间选择 n 个房间有 C_N^n 种方法；第 2 步分配人，分人方式同（1），有 $n!$ 种，根据乘法原理知事件 B 包含基本事件的总数为 $\mathrm{C}_N^n n!$。由古典概型的计算公式有

$$P(B)=\frac{\mathrm{C}_N^n n!}{N^n}。$$

(3) 设事件 C 表示"某指定的一个房间其中有 k（$k \leqslant n$）个人"。k 个人可以在 n 个人中任意选择，共有 C_n^k 种方法；另外 $n-k$ 个人被分到剩余的 $N-1$ 个房间，共有 $(N-1)^{n-k}$ 种方法，因此事件 C 包含基本事件的总数为 $\mathrm{C}_n^k(N-1)^{n-k}$。由古典概型的计算公式有

$$P(C)=\frac{\mathrm{C}_n^k(N-1)^{n-k}}{N^n}。$$

例 1.2.5 将三只球随机地放入 4 个杯子中，求杯中球最大数为 1，2，3 的概率。

解：每只球都有 4 种放法，故样本空间包含基本事件的总数为 4^3。设事件 A，B，C 分别表示杯中球最大数为 1，2，3。

(1) 杯中最大球数为 1，即三只球放入 4 个杯子中的 3 个中，所以事件 A 包含基本事件的总数为 $4\times3\times2$。由古典概型的计算公式有

$$P(A)=\frac{4\times3\times2}{4^3}=\frac{3}{8}。$$

(2) 杯中最大球数为 2，即三只球中的两只球放在了一个杯子，这两只球的选法有 C_3^2，放两只球杯子的选法有 C_4^1；剩余的 1 只球杯子的选法有 C_3^1。根据乘法原理知事件 B 包含基本事件的总

数为 $C_3^2C_4^1C_3^1$，由古典概型的计算公式有

$$P(B)=\frac{C_3^2C_4^1C_3^1}{4^3}=\frac{9}{16}。$$

（3）杯中最大球数为 3，即三只球放在同一个杯子中，球不需要选了，杯子的选法有 4 种，于是

$$P(C)=\frac{4}{4^3}=\frac{1}{16}。$$

例 1.2.6　从数字 0 到 9 中无重复地任意取 4 个数字，试求取到的 4 个数字能组成四位偶数的概率。

解：试验可以看作从 10 个数字中任取 4 个进行排列，因此样本空间包含基本事件的总数为 A_{10}^4。设事件 A 表示“取到的 4 个数能组成一个四位偶数”。

事件 A 分成两大类：

（1）数字中不包含 0，则取到的 4 个数能组成一个四位偶数的方法为 $4\times8\times7\times6=1344$ 种。

（2）数字中包含 0，零在个位，取到的 4 个数能组成一个四位偶数的方法为 $9\times8\times7=504$ 种；零不在个位，取到的 4 个数能组成一个四位偶数的方法为 $C_4^1\times C_2^1\times C_8^1\times C_7^1=448$ 种。

因此，根据加法原理事件 A 包含基本事件的总数为 $1344+504+448$。由古典概型的计算公式有

$$P(A)=\frac{1344+504+448}{A_{10}^4}=\frac{41}{90}。$$

2. 几何概型

古典概型只考虑了有限等可能结果的随机试验的概率模型。这里我们进一步研究样本空间为一线段、平面区域或空间立体等的等可能随机试验的概率模型——几何概型。以样本空间为平面区域描述如下：

设样本空间 Ω 是平面上某个区域，它的面积记为 $\mu(\Omega)$；向区域 Ω 上随机投掷一点，这里“随机投掷一点”的含义是指该点落入 Ω 内任何部分区域 A 的可能性只与区域 A 的面积 $\mu(A)$ 成比例，而与区域 A 的位置和形状无关。该点落在区域 A 的事件仍记为 A，则 A 的概率为 $P(A)=\lambda\mu(A)$，其中 λ 为常数，而 $P(\Omega)=\lambda\mu(\Omega)$，于是得 $\lambda=\frac{1}{\mu(\Omega)}$，从而事件 A 的概率为

$$P(A)=\frac{\mu(A)}{\mu(\Omega)},$$

称上式定义的概率为**几何概率**。若样本空间 Ω 为一线段或空间立

体，则向Ω“投点”的相应概率仍可用上式确定，但$\mu(\cdot)$应理解为长度或体积。

例 1.2.7 在某公交站台每隔 5min 有一辆公交车通过，乘客随机地来到公交站台，求乘客等车时间小于 2min 的概率。

解：由于乘客在 5min 内任一时刻到达都是等可能的，符合几何概型的条件，可以利用几何概型来计算。根据题意样本空间Ω为长度且$\mu(\Omega)=5$。设事件A表示“乘客等车时间小于 2min”，则$\mu(A)=2$。于是

$$P(A)=\frac{\mu(A)}{\mu(\Omega)}=\frac{2}{5}。$$

例 1.2.8 （约会问题）两人相约 7:00 到 8:00 在某地会面，先到者等候另一人 20min，过时就离去，试求这两人能会面的概率。

解：为了计算方便，不妨记 7:00 为时刻 0，以 1min 为 1 个单位。设x，y分别是两个人到达会面地点的时刻，由于两人 7:00 到 8:00 随机地到达会面地点，因此x，y等可能地在区间［0，60］上取值，所以样本空间为

$$\{(x,y)\mid 0\leqslant x\leqslant 60,0\leqslant y\leqslant 60\}$$

事件A表示“两人能会面成功”，则A满足

$$A=\{(x,y)\mid (x,y)\in\Omega,|x-y|\leqslant 20\},$$

由几何概型的计算公式有

$$P(A)=\frac{\mu(A)}{\mu(\Omega)}=\frac{60^2-40^2}{60^2}=\frac{5}{9}。$$

习题 1.2

1. 袋中装有 10 件产品，其中 4 件次品，其余为正品，现从中任取 5 件，求：

（1）恰有一件次品的概率；

（2）至少有一件是次品的概率；

（3）至多有一件是次品的概率。

2. 一袋中装有 6 只球，其中 4 只白球、2 只红球。从袋中任取两次，每次随机取一只，取后不放回。

试求：

（1）取到两只球都是白球的概率；

（2）取到两只球颜色相同的概率；

（3）取到两只球中至少有一只白球的概率。

3. 从数字 0，1，…，9 中任取三个不同的数字，试求下列事件的概率：

（1）三个数字中含有 0 或 5；

（2）三个数字中不含 0 或 5。

4. 公共汽车站每隔 5min 有一辆公共汽车通过，乘客在任一时刻都有可能到达车站，求乘客候车不超过 3min 的概率。

5. 在区间$(0,1)$内随机地取两个数，求这两个数之差的绝对值小于$\frac{1}{2}$的概率。

1.3 概率的公理化定义及其性质

在概率论的发展史上，关于概率的定义有过很多种，包括前面我们学到的概率的统计定义、概率的古典定义等，这些定义都有着各自的缺陷或者局限性。1933 年，著名的苏联数学家柯尔莫哥洛夫（Kolmogorov）在前人研究的基础之上，提出了概率的公理化定义。概率的公理化体系的建立在概率论发展史上具有里程碑意义。

1.3.1 概率的公理化定义

定义　设 Ω 是随机试验 E 的样本空间，对于 E 的每个事件 A，都赋予一个实数 $P(A)$ 与之对应，若集合函数 $P(\cdot)$ 满足下列三条公理：

（1）非负性：对于每个事件 A 有 $P(A)\geqslant 0$；

（2）规范性：对于必然事件有 $P(\Omega)=1$；

（3）可列可加性：设 $A_1,A_2,\cdots,A_n,\cdots$ 是两两互不相容的事件，则

$$P\left(\bigcup_{i=1}^{\infty} A_i\right)=\sum_{i=1}^{\infty} P(A_i),$$

则称 $P(A)$ 为事件 A 的**概率**。

从上述定义可知，概率的三条公理分别对应频率的三条基本性质。不同之处在于，频率的三条基本性质是可以根据频率的定义来证明的。概率的三条公理是概率应当具备而无须证明的基本性质，并且没有具体给出其计算公式或计算方法。根据概率的公理化定义，所推出的任何规律，对所有情况的概率都是适用的。

1.3.2 概率的性质

由概率的定义可以推得概率的如下性质。

性质 1.3.1　不可能事件的概率为零，即 $P(\varnothing)=0$。

证明：设 $A_n=\varnothing$ $(n=1,2,\cdots)$，则 $\bigcup_{i=1}^{\infty} A_n=\varnothing$ 且 $A_iA_j=\varnothing$，$i\neq j,i,j=1,2,\cdots$，由公理化定义中的第三条有

$$P(\varnothing)=\sum_{i=1}^{\infty} P(\varnothing),$$

因为 $P(\varnothing)\geqslant 0$，所以 $P(\varnothing)=0$。

注：这一性质的逆不一定成立。即由 $P(A)=0$ 得不到 $A=\varnothing$，反例在第2章给出。

性质 1.3.2（有限可加性） 设 $A_1,A_2,\cdots,A_n$ 是两两互不相容的事件，则

$$P\left(\bigcup_{i=1}^{n} A_i\right)=\sum_{i=1}^{n} P(A_i)。$$

证明：令 $A_{n+1}=A_{n+2}=\cdots=\varnothing$，则 $A_iA_j=\varnothing$，$i\neq j$，i，$j=1,2,\cdots$。由公理化定义中的第三条有

$$P\left(\bigcup_{i=1}^{n} A_i\right)=P\left(\bigcup_{i=1}^{\infty} A_i\right)=\sum_{i=1}^{\infty} P(A_i)=\sum_{i=1}^{n} P(A_i)。$$

性质 1.3.3（减法公式） 对于任意的两个事件 A 和 B 有

$$P(B-A)=P(B)-P(AB)。$$

特别地，当 $A\subset B$ 时有 $P(B-A)=P(B)-P(A)$。

证明：$(AB)\cup(B-A)=(AB)\cup(\overline{A}B)=B(A\cup\overline{A})=B$，

$$(AB)(B-A)=(AB)(\overline{A}B)=B(A\overline{A})=\varnothing,$$

所以，根据性质1.3.2有限可加性有

$$P(B)=P[(AB)\cup(B-A)]=P(AB)+P(-A),$$

特殊情况显然可以得到。

注：通过本性质，可以得到概率是单调不减的。即当 $A\subset B$ 时有 $P(A)\leqslant P(B)$。

性质 1.3.4 对于任意事件 A 有 $P(\overline{A})=1-P(A)$。

证明：根据性质1.3.2有限可加性，立刻可得此性质成立。

性质 1.3.5（加法公式） 对于任意的两个事件 A 和 B 有

$$P(A\cup B)=P(A)+P(B)-P(AB)。$$

证明：因为 $A\cup B=A\cup(B-AB)$ 且 $A(B-AB)=\varnothing$，$AB\subset B$，由概率的性质1.3.2和性质1.3.3有

$$\begin{aligned}P(A\cup B)&=P[A\cup(B-AB)]=P(A)+P(B-AB)\\&=P(A)+P(B)-P(AB)。\end{aligned}$$

推论 对于任意的事件 A，B，C，有

$$P(A\cup B\cup C)=P(A)+P(B)+P(C)-P(AB)-$$

$$P(AC)-P(BC)+P(ABC),$$

一般地，对于任意几个事件 $A_1,A_2,\cdots,A_n$，可以用归纳法证得

$$P\left(\bigcup_{i=1}^{n}A_i\right)=\sum_{i=1}^{n}P(A_i)-\sum_{1\leqslant i<j\leqslant n}P(A_iA_j)+\sum_{1\leqslant i<j<k\leqslant n}P(A_iA_jA_k)-\cdots+(-1)^{n-1}P(A_1A_2\cdots A_n)$$

例 1.3.1　设事件 A 和 B 互不相容，且 $P(A)=0.1$，$P(B)=0.2$，求 $P(A\cup B)$，$P(\bar{A}\cup B)$，$P(\overline{AB})$。

解：因为事件 A 和 B 互不相容，所以 $AB=\varnothing$，因此有

$$\begin{aligned}P(A\cup B)&=P(A)+P(B)-P(AB)\\&=P(A)+P(B)=0.3,\end{aligned}$$

$$\begin{aligned}P(\bar{A}\cup B)&=P(\bar{A})+P(B)-P(\bar{A}B)\\&=P(\bar{A})+P(B)-P(B)+P(AB)=P(\bar{A})\\&=1-P(A)=0.9,\end{aligned}$$

$$P(\overline{AB})=P(\overline{A\cup B})=1-P(A\cup B)=1-0.3=0.7。$$

例 1.3.2　设 $P(A)=0.1$，$P(B)=0.3$，$P(A\cup B)=0.3$，求 $P(AB)$，$P(\bar{A}B)$。

解：由概率的加法公式有

$$P(AB)=P(A)+P(B)-P(A\cup B)=0.1,$$

由概率的减法公式有

$$P(\bar{A}B)=P(B)-P(AB)=0.2。$$

习题 1.3

1. 已知 $P(A)=0.4$，$P(B)=0.3$，$P(A\cup B)=0.6$，求 $P(AB)$。

2. 已知 $A\subset B$，$P(A)=0.5$，$P(B)=0.8$，求：

(1) $P(\bar{A})$，$P(\bar{B})$；

(2) $P(A\cup B)$，$P(AB)$；

(3) $P(\overline{AB})$。

3. 已知 $P(A)=0.2$，$P(A\cup B)=0.6$，且 A，B 互斥，试求 $P(B)$，$P(\overline{AB})$。

4. 设 $P(A)=P(B)=P(C)=\frac{1}{4}$，$P(AB)=P(BC)=0$，$P(AC)=\frac{1}{8}$，求 A，B，C 至少有一个发生的概率和 A，B，C 都不发生的概率。

5. 设事件 $A\subset B$，证明 $P(A)\leqslant P(B)$。

1.4 条件概率与事件独立性

1.4.1 条件概率

条件概率是概率论中一个重要且实用的概念，事件的概率是在一定条件下某事件发生的可能性大小的数值度量。因此事件的概率都是有条件的，例如求在事件 A 发生的条件下另一个事件 B 发生的概率，其中所谓的“条件”是指已知事件 A 已经发生了。为了便于理解，我们先看一个例子。

引例 1.4.1 两台车床共同生产 100 件产品。已知第一台车床生产了 40 件，其中 35 件合格品，5 件不合格品；第二台车床生产了 60 件，其中 51 件合格品，9 件不合格品。问：从这批产品里任意取一件产品，已知取出的产品为第一台车床生产的，求该产品是合格品的概率？

解：设事件 A 表示“从这批产品里任意取一件产品，为合格品”；B 表示“从这批产品里任意取一件产品，是第一台车床生产的”。由古典概型可以得到

$$P(A)=\frac{86}{100},\ P(B)=\frac{40}{100},\ P(AB)=\frac{35}{100}。$$

题目所求事件的概率为 $P(A|B)$，该符号的意思表示已知事件 B 发生的前提下，事件 A 的概率。事件 B 包含基本事件的个数为 40 种；在事件 B 发生的前提下，事件 A 包含基本事件的个数为 35，因此

$$P(A|B)=\frac{35}{40},\tag{1}$$

另一方面，

$$\frac{P(AB)}{P(B)}=\frac{35}{40},\tag{2}$$

由式（1）和式（2）相等得到

$$P(A|B)=\frac{P(AB)}{P(B)}。\tag{3}$$

将式（3）推广到一般的情况下，给出条件概率的定义。

定义 1.4.1 设 A，B 是两个事件，且 $P(B)>0$，称

$$P(A|B)=\frac{P(AB)}{P(B)}$$

为在事件 B 发生的条件下事件 A 发生的**条件概率**。相应地，把 $P(A)$ 称为**无条件概率**。一般地 $P(A|B)\neq P(A)$。

不难验证，条件概率符合概率定义中的三个条件，

(1) 非负性：对于每个事件 A 有 $P(A|B)\geqslant 0$；

(2) 规范性：对于必然事件有 $P(\Omega|B)=1$；

(3) 可列可加性：设 $A_1,A_2,\cdots,A_n,\cdots$ 是两两互不相容的事件，则

$$P\left(\bigcup_{i=1}^{\infty} A_i \middle| B\right)=\sum_{i=1}^{\infty} P(A_i|B)。$$

上面三条性质对应于概率公理化定义中的三条公理。除此之外，条件概率还具有如下性质：

(1) $P(\varnothing|B)=0$；

(2) （有限可加性）设 $A_1,A_2,\cdots,A_n$ 是两两互不相容的事件，则

$$P\left(\bigcup_{i=1}^{n} A_i \middle| B\right)=\sum_{i=1}^{n} P(A_i|B)；$$

(3) 对于任意的两个事件 A_1 和 A_2 有

$$P[(A_2-A_1)|B]=P(A_2|B)-P(A_1A_2|B)；$$

(4) 对于任意事件 A 有

$$P(\bar{A}|B)=1-P(A|B)；$$

(5) 对于任意的两个事件 A_1 和 A_2 有

$$P[(A_1\cup A_2)|B]=P(A_1|B)+P(A_2|B)-P(A_1A_2|B)。$$

这五条性质对应概率的五条性质，感兴趣的读者可以自己证明。

在实际问题中，条件概率可以按定义计算，也可以用样本空间缩减法计算。样本缩减法即为事件 B 的发生一般将缩减事件 A 的样本空间，在缩减后的样本空间中计算事件 A 的概率，即为 $P(A|B)$。

例 1.4.1　在一批产品中，一、二、三等品各占 60%，30%，10%，从中任意取出 1 件，结果不是三等品，求取到的是一等品的概率。

解：设这批产品共有 100 件，则一、二、三等品分别有 60 件、30 件、10 件。已知取出的产品不是三等品，则此时缩减之后样本空间变成一、二等品有 90 件；该前提下一等品有 30 件，所以要求事件的概率为

$$p=\frac{60}{90}=\frac{2}{3}。$$

例 1.4.2 设 10 件产品中有 4 件不合格品，从中任取 2 件产品，已知取出的 2 件产品中有 1 件是不合格品，求另一件也是不合格品的概率。

解：从 10 件产品中任取 2 件产品，有三种情况：2 件合格品，有 $C_6^2=15$ 种可能；2 件不合格品，有 $C_4^2=6$ 种可能；1 件合格品 1 件不合格品，有 $C_4^1C_6^1=24$ 种可能。已知取出的 2 件产品中有 1 件是不合格品，则此时缩减之后样本空间变成：1 件合格品 1 件不合格品和 2 件不合格品，有 30 种可能；又因为 2 件是不合格品有 6 种可能，因此要求事件的概率为

$$p=\frac{6}{30}=\frac{1}{5}。$$

注：例 1.4.1 和例 1.4.2 在计算条件概率时使用的方法称为缩减样本空间的方法，即把原先的样本空间缩减为已知发生的事件。

例 1.4.3 设 A、B 为互不相容事件，$P(A)=0.3$，$P(B)=0.4$，求：$P(A|\overline{B})$。

解：因为 A、B 为互不相容事件，所以 $P(AB)=0$。因为 $P(A\overline{B})=P(A)-P(AB)$，所以 $P(A\overline{B})=P(A)=0.3$。

因为

$$P(B)=0.4，所以 P(\overline{B})=1-0.4=0.6。$$

所以

$$P(A|\overline{B})=\frac{P(A\overline{B})}{P(\overline{B})}=\frac{0.3}{0.6}=0.5。$$

从条件概率的定义不难推出如下的乘法公式。

1.4.2 乘法公式

设 A，B 为两个事件，且 $P(B)>0$，则有

$$P(AB)=P(B)P(A|B)。$$

可以推广到多个事件的情形，例如三个事件的乘法公式是

$$P(ABC)=P(A)P(B|A)P(C|AB)，P(AB)>0。$$

一般地，对于 n 个事件 $A_1,A_2,\cdots,A_n$，当 $P(A_1A_2\cdots A_{n-1})>0$ 时，有

$$P(A_1A_2\cdots A_n)=P(A_1)P(A_2|A_1)P(A_3|A_1A_2)\cdots P(A_n|A_1A_2\cdots A_{n-1})。$$

注：$P(A|B)$ 与 $P(AB)$ 看起来都是事件 A 发生 B 也发生，但两者有本质区别。在计算条件概率 $P(A|B)$ 时，事件 B 作为一个发生的条件参与进来，关心的是在事件 B 发生的条件下，事件 A

发生的概率。而在计算 $P(AB)$ 时，它表示事件 A 与 B 同时发生，即就是一个事件。

无论是两个事件的乘法公式还是多个事件的乘法公式都是非常重要的，都可以用来解决概率论中比较复杂的问题。

例 1.4.4　设一批产品的合格率为 96%，合格品中的一等品率为 75%。在该批产品中任取一件，取得一等品的概率。

解：设事件 A 表示取到合格品，事件 B 表示取到一等品。由题意知

$$P(A)=0.96,\ P(B|A)=0.75。$$

根据乘法公式有

$$P(AB)=P(A)P(B|A)=0.96\times0.75=0.72。$$

例 1.4.5　一批产品中共有 10 件，其中 3 件为次品，每次从中不放回地任取一件，求第三次才取到正品的概率。

解：设 A_1 表示第一次取得次品，A_2 表示第二次取得次品，A_3 表示第三次取得正品，则

$$P(A_1)=\frac{3}{10},\ P(A_2|A_1)=\frac{2}{9},\ P(A_3|A_1A_2)=\frac{7}{8},$$

根据乘法公式有

$$P(A_1A_2A_3)=P(A_1)P(A_2|A_1)P(A_3|A_1A_2)=0.0583。$$

1.4.3　事件独立性

设 A，B 是随机试验的两事件。一般地，事件 A 发生对事件 B 发生的概率是有影响的，此时 $P(B)\neq P(B|A)$。但当这种影响不存在时，就会有 $P(B)=P(B|A)$，就是 $P(AB)=P(A)P(B)$。例如，把一颗均匀的骰子连续抛掷两次。设 A 表示第一次掷出 5 点，B 表示第二次掷出 5 点，显然 $P(B)=P(B|A)$，这里已知事件 A 发生，并不影响到事件 B 发生的概率，那么事件 A，B 的这种关系称之为独立，下面给出事件独立性的定义。

定义 1.4.2　若两事件 A，B 满足

$$P(AB)=P(A)P(B),$$

则称 A，B **相互独立**，简称 A，B **独立**。

定理 1.4.1　下列四个命题等价：

（1）事件 A 与 B 相互独立；

（2）事件 A 与 $\overline{B}$ 相互独立；

(3) 事件 $\overline{A}$ 与 B 相互独立；

(4) 事件 $\overline{A}$ 与 $\overline{B}$ 相互独立。

证明：在此仅证明 (1) 与 (4) 等价，其余情形可用相同方法证明。

(1) 必要性：由事件的运算关系及概率的性质有

$$\begin{aligned} P(\overline{A}\,\overline{B}) &= 1 - P(A \cup B) \\ &= 1 - P(A) - P(B) + P(AB)。\end{aligned}$$

当 (1) 成立时有 $P(AB)=P(A)P(B)$，因此

$$\begin{aligned} P(\overline{A}\,\overline{B}) &= 1 - P(A) - P(B) + P(AB) \\ &= 1 - P(A) - P(B) + P(A)P(B) \\ &= [1 - P(A)] - P(B)[1 - P(A)] \\ &= [1 - P(A)][1 - P(B)] \\ &= P(\overline{A})P(\overline{B}), \end{aligned}$$

所以，事件 $\overline{A}$ 与 $\overline{B}$ 相互独立。

(2) 充分性：由事件的运算关系及概率的性质有

$$P(\overline{A}\,\overline{B}) = 1 - P(A) - P(B) + P(AB),$$

另一方面

$$\begin{aligned} P(\overline{A})P(\overline{B}) &= [1 - P(A)][1 - P(B)] \\ &= [1 - P(A)] - P(B)[1 - P(A)] \\ &= 1 - P(A) - P(B) + P(A)P(B), \end{aligned}$$

因为事件 $\overline{A}$ 与 $\overline{B}$ 相互独立，所以 $P(\overline{A}\,\overline{B})=P(\overline{A})P(\overline{B})$，因此有

$$1 - P(A) - P(B) + P(AB) = 1 - P(A) - P(B) + P(A)P(B),$$

即 $P(AB)=P(A)P(B)$，所以事件 A 与 B 相互独立。

上面给出的是两个事件相互独立的概念，可以将其推广到三个事件和 n 个事件相互独立。

定义 1.4.3 A，B，C 为三个事件，若满足等式

$$\begin{aligned} P(AB) &= P(A)P(B), \\ P(AC) &= P(A)P(C), \\ P(BC) &= P(B)P(C), \\ P(ABC) &= P(A)P(B)P(C), \end{aligned}$$

则称事件 A，B，C **相互独立**。

对 n 个事件的独立性，可类似写出其定义：

定义 1.4.4 设$A_1,A_2,\cdots,A_n$是n个事件，若对任意的正整数$1\leqslant i_1<i_2<\cdots<i_k\leqslant n$，都有

$$P(A_{i_1}A_{i_2}\cdots A_{i_k})=P(A_{i_1})P(A_{i_2})\cdots P(A_{i_k}),$$

则称事件$A_1,A_2,\cdots,A_n$**相互独立**。

类似于定理1.4.1，可以得到如下结论：

(1) 若事件$A_1,A_2,\cdots,A_n$相互独立，则其中任意$m(2\leqslant m\leqslant n)$个事件均独立；

(2) 若事件$A_1,A_2,\cdots,A_n$相互独立，则将这n个事件中任意$m(1<m\leqslant n)$个事件互为对立事件，所得的n个事件仍相互独立。

例 1.4.6 一个均匀的正四面体，其第一面染有红色，第二面染有白色，第三面染有黑色，第四面染有红、白、黑三种颜色，以A，B，C分别表示投一次四面体出现红、白、黑三种颜色的事件。讨论A，B，C三个事件的独立性。

解：显然$P(A)=P(B)=P(C)=\dfrac{1}{2}$，$P(AB)=P(AC)=P(BC)=\dfrac{1}{4}$，$P(ABC)=\dfrac{1}{4}$，因此

$$\begin{aligned}&P(AB)=P(A)P(B),\\&P(AC)=P(A)P(C),\\&P(BC)=P(B)P(C),\\&P(ABC)\neq P(A)P(B)P(C),\end{aligned}$$

所以A，B，C两两独立，但A，B，C不相互独立。

例 1.4.7 设$0<P(A)<1$，且$P(B|A)=P(B|\overline{A})$，证明A与B相互独立。

证明：因为$P(B|A)=P(B|\overline{A})$，利用条件概率的定义有

$$\frac{P(AB)}{P(A)}=\frac{P(\overline{A}B)}{P(\overline{A})},$$

因此$P(\overline{A})P(AB)=P(A)P(\overline{A}B)$。由概率的性质有

$$[1-P(A)]P(AB)=P(A)[P(B)-P(AB)],$$

即$P(AB)=P(A)P(B)$，所以A与B相互独立。

习题 1.4

1. 已知 $P(A)=\frac{1}{4}$，$P(B|A)=\frac{1}{3}$，$P(A|B)=\frac{1}{2}$，求 $P(AB)$，$P(A\cup B)$。

2. 设10件产品中有4件次品，从中任取两件。已知所取两件产品中有一件次品，求另一件也是次品的概率。

3. 某工厂生产的100个产品中，有95个正品，采用不放回抽样，每次从中任取一个，求下列事件的概率。

(1) 第一次抽到正品；

(2) 第一次、第二次都抽到正品；

(3) 第一、二、三次都抽到正品。

4. 一个袋中有7个白球和3个红球，从中不放回地取2个球，求第二次取到白球的概率。

5. 有一批零件共100个，其中有10个不合格品。从中依次取出，求第一次、第二次取得合格品，第三次取得不合格品的概率是多少？

6. 对某一目标依次进行3次独立的射击，设第一次、第二次、第三次射击命中的概率分别是0.4，0.5，0.7，试求：

(1) 3次射击中恰有一次命中的概率；

(2) 3次射击至少有一次命中的概率。

7. 若每个人血清中含有某种病毒的概率是0.4%，现在混合来自不同区域的100个人的血清。求此血清中含有这种病毒的概率。

1.5 全概率公式与贝叶斯公式

1.5.1 全概率公式

全概率公式是概率论中重要的公式之一，它解决问题的基本思想是：由已知简单事件的概率，推出未知复杂事件的概率。基本方法是：将复杂事件化为两两互不相容事件之和，再利用概率的可加性求解。

定理 1.5.1（全概率公式） 设 $A_1,A_2,\cdots,A_n$ 是样本空间 Ω 的一个完备事件组，且 $P(A_i)>0$，$i=1,2,\cdots,n$，则对样本空间 Ω 中任一事件 B，有

$$P(B)=\sum_{i=1}^{n}P(A_i)P(B|A_i)。$$

证明：因为 $A_1,A_2,\cdots,A_n$ 是样本空间 Ω 的一个完备事件组，所以任意事件可互斥分解为

$$B=BA_1\cup BA_2\cup\cdots\cup BA_n,$$

由有限可加性与乘法公式得

$$P(B)=\sum_{i=1}^{n}P(BA_i)=\sum_{i=1}^{n}P(A_i)P(B|A_i)。$$

应用全概率公式的关键是从条件中找到 Ω 的一个完备事件组，而完备事件组 $A_1,A_2,\cdots,A_n$ 是影响事件 B 发生的所有原因或者条件。因此，全概率公式是由“原因”推“结果”的概率计算公式，体现了“化整为零，各个击破”的思想。

在实际问题中，若有很多原因 $A_1,A_2,\cdots,A_n$ 导致事件 B 发生，并且已知每种原因 A_i 出现的概率，以及在各种原因 A_i 出现条件下事件 B 发生的条件概率为 $P(B|A_i)$，则可根据全概率公式计算事件 B 的概率。

需要指出的是，我们将事件 B 视为“结果”，$A_1,A_2,\cdots,A_n$ 则视为导致事件 B 发生的“原因”，称 $P(A_i)$ 为**先验概率**。有时我们还想知道结果 B 发生到底主要是由什么原因引起的，即求 $P(A_i|B)$，它称为**后验概率**。

例 1.5.1 考虑一个简单的质量问题。甲、乙、丙三个检验员分别检验某工厂各占总产量 20%，30%，50%的三种产品。并设甲、乙、丙三人误使次品通过的概率分别为 0.05，0.10，0.15。从已经被检验过的产品中任取一件，问它是次品的概率是多少？

解：设 A_1，A_2，A_3 分别表示所取产品为经甲、乙、丙检验过的产品，B 表示产品为次品。由题意

$$P(A_1)=0.2,\ P(A_2)=0.3,\ P(A_3)=0.5,$$

$$P(B|A_1)=0.05,\ P(B|A_2)=0.10,\ P(B|A_3)=0.15,$$

由全概率公式得

$$P(B)=\sum_{i=1}^{3}P(A_i)P(B|A_i)=0.115。$$

例 1.5.2 有朋友自远方来，他乘火车、汽车、飞机来的概率分别是 0.4，0.2，0.4。若他乘火车、汽车来的话，迟到的概率分别是$\frac{1}{4}$，$\frac{1}{3}$，而乘飞机来不会迟到，求他迟到的概率。

解：设事件 B 表示朋友迟到，事件 A_1 表示朋友乘火车来，事件 A_2 表示朋友乘汽车来，事件 A_3 表示朋友乘飞机来。由题意有

$$P(A_1)=0.4,\ P(A_2)=0.2,\ P(A_3)=0.4,$$

$$P(B|A_1)=\frac{1}{4},\ P(B|A_2)=\frac{1}{3},\ P(B|A_3)=0,$$

由全概率公式得

$$P(B)=\sum_{i=1}^{3}P(A_i)P(B|A_i)=\frac{1}{6}。$$

1.5.2 贝叶斯公式

全概率公式是已知原因求结果的问题，来计算事件的概率。

现在我们考虑相反的问题：在事件已经发生的情况下，找寻事件发生由各种原因导致的可能性。就是，已知结果求原因的问题，求的也是一个条件概率。

定理 1.5.2 设 $A_1, A_2, \cdots, A_n$ 是样本空间 Ω 的一个完备事件组，且 $P(A_i)>0$，$i=1,2,\cdots,n$，则对样本空间 Ω 中的事件 B 有 $P(B)>0$，则有

$$P(A_i|B)=\frac{P(A_iB)}{P(B)}=\frac{P(A_i)P(B|A_i)}{\sum_{i=1}^{n}P(A_i)P(B|A_i)}。$$

证明：根据全概率公式，有

$$P(B)=\sum_{i=1}^{n}P(A_i)P(B|A_i),$$

故由条件概率的定义及乘法公式可得

$$P(A_i|B)=\frac{P(A_iB)}{P(B)}=\frac{P(A_i)P(B|A_i)}{\sum_{i=1}^{n}P(A_i)P(B|A_i)},\ i=1,2,\cdots,n。$$

例 1.5.3 有 3 个箱子，1 号箱有 2 个红球 1 个黑球，2 号箱有 3 个红球 1 个黑球，3 号箱有 2 个红球 2 个黑球。从任一个箱中任意摸出一个球，发现是红球，求该球取自 1 号箱的概率。

解：设 A_i 表示来自第 i 号箱，B 表示取得红球，显然 A_i 是完备事件组，$i=1,2,3$。由题意，可知

$$P(A_i)=\frac{1}{3},\ i=1,\ 2,\ 3,$$

$$P(B|A_1)=\frac{2}{3},\ P(B|A_2)=\frac{3}{4},\ P(B|A_3)=\frac{1}{2},$$

由贝叶斯公式有

$$P(A_1|B)=\frac{P(BA_1)}{P(B)}=\frac{P(A_1)P(B|A_1)}{P(B)}=\frac{\frac{1}{3}\times\frac{2}{3}}{\frac{23}{36}}=\frac{8}{23}。$$

例 1.5.4 炮战中，在距离目标 2500m，2000m，1500m 处射击的概率分别为 0.1，0.7，0.2，各处击中目标的概率分别为 0.05，0.1，0.2。试求：

（1）目标被击中的概率；

（2）现已知目标被击中了，求目标是由 2500m 处的大炮击中的概率。

解：设事件 B 表示击中目标，事件 A_1 表示距离目标 2500m 射击，事件 A_2 表示距离目标 2000m 射击，事件 A_3 表示距离目标 1500m 射击。

（1）由题意有

$$P(A_1)=0.1,\ P(A_2)=0.7,\ P(A_3)=0.2,$$

$$P(B|A_1)=0.05,\ P(B|A_2)=0.1,\ P(B|A_3)=0.2,$$

由全概率公式得

$$P(B)=\sum_{i=1}^{3}P(A_i)P(B|A_i)=0.115。$$

（2）由贝叶斯公式有

$$P(A_1|B)=\frac{P(BA_1)}{P(B)}=\frac{P(A_1)P(B|A_1)}{P(B)}=\frac{0.1\times0.05}{0.115}=\frac{1}{23}。$$

习题 1.5

1. 设甲、乙两袋中均有 2 个白球和 3 个黑球，先从甲袋中任取两球放入乙袋，再从乙袋中任取一球，求第二次取到白球的概率。

2. 据某国的一份资料报道，在该国总的来说患肺癌的概率约为 0.1%，在人群中有 20%是吸烟者，他们患有肺癌的概率是 0.4%，求不吸烟者患肺癌的概率。

3. 设一批产品中，甲厂产品 8 箱，每箱 10 件，次品率为 0.04；乙厂产品 6 箱，每箱 15 件，次品率为 0.05。求下列两种方式取得次品的概率，这两种方式的概率是否相同？

（1）任取一箱产品，从中任取一件；

（2）将所有产品开箱混合后，从中任取一件。

4. 某厂有三条流水线生产同一种产品，第一、二、三条流水线的产量分别占全厂产量的 25%，35%，40%；次品率分别为 0.04，0.03，0.02。现从出厂产品中任取一件，问：

（1）取到次品的概率是多少？

（2）已知取到次品，该次品从三条流水线取得的概率分别为多少？由哪条流水线生产的可能性较大？

5. 杯子成箱出售，每箱 20 只，假设各箱含 0，1，2 只残次品的概率分别为 0.8，0.1，0.1，某顾客欲购一箱杯子，在购买时，售货员随机取出一箱，顾客开箱随机地查看 4 只，若无残次品，则买下该箱杯子，否则退回，试求：

（1）顾客买下该箱的概率；

（2）在顾客买下一箱中，确实没有残次品的概率。

6. 已知 100 件产品中有 10 件是正品，还有 90 件非正品，每次使用有 0.1 的可能性发生故障。现从 100 件产品中任取 1 件，使用 n 次均没有发生故障。问 n 为多大时，才能有 70%的把握认为所取的产品是正品？

1.6　有关概率计算的 MATLAB 实现

本节介绍使用 MATLAB 实现排列组合与古典概率的计算，以及模拟随机试验。

1. 排列组合

（1）阶乘函数：factorial(n)

例 1.6.1 求 10 的阶乘。

在 MATLAB 命令窗口输入：N=factorial(10)

运行结果为

```
N=
 3628800
```

（2）排列函数：perms（x）

例 1.6.2 求 2，4，6 这三个数的所有排列。

在 MATLAB 命令窗口输入：A=perms(2:2:6)

运行结果为

```
A=
   6   4   2
   6   2   4
   4   6   2
   4   2   6
   2   4   6
   2   6   4
```

（3）组合函数：nchoosek(n,m)

例 1.6.3 从 2，4，6，8，10 这 5 个数中选择 4 个数的所有组合。

在 MATLAB 命令窗口输入：C=nchoosek(2:2:10,4)

运行结果为

```
C=
  2   4   6   8
  2   4   6  10
  2   4   8  10
  2   6   8  10
  4   6   8  10
```

2. 概率的计算

例 1.6.4 设 n 个人中每个人的生日在一年 365 天中任意一天的可能性是一样的。求当 n 为 23 时，这 n 个人中至少有两人生日相同的概率。

在 MATLAB 命令窗口输入：n = 23；p = nchoosek（365，n）*

```
factorial(n)/365^n
```

运行结果为

```
p=
    0.5073
```

例1.6.5　在50个产品中有18个一级品，32个二级品，从中任意抽取30个，求：

（1）恰有20个二级品的概率；

（2）至少有2个一级品的概率。

在MATLAB命令窗口输入：

```
p1=nchoosek(32,20) * nchoosek(18,10)/ nchoosek(50,30)
p2= 1-(nchoosek(32,30) + nchoosek(18,1) * nchoosek(32,29))/
nchoosek(50,30)
```

运行结果为

```
p1=
    0.2096
p2=
    1.0000
```

例1.6.6　某厂一、二、三车间生产同类型产品，已知三个车间生产的产品分别占总量的50%，25%，25%，且这三个车间产品的次品率1%，2%，4%，三个车间生产的产品在仓库中均匀混合。

（1）从仓库中任取一件产品，求它是次品的概率；

（2）从仓库中任取一件产品，经检测是次品，求该产品来自于三个车间的概率。

在MATLAB命令窗口输入：

```
a=[0.5,0.25,0.25]; b=[0.01,0.02,0.04]; p1=dot(a,b); p2=a. *
b/p1
```

运行结果为

```
p1=
    0.0200
p2=
    0.2500    0.2500    0.5000
```

说明该次品来自第三个车间的可能性最大。

其中，dot(a,b)表示 a，b 的内积。

(3) 随机试验的设计

例 1.6.7 抛一枚质地均匀的硬币的试验，历史上有人做过。设 n 表示抛硬币的次数，$r_n(A)$ 表示出现正面的次数，$f_n(A)$ 表示出现正面的频率。得到表 1.6.1 所示的数据。

表 1.6.1 抛硬币试验

试验者	n	$r_n(A)$	$f_n(A)$
德摩根	2048	1061	0.5181
蒲丰	4040	2048	0.5069
皮尔逊	12000	6019	0.5016
皮尔逊	24000	12012	0.5005

在 MATLAB 的 Medit 窗口建立文件 money.m：

```
function y=money(n)
for i=1:1:n
x(i)=binornd(1,0.5);
end;
k=sum(x);
y=k/n
```

在 MATLAB 的命令窗口输入下述命令：

```
money(100);
y=0.4600
money(1000);
y=0.4820
money(10000);
y=0.4987
```

这里给出了掷 100 次、1000 次、10000 次硬币的结果，得到的规律和历史上统计专家得到的规律一样。

总复习题 1

一、选择题

1. 设事件 A，B，C，则下列选项中正确的是(　　)。

A. 若 $A\cup C=B\cup C$，则 $A=B$

B. 若 $A-C=B-C$，则 $A=B$

C. 若 $AB=\varnothing$ 且 $\overline{A}\,\overline{B}=\varnothing$，则 $\overline{A}=B$

D. 若 $AC=BC$，则 $A=B$

2. 对于任意两个事件 A，B，若 A，B 互斥，则有（ ）。

A. $\overline{A}\,\overline{B}=\varnothing$ B. $P(A-B)=P(A)$

C. $P(A)P(B)=0$ D. $\overline{A}\,\overline{B}\neq\varnothing$

3. 设事件 A，B，C 有包含关系：$A\subset C$，$B\subset C$，则（ ）。

A. $P(C)=P(AB)$

B. $P(C)\leqslant P(A)+P(B)-1$

C. $P(C)\geqslant P(A)+P(B)-1$

D. $P(C)=P(A\cup B)$

4. 对于任意事件 A，B，则（ ）。

A. 若 $AB\neq\varnothing$，则 A，B 一定独立

B. 若 $AB\neq\varnothing$，则 A，B 有可能独立

C. 若 $AB=\varnothing$，则 A，B 一定独立

D. 若 $AB\neq\varnothing$，则 A，B 一定不独立

5. 设事件 A，B，且 $P(B)>0$，$P(A|B)=1$，则（ ）。

A. $P(A\cup B)>P(A)$ B. $P(A\cup B)>P(B)$

C. $P(A\cup B)=P(A)$ D. $P(A\cup B)=P(B)$

二、填空题

6. 写出下面随机试验的样本空间：

（1）同时投掷2个骰子，记录它们的点数之和______；

（2）袋中有5个球，其中3个白球2个黑球，从袋中任意取一球，观察其颜色______；

（3）测量一辆汽车通过某一测速点时的速度______。

7. 设 Ω 为样本空间，A，B，C 是3个任意的随机事件，根据概率的性质，则

（1）$P(\overline{A})=$______；

（2）$P(B-A)=P(B\overline{A})=$______；

（3）$P(A\cup B\cup C)=$______。

8. 设 A，B，C 是3个随机事件，用 A，B，C 的运算关系表示下列事件。

（1）若 A，B，C 仅有一个发生，则______；

（2）若 A，B，C 中至少有一个发生，则______；

（3）若 A，B，C 中恰有两个发生，则______；

（4）若 A，B，C 中最多有一个发生，则______；

（5）若 A，B，C 都不发生，则______；

9. A，B 是两个随机事件，且 $P(A)=0.4$，$P(A\cup B)=0.7$。

（1）若 A 与 B 互不相容，则______；

（2）若 A 与 B 相互独立，则______。

10. 在区间 $[0,1]$ 中随机取两个数，求下列事件的概率。

（1）两数之差绝对值小于 $\frac{1}{2}$ 的概率______；

（2）两数之和小于 $\frac{4}{5}$ 的概率______。

三、计算题

11. 设 A，B，C 是三事件，且 $P(A)=P(B)=P(C)=\frac{1}{4}$，$P(AB)=P(BC)=0$，$P(AC)=\frac{1}{8}$。求 A，B，C 至少有一个发生的概率。

12. 某油漆公司发出17桶油漆，其中白漆10桶、黑漆4桶、红漆3桶。在搬运中所有标签脱落，交货人随意将这些标签重新贴上，问一个订货4桶白漆、3桶黑漆和2桶红漆的顾客，按所定的颜色如数得到订货的概率是多少？

13. 从5双不同鞋子中任取4只，4只鞋子中至少有2只配成一双的概率是多少？

14. 将三个球随机地放入4个杯子中去，问杯子中球的最大个数分别是1，2，3的概率各为多少？

15. 50个铆钉随机地取来用在10个部件上，其中有三个铆钉强度太弱，每个部件用3个铆钉，若将三个强度太弱的铆钉都装在一个部件上，则这个部件强度就太弱，问发生一个部件强度太弱的概率是多少？

16. 据以往资料表明，某一3口之家，患某种传染病的概率有以下规律：设 A 表示孩子得病，B 表示母亲得病，C 表示父亲得病。$P(A)=0.6$，$P(B|A)=0.5$，$P(C|AB)=0.4$。求母亲及孩子得病但父亲未得病的概率。

17. 某人忘记了电话号码的最后一个数字，因而随机地拨号，求他拨号不超过三次而接通所需的电话的概率是多少？如果已知最后一个数字是奇数，那么此概率是多少？

18. 已知男人中有5%是色盲患者，女人中有0.25%是色盲患者。今从男女人数相等的人群中随机地挑选一人，恰好是色盲患者，问此人是男性的概率是多少？

19. 一学生接连参加同一课程的两次考试。

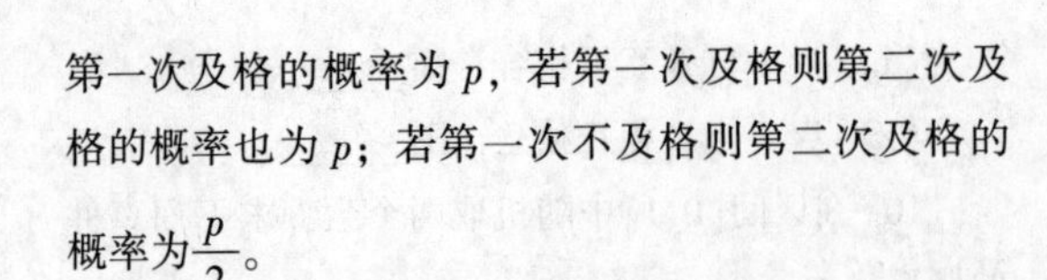

第一次及格的概率为 p，若第一次及格则第二次及格的概率也为 p；若第一次不及格则第二次及格的概率为 $\frac{p}{2}$。

（1）若至少有一次及格则他能取得某种资格，求他取得该资格的概率；

（2）若已知他第二次已经及格，求他第一次及格的概率。

20. 甲、乙、丙三人同时对飞机进行射击，三人击中的概率分别为 0.4，0.5，0.7。飞机被一人击中而被击落的概率为 0.2，被两人击中而被击落的概率为 0.6，若三人都击中，飞机必定被击落。求飞机被击落的概率。

21. 将两信息分别编码为 a 和 b 传递出去，接收站收到时，a 被误收作 b 的概率为 0.02，而 b 被误收作 a 的概率为 0.01，信息 a 与信息 b 传送的频繁程度比为 2∶1，若接收站收到的信息是 a，则原发信息是 a 的概率是多少？

22. 某零件用两种工艺加工，第一种工艺有三道工序，各道工序出现不合格品的概率分别为 0.3，0.2，0.1；第二种工艺有两道工序，各道工序出现不合格品的概率分别为 0.3，0.2，试问：

（1）用哪种工序加工得到合格品的概率较大？

（2）若第二种工艺的两道工序出现不合格品的概率都是 0.3 时，情况又将如何？

23. 火炮与坦克对战，假设火炮与坦克依次发射，且由火炮先发射，并允许火炮与坦克各发射 2 次，已知火炮与坦克每次发射命中的概率不变，它们分别为 0.3 和 0.35。我们规定只要击中就被击毁。试问：

（1）火炮与坦克被击中的概率各等于多少？

（2）都不被击中的概率等于多少？

24. 设由以往记录的数据分析。某船只运输某种物品损坏 2%（这一事件记为 A_1），10%（事件 A_2），90%（事件 A_3）的概率分别为 $P(A_1)=0.8$，$P(A_2)=0.15$，$P(A_3)=0.05$，现从中随机独立地取三件，发现这三件都是好的（这一事件记为 B），试分别求 $P(A_1|B)$，$P(A_2|B)$，$P(A_3|B)$。（这里设物品件数很多，取出第一件以后不影响取第二件的概率，所以取第一件、第二件、第三件是互相独立地。）

25. 将 A，B，C 三个字母之一输入信道，输出为原字母的概率为 α，而输出为其他一字母的概率都是 $\frac{1-\alpha}{2}$。今将字母串 AAAA，BBBB，CCCC 之一输入信道，输入 AAAA，BBBB，CCCC 的概率分别为 p_1，p_2，p_3（$p_1+p_2+p_3=1$），已知输出为 ABCA，问输入的是 AAAA 的概率是多少？（设信道传输每个字母的工作是相互独立的。）

数学家与数学家精神

开拓进取的数学巨匠——柯尔莫哥洛夫

柯尔莫哥洛夫（Kolmogorov，1903—1987），苏联数学家，被誉为现代概率论和随机过程理论的奠基人。他开创性地提出了概率的公理化定义，并基于公理化定义系统地给出了概率论的理论体系。他提出的柯尔莫哥洛夫分析方法奠定了随机微积分和随机积分方程的理论基础，并由此推动了随机过程理论与应用研究的蓬勃发展。他开拓进取、锐意创新的科学精神与世长存。

第 2 章

一维随机变量及其分布

在上一章中，我们在随机试验的基础上研究了随机事件及其概率，对随机现象的统计规律有了初步的认识。当样本空间不是数集时，用数学方法来研究随机现象的统计规律十分困难。为了更深入揭示随机现象的统计规律性，本章我们介绍随机变量的概念，分别用随机变量的分布函数、分布律、概率密度（统称为随机变量的概率分布）全面刻画随机现象的统计规律。

2.1 随机变量及其分布函数

2.1.1 随机变量的概念

在上一章讨论随机事件及其概率时发现，在一些随机试验中，随机试验的结果本身就是一个数值，在另一些随机试验中，随机试验的结果并不是直接表现为数值。对随机试验的结果不是数值的情况，我们可使其数量化。

例 2.1.1 抛一枚匀称的骰子一次，观察出现的点数。

如果用 X 表示抛一枚骰子出现的点数，则 X 的取值为 1，2，3，4，5，6。显然 X 是一个变量，X 的取值不同表示试验发生的结果不同，且 X 是以一定概率取值的。如$\{X=5\}$表示事件{出现 5 点}，且发生“出现 5 点”的事件的概率为$\frac{1}{6}$，即 $P\{X=5\}=\frac{1}{6}$。

例 2.1.2 抛一个硬币，观察结果出现“正面”和“反面”的情况。

该随机试验的结果不是数值，但是我们可以将随机试验的结果数量化。如设 X 表示该随机试验的结果，$X=1$ 表示出现“正面”，$X=0$ 表示出现“反面”。因此，结果为“正面”可以表示为$\{X=1\}$，结果为“反面”可以表示为$\{X=0\}$。

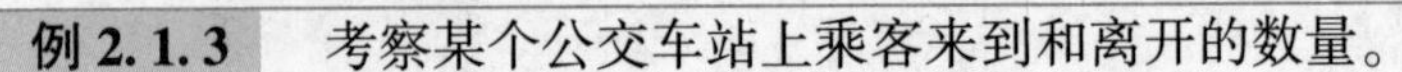

例 2.1.3 考察某个公交车站上乘客来到和离开的数量。

设 X 是单位时间内来到车站的乘客数，Y 是单位时间内离开车站的乘客数。显然 X 和 Y 可能的取值都是 $0,1,2,\cdots$。因此，我们可以用 X 与 Y 表示事件。如："单位时间内来到的乘客数为 k"的事件可以表示为 $\{X=k\}$，"单位时间内没有乘客离开"的事件可以表示为 $\{Y=0\}$，"单位时间内来到的乘客数多于离开的乘客数"的事件可以表示为 $\{X>Y\}$。

例 2.1.4 测试某电子元件的寿命。

设 X 表示以年为单位的使用寿命，X 的取值范围为 $[0,+\infty)$，则可以用 X 表示事件。如："使用寿命不超过 1 年"可以表示为 $\{X\leqslant 1\}$，"使用寿命超过 1 年"可以表示为 $\{X>1\}$，"使用寿命在 5~10 年之间"可以表示为 $\{5\leqslant X\leqslant 10\}$。

例 2.1.5 设某射手每次射击击中目标的概率都是 0.8，现在连续射击 30 次。

设 X 表示"击中目标的次数"，它的取值为 $0,1,2,\cdots,30$。显然 $\{X=0\}$，$\{X=1\}$，$\cdots$，$\{X=30\}$ 都是随机事件。

例 2.1.6 设某射手每次射击击中目标的概率都是 0.8，现在连续射击，直到第一次击中目标停止。

设 X 表示"总射击次数"，则 X 的取值为正整数，且 $\{X=k\}(k=1,2,\cdots)$ 都是随机事件。

从上面的例子可以看到，不论哪一种情况，变量 X 的取值都与随机试验的结果相对应，也就是说 X 的取值都随着随机试验结果的不同而取不同的值，又由于随机试验的结果具有随机性，因此变量 X 的取值也具有一定的随机性，所以称这样的变量 X 为随机变量。用通俗的话来说，随机变量就是因随机试验结果的不同而随机地取各种不同值的变量。试验结果与随机变量之间的对应关系，也就是样本点与实数之间的对应关系。所以，随机变量可以用数学语言表示为：

定义 2.1.1 设 Ω 为某随机试验的样本空间，如果对于 Ω 中任何一个样本点 ω，有唯一确定的实数 $X(\omega)$ 与之对应，则称 $X(\omega)$ 为**随机变量**。

这与我们所熟悉的函数概念十分相似，只不过函数是数集到数集的映射，而随机变量是定义在样本空间上的映射，样本空间可以不是数集，因此随机变量不是函数。

在上面的例子中，随机变量的取值有各种不同的情况。在有些情况下，随机变量的取值有有限多个，而有些情况下，随机变量可以取无穷多个值，而有些情况下，随机变量的取值范围为数轴上的某个区间。根据取值情况，可以把随机变量分成两类：离散型随机变量和非离散型随机变量。非离散型随机变量包括的范围很广，情况比较复杂，其中最为重要也是在实际中经常遇到的是连续型随机变量，在后面的章节中，我们仅讨论离散型随机变量与连续型随机变量。

2.1.2　随机变量的分布函数

引入随机变量后，可以用随机变量表示事件，我们关心的是这些事件的概率如何求解。由随机变量的定义可知，对于任意的实数 x，$\{X\leqslant x\}$ 是一个事件，且对于任意的实数 x 都有一个唯一确定的概率 $P\{X\leqslant x\}$ 与 x 相对应，所以概率 $P\{X\leqslant x\}$ 是 x 的函数。这个函数确定了，根据 x 的任意性，可以得到任何事件的概率，为此给出如下定义。

定义 2.1.2　设 X 为一随机变量，对任何实数 x，称函数

$$F(x)=P\{X\leqslant x\}$$

为随机变量 X 的分布函数。

分布函数是随机变量的重要特征，全面描述了随机变量的统计规律。由于随机变量具有良好的性质，可以使用微积分的方法来处理。因此，在概率论中引入随机变量及其分布函数的概念，就好像在随机现象和微积分之间架起了一座桥梁，使微积分这个强有力的工具可以通过这座桥梁进入随机现象的研究领域中来。在后面的讨论中，我们可以看到微积分这一工具如何发挥它的作用，并由此体会随机变量及分布函数这两个概念的地位和作用。

有了分布函数，我们可以利用分布函数计算事件的概率。对任意的实数 $a,b(a<b)$ 有

(1) $P\{X\leqslant b\}=F(b)$；

(2) $P\{a<X\leqslant b\}=P\{X\leqslant b\}-P\{X\leqslant a\}=F(b)-F(a)$；

(3) $P\{X>b\}=1-P\{X\leqslant b\}=1-F(b)$；

(4) $P\{X=b\}=\lim\limits_{a\to b^-}P\{a<X\leqslant b\}=F(b)-F(b-0)$；

(5) $P\{X<b\}=F(b-0)$。

例 2.1.7 已知随机变量 X 的分布函数为

$$F(x)=\begin{cases}0, & x<-1,\\ 0.25, & -1\leqslant x<2,\\ 0.75, & 2\leqslant x<3,\\ 1, & x\geqslant 3。\end{cases}$$

试求 $P\left\{X\leqslant\frac{1}{2}\right\}$，$P\left\{\frac{3}{2}<X\leqslant\frac{5}{2}\right\}$，$P\{X=3\}$，$P\{X<3\}$。

解：$P\left\{X\leqslant\frac{1}{2}\right\}=F\left(\frac{1}{2}\right)=0.25$，

$P\left\{\frac{3}{2}<X\leqslant\frac{5}{2}\right\}=F\left(\frac{5}{2}\right)-F\left(\frac{3}{2}\right)=0.5$，

$P\{X=3\}=F(3)-F(3-0)=1-0.75=0.25$，

$P\{X<3\}=F(3-0)=0.75$。

例 2.1.8 设随机变量 X 在区间 $[a,b]$ 上取值，且在 $[a,b]$ 内任意子区间上取值的概率与该子区间的长度成正比，与子区间的位置无关，求 X 的分布函数。

解：X 的可能取值范围是 $[a,b]$ 区间上所有实数，我们从随机点落入 $[a,b]$ 内的任意子区间上的概率大小来分析分布函数 $F(x)$。

(1) 若 $x<a$，则事件 $\{X\leqslant x\}$ 是不可能事件，因此 $F(x)=P\{X\leqslant x\}=0$。

(2) 若 $a\leqslant x\leqslant b$，则由题意

$P\{a\leqslant X\leqslant x\}=k(x-a)$，$k$ 是比例系数，

为确定 k，取 $x=b$，因为 $\{a\leqslant X\leqslant b\}$ 是必然事件，所以 $1=P\{a\leqslant X\leqslant b\}=k(b-a)$，可得 $k=\frac{1}{b-a}$，从而有

$$F(x)=P\{X\leqslant x\}=P\{X<a\}+P\{a\leqslant X\leqslant x\}=0+\frac{x-a}{b-a}=\frac{x-a}{b-a}。$$

(3) 若 $x\geqslant b$，则

$$F(x)=P\{X\leqslant x\}=P\{X<a\}+P\{a\leqslant X\leqslant b\}+P\{b<X\leqslant x\}=1。$$

综上分析，得 X 的分布函数为

$$F(x)=\begin{cases}0, & x<a,\\ \frac{x-a}{b-a}, & a\leqslant x\leqslant b,\\ 1, & x>b。\end{cases}$$

分布函数 $F(x)$ 具有以下性质：

性质 2.1.1（单调不减性） $F(x)$ 是 x 的单调不减函数。

证明：对任意实数 x_1，x_2，若 $x_1<x_2$，则

$$F(x_2)-F(x_1)=P\{X\leqslant x_2\}-P\{X\leqslant x_1\}=P\{x_1<X\leqslant x_2\}\geqslant 0。$$

性质 2.1.2（有界性） $0\leqslant F(x)\leqslant 1$，对一切 $x\in(-\infty,+\infty)$ 成立，且

$$F(-\infty)=\lim_{x\to-\infty}F(x)=0,\ F(+\infty)=\lim_{x\to+\infty}F(x)=1。$$

证明从略。

性质 2.1.3（右连续性） $F(x)$ 是右连续的函数，即对任意的 $x=x_0$，有

$$F(x_0+0)=\lim_{x\to x_0^+}F(x)=F(x_0)。$$

证明从略。

以上三条性质是分布函数必须具备的性质。还可以证明，满足这三条性质的函数一定是某个随机变量的分布函数，从而这三条性质成为判别一个函数是否能成为分布函数的充要条件。

例 2.1.9　判断下列函数是否为分布函数：

（1）$F_1(x)=\begin{cases}e^{-x}, x>0,\\ 0, x\leqslant 0;\end{cases}$

（2）$F_2(x)=\dfrac{1+\mathrm{sgn}(x)}{2}, x\in(-\infty,+\infty)$。

解：（1）当 $x>0$ 时，$F_1'(x)=-e^{-x}<0$，所以 $F_1(x)$ 是单调递减的函数，因此 $F_1(x)$ 不是分布函数。

（2）因为 $\mathrm{sgn}(x)=\begin{cases}1, x>0,\\ 0, x=0,\\ -1, x<0,\end{cases}$ 所以 $F_2(x)=\begin{cases}1, x>0,\\ 0.5, x=0,\\ 0, x<0,\end{cases}$ $\lim\limits_{x\to0^+}F_2(x)=1$，而 $F_2(0)=0.5$，因此 $F_2(x)$ 在零点不是右连续的，所以 $F_2(x)$ 不是分布函数。

例 2.1.10　设随机变量 X 的分布函数为

$$F(x)=A+B\arctan x,$$

求：

（1）常数 A，B；

（2）$P\{0<X\leqslant 1\}$。

解：（1）由分布函数的有界性有

$$\lim_{x\to-\infty}F(x)=A-\frac{\pi}{2}B=0,\ \lim_{x\to+\infty}F(x)=A+\frac{\pi}{2}B=1,$$

故有 $A=\frac{1}{2}$，$B=\frac{1}{\pi}$。

(2) $P\{0<X\leqslant 1\}=F(1)-F(0)=\frac{1}{4}$。

例 2.1.11 设随机变量 X 的分布函数为

$$F(x)=\begin{cases}0, & x\leqslant 0,\\ Ax^2, & 0<x\leqslant 1,\\ 1, & x>1,\end{cases}$$

求：

(1) 常数 A；

(2) $P\{-1<X\leqslant 0.5\}$。

解：(1) 由于分布函数在 $x=1$ 是右连续的，所以有

$$\lim_{x\to 1^+}F(x)=1=F(1)=A,$$

故 $A=1$。

(2) $P\{-1<X\leqslant 0.5\}=F(0.5)-F(-1)=0.25$。

习题 2.1

1. 一个靶子是半径为 2m 的圆盘，设击中靶上任一同心盘上的点的概率与该圆盘的面积成正比，并设射击都能中靶，以 X 表示弹着点与圆心的距离，试求随机变量 X 的分布函数。

2. 在区间[1,5]上任意掷一个质点，用 X 表示这个质点与原点的距离，则 X 是一个随机变量。如果这个质点落在其上任一子区间内的概率与这个区间的长度成正比，求 X 的分布函数。

3. 设随机变量 X 的分布函数为

$$F(x)=\begin{cases}A(1-e^{-x}), & x\geqslant 0,\\ 0, & x<0,\end{cases}$$

求常数 A 及 $P\{1<X\leqslant 3\}$。

4. 设随机变量 X 的分布函数为

$$F(x)=\begin{cases}0, & x<0,\\ Ax, & 0\leqslant x\leqslant 1,\\ 1, & x>1,\end{cases}$$

求：

(1) 常数 A；

(2) $P\left\{X>\frac{1}{2}\right\}$；

(3) $P\{-1<X\leqslant 2\}$。

2.2 离散型随机变量

我们经常遇到的随机变量有两种：一种随机变量只取有限个或可列个值，另一种随机变量在一个区间上连续取值。按照随机变量取值情况，随机变量主要分为离散型随机变量和连续型随机变量，本节讨论离散型随机变量。

2.2.1 离散型随机变量的分布律

定义 2.2.1 如果随机变量 X 的所有可能取值只有有限个或可列无穷多个，即 X 的取值可以表示为数列 $x_1, x_2, \cdots, x_n, \cdots$，则称随机变量 X 为**离散型随机变量**。

为了完整地描述随机变量 X，只知道它可能的取值是远远不够的，更重要的是要知道它取各个值的概率。为此，我们引入离散型随机变量分布律的概念。

定义 2.2.2 设 $x_k(k=1,2,3\cdots)$ 为离散型随机变量 X 的所有可能取值，p_k 是 $\{X=x_k\}$ 的概率，则称

$$P\{X = x_k\} = p_k(k = 1,2,\cdots)$$

为离散型随机变量 X 的**分布律**（或**分布列**）。

关于离散型随机变量的分布律，做如下说明：

（1）分布律还可以用如下的表格来表示：

X	x_1	x_2	$\cdots$	x_n	$\cdots$
P	p_1	p_2	$\cdots$	p_n	$\cdots$

（2）由离散型随机变量 X 的分布律，可得 X 的分布函数 $F(x)$ 为

$$F(x) = P\{X \leqslant x\} = \sum_{x_k \leqslant x} P\{X = x_k\}。$$

（3）由离散型随机变量 X 的分布函数 $F(x)$，可得 X 的分布律。假设离散型随机变量 X 的取值为 $x_1, x_2, \cdots, x_n, \cdots$，则

$$P\{X = x_k\} = F(x_k) - F(x_k - 0)。$$

分布律具有以下性质：

性质 2.2.1（非负性） $p_k \geqslant 0$，$k=1,2,\cdots$；

性质 2.2.2（规范性） $\sum_{k=1}^{\infty} p_k = 1$。

例 2.2.1 设有一批产品共 10 件，其中 3 件次品，从 10 件产品中任意抽取 2 件，令 X 表示抽取所得的次品数，计算 X 的分布律。

解：X 的可能取值为 0，1，2，即没有抽到次品、抽到 1 件次

品、抽到 2 件次品，且

$$P\{X=0\}=\frac{C_7^2C_3^0}{C_{10}^2}=\frac{7}{15},\ P\{X=1\}=\frac{C_7^1C_3^1}{C_{10}^2}=\frac{7}{15},$$

$$P\{X=2\}=\frac{C_7^0C_3^2}{C_{10}^2}=\frac{1}{15}。$$

因此，X 的分布律为

X	0	1	2
P	$\frac{7}{15}$	$\frac{7}{15}$	$\frac{1}{15}$

例 2.2.2 盒中有 3 个红球，2 个白球，从中一个一个地任意取球，且不放回，直到取到一个红球为止，令 X 表示总取球次数，计算 X 的分布律。

解：由于只有 2 个白球，所以第 3 次一定能够取到红球，因为 X 的取值为 1，2，3，即第 1 次就取到红球，第 2 次才取到红球，第 3 次才取到红球，且

$$P\{X=1\}=\frac{C_3^1}{C_5^1}=0.6,\ P\{X=2\}=\frac{C_2^1C_3^1}{C_5^1C_4^1}=0.3,$$

$$P\{X=3\}=\frac{C_2^1C_1^1C_3^1}{C_5^1C_4^1C_3^1}=0.1。$$

因此，X 的分布律为

X	1	2	3
P	0.6	0.3	0.1

例 2.2.3 若离散型随机变量 X 的分布律为 $P\{X=k\}=\frac{3a}{2^k}$，$k=1,2,\cdots$，试计算常数 a。

解：由分布律的规范性有

$$\sum_{k=1}^{\infty}\frac{3a}{2^k}=3a\sum_{k=1}^{\infty}\frac{1}{2^k}=3a=1,$$

因此，$a=\frac{1}{3}$。

例 2.2.4 设离散型随机变量 X 的分布律为

X	0	1	3
P	0.2	a	0.3

求：

（1）a；

（2）X 的分布函数 $F(x)$；

（3）$P\{0<X\leqslant 1\}$。

解：（1）由分布律的规范性有 $0.2+a+0.3=1$，所以 $a=0.5$。

（2）由于 X 只能取 0，1，3，所以

当 $x<0$ 时，$F(x)=P\{X\leqslant x\}=0$；

当 $0\leqslant x<1$ 时，$F(x)=P\{X\leqslant x\}=P\{X=0\}=0.2$；

当 $1\leqslant x<3$ 时，$F(x)=P\{X\leqslant x\}=P\{X=0\}+P\{X=1\}=0.2+0.5=0.7$；

当 $x\geqslant 3$ 时，$F(x)=P\{X\leqslant x\}=P\{X=0\}+P\{X=1\}+P\{X=3\}=0.2+0.5+0.3=1$。

所以 X 的分布函数

$$F(x)=\begin{cases}0, & x<0,\\ 0.2, & 0\leqslant x<1,\\ 0.7, & 1\leqslant x<3,\\ 1, & x\geqslant 3。\end{cases}$$

（3）$P\{0<X\leqslant 1\}=F(1)-F(0)=0.7-0.2=0.5$。

例 2.2.5　设离散型随机变量 X 的分布函数为

$$F(x)=\begin{cases}0, & x<-1,\\ 0.4, & -1\leqslant x<1,\\ 0.8, & 1\leqslant x<3,\\ 1, & x\geqslant 3。\end{cases}$$

求 X 的分布律。

解：由题意 X 的取值为−1，1，3。

$$P\{X=-1\}=F(-1)-F(-1-0)=0.4,$$
$$P\{X=1\}=F(1)-F(1-0)=0.8-0.4=0.4,$$
$$P\{X=3\}=F(3)-F(3-0)=1-0.8=0.2,$$

所以 X 的分布律为

X	−1	1	3
P	0.4	0.4	0.2

2.2.2 常见离散型随机变量的分布

1. 0–1 分布

如果随机变量 X 的分布律为

$$P\{X=0\}=1-p,\ P\{X=1\}=p,\ 0<p<1,$$

则称 X 服从 0–1 **分布**或**两点分布**。

0-1 分布 X 的分布律也可用统一的式子表示为 $P\{X=k\}=p^k(1-p)^{1-k}$，$k=0,1$。

在实际中，任何一个只有两种互斥结果的随机试验，都可以用0-1 分布来描述。如检验一个产品是否合格，射击一次是否命中目标，抛掷一枚硬币出现正面还是反面等。

例 2.2.6 100 件产品中，95 件为正品，5 件为次品。现从中随机抽取一件，若抽得每件的机会相同，X 表示取得产品，令 $X=1$ 表示取得正品，$X=0$ 表示取得次品，且 $P\{X=1\}=0.95$，$P\{X=0\}=0.05$，即 X 服从 0-1 分布。

2. 二项分布

二项分布的背景是 n 重伯努利试验。若试验 E 只有两个试验结果 A 和 $\overline{A}$，$P(A)=p$，$P(\overline{A})=1-p(0<p<1)$，把试验 E 独立重复进行 n 次，这种试验称为 n 重伯努利试验。例如将一枚硬币抛 10 次，考察正面出现的情况，就是一个 10 重伯努利试验；在一批产品中有放回地抽取 100 次，考察抽到正品的情况，就是 100 重伯努利试验。

用 X 表示 n 重伯努利试验中事件 A 发生的次数，则 X 的所有可能取值为 $0,1,2,\cdots,n$，可得到 X 的分布律为

$$P\{X=k\}=\mathrm{C}_n^k p^k(1-p)^{n-k},k=0,1,2,\cdots,n。$$

因此，给出二项分布的定义如下：

如果随机变量 X 的分布律为

$$P\{X=k\}=\mathrm{C}_n^k p^k(1-p)^{n-k},\ k=0,1,2,\cdots,n,\ 0<p<1,$$

其中 n 为正整数，p 为在每次试验中事件发生的概率，则称 X 服从参数为 n，p 的**二项分布**，记为 $X\sim B(n,p)$。

例 2.2.7 一批产品中有 5%的产品不合格，从中任意抽取 10 件，计算不合格产品数 X 的分布律以及至少有 3 件不合格产品的概率。

解：抽取到的产品要么合格，要么不合格，只有两种可能，所以抽取一个产品可以看作是一次伯努利试验，抽取 10 个产品可以看作是 10 次独立的伯努利试验，即 $X\sim B$（10,0.05）。所以分布律为

$$P\{X=k\}=\mathrm{C}_{10}^k 0.05^k 0.95^{10-k},\ k=0,1,2,\cdots,10,$$

至少有 3 件不合格品的概率为

$$\begin{aligned}P\{X\geqslant 3\}&=1-P\{X=0\}-P\{X=1\}-P\{X=2\}\\&=1-\mathrm{C}_{10}^0 0.05^0 0.95^{10}-\mathrm{C}_{10}^1 0.05^1 0.95^9-\mathrm{C}_{10}^2 0.05^2 0.95^8\\&\approx 1-0.5987-0.3151-0.0746\\&=0.0116。\end{aligned}$$

例 2.2.8　在规划河流的洪水控制系统时，必须注意河流的年最大洪水量，假定在任何一年中最大洪水位超过某一规定的设计水位 h_0 的概率为 0.1，试计算在今后 5 年内至少有两年最大洪水位超过 h_0 的概率。

解： 在每一年中，最大洪水位只有两种情况，即超过 h_0 或者不超过 h_0，且各年洪水位可以认为是相互独立的，所以此问题可以看作是一个重复 5 次的独立试验，且每次独立试验中，洪水位超过 h_0 的概率为 0.1，令 X 表示 5 次独立试验中洪水位超过 h_0 的次数，则洪水位至少有两次超过 h_0 的概率为

$$\begin{aligned} P\{X \geqslant 2\} &= 1 - P\{X = 0\} - P\{X = 1\} \\ &= 1 - \mathrm{C}_5^0 0.1^0 0.9^5 - \mathrm{C}_5^1 0.1^1 0.9^4 \\ &= 1 - 0.59049 - 0.32805 = 0.08146。\end{aligned}$$

3. 泊松分布

如果随机变量 X 的概率分布为

$$P\{X = k\} = \frac{\lambda^k}{k!}\mathrm{e}^{-\lambda},\ k = 0,1,2,\cdots,$$

其中，$\lambda>0$ 为常数，则称 X 服从参数为 λ 的**泊松分布**，记为 $X \sim P(\lambda)$。

现实中许多问题中的随机变量都可以被认为服从泊松分布。例如，观察某电话交换台在单位时间内收到用户的呼唤次数，某公共汽车站在单位时间内来到车站乘车的乘客数，单位长度上布匹的疵点数，一本书中每一页面上印刷错误的次数，某交通路口每年发生车祸的次数，容器内的细菌数等。此外，在生物学、医学、工业及公用事业的排队等问题中，一般都是服从泊松分布。为了方便实际计算，附录中列出了泊松分布函数表。

例 2.2.9　某商店某种高级组合音响的月销售量服从参数为 9 的泊松分布，试计算：

(1) 该种组合音响的月销售量在 10 套以上的概率；

(2) 如果要以 95%以上的把握程度保障该种组合音响不脱销，则该商店在月初至少应进此种组合音响多少套。

解： (1) 令 X 表示该种组合音响的月销售量，则

$$\begin{aligned} P\{X \geqslant 10\} &= 1 - P\{X \leqslant 9\} = 1 - \sum_{k=0}^{9}\frac{9^k}{k!}\mathrm{e}^{-9} \\ &\approx 1 - 0.587408 = 0.412592。\end{aligned}$$

(2) 设月初该种组合音响的进货量为 m，则当 $X \leqslant m$ 时，才能保证该种组合音响不脱销，因此有 $P\{X \leqslant m\} \geqslant 0.95$，即

$\sum_{k=0}^{m} \frac{9^k}{k!}e^{-9} \geqslant 0.95$，又由于

$$\sum_{k=0}^{13} \frac{9^k}{k!}e^{-9} \approx 0.92615,\ \sum_{k=0}^{14} \frac{9^k}{k!}e^{-9} \approx 0.95866,$$

所以，该商店在月初至少应进此种组合音响 14 套，才能保证以 95%以上的把握程度销售该种组合音响不脱销。

4. 几何分布

在独立试验序列中，设每次试验时事件 A 发生的概率为 $p(0<p<1)$，只要事件 A 不发生，试验就不断地重复进行下去，直到事件 A 发生为止。设 X 表示直到事件 A 发生为止所进行的试验次数，即 $X=k$ 时，表示在前 $k-1$ 次试验中，事件 A 均没有发生，在第 k 次试验中，事件 A 首次发生，考虑到每次试验结果的相互独立，所以

$$P\{X=k\} = (1-p)^{k-1}p,\ k=1,2,\cdots,$$

称此概率分布为**几何分布**，记为 $X \sim g(p)$。

例 2.2.10 口袋中有 3 个红球，2 个白球，从中一个一个地任意取球，每次取出后看过颜色又立即放回，这样不停地取，直到取到一个红球为止，设 X 表示取到红球为止所发生的取球次数，试计算 X 的概率分布以及至少需要 n 次才能取到红球的概率。

解：由于是放回取球，所以每次取到红球的概率均为 0.6，显然，取到红球为止所发生的取球次数 X 服从 $p=0.6$ 的几何分布，即 $X \sim g(0.6)$，所以 X 的分布律为

$$P\{X=k\} = 0.4^{k-1}0.6(k=1,2,\cdots)。$$

至少需要 n 次才能取到红球的概率为

$$P\{X \geqslant n\} = \sum_{k=n}^{\infty}(1-p)^{k-1}p = (1-p)^{n-1}p\sum_{k=0}^{\infty}(1-p)^k$$

$$= \frac{(1-p)^{n-1}p}{1-(1-p)} = 0.4^{n-1}。$$

当然也可以直接计算。因为至少需要 n 次才能取到红球的概率即为前 $n-1$ 次都取到白球的概率，即 $P\{X \geqslant n\} = (1-p)^{n-1} = 0.4^{n-1}$。

2.2.3 几种常见分布之间的关系

1. 0-1 分布与二项分布的关系

在二项分布中当试验次数 $n=1$ 时，二项分布变为 0-1 分布，即

$$P\{X=k\} = C_1^k p^k(1-p)^{1-k} = p^k(1-p)^{1-k}(k=0,1)。$$

因此，随机变量 X 服从参数为 p 的 0-1 分布可记作 $X \sim B(1,p)$。

2. 二项分布与泊松分布的关系

定理　设随机变量 X 服从参数为 n，p_n 的二项分布，$n=1,2,\cdots$，其中 p_n 与 n 有关且满足 $\lim\limits_{n\to\infty}np_n=\lambda>0$，则

$$\lim_{n\to\infty}C_n^k p_n^k(1-p_n)^{n-k}=\frac{\lambda^k e^{-\lambda}}{k!},\ k=0,1,2,\cdots。$$

证明：设 $np_n=\lambda_n$，则 $p_n=\dfrac{\lambda_n}{n}$。因为

$$\begin{aligned}C_n^k p_n^k(1-p_n)^{n-k}&=\frac{n(n-1)\cdots(n-k+1)}{k!}\left(\frac{\lambda_n}{n}\right)^k\left(1-\frac{\lambda_n}{n}\right)^{n-k}\\&=\frac{\lambda_n^k}{k!}\left(1-\frac{1}{n}\right)\left(1-\frac{2}{n}\right)\cdots\left(1-\frac{k-1}{n}\right)\left(1-\frac{\lambda_n}{n}\right)^{n-k},\end{aligned}$$

对任意固定的 k（$0\leqslant k\leqslant n$），当 $n\to\infty$ 时，因为

$$\left(1-\frac{1}{n}\right)\left(1-\frac{2}{n}\right)\cdots\left(1-\frac{k-1}{n}\right)\to 1,\ \lambda_n^k\to\lambda^k,\ \left(1-\frac{\lambda_n}{n}\right)^{-k}\to 1,$$

$$\lim_{n\to\infty}\left(1-\frac{\lambda_n}{n}\right)^n=\lim_{n\to\infty}\left(1-\frac{\lambda_n}{n}\right)^{-\frac{n}{\lambda_n}(-\lambda_n)}=e^{-\lambda},$$

所以

$$\lim_{n\to\infty}C_n^k p_n^k(1-p_n)^{n-k}=\frac{\lambda^k e^{-\lambda}}{k!},\ k=0,1,2,\cdots。$$

注：在应用中，当 n 较大且 p 很小时（一般 $n\geqslant 30$，$p\leqslant 0.1$），有以下的泊松近似公式

$$C_n^k p^k(1-p)^{n-k}\approx\frac{\lambda^k e^{-\lambda}}{k!},\ \lambda=np,\ k=0,1,2,\cdots。$$

例 2.2.11　某地有 2500 人参加某种物品保险，每人在年初向保险公司交保费 12 元，若在这一年里该物品损坏，则可以从保险公司领取 2000 元。设该物品的损坏率为 0.002，求保险公司获利不小于 20000 元的概率。

解：设 X 表示“投保人中物品损坏的件数”，则 X 服从参数为 $n=2500$，$p=0.002$ 的二项分布。事件“保险公司获利不小于 20000 元”可以表示为 $\{2500\times12-2000X\geqslant20000\}$，即 $\{X\leqslant5\}$，所以所求概率为

$$\begin{aligned}P\{X\leqslant5\}&=\sum_{k=0}^{5}C_{2500}^k(0.002)^k(0.998)^{2500-k}\\&\approx\sum_{k=0}^{5}\frac{5^k e^{-5}}{k!}\approx0.616\end{aligned}$$

习题 2.2

1. 在3件正品、2件次品组成的产品中，任取2件，求取到次品件数 X 的分布律。

2. 一箱产品中装有3件次品、5件正品，某人从箱中任意摸出4件产品，求摸得的正品件数 X 的分布律。

3. 设随机变量 X 的分布律为

$$P\{X = k\} = \frac{ak}{18},\ k = 1,2,\cdots,9。$$

求：

(1) 常数 a；

(2) $P\{X=1 \text{ 或 } X=4\}$；

(3) $P\left\{-1 \leqslant X < \frac{7}{2}\right\}$。

4. 设随机变量 X 的分布律为

X	-1	0	1	2
P	0.25	0.2	0.3	0.25

求：

(1) $P\{X \leqslant 0.5\}$；

(2) $P\{1.5 < X \leqslant 2.5\}$；

(3) X 的分布函数。

5. 设随机变量 X 的分布函数为

$$F(x) = \begin{cases} 0, & x < 0 \\ \frac{1}{4}, & 0 \leqslant x < 1, \\ \frac{1}{3}, & 1 \leqslant x < 3, \\ \frac{1}{2}, & 3 \leqslant x < 6, \\ 1, & x \geqslant 6。\end{cases}$$

求：

(1) X 的分布律；

(2) $P\{X < 3\}$，$P\{X \leqslant 3\}$；

(3) $P\{X > 1\}$，$P\{X \geqslant 1\}$。

6. 某特效药的临床有效率为0.95，今有10人服用，问至少有8人治愈的概率是多少？

7. 某街道共有10部公用电话，调查表明在任一时刻 t 每部电话被使用的概率为0.85，在同一时刻，

(1) 求被使用的公用电话部数 X 的分布律；

(2) 求至少有8部电话被使用的概率；

(3) 求至少有1部电话未被使用的概率；

(4) 为了保证至少有1部电话未被使用的概率不小于90%，问应再安装多少部公用电话？

8. 设一交通路口一个月内出现交通事故的次数服从参数为4的泊松分布，求：

(1) 一个月恰发生8次交通事故的概率；

(2) 一个月发生交通事故的次数大于10的概率。

9. 对某一目标射击，直到击中为止，设每次射击命中率为0.8，求：

(1) 射击次数 X 的分布律；

(2) 第三次才击中目标的概率；

(3) 射击次数不超过5次的概率。

10. 某银行储蓄所开有1000个资金账户，每户资金10万元。假设每日每个资金账户到储蓄所提取20%现金的概率为0.004，问：该储蓄所每日至少要准备多少现金才能以95%以上的概率满足客户提款的需求？

2.3 连续型随机变量

对于一个在连续区间上取值的随机变量 X 来说，不能像离散型随机变量那样用分布律来描述，在讨论方法上要另做考虑。

在物理学上，描述一个非均质细棒的质量分布情况时，引入了质量线密度的概念。将非均质细棒放到数轴上，令 $m(x)$ 表示分

布在区间$(-\infty,x]$上的质量。设$\Delta x>0$，那么$\frac{m(x+\Delta x)-m(x)}{\Delta x}$表示在区间$(x,x+\Delta x]$上，每单位长度平均分布的质量，即平均质量线密度。令$\Delta x\to 0$，称

$$\rho(x)=\lim_{\Delta x\to 0}\frac{m(x+\Delta x)-m(x)}{\Delta x}$$

为非均质细棒的质量分布线密度函数。若$\rho(x)$在某点x_0处的数值较大，则表明分布在x_0附近的质量较密集；反之则较稀疏。由微分学，有

$$m'(x)=\rho(x),\ m(x)=\int_{-\infty}^{x}\rho(t)\mathrm{d}t。$$

而$\int_a^b\rho(x)\mathrm{d}x$则表示分布在区间$[a,b]$上的质量。由此可见，质量线密度函数$\rho(x)$全面刻画了一个非均质细棒的质量分布的规律。

受以上问题的启发，下面给出概率密度函数的定义。

2.3.1 连续型随机变量的概率密度函数

定义 2.3.1　设随机变量X的分布函数为$F(x)$，若存在非负函数$f(x)$，使得对任意实数x，有

$$F(x)=P\{X\leqslant x\}=\int_{-\infty}^{x}f(t)\mathrm{d}t,$$

则称X为**连续型随机变量**，并称$f(x)$为X的**概率密度函数**，简称为概率密度或密度函数。

由上述定义不难得到下列结论：

(1) 连续型随机变量的分布函数是连续函数；

(2) 连续型随机变量X取值为任一实数a的概率为零，即$P\{X=a\}=0$；

(3) 连续型随机变量X的取值在一个区间上的概率为

$$\begin{aligned}P\{x_1<X\leqslant x_2\}&=P\{x_1\leqslant X<x_2\}=P\{x_1<X<x_2\}\\&=P\{x_1\leqslant X\leqslant x_2\}=F(x_2)-F(x_1)\\&=\int_{x_1}^{x_2}f(x)\mathrm{d}x;\end{aligned}$$

(4) 如果$f(x)$在点x处连续，则$F'(x)=f(x)$。

显然，连续型随机变量X的概率密度函数具有以下性质：

性质 2.3.1（非负性）　$f(x)\geqslant 0$，$-\infty<x<+\infty$。

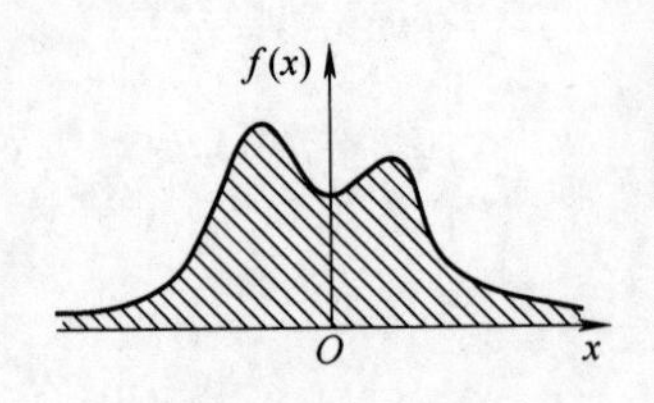

图 2.3.1 随机变量概率密度函数图像

性质 2.3.2（规范性） $\int_{-\infty}^{+\infty} f(x)\mathrm{d}x = 1$。

概率密度函数的两条性质如图 2.3.1 所示。

例 2.3.1 设连续型随机变量 X 的概率密度为 $f(x) = A\mathrm{e}^{-|x|}$，$-\infty<x<+\infty$，试求：

(1) 常数 A；

(2) X 的分布函数；

(3) $P\{0<X<0.5\}$。

解：(1) 利用密度函数的规范性 $\int_{-\infty}^{+\infty} f(x)\mathrm{d}x = 1$ 有

$$1 = \int_{-\infty}^{+\infty} A\mathrm{e}^{-|x|}\mathrm{d}x = 2A\int_{0}^{+\infty} \mathrm{e}^{-x}\mathrm{d}x = 2A,$$

得 $A=\frac{1}{2}$。

(2) 当 $x<0$ 时，$F(x) = \int_{-\infty}^{x} \frac{1}{2}\mathrm{e}^{t}\mathrm{d}t = \frac{1}{2}\mathrm{e}^{x}$，

当 $x\geqslant 0$ 时，$F(x) = \int_{-\infty}^{x} \frac{1}{2}\mathrm{e}^{-|t|}\mathrm{d}t = \int_{-\infty}^{0} \frac{1}{2}\mathrm{e}^{t}\mathrm{d}t + \int_{0}^{x} \frac{1}{2}\mathrm{e}^{-t}\mathrm{d}t = 1 - \frac{1}{2}\mathrm{e}^{-x}$，

故 X 的分布函数为

$$F(x) = \begin{cases} \frac{1}{2}\mathrm{e}^{-x}, & x < 0, \\ 1 - \frac{1}{2}\mathrm{e}^{-x}, & x \geqslant 0。\end{cases}$$

(3)

$$P\{0 < X < 0.5\} = \int_{0}^{0.5} f(x)\mathrm{d}x = \int_{0}^{0.5} 0.5\mathrm{e}^{-x}\mathrm{d}x = 0.5(1 - \mathrm{e}^{-0.5}),$$

或者也可利用分布函数的性质有

$$\begin{aligned} P\{0 < X < 0.5\} &= F(0.5) - F(0) = 1 - 0.5\mathrm{e}^{-0.5} - 0.5 \\ &= 0.5(1 - \mathrm{e}^{-0.5})。\end{aligned}$$

例 2.3.2 设连续型随机变量 X 的分布函数为

$$F(x) = \begin{cases} 0, & x < 0, \\ x^2, & 0 \leqslant x < 1, \\ 1, & x \geqslant 1, \end{cases}$$

试求 X 的概率密度。

解：当 $x < 0$ 或 $x \geqslant 1$ 时，$F'(x) = 0$；当 $0 \leqslant x < 1$ 时，

$F'(x)=2x$,

令 $f(x)=\begin{cases}2x, & 0\leqslant x<1\\ 0, & 其他\end{cases}$，则 $f(x)$ 为非负函数，且可以验证对任意实数 x，有

$$F(x)=\int_{-\infty}^{x} f(t)\,\mathrm{d}t,$$

从而 X 的概率密度为 $f(x)$。显然，满足此式的 $f(x)$ 不唯一。

一般地，当随机变量 X 的分布函数 $F(x)$ 连续且除了有限个点，导数 $F'(x)$ 存在，则 X 为连续型随机变量，按如下方式求函数 $f(x)$：

(1) 在 $F'(x)$ 存在的点 x，令 $f(x)=F'(x)$；

(2) 在 $F'(x)$ 不存在的点 x，令 $f(x)$ 为任意非负数，若对于任意 $x\in\mathbf{R}$ 恒有 $\int_{-\infty}^{x} f(t)\,\mathrm{d}t=F(x)$，则 $f(x)$ 为 X 的概率密度。

因此，求连续型随机变量的概率密度函数，可利用其分布函数的导函数求出其概率密度（微分法），并且可以看出，其密度函数不是唯一的；反之，由其概率密度函数，利用变上限广义积分可求出分布函数（积分法）。

2.3.2 常见连续型随机变量的分布

1. 均匀分布

定义 2.3.2 设连续型随机变量 X 具有概率密度函数

$$f(x)=\begin{cases}\dfrac{1}{b-a}, & x\in(a,b),\\ 0, & 其他,\end{cases}$$

称 X 服从区间 (a,b) 上的均匀分布，记为 $X\sim U(a,b)$。

容易验证 $f(x)$ 满足概率密度的性质，且很容易求得 X 的分布函数

$$F(x)=\begin{cases}0, & x<a,\\ \dfrac{x-a}{b-a}, & a\leqslant x\leqslant b,\\ 1, & x>b。\end{cases}$$

$f(x)$ 及 $F(x)$ 的图形分别如图 2.3.2 和图 2.3.3 所示。

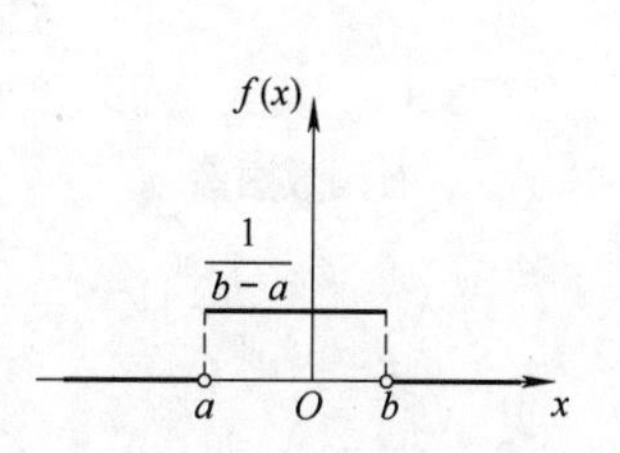

图 2.3.2　均匀分布概率密度函数图像

若 X 在 (a,b) 上服从均匀分布，$[c,c+l]\subset(a,b)$，则

$$P\{c\leqslant X\leqslant c+l\}=\int_{c}^{c+l} f(x)\,\mathrm{d}x=\int_{c}^{c+l}\frac{1}{b-a}\mathrm{d}x=\frac{l}{b-a}。$$

这说明 X 落在 (a,b) 内的子区间 $[c,c+l]$ 的概率与区间长度 l

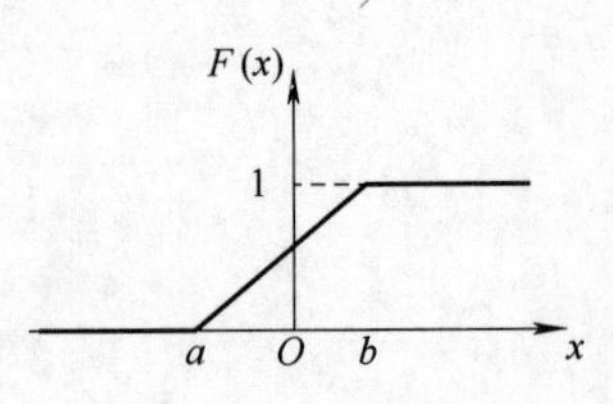

图 2.3.3　均匀分布分布函数图像

成正比，而与子区间的位置无关，从而称之为均匀分布。均匀分布在实际问题中经常使用，如在研究四舍五入引起的误差，乘客候车的时间等随机现象时，常常用到均匀分布。均匀分布是一种简单而重要的分布。

例 2.3.3　在某公共汽车的起点站上，每隔 15min 发出一辆客车，一位乘客在任意时刻到站候车，

(1) 写出该乘客候车时间 X 的概率密度；

(2) 求该乘客候车时间超过 6min 的概率。

解：(1) 由题意，$X \sim U[0,15]$，其概率密度为

$$f(x)=\begin{cases}\dfrac{1}{15}, & 0 \leqslant x < 15,\\ 0, & \text{其他。}\end{cases}$$

(2) $P\{X > 6\} = \int_6^{+\infty} f(x)\,\mathrm{d}x = \int_6^{15} \dfrac{1}{15}\mathrm{d}x = \dfrac{3}{5}$。

2. 指数分布

定义 2.3.3　设连续型随机变量 X 具有概率密度函数

$$f(x)=\begin{cases}\lambda \mathrm{e}^{-\lambda x}, & x > 0,\\ 0, & x \leqslant 0,\end{cases}$$

其中 $\lambda>0$ 为常数，则称 X 服从参数为 λ 的**指数分布**，记为 $X \sim \mathrm{Exp}(\lambda)$。

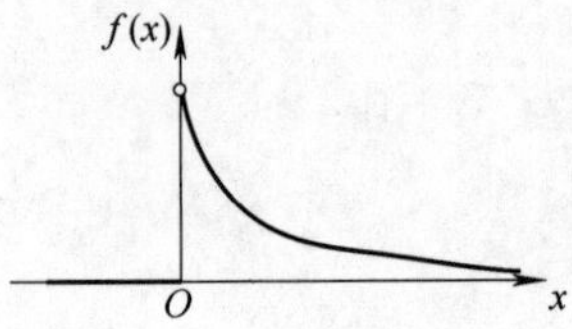

显然指数分布的分布函数为

$$F(x)=\begin{cases}1-\mathrm{e}^{-\lambda x}, & x \geqslant 0,\\ 0, & x < 0。\end{cases}$$

图 2.3.4　指数分布概率密度函数图像

$f(x)$，$F(x)$ 的图形分别如图 2.3.4 和图 2.3.5 所示。

指数分布是重要的连续性分布之一，常用作各种元件“寿命”分布的近似，在可靠性统计、生存分析、随机服务系统中均占重要地位。

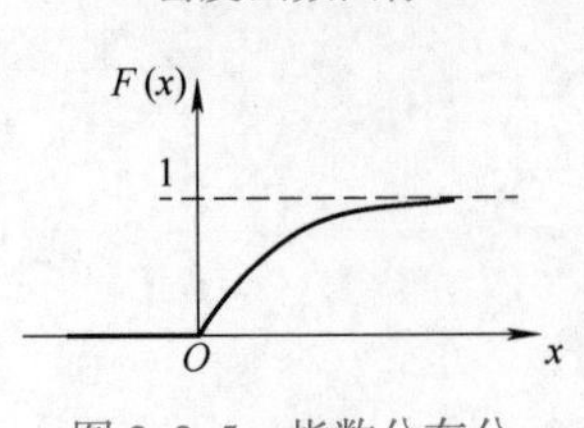

图 2.3.5　指数分布分布函数图像

例 2.3.4　某仪器装有 5 只独立工作的同型号的电子元件，其寿命（单位：h）都服从同一指数分布，且概率密度

$$f(x)=\begin{cases}\dfrac{1}{1500}\mathrm{e}^{-\frac{1}{1500}x}, & x > 0,\\ 0, & x \leqslant 0。\end{cases}$$

试求在仪器使用的最初 500h 内，至少一只电子元件损坏的概率。

解：以 $X_i(i=1,2,3,4,5)$ 表示第 i 只元件的寿命，则 X_i 的概率密度为

$$f(x)=\begin{cases}\dfrac{1}{1500}\mathrm{e}^{-\frac{1}{1500}x}, & x>0,\\ 0, & 其他。\end{cases}$$

事件 $A_i(i=1,2,3,4,5)$ 表示“在仪器使用的最初 500h 内，第 i 只元件损坏”，则 A_1,A_2,A_3,A_4,A_5 相互独立，且

$$\begin{aligned}P(A_i)=P\{0\leqslant X_i\leqslant 500\}&=\int_0^{500}f(x)\,\mathrm{d}x\\&=\int_0^{500}\frac{1}{1500}\mathrm{e}^{-\frac{1}{1500}x}\mathrm{d}x=1-\mathrm{e}^{-\frac{1}{3}},\ i=1,2,3,4,5,\end{aligned}$$

故所求概率为

$$P\left(\bigcup_{i=1}^{5}A_i\right)=1-P\left(\bigcap_{i=1}^{5}\overline{A_i}\right)=1-\prod_{i=1}^{5}P(\overline{A_i})=1-\mathrm{e}^{-\frac{5}{3}}。$$

同理，可求出“至多只有一只电子管损坏”的概率，“恰好有两只电子管损坏”的概率等。

指数分布具有“无记忆性”，即对于任意 s，$t>0$，有

$$P\{X>s+t\mid X>s\}=P\{X>t\}。$$

若 X 表示某物品的寿命，则“无记忆性”表明在它已经使用了 sh 后，还可以再用 th 的概率与开始使用的 sh 无关，也就是说，物品对于它已使用过 sh 没有记忆，不会因此影响到后来的使用寿命。正是由于指数分布的这一特性，它常用来描述生物或物品寿命的分布。

3. 正态分布

正态分布是随机变量的分布中重要的一种分布。实际问题中的许多随机变量都服从或近似服从正态分布，例如：在正常情况下，农作物的株高和单位面积的产量，产品的质量指标（如长度、强度等），测量中的测量误差，商场的日营业额等，都服从或近似服从正态分布。

定义 2.3.4　如果随机变量 X 的概率密度为

$$f(x)=\frac{1}{\sqrt{2\pi}\sigma}\mathrm{e}^{-\frac{(x-\mu)^2}{2\sigma^2}},\quad -\infty<x<+\infty,$$

其中 μ，σ 为常数，且 $\sigma>0$，则称 X 服从参数为 μ 和 σ^2 的正态分布，记作 $X\sim N(\mu,\sigma^2)$。

下面来验证正态分布变量 X 的概率密度 $f(x)$（也称为正态分布密度）满足随机变量概率密度的两条性质：

（1）显然 $f(x)>0$。

（2）做变量代换 $t=\dfrac{x-\mu}{\sigma}$，则

$$I=\int_{-\infty}^{+\infty}\frac{1}{\sqrt{2\pi}\sigma}\mathrm{e}^{-\frac{(x-\mu)^2}{2\sigma^2}}\mathrm{d}x=\frac{1}{\sqrt{2\pi}}\int_{-\infty}^{+\infty}\mathrm{e}^{-\frac{t^2}{2}}\mathrm{d}t,$$

而

$$I^2=\frac{1}{2\pi}\left(\int_{-\infty}^{+\infty}\mathrm{e}^{-\frac{x^2}{2}}\mathrm{d}x\right)\left(\int_{-\infty}^{+\infty}\mathrm{e}^{-\frac{y^2}{2}}\mathrm{d}y\right)=\frac{1}{2\pi}\int_{-\infty}^{+\infty}\int_{-\infty}^{+\infty}\mathrm{e}^{-\frac{x^2+y^2}{2}}\mathrm{d}x\mathrm{d}y$$

$$=\frac{1}{2\pi}\int_0^{2\pi}\left(\int_{-\infty}^{+\infty}\mathrm{e}^{-\frac{r^2}{2}}r\mathrm{d}r\right)\mathrm{d}\theta=\frac{1}{2\pi}\int_0^{2\pi}\mathrm{d}\theta=1,$$

由于$I>0$，故$I=1$。

正态分布变量$X\sim N(\mu,\sigma^2)$的概率密度曲线也叫作正态分布曲线，且正态分布曲线有以下性质：

（1）关于直线$x=\mu$对称；

（2）在$x=\mu$处取得最大值$f(\mu)=\dfrac{1}{\sqrt{2\pi}\sigma}$；

（3）在区间$(-\infty,\mu)$内上升，在$(\mu,+\infty)$内下降；拐点分别为$\left(\mu-\sigma,\ \dfrac{1}{\sqrt{2\mathrm{e}\pi}\sigma}\right)$和$\left(\mu+\sigma,\ \dfrac{1}{\sqrt{2\mathrm{e}\pi}\sigma}\right)$；

（4）以x轴为渐近线，图2.3.6给出了正态分布密度函数的图像。

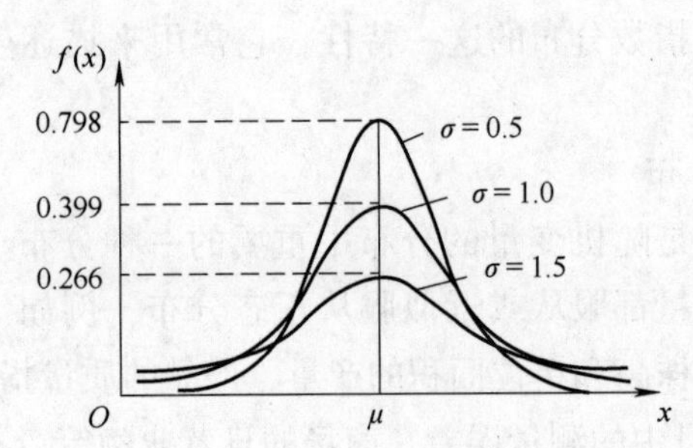

图2.3.6 正态分布密度函数的图像

在正态分布曲线中，若固定μ，改变σ值，则由最大值$f(x)=\dfrac{1}{\sqrt{2\pi}\sigma}$可知，当$\sigma$越小时$f(x)=\dfrac{1}{\sqrt{2\pi}\sigma}$越大，从而曲线越陡峭；当$\sigma$越大时$f(x)=\dfrac{1}{\sqrt{2\pi}\sigma}$越小，从而曲线越平缓，如$\sigma=0.5$，$\sigma=1.0$，$\sigma=1.5$时的曲线如图2.3.6所示。另外，当固定$\sigma$值，则$\mu$值的大小决定曲线的位置。当$\mu$增大时曲线向右平移，当$\mu$减少时曲线向左平移，但曲线形状不变，如图2.3.7所示。

容易计算正态分布变量$X\sim N(\mu,\sigma^2)$的分布函数为

$$F(x)=\frac{1}{\sqrt{2\pi}\sigma}\int_{-\infty}^{x}\mathrm{e}^{-\frac{(t-\mu)^2}{2\sigma^2}}\mathrm{d}t,\quad -\infty<x<+\infty,$$

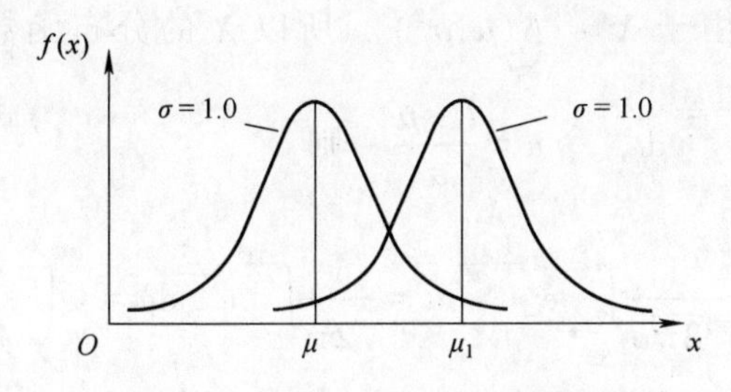

图 2.3.7　正态分布密度函数的图像

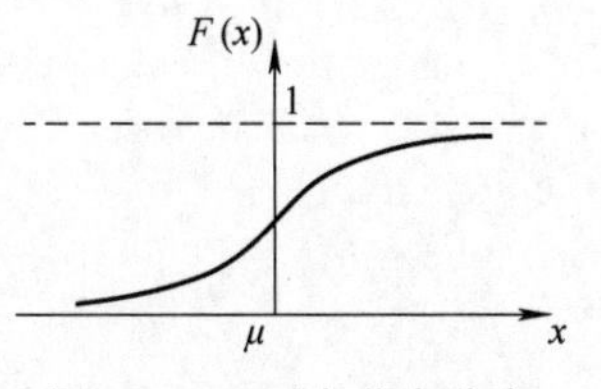

图 2.3.8　正态分布分布函数的图像

其图像如图 2.3.8 所示。

定义 2.3.5　在正态分布密度中，如果 $\mu=0$，$\sigma=1$，即若随机变量 X 的概率密度为

$$\varphi(x)=\frac{1}{\sqrt{2\pi}}\mathrm{e}^{-\frac{x^2}{2}},\quad -\infty<x<+\infty,$$

则称 X 服从标准正态分布，记作 $X\sim N(0,1)$。

对于标准正态分布变量 X，其分布函数为

$$\Phi(x)=\frac{1}{\sqrt{2\pi}}\int_{-\infty}^{x}\mathrm{e}^{-\frac{t^2}{2}}\mathrm{d}t,\quad -\infty<x<+\infty。$$

由于标准正态分布的分布函数值 $\Phi(x)$ 不便利用公式直接计算，所以为了使用上的方便，本书附有标准正态分布函数 $\Phi(x)$ 的函数值表——标准正态分布表（见附表 A），供查用，附表 A 列出了 $x\geqslant 0$ 时的 $\Phi(x)$ 值，对于 $\Phi(-x)$ 的值，可利用公式 $\Phi(-x)=1-\Phi(x)$ 求得。

例 2.3.5　设 $X\sim N(0,1)$，求概率 $P\{X<0.5\}$，$P\{X>2.5\}$ 及 $P\{-1.64\leqslant X<0.82\}$。

解：由附表 1 得

$$P\{X<0.5\}=\Phi(0.5)=0.6915,$$

$$\begin{aligned}P\{X>2.5\}&=1-P\{X\leqslant 2.5\}=1-\Phi(2.5)\\&=1-0.9938=0.0062,\end{aligned}$$

$$\begin{aligned}P\{-1.64\leqslant X\leqslant 0.82\}&=\Phi(0.82)-\Phi(-1.64)\\&=\Phi(0.82)-[1-\Phi(1.64)]\\&=\Phi(0.82)+\Phi(1.64)-1\\&=0.7939+0.9495-1=0.7434。\end{aligned}$$

定理 2.3.1　若 $X\sim N(\mu,\sigma^2)$，则 $Y=\frac{X-\mu}{\sigma}\sim N(0,1)$。

证明：由于 $X \sim N(\mu,\sigma^2)$，所以 X 的分布函数为 $F(x)=\frac{1}{\sqrt{2\pi}\sigma}\int_{-\infty}^{x} e^{-\frac{(t-\mu)^2}{2\sigma^2}}dt$，令 $u=\frac{t-\mu}{\sigma}$，则

$$F(x)=\frac{1}{\sqrt{2\pi}\sigma}\int_{-\infty}^{x} e^{-\frac{(t-\mu)^2}{2\sigma^2}}dt=\frac{1}{\sqrt{2\pi}}\int_{-\infty}^{\frac{x-\mu}{\sigma}} e^{-\frac{u^2}{2}}du=\Phi\left(\frac{x-\mu}{\sigma}\right),$$

即

$$F(x)=\Phi\left(\frac{x-\mu}{\sigma}\right),$$

从而

$$Y=\frac{X-\mu}{\sigma}\sim N(0,1)。$$

例 2.3.6 设 $X \sim N(3,4)$，求：

(1) $P\{-2 \leqslant X \leqslant 7\}$；

(2) $P\{X \geqslant 4\}$。

解：(1) 这里 $\mu=3$，$\sigma=2$，故

$$\begin{aligned}P\{-2 \leqslant X \leqslant 7\} &= F(7)-F(-2)=\Phi\left(\frac{7-3}{2}\right)-\Phi\left(\frac{-2-3}{2}\right)\\ &=\Phi(2)-\Phi(-2.5)=0.9772-[1-\Phi(2.5)]\\ &=0.9772-0.0062=0.9710。\end{aligned}$$

(2)

$$\begin{aligned}P\{X \geqslant 4\} &= 1-P\{X<4\}=1-F(4)=1-\Phi\left(\frac{4-3}{2}\right)\\ &=1-\Phi(0.5)=1-0.6915=0.3085\end{aligned}$$

例 2.3.7 某地区 8 月份的降雨量 X 服从 $\mu=185$mm，$\sigma=28$mm 的正态分布，试写出 X 的概率密度，并求该地区 8 月份降雨量超过 250mm 的概率。

解：X 的概率密度为

$$f(x)=\frac{1}{28\sqrt{2\pi}}e^{-\frac{(x-185)^2}{2\times 28^2}},$$

即 $X \sim N(185,28^2)$，根据题意，要求 $P\{X>250\}$，则

$$\begin{aligned}P\{X>250\} &= 1-P\{X \leqslant 250\}=1-F(250)=1-\Phi\left(\frac{250-185}{28}\right)\\ &=1-\Phi(2.32)=1-0.9898=0.0102\end{aligned}$$

为所求概率。对概率 $P\{X>250\}=0.0102$ 做频率解释：该地区 8 月份降雨量超过 250mm 大约百年一遇。

例 2.3.8　测量离某一目标的距离时，产生的随机误差 X(m) 服从正态分布 $N(0,400)$，求在 3 次测量中至少有 1 次误差的绝对值不超过 30m 的概率。

解：设每次对目标的测量所产生的误差是相互独立的，所求事件的概率为 p，则由题意知

$$p = 1 - [P\{|X| > 30\}]^3,$$

由于

$$\begin{aligned} P\{|X| > 30\} &= 1 - P\{|X| \leqslant 30\} = 1 - P\{-30 \leqslant X \leqslant 30\} \\ &= 1 - \left[\Phi\left(\frac{30}{20}\right) - \Phi\left(\frac{-30}{20}\right)\right] \\ &= 1 - \Phi(1.5) + \Phi(-1.5) = 2 - 2\Phi(1.5) \\ &= 2 - 2 \times 0.9332 = 0.1336 \end{aligned}$$

故 $p = 1 - 0.1336^3 \approx 0.9776$。

例 2.3.9　设 $X \sim N(\mu, \sigma^2)$，求 $P\{|X-\mu| < 3\sigma\}$，$P\{|X-\mu| < 2\sigma\}$ 和 $P\{|X-\mu| < \sigma\}$。

解：
$$\begin{aligned} P\{|X - \mu| < 3\sigma\} &= P\{\mu - 3\sigma < X < \mu + 3\sigma\} \\ &= F(\mu + 3\sigma) - F(\mu - 3\sigma) \\ &= \Phi\left(\frac{\mu + 3\sigma - \mu}{\sigma}\right) - \Phi\left(\frac{\mu - 3\sigma - \mu}{\sigma}\right) \\ &= \Phi(3) - \Phi(-3) = 2\Phi(3) - 1 \\ &= 2 \times 0.9987 - 1 = 0.9974。 \end{aligned}$$

类似地，可以求得

$$P\{|X - \mu| < 2\sigma\} = 0.9544,\ P\{|X - \mu| < \sigma\} = 0.6826。$$

由例 2.3.9 可见，如果 $X \sim N(\mu, \sigma^2)$，则 X 的取值集中于区间 $(\mu-3\sigma, \mu+3\sigma)$ 的概率为 99.74%，而在该区间之外取值的概率仅为 0.26%。显然，对服从标准正态分布的随机变量 X 来说，其取值集中于区间 $(-3,3)$，$(-2,2)$ 和 $(-1,1)$ 的概率分别为 99.74%，95.44%和 68.26%。

习题 2.3

1. 设随机变量 X 的概率密度函数为

$$f(x) = \begin{cases} Ax(3x + 2), & 0 \leqslant x \leqslant 2, \\ 0, & \text{其他}, \end{cases}$$

求：

(1) 常数 A；

(2) $P\{-1 < X < 1\}$。

2. 设随机变量 X 的概率密度函数为

$$f(x) = \begin{cases} x, & 0 \leqslant x < 1, \\ 2 - x, & 1 \leqslant x < 2, \\ 0, & \text{其他}, \end{cases}$$

求：

(1) X 的分布函数；

(2) $P\{X < 1.5\}$。

3. 设随机变量 X 的概率密度函数为

$$f(x)=\begin{cases}A\cos x, & |x|\leqslant \dfrac{\pi}{2},\\ 0, & |x|>\dfrac{\pi}{2},\end{cases}$$

求：

(1) 常数 A；

(2) X 的分布函数；

(3) X 落在区间 $(0,\dfrac{\pi}{4})$ 内的概率。

4. 某公共汽车站从上午 7 时开始，每 15min 来一辆车，如某乘客到达此站的时间是 7 时到 7 时 30 分之间的均匀分布的随机变量，试求他等车少于 5min 的概率。

5. 设 $X\sim N(0,1)$，查表求下列事件的概率：

(1) $P\{1 < X < 2\}$；

(2) $P\{X < -1.96\}$；

(3) $P\{|X| < 1.96\}$；

(4) $P\{X < 3.9\}$。

6. 设 $X\sim N(10,2^2)$，求：

(1) $P\{10 < X \leqslant 13\}$；

(2) $P\{|X-10| < 2\}$。

7. 设 $X\sim N(3,4)$，试求：

(1) $P\{2 \leqslant X < 5\}$；

(2) 确定 c，使得 $P\{X > c\} = P\{X < c\}$。

8. 某地区 18 岁的女青年的血压 X（收缩压单位：mmHg）服从 $N(110,12^2)$。

(1) 求 $P\{X \leqslant 104\}$，$P\{101 \leqslant X \leqslant 119\}$；

(2) 确定最小的 x，使得 $P\{X > x\} \leqslant 0.03$。

9. 预计一施工项目需 1000h 可以完成，实际施工总耗时 X 是一个服从正态分布的随机变量，且 $X\sim N(1000,100)$。

(1) 求总耗时低于 980h 的概率；

(2) 问延误工期多少小时以上的概率低于 5%？

2.4 随机变量函数的分布

设 X，Y 是两个随机变量，如果当 X 取值 x 时，Y 取值为 $y=g(x)$，则称 Y 是随机变量 X 的函数，记作 $Y=g(X)$。

例如，设随机变量 X 表示某车床加工的轴的直径，设随机变量 Y 表示所加工的轴的横截面面积，则称 $Y=\dfrac{\pi}{4}X^2$ 是 X 的函数。又如，设随机变量 $X\sim N(\mu,\sigma^2)$，则称 $Y=\dfrac{X-\mu}{\sigma}$ 是 X 的函数。

对于随机变量函数 $Y=g(X)$，如何由已知的随机变量 X 的分布，求得 Y 的分布？下面分两种情形讨论。

2.4.1 离散型随机变量函数的分布

例 2.4.1 设随机变量 X 的分布律为

X	0	1	2	3	4
P	$\frac{1}{6}$	$\frac{1}{6}$	$\frac{1}{3}$	$\frac{1}{9}$	$\frac{2}{9}$

(1) 求 $Y_1=2X+1$ 的分布律；

(2) 求 $Y_2=(X-2)^2$ 的分布律。

解：（1）由 $X=0,1,2,3,4$ 依次求得 $Y_1=2X+1$ 的值分别为 $1,3,5,7,9$。且 Y_1 取这些值时的概率分别为

$$P\{Y_1=1\}=P\{2X+1=1\}=P\{X=0\}=\frac{1}{6},$$

$$P\{Y_1=3\}=P\{2X+1=3\}=P\{X=1\}=\frac{1}{6},$$

类似地，有

$$P\{Y_1=5\}=\frac{1}{3},\ P\{Y_1=7\}=\frac{1}{9},\ P\{Y_1=9\}=\frac{2}{9},$$

故 $Y_1=2X+1$ 的分布律为

Y_1	1	3	5	7	9
P	$\frac{1}{6}$	$\frac{1}{6}$	$\frac{1}{3}$	$\frac{1}{9}$	$\frac{2}{9}$

（2）由 $X=0,1,2,3,4$，依次求得 $Y_2=(X-2)^2$ 的值分别为 $4,1,0,1,4$。其中相同的 Y_2 值只取一个，即 Y_2 的所有可能取值是 $Y_2=0,1,4$，且 Y_2 取这些值的概率分别为

$$P\{Y_2=0\}=P\{(X-2)^2=0\}=P\{X=2\}=\frac{1}{3},$$

$$P\{Y_2=1\}=P\{(X-2)^2=1\}=P\{X=1\}+P\{X=3\}$$
$$=\frac{1}{6}+\frac{1}{9}=\frac{5}{18},$$

$$P\{Y_2=4\}=P\{(X-2)^2=4\}=P\{X=0\}+P\{X=4\}$$
$$=\frac{1}{6}+\frac{2}{9}=\frac{7}{18}。$$

故 $Y_2=(X-2)^2$ 的分布律为

Y_2	0	1	4
P	$\frac{1}{3}$	$\frac{5}{18}$	$\frac{7}{18}$

由例2.4.1的解法看到，离散型随机变量 X 的函数 Y_1，Y_2 依然是离散型随机变量。而且求 Y_1 的分布律时，先由 $X=0,1,2,3,4$，依次求得 $Y_1=1,3,5,7,9$，由于 Y_1 取值各不相同，所以 Y_1 取每个值时的概率等于 X 取相应的值时的概率，从而得 Y_1 的分布律；求 Y_2 的分布律时，先由 $X=0,1,2,3,4$ 依次求得 $Y_2=4,1,0,1,4$，由于在 Y_2 的这些取值中有些是相同的，所以 Y_2 每取一相同值时，其概率就等于 X 取对应的各个值的概率之和。

一般地，设随机变量 X 是离散型随机变量，则随机变量函数 $Y=g(X)$ 也是离散型随机变量。如果 X 的分布律为

X	x_1	x_2	$\cdots$	x_k	$\cdots$
P	p_1	p_2	$\cdots$	p_k	$\cdots$

求随机变量函数 $Y=g(X)$ 的概率分布，可按如下步骤进行：

(1) 由 $X=x_k(k=1,2,\cdots)$ 求出 $Y=g(x_k)=y_k$，$k=1,2,\cdots$；

(2a) 若 $y_k=g(x_k)$ $(k=1,2,\cdots)$ 各不相同，则

$$P\{Y=y_k\}=P\{Y=g(x_k)\}=P\{X=x_k\}=p_k,\ k=1,2,\cdots,$$

即得 $Y=g(x)$ 的分布律为

Y	y_1	y_2	$\cdots$	y_k	$\cdots$
P	p_1	p_2	$\cdots$	p_k	$\cdots$

(2b) 若 $y_k=g(x_k)$ $(k=1,2,\cdots)$ 有相同值，不妨设 $y_1=y_2$，其余 $y_k=g(x_k)$ $(k=3,\cdots)$ 的值各不相同，则相同值只取 y_1，y_2 中的一个作为 Y 的取值（不妨取 y_2），且

$$P\{Y=y_2\}=P\{X=x_1\}+P\{X=x_2\}=p_1+p_2。$$

而 $P\{Y=y_k\}=P\{Y=g(x_k)\}=P\{X=x_k\}=p_k$ $(k=3,\cdots)$，即得 $Y=g(X)$ 的分布律为

Y	y_2	y_3	$\cdots$	y_k	$\cdots$
P	p_1+p_2	p_3	$\cdots$	p_k	$\cdots$

例 2.4.2 设随机变量 X 的分布律为

X	-1	0	1	2	3
P	0.15	0.2	0.3	0.2	0.15

求：

(1) $Y_1=3X-2$ 的分布律和概率 $P\{-3.5<Y_1\leqslant 4\}$；

(2) $Y_2=X^2$ 的分布律和分布函数。

解：为方便起见，直接在表上做如下计算：

X	-1	0	1	2	3
P	0.15	0.2	0.3	0.2	0.15
$Y_1=3X-2$	-5	-2	1	4	7
$Y_2=X^2$	1	0	1	4	9

(1) 由于 $Y_1=3X-2$ 的取值各不相同，所以它的分布律为

Y_1	-5	-2	1	4	7
P	0.15	0.2	0.3	0.2	0.15

所以

$P\{-3.5<Y_1\leqslant 4\}=P\{Y_1=-2\}+P\{Y_1=1\}+P\{Y_1=4\}=0.7$。

（2）由于 $Y_2=X^2$ 的取值有相同情形：当 $Y_2=1$ 时，$X=-1,1$。所以它的分布律为

Y_2	0	1	4	9
P	0.2	0.45	0.2	0.15

从而 Y_2 的分布函数为

$$F_{Y_2}(y)=\begin{cases}0, & y<0,\\ 0.2, & 0\leqslant y<1,\\ 0.65, & 1\leqslant y<4,\\ 0.85, & 4\leqslant y<9,\\ 1, & y\geqslant 9。\end{cases}$$

2.4.2 连续型随机变量函数的分布

设 X 为连续型随机变量，则随机变量函数 $Y=g(X)$ 也是连续型随机变量。如果设 $Y=g(X)$ 的概率密度为 $f_Y(y)$，且 X 的概率密度 $f_X(x)$ 为已知，如何求 $f_Y(y)$？举例说明如何利用 X 的分布函数与 Y 的分布函数之间的关系来求 $f_Y(y)$。

例 2.4.3　已知随机变量 $X\sim N(\mu,\sigma^2)$，求证随机变量 $Y=\dfrac{X-\mu}{\sigma}\sim N(0,1)$。

证明：设 X 的分布函数为 $F_X(x)$，Y 的分布函数为 $F_Y(y)$，则

$$F_Y(y)=P\{Y\leqslant y\}=P\left\{\frac{X-\mu}{\sigma}\leqslant y\right\}=P\{X\leqslant \sigma y+\mu\}=F_X(\sigma y+\mu),$$

根据概率密度是分布函数的导数这一性质，对上式左、右两端分别关于 y 求导数，得 Y 的概率密度为

$$f_Y(y)=f_X(\sigma y+\mu)\sigma,$$

因为 $X\sim N(\mu,\sigma^2)$，即 X 的概率密度为

$$f_X(x)=\frac{1}{\sqrt{2\pi}\sigma}e^{-\frac{(x-\mu)^2}{2\sigma^2}},$$

所以

$$f_Y(y)=\sigma f_X(\sigma y+\mu)=\frac{1}{\sqrt{2\pi}}e^{-\frac{y^2}{2}},$$

即 $Y=\dfrac{X-\mu}{\sigma}\sim N(0,1)$。

由例 2.4.3 可见，当 $X\sim N(\mu,\sigma^2)$ 时，则 $Y=\dfrac{X-\mu}{\sigma}$ 服从标准

正态分布，并且称 $Y=\dfrac{X-\mu}{\sigma}$ 为标准化随机变量。

例 2.4.4 设 $X\sim N(0,1)$，求 $Y=X^2$ 的概率密度。

解：设 Y 的分布函数为 $F_Y(y)$，当 $y<0$ 时，

$$F_Y(y)=P\{Y\leqslant y\}=P\{X^2\leqslant y\}=P(\varnothing)=0,$$

对上式左右两端分别关于 y 求导数，得 $Y=X^2$ 的概率密度为

$$f_y(y)=F'(y)=0,$$

当 $y\geqslant 0$ 时，$Y=X^2$ 的分布函数为

$$F_Y(y)=P\{Y\leqslant y\}=P\{X^2\leqslant y\}=P\{-\sqrt{y}\leqslant X\leqslant \sqrt{y}\}=\int_{-\sqrt{y}}^{\sqrt{y}}f_X(x)\,\mathrm{d}x,$$

由于 $X\sim N(0,1)$，所以 $f_X(x)=\dfrac{1}{\sqrt{2\pi}}\mathrm{e}^{-\frac{x^2}{2}}$，从而

$$F_Y(y)=\frac{2}{\sqrt{2\pi}}\int_0^{\sqrt{y}}\mathrm{e}^{-\frac{x^2}{2}}\mathrm{d}x,$$

对上式左右两端分别关于 y 求导数，得 $Y=X^2$ 的概率密度为

$$f_Y(y)=\frac{1}{\sqrt{2\pi y}}\mathrm{e}^{-\frac{y}{2}}。$$

综上所述，$Y=X^2$ 的概率密度为

$$f_Y(y)=\begin{cases}\dfrac{1}{\sqrt{2\pi y}}\mathrm{e}^{-\frac{y}{2}}, & y\geqslant 0,\\ 0, & y<0。\end{cases}$$

一般地，求连续型随机变量函数 $Y=g(X)$ 的概率密度 $f_Y(y)$，可以用类似例 2.4.3 和例 2.4.4 中求 $f_Y(y)$ 的方法——分布函数法求解。除此之外，还可以利用下面定理给出的方法来求随机变量函数的概率密度。

定理 2.4.1 设连续型随机变量 X 的概率密度为 $f_X(x)$，对于任意的 x，函数 $y=g(x)$ 满足 $g'(x)>0$（或 $g'(x)<0$）。记 $y=g(x)$ 的反函数为 $x=h(y)$，则连续型随机变量 $Y=g(X)$ 的概率密度为

$$f_Y(y)=\begin{cases}f_X(h(y))\cdot|h'(y)|, & \alpha<y<\beta,\\ 0, & \text{其他。}\end{cases}$$

其中，$\alpha=\min\{g(-\infty),g(+\infty)\}$，$\beta=\max\{g(-\infty),g(+\infty)\}$。

注 1：如果随机变量 X 的概率密度 $f_X(x)$ 在区间 $(-\infty,+\infty)$ 内恒不为零，且函数 $y=g(x)$ 单调增加（或单调减少），而 $y\in(\alpha,$

$\beta)$，其中取 $\alpha=\min\{g(-\infty),g(+\infty)\}=-\infty$，$\beta=\max\{g(-\infty),g(+\infty)\}=+\infty$，则随机变量函数 $Y=g(X)$ 的概率密度为

$$f_Y(y)=f_X(h(y))\,|h'(y)|,\quad -\infty<y<+\infty。$$

注2：如果随机变量 X 的概率密度 $f_X(x)$ 只在有限区间 $[a,b]$ 上不为零，在该区间之外都为零，且函数 $y=g(x)$ 单调增加（或单调减少），而 $y\in(\alpha,\beta)$，其中取 $\alpha=\min\{g(a),g(b)\}$，$\beta=\max\{g(a),g(b)\}$，即 (α,β) 是 $y=g(x)$ 的值域，则随机变量函数 $Y=g(X)$ 的概率密度为

$$f_Y(y)=\begin{cases}f_X(h(y))\,|h'(y)|, & \alpha<y<\beta,\\ 0, & 其他,\end{cases}$$

且在这种情况下，若将闭区间 $[a,b]$ 换为以 a，b 为端点的其他任意区间，则类似地仍可求随机变量函数 $Y=g(X)$ 的概率密度。如将闭区间 $[a,b]$ 换为开区间 (a,b)，这时取 $\alpha=\min\{g(a+0),g(b-0)\}$，$\beta=\max\{g(a+0),g(b-0)\}$，则 $Y=g(X)$ 的概率密度仍具有此形式。

利用本节定理求连续型随机变量函数 $Y=g(X)$ 的概率密度 $f_Y(y)$ 的方法，称为**公式法**。关于它的应用，请看下面几例。

例 2.4.5　已知 X 的概率密度为

$$f_X(x)=\begin{cases}\dfrac{1}{3}(4x+1), & 0<x<1,\\ 0, & 其他,\end{cases}$$

求随机变量函数 $Y=\ln X$ 的概率密度。

解：在 $(0,1)$ 内，$y=g(x)=\ln x$，由于 $y'=g'(x)=\dfrac{1}{x}>0$，所以 $g(x)$ 单调增加，取

$$\alpha=\min\{g(0+0),\ g(1-0)\}=g(0+0)=-\infty,$$

$$\beta=\max\{g(0+0),\ g(1-0)\}=g(1-0)=0。$$

于是 $x=h(y)=e^y$，当 $-\infty<y<0$ 时单调增加、可导，且 $h'(y)=e^y$。故得 $Y=\ln X$ 的概率密度为

$$f_Y(y)=\begin{cases}f_X(h(y))h'(y)=\dfrac{1}{3}(4e^y+1)e^y, & y<0,\\ 0, & y\geqslant 0。\end{cases}$$

即

$$f_Y(y)=\begin{cases}\dfrac{1}{3}(4e^y+1)e^y, & y<0,\\ 0, & y\geqslant 0。\end{cases}$$

例 2.4.6 设 $X \sim N(\mu,\sigma^2)$，求随机变量 $Y=aX+b$（a，b 均为常数，且 $a\neq 0$）的概率密度。

解：由于 $X \sim N(\mu,\sigma^2)$，所以 X 的概率密度为

$$f_X(x)=\frac{1}{\sqrt{2\pi}\sigma}e^{-\frac{(x-\mu)^2}{2\sigma^2}}\quad(-\infty<x<+\infty)。$$

显然函数 $y=g(x)=ax+b$ 在区间 $(-\infty,+\infty)$ 内单调、可导，且 $g'(x)=a$，即 $g(x)$ 是单调函数，若 $a>0$，则 $g(x)$ 单调增加；若 $a<0$，则 $g(x)$ 单调减少。取 $\alpha=\min\{g(-\infty),g(+\infty)\}=-\infty$，$\beta=\max\{g(-\infty),g(+\infty)\}=+\infty$。由于 $y=ax+b$ 的反函数 $x=h(y)=\frac{y-b}{a}$ 在 $-\infty<y<+\infty$ 时单调、可导，且 $h'(y)=\frac{1}{a}$，故得 $Y=aX+b$ 的概率密度为

$$f_Y(y)=\frac{1}{\sqrt{2\pi}\sigma}e^{-\frac{\left(\frac{y-b}{a}-\mu\right)^2}{2\sigma^2}}\left|\frac{1}{a}\right|=\frac{1}{\sqrt{2\pi}|a|\sigma}e^{-\frac{[y-(a\mu+b)]^2}{2a^2\sigma^2}},\quad -\infty<y<+\infty。$$

例 2.4.6 的计算结果表明，若随机变量 X 服从正态分布 $N(\mu,\sigma^2)$，则它的线性函数 $Y=aX+b$ 服从正态分布 $N(a\mu+b,a^2\sigma^2)$。

例 2.4.7 测量一批轴的截面圆的直径，已知测量结果均匀分布在区间 $[a,b]$ 上，求这批轴的截面圆面积的概率密度。

解：设这批轴的截面圆直径的测量结果为随机变量 X，则其截面圆面积为 $Y=\frac{\pi}{4}X^2$，由题意知，X 的概率密度为

$$f_X(x)=\begin{cases}\frac{1}{b-a}, & a\leqslant x\leqslant b,\\ 0, & 其他。\end{cases}$$

而 $y=\frac{\pi}{4}x^2$ 在区间 $[a,b]$ 上单调、可导，且 $y'=\frac{\pi}{2}x>0$，取

$$\alpha=\min\{y(a),\ y(b)\}=y(a)=\frac{\pi}{4}a^2,$$

$$\beta=\max\{y(a),\ y(b)\}=y(b)=\frac{\pi}{4}b^2,$$

由于 $y=\frac{\pi}{4}x^2$ 的反函数 $x=h(y)=2\sqrt{\frac{y}{\pi}}$，当 $\frac{\pi}{4}a^2\leqslant y\leqslant\frac{\pi}{4}b^2$ 单调、可导，且 $h'(y)=\frac{1}{\sqrt{\pi y}}$，所以 $Y=\frac{\pi}{4}X^2$ 的概率密度为

$$f_Y(y)=\begin{cases}\dfrac{1}{(b-a)\sqrt{\pi y}}, & \dfrac{\pi}{4}a^2 \leqslant y \leqslant \dfrac{\pi}{4}b^2,\\ 0, 其他。\end{cases}$$

习题 2.4

1. 设离散型随机变量 X 的分布律为

X	-1	0	1	2
P	0.2	0.2	0.3	0.3

试求 $Y=X+2$，$Z=X^2$ 的分布律。

2. 已知随机变量 X 的分布律为

X	-1	0	1	$\sqrt{3}$
P	0.25	0.25	0.35	0.15

求 $Y=X^4-X^2$ 的分布律。

3. 设 $X\sim U\left(-\dfrac{\pi}{2}, \dfrac{\pi}{2}\right)$，求 $Y=\tan X$ 的概率密度函数。

4. 设 $X\sim N(0,1)$，求 $Y=\mathrm{e}^X$ 的概率密度函数。

5. 设随机变量 X 的概率密度为

$$f_X(x)=\begin{cases}\dfrac{1}{3}x^2, & -1 \leqslant x \leqslant 2,\\ 0, & 其他。\end{cases}$$

求 $Y=X^2$ 的概率密度函数。

6. 设随机变量 X 的概率密度函数为

$$f_X(x)=\begin{cases}\dfrac{2x}{\pi^2}, & 0 < x < \pi,\\ 0, & 其他。\end{cases}$$

求 $Y=\sin X$ 的概率密度函数。

2.5 常见随机变量分布的 MATLAB 实现

试验得到的数据通常呈现一定的规律性，引入随机变量后，可以将随机数据表示为随机变量的函数。由于传统的方法在概率问题计算中有时比较烦琐，为此本节引入 MATLAB 工具，运用 MATLAB 统计学工具箱中的函数对一些概率密度函数和分布函数进行计算。见表 2.5.1。

表 2.5.1　MATLAB 常见概率密度函数及其分布函数指令

函数名	对应分布的概率密度函数	函数名	对应分布的累加函数
betapdf	贝塔分布的概率密度函数	betacdf	贝塔分布的累加函数
binopdf	二项分布的概率密度函数	binocdf	二项分布的累加函数
chi2pdf	卡方分布的概率密度函数	chi2cdf	卡方分布的累加函数
exppdf	指数分布的概率密度函数	expcdf	指数分布的累加函数
fpdf	F 分布的概率密度函数	fcdf	F 分布的累加函数
gampdf	伽马分布的概率密度函数	gamcdf	伽马分布的累加函数
geopdf	几何分布的概率密度函数	geocdf	几何分布的累加函数
hygepdf	超几何分布的概率密度函数	hygecdf	超几何分布的累加函数
normpdf	正态（高斯）分布的概率密度函数	normcdf	正态（高斯）分布的累加函数

（续）

函数名	对应分布的概率密度函数	函数名	对应分布的累加函数
lognpdf	对数正态分布的概率密度函数	logncdf	对数正态分布的累加函数
nbinpdf	负二项分布的概率密度函数	nbincdf	负二项分布的累加函数
ncfpdf	非中心 F 分布的概率密度函数	ncfcdf	非中心 F 分布的累加函数
nctpdf	非中心 t 分布的概率密度函数	nctcdf	非中心 t 分布的累加函数
ncx2pdf	非中心卡方分布的概率密度函数	ncx2cdf	非中心卡方分布的累加函数
poisspdf	泊松分布的概率密度函数	poisscdf	泊松分布的累加函数
raylpdf	瑞利分布的概率密度函数	raylcdf	瑞利分布的累加函数
tpdf	学生氏 t 分布的概率密度函数	tcdf	学生氏 t 分布的累加函数
unidpdf	离散均匀分布的概率密度函数	unidcdf	离散均匀分布的累加函数
unifpdf	连续均匀分布的概率密度函数	unifcdf	连续均匀分布的累加函数
weibpdf	威布尔分布的概率密度函数	weibcdf	威布尔分布的累加函数

例 2.5.1 分别绘制 $\lambda=1,2,5,10$ 的泊松（Poisson）分布的分布函数的曲线。

解：编写 MATLAB 程序如下：

```
clc
clear all
x=0:20;
x=x';
y=[];
lambda=[1,2,5,10];
for i=1:length(lambda)
    y=[y poisscdf(x,lambda(i))];
end
plot(x,y,'LineWidth,2)
xlabel('x')
ylabel('f(x)')
```

绘制泊松分布的分布函数的曲线如图 2.5.1 所示。

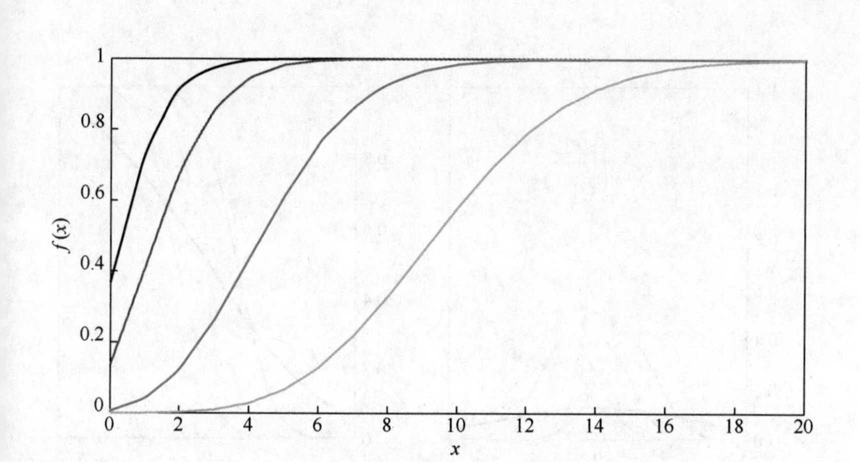

图 2. 5. 1　泊松分布的分布函数的曲线

例 2. 5. 2　试分别绘制出(μ,σ^2)为(−1,1),(0,0.1),(0,1),(0,10),(1,1)时的正态分布的概率密度函数与分布函数曲线。

解：编写 MATLAB 程序如下：

```
clc
clear all
x=-5:0.01:5;
x=x';
y1=[];%用于存放正态分布概率密度函数值
y2=[];%正态分布函数值
mu=[-1,0,0,0,1];
sigma=[1,0.1,1,10,1];
sigma=sqrt(sigma);
for i=1:length(sigma)
    y1=[y1 normpdf(x,mu(i),sigma(i))];
    y2=[y2 normcdf(x,mu(i),sigma(i))];
end
figure
subplot(1,2,1)
plot(x,y1,'LineWidth',2)
title('正态概率密度函数')
subplot(1,2,2)
plot(x,y2,'LineWidth',2)
title('正态分布函数')
```

绘制正态分布的概率密度函数与分布函数曲线如图 2. 5. 2 所示。

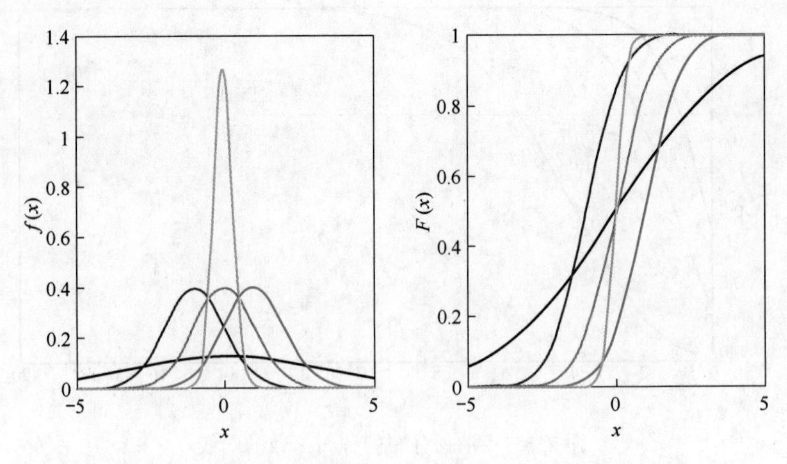

图 2.5.2 正态分布的概率密度函数与分布函数曲线

例 2.5.3 假设某随机变量 X 服从参数 $b=1$ 的瑞利（Rayleigh）分布，计算 X 落入区间$[0.2,2]$以及区间$[1,+\infty)$的概率。

解：编写 MATLAB 程序如下：

```
clc
clear all
b=1;
p1=raylcdf(0.2,b);
p2=raylcdf(2,b);
P1=p2-p1
p1=raylcdf(1,b);
P2=1-p1
```

运行结果：

```
P1=
    0.8449
P2=
    0.6065
```

总复习题 2

1. 一袋中有 5 只乒乓球，编号为 1，2，3，4，5，在其中同时取三只，以 X 表示取出的三只球中的最大号码，写出随机变量 X 的分布律。

2. 一批零件有 9 个正品和 3 个次品，安装设备时从中任取一个，若是次品不再放回，继续任取一个，直到取到正品为止，求在取到正品以前已取得次品数的分布律。

3. 一袋中装有编号为 1，2，3，4，5，6 的六个形状相同的球，在袋中同时取出三个球，所取出的三个球中最大的号码以 X 表示，写出 X 的分布律和分布函数。

4. 已知离散型随机变量 X 的分布律为

X	-2	0	1	3	6
P	0.3	0.2	0.1	0.2	0.2

求：

(1) $P\{-2 \leqslant X < 2\}$；

(2) $P\{X < 3 \mid X = 0\}$；

(3) $P\{X \geqslant 1 \mid X \neq 3\}$。

5. 设离散型随机变量 X 的分布函数为

$$F(x) = \begin{cases} 0, & x < 1, \\ 0.35, & 1 \leqslant x < 2, \\ 0.59, & 2 \leqslant x < 5, \\ 1, & x \geqslant 5。 \end{cases}$$

求：

(1) $P\{X = 2\}$；

(2) $P\{1 \leqslant X \leqslant 4\}$；

(3) $P\{X < 5 \mid X \neq 1\}$。

6. 设随机变量 X 的分布律为

X	0	1	2
P	$\frac{1}{3}$	$\frac{1}{6}$	$\frac{1}{2}$

求 X 的分布函数。

7. 盒中有 6 张同样的卡片，其中 3 张各写有 1，2 张各写有 2，1 张上写有 3。今从盒中任取 3 张卡片，以 X 表示所得数字的和，求 X 的分布函数。

8. 电话交换台每分钟的呼唤次数服从参数为 4 的泊松分布，求：

(1) 每分钟恰有 8 次呼唤的概率；

(2) 每分钟的呼唤次数大于 10 的概率。

9. 某种型号的电子元件的寿命 X（单位：h）的概率密度为

$$f(x) = \begin{cases} \dfrac{1000}{x^2}, & x > 1000, \\ 0, & 其他。 \end{cases}$$

现有一大批此种元件（设各元件损坏与否相互独立），任取 5 只，求其中至少有 2 只寿命大于 1500h 的概率。

10. 设 K 在 $(0,5)$ 上服从均匀分布，求方程 $4x^2+4xK+K+2=0$ 有实根的概率。

11. 由某厂生产的螺栓长度（单位：cm）服从参数为 $\mu=10.05$，$\sigma=0.06$ 的正态分布，规定长度在范围（10.05 ± 0.12）cm 内为合格品，求该厂产品的合格率。

12. 设随机变量 X 的密度函数为 $f(x)=Ce^{-\frac{|x|}{a}}$（$a>0$），求：

(1) 常数 C；

(2) X 的分布函数；

(3) $P\{|X| < 2\}$；

(4) $Y=\frac{1}{4}X^2$ 的密度函数。

13. 设连续型随机变量 X 服从 $\mu=10$，$\sigma^2=4$ 的正态分布，求变量 X 落在区间 $(12,14)$ 中的概率。

14. 已知 $X \sim N(8, 0.5^2)$，求：

(1) $P\{7.5 \leqslant X \leqslant 10\}$；

(2) $P\{|X-8| \leqslant 1\}$；

(3) $P\{|X-9| \leqslant 0.5\}$。

15. 设随机变量 X 服从正态分布 $N(108,9)$，求：

(1) $P\{101.1 < X < 117.6\}$；

(2) 常数 a，使得 $P\{X < a\} = 0.90$；

(3) 常数 a，使得 $P\{|X-a| > a\} = 0.01$。

16. 测量一圆的半径 r，其分布律为

r	10	11	12	13
P	0.1	0.4	0.3	0.2

求圆的面积 S 和周长 L 的分布律。

17. 已知离散型随机变量 X 的分布律为

X	0	$\frac{\pi}{2}$	π
P	$\frac{1}{4}$	$\frac{1}{2}$	$\frac{1}{4}$

求 $Y = \frac{2}{3}X + 2$ 与 $Z=\cos X$ 的分布律。

18. 设随机变量 X 在 $\left(-\frac{\pi}{2}, \frac{\pi}{2}\right)$ 上服从均匀分布，试求随机变量 $Y=\cos X$ 的概率密度。

19. 设随机变量 X 服从标准正态分布，试求随机变量 $Y=|X|$ 的密度函数。

20. 设随机变量 $X \sim N(0,1)$，求 $Y=2X^2+1$ 的概率密度。

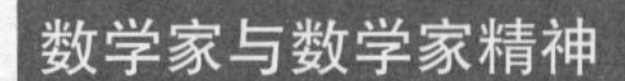

“数学明星”，概率论大师——泊松

西莫恩·德尼·泊松（Simeon-Denis Poisson，1781—1840），法国数学家、几何学家和物理学家。他提出了描述随机现象的一种分布——泊松分布，该分布在很多领域都有重要的应用，数学中还有许多以“泊松”命名的成果，例如泊松定理、泊松公式、泊松方程等，凸显了泊松在数学方面卓越的贡献。此外，泊松在积分理论、弹性理论、电磁理论等方面都有着杰出的研究成果。这些学术贡献和成就，对于相关领域的发展起到了重要的铺垫作用，为后人的研究和学科发展铺平了道路。

第3章 二维随机变量及其分布

上一章介绍了一维随机变量及其分布，然而，一维随机变量不足以刻画现实中的一些复杂随机现象。例如，空气质量指数的测算与PM2.5、PM10、臭氧浓度等随机因素有关；对股票价格建模需要考虑利率、波动率等诸多因素。类似于这些问题的解决就要涉及多维随机变量的相关概念，因此，本章主要介绍多维随机变量理论的重要组成部分——二维随机变量及其分布。

3.1 二维随机变量与联合分布函数

3.1.1 二维随机变量的概念

定义 3.1.1 设 X 和 Y 为定义在样本空间 Ω 上的两个一维随机变量，则称向量 (X,Y) 为二维随机变量或二维随机向量。

二维随机变量 (X,Y) 可视为平面直角坐标系中的随机点，(X,Y) 的取值可看作平面上随机点的坐标。与一维随机变量的情形类似，二维随机变量 (X,Y) 的性质不仅与 X 和 Y 的取值有关，而且与取值对应的概率有关，为此后面将介绍二维随机变量的概率分布。

3.1.2 二维联合分布函数的概念与性质

定义 3.1.2 二维随机变量 (X,Y)，对任意的实数 x 和 y，定义二元函数

$$F(x,y)=P\{X\leqslant x,Y\leqslant y\}$$

为二维随机变量 (X,Y) 的联合分布函数。

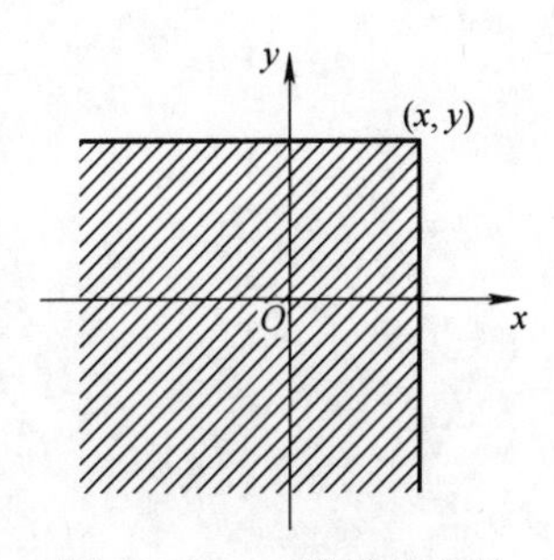

图 3.1.1 二维随机变量取值区域

二维随机变量 (X,Y) 的取值落在点 (x,y) 左下方无穷区域内的概率，如图 3.1.1 所示，即为联合分布函数 $F(x,y)$ 在 (x,y) 处的

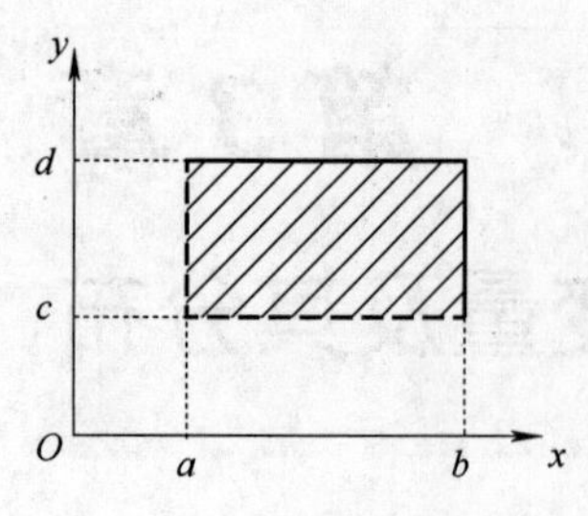

图 3.1.2 二维随机变量取值于矩形区域

值。那么，如图 3.1.2 所示，二维随机变量(X,Y)落在矩形区域$\{a<X\leqslant b,c<Y\leqslant d\}$之内的概率为

$$P\{a<X\leqslant b,c<Y\leqslant d\}=F(b,d)-F(a,d)-F(b,c)+F(a,c)。$$

与一维随机变量的分布函数类似，联合分布函数$F(x,y)$具有如下性质：

(1) 对任意一点(x,y)，有$0\leqslant F(x,y)\leqslant 1$，$F(-\infty,y)=0$，$F(x,-\infty)=0$，且$F(-\infty,-\infty)=0$，$F(+\infty,+\infty)=1$。

(2) 对任意的实数y，当$x_1\leqslant x_2$时，有$F(x_1,y)\leqslant F(x_2,y)$；对任意的实数$x$，当$y_1\leqslant y_2$时，有$F(x,y_1)\leqslant F(x,y_2)$；即$F(x,y)$对$x$和$y$都是单调不减的。

(3) $F(x,y)$分别是x和y的右连续函数，即

$$F(x+0,y)=F(x,y),\ F(x,y+0)=F(x,y)。$$

(4) 对任意两点(x_1,y_1)，(x_2,y_2)，当$x_1<x_2$，$y_1<y_2$时，有

$$F(x_2,y_2)-F(x_1,y_2)-F(x_2,y_1)+F(x_1,y_1)\geqslant 0。$$

注：上述四条性质是一个二元函数成为联合分布函数的充要条件，即同时满足上述四条性质的二元函数可作为一个二维随机变量的分布函数。

例 3.1.1 设(X,Y)的联合分布函数$F(x,y)$为

$$F(x,y)=A\left(B+\arctan\frac{x}{2}\right)\left(C+\arctan\frac{y}{3}\right)$$

$$(-\infty<x<+\infty,\ -\infty<y<+\infty),$$

求常数A，B，C。

解：由$F(-\infty,y)=0$，$F(x,-\infty)=0$，$F(+\infty,+\infty)=1$可得

$$\begin{cases}A\left(B-\dfrac{\pi}{2}\right)\left(C+\arctan\dfrac{y}{3}\right)=0,\\ A\left(B+\arctan\dfrac{x}{2}\right)\left(C-\dfrac{\pi}{2}\right)=0,\\ A\left(B+\dfrac{\pi}{2}\right)\left(C+\dfrac{\pi}{2}\right)=1,\end{cases}$$

解得

$$A=\frac{1}{\pi^2},\ B=C=\frac{\pi}{2}。$$

例 3.1.2 设二元函数

$$F(x,y)=\begin{cases}0, & x+y\leqslant 1,\\ 1, & 其他。\end{cases}$$

试判断$F(x,y)$是否可作为一个二维随机变量的分布函数，并说明理由。

解：令$x_1=0.1$，$y_1=0.2$，$x_2=1$，$y_2=1$，则

$$F(x_2,y_2)-F(x_1,y_2)-F(x_2,y_1)+F(x_1,y_1)=-1<0。$$

因此，$F(x,y)$不可作为二维随机变量的分布函数。

习题 3.1

1. 设二维随机变量(X,Y)的分布函数为$F(x,y)$，用$F(x,y)$表示下列概率：

(1) $P\{a\leqslant X<b,\ Y<c\}$；

(2) $P\{0\leqslant Y<b\}$。

2. 二元函数 $F(x,y)=\begin{cases}1, & x+y>-1,\\ 0, & \text{其他}\end{cases}$ 是否可作为某个二维随机变量的分布函数？

3. 设二维随机变量(X,Y)的分布函数为

$$F(x,y)=\begin{cases}1-2^{-x}-2^{-y}+2^{-x-y}, & x\geqslant 0,\ y\geqslant 0,\\ 0, & \text{其他。}\end{cases}$$

求$P\{1<X\leqslant 2,\ 3<Y\leqslant 5\}$。

3.2 二维离散型随机变量

如果随机变量X和Y均是离散型随机变量，则称(X,Y)为二维离散型随机变量。与一维随机变量类似，对二维离散型随机变量，我们不仅关心其取值，同时要考虑其取值对应的概率，为此，下面将介绍二维离散型随机变量的分布律。

3.2.1 联合分布律

定义 3.2.1　设二维离散型随机变量(X,Y)的取值集合为$\{(x_i,y_j)\mid i,j=1,2,\cdots\}$，则称

$$P\{X=x_i,Y=y_j\}=p_{ij},\ i,j=1,2,\cdots$$

为二维离散型随机变量(X,Y)的联合分布律。

联合分布律也可用如下的表格形式来表示

X \ Y	y_1	y_2	$\cdots$	y_j	$\cdots$
x_1	p_{11}	p_{12}	$\cdots$	p_{1j}	$\cdots$
x_2	p_{21}	p_{22}	$\cdots$	p_{2j}	$\cdots$
$\vdots$	$\vdots$	$\vdots$		$\vdots$	
x_i	p_{i1}	p_{i2}	$\cdots$	p_{ij}	$\cdots$
$\vdots$	$\vdots$	$\vdots$		$\vdots$	

显然，联合分布律p_{ij}具有下面两个性质：

(1) $p_{ij}\geqslant 0,\ i,j=1,2,\cdots$;

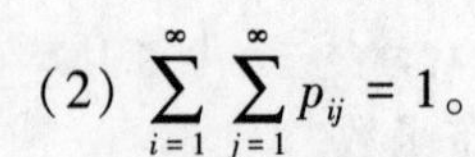

(2) $\sum_{i=1}^{\infty}\sum_{j=1}^{\infty}p_{ij}=1$。

由联合分布函数和联合分布律的定义可得，二维离散型随机变量(X,Y)的联合分布函数为

$$F(x,y)=\sum_{x_i\leqslant x}\sum_{y_j\leqslant y}p_{ij}。$$

因此，二维离散型随机变量的联合分布律可唯一确定其联合分布函数，反之亦然。

例 3.2.1 一个纸箱中有编号分别为 2,3,3 的三只球，从中不放回地任取两次球，以 X 和 Y 分别表示第一、第二次取得球的编号，求(X,Y)的联合分布律。

解：容易得到

$$P\{X=2,\ Y=2\}=\frac{1}{3}\times 0=0,\ P\{X=2,\ Y=3\}=\frac{1}{3}\times 1=\frac{1}{3},$$

$$P\{X=3,\ Y=2\}=\frac{2}{3}\times\frac{1}{2}=\frac{1}{3},\ P\{X=3,\ Y=3\}=\frac{2}{3}\times\frac{1}{2}=\frac{1}{3},$$

所以(X,Y)的联合分布律为

X	Y	
	2	3
2	0	$\frac{1}{3}$
3	$\frac{1}{3}$	$\frac{1}{3}$

例 3.2.2 设二维随机变量(X,Y)的联合分布律为

X	Y		
	−1	0	1
−1	0.05	0.1	0.1
0	0.15	0.15	0.15
1	0	0.05	0.25

求 $P\{|XY|=1\}$。

解：满足条件 $|XY|=1$ 的 (X,Y) 所有可能取到的值为 $(-1,-1)$，$(-1,1)$，$(1,-1)$，$(1,1)$，因此所求概率就是(X,Y)在这些点上取值的概率的和，即

$$P\{|XY|=1\}=0.05+0.1+0+0.25=0.4。$$

3.2.2 边缘分布函数

二维随机变量(X,Y)作为一个整体，具有联合分布，而X，Y各自都是随机变量，它们也有自己的分布。相对于(X,Y)的联合分布，称X，Y的分布为边缘分布。比如，X，Y各自的分布函数$F_X(x)$，$F_Y(y)$，分别称为二维随机变量(X,Y)关于X和关于Y的边缘分布函数；相应地，离散型随机变量X，Y各自的分布律，分别称为二维随机变量(X,Y)关于X和关于Y的边缘分布律。

定义 3.2.2 设二维随机变量(X,Y)的分布函数为$F(x,y)$，$F_X(x)$，$F_Y(y)$分别为(X,Y)关于X和关于Y的边缘分布函数，则关于X的边缘分布函数为

$$F_X(x)=P\{X\leqslant x\}=P\{X\leqslant x,\ Y<+\infty\}$$
$$=\lim_{y\to+\infty}F(x,y)=F(x,+\infty)。$$

同理，关于Y的边缘分布函数为

$$F_Y(y)=\lim_{x\to+\infty}F(x,y)=F(+\infty,y)。$$

例 3.2.3 设二维随机变量(X,Y)的分布函数为

$$F(x,y)=\begin{cases}(1-\mathrm{e}^{-2x})(1-\mathrm{e}^{-y}), & x>0,\ y>0,\\ 0, & 其他。\end{cases}$$

求(X,Y)关于X和关于Y的边缘分布函数。

解：由定义知，X的边缘分布函数为

$$F_X(x)=F(x,+\infty)=\begin{cases}1-\mathrm{e}^{-2x}, & x>0,\\ 0, & 其他。\end{cases}$$

Y的边缘分布函数为

$$F_Y(Y)=F(+\infty,y)=\begin{cases}1-\mathrm{e}^{-y}, & y>0,\\ 0, & 其他。\end{cases}$$

3.2.3 边缘分布律

定义 3.2.3 设二维离散型随机变量(X,Y)的联合分布律为$P\{X=x_i,Y=y_j\}=p_{ij}$，$i,j=1,2,\cdots$，则称

$$P\{X=x_i\}=\sum_{j=1}^{\infty}p_{ij},\ i=1,2,\cdots$$

为X的边缘分布律，记为$p_{i\cdot}$，同样地，称

$$P\{Y=y_j\}=\sum_{i=1}^{\infty}p_{ij},\ j=1,2,\cdots$$

为 Y 的边缘分布律，记为 $p_{\cdot j}$。

显然，边缘分布律与联合分布律相似也具有非负性和规范性。由边缘分布函数的定义，X 的边缘分布函数为

$$F_X(x)=\sum_{x_i\leqslant x}\sum_{j=1}^{\infty}p_{ij},$$

Y 的边缘分布函数为

$$F_Y(y)=\sum_{y_j\leqslant y}\sum_{i=1}^{\infty}p_{ij}。$$

例 3.2.4 设(X,Y)是二维离散型随机变量，(X,Y)的联合分布律如下：

X	Y	
	5	6
3	0.26	0.14
4	0.34	0.26

试求 X 与 Y 的边缘分布律。

解：因为 $P\{X=3\}=0.26+0.14=0.4$，$P\{X=4\}=0.34+0.26=0.6$，所以，X 的边缘分布律为

X	3	4
P	0.4	0.6

因为 $P\{Y=5\}=0.26+0.34=0.6$，$P\{Y=6\}=0.14+0.26=0.4$，所以，Y 的边缘分布律为

Y	5	6
P	0.6	0.4

习题 3.2

1. 袋中有 2 个白球和 3 个黑球，从中有放回地依次摸出两球，定义随机变量 X 和 Y 分别表示第一次和第二次摸球的结果，以 0 和 1 分别表示摸出黑球和白球，求(X,Y)的联合分布律。

2. 设二维离散型随机变量(X,Y)的联合分布律为

X	Y	
	1	2
1	0.3	0.1
3	0.15	0.05
4	0.25	0.15

求 $P\{|X-Y|=2\}$。

3. 已知(X,Y)的联合分布律为

X \ Y	1	2	3
0	0.1	0	0.3
1	0	0.1	0.2
2	0.2	0	0.1

求X与Y的边缘分布律。

4. 一口袋中装有6个球，它们依次标有数字1，2，2，3，3，3，第一种抽取方式是从此袋中不放回地随机抽取两次，每次取一球；第二种抽取方式是有放回地随机抽取两次，每次取一球，设(X,Y)分别表示第一次、第二次取到的球上标有的数字，求：

（1）在两种不同抽取方式下的边缘分布律；

（2）判定已知边缘分布是否一定能确定联合分布。

3.3 二维连续型随机变量

3.3.1 联合概率密度

与一维连续型随机变量相似，对二维连续型随机变量(X,Y)引入联合概率密度函数来描述其概率分布规律。

定义3.3.1 设二维随机变量(X,Y)，$F(x,y)$为其联合分布函数，若存在非负函数$f(x,y)$，使得对于任意实数x,y，有

$$F(x,y)=\int_{-\infty}^{x}\int_{-\infty}^{y}f(u,v)\,\mathrm{d}u\mathrm{d}v,$$

则称(X,Y)为连续型二维随机变量，$f(x,y)$为(X,Y)的联合概率密度函数。

显然，$f(x,y)$具有以下性质：

（1）非负性$f(x,y)\geqslant 0$；

（2）规范性$\int_{-\infty}^{+\infty}\int_{-\infty}^{+\infty}f(x,y)\,\mathrm{d}x\mathrm{d}y=1$；

（3）若$f(x,y)$在点(x,y)处连续，则有$\dfrac{\partial^2 F(x,y)}{\partial x\partial y}=f(x,y)$；

（4）设D是平面上任一区域，则点(x,y)落在D内的概率为

$$P\{(X,Y)\in D\}=\iint_D f(x,y)\,\mathrm{d}\sigma。$$

注：联合概率密度$z=f(x,y)$表示空间上的一张曲面，性质（1）说明该曲面不会位于xOy坐标面的下方；性质（2）说明介于该曲面与xOy坐标面之间的空间区域的全部体积等于1；性质（4）说明随机点(X,Y)落入区域D的概率等于以区域D为底面、以曲面$z=f(x,y)$为顶的曲顶柱体的体积。

例 3.3.1 设二维随机变量(X,Y)的联合概率密度函数为

$$f(x,y)=\begin{cases}Ce^{-(x+2y)}, & x\geqslant 0,\ y\geqslant 0,\\ 0, & \text{其他。}\end{cases}$$

求:

(1) 常数C;

(2) (X,Y) 的联合分布函数$F(x,y)$;

(3) $P\{X+2Y<1\}$。

解:(1) 由联合概率密度函数的性质可得

$$\int_{-\infty}^{+\infty}\int_{-\infty}^{+\infty}f(x,y)\mathrm{d}x\mathrm{d}y=\int_{0}^{+\infty}\int_{0}^{+\infty}Ce^{-x-2y}\mathrm{d}x\mathrm{d}y$$

$$=C\int_{0}^{+\infty}e^{-x}\mathrm{d}x\int_{0}^{+\infty}e^{-2y}\mathrm{d}y=\frac{C}{2}=1。$$

所以,$C=2$。

(2) $F(x,y)=\int_{-\infty}^{x}\int_{-\infty}^{y}f(u,v)\mathrm{d}u\mathrm{d}v$

$$=\begin{cases}\int_{0}^{x}\int_{0}^{y}2e^{-u-2v}\mathrm{d}u\mathrm{d}v=(1-e^{-x})(1-e^{-2y}), & x\geqslant 0,\ y\geqslant 0,\\ 0, & \text{其他。}\end{cases}$$

(3) $P\{X+2Y<1\}=\iint\limits_{x+2y<1}f(x,y)\mathrm{d}x\mathrm{d}y=\int_{0}^{1}\mathrm{d}x\int_{0}^{\frac{1}{2}(1-x)}2e^{-x-2y}\mathrm{d}y=1-\frac{2}{e}$。

例 3.3.2 设随机变量(X,Y)的概率密度为

$$f(x,y)=\begin{cases}C(6-x-y), & 0<x\leqslant 2,\ 2<y\leqslant 4,\\ 0, & \text{其他。}\end{cases}$$

求:

(1) 常数C;

(2) $P\{X\leqslant 1,\ Y\leqslant 3\}$;

(3) $P\{X<1.5\}$;

(4) $P\{X+Y<4\}$。

解:(1) 由 $F(-\infty,+\infty)=\int_{0}^{2}\mathrm{d}x\int_{2}^{4}C(6-x-y)\mathrm{d}y=\int_{0}^{2}C(6-2x)\mathrm{d}x=8C=1$,

所以 $C=\frac{1}{8}$;

(2) $$P\{X\leqslant 1,\ Y\leqslant 3\}=\frac{1}{8}\int_{0}^{1}\mathrm{d}x\int_{2}^{3}(6-x-y)\mathrm{d}y$$

$$=\frac{1}{8}\int_{0}^{1}\left(\frac{7}{2}-x\right)\mathrm{d}x=\frac{3}{8};$$

(3) $P\{X<1.5\}=\frac{1}{8}\int_{0}^{1.5}\mathrm{d}x\int_{2}^{4}(6-x-y)\mathrm{d}y=\frac{1}{8}\int_{0}^{1.5}(6-2x)\mathrm{d}x$

$$=\frac{27}{32};$$

(4) $P\{X+Y<4\}=\frac{1}{8}\iint\limits_{x+y<4}(6-x-y)\mathrm{d}x\mathrm{d}y$

$$=\frac{1}{8}\int_{0}^{2}\mathrm{d}x\int_{2}^{4-x}(6-x-y)\mathrm{d}y$$

$$=\frac{1}{16}\int_{0}^{2}(12-8x+x^2)\mathrm{d}x$$

$$=\frac{2}{3}。$$

二维连续型随机变量中，常用的是二维均匀分布和二维正态分布。

1. 二维均匀分布

定义 3.3.2　若二维随机变量(X,Y)具有联合概率密度函数

$$f(x,y)=\begin{cases}\frac{1}{S_D}，(x,y)\in D,\\0，其他,\end{cases}$$

其中D是平面上的区域，面积为S_D，则称(X,Y)服从区域D上的二维均匀分布，记为$(X,Y)\sim U(D)$。

由定义可知，若(X,Y)服从区域D上的均匀分布，则(X,Y)是平面区域D内的随机点，它只可能在区域D内取值，且取值于D内任何子区域的概率与该子区域的面积成正比，而与该子区域的具体位置和形状无关。显然，二维均匀分布所描述的随机现象正是前面所讲的几何概型中二维的情况。

2. 二维正态分布

定义 3.3.3　若二维随机变量(X,Y)的联合概率密度函数为

$$f(x,y)=\frac{1}{\sqrt{2\pi}\sigma_1\sigma_2\sqrt{1-\rho^2}}\mathrm{e}^{-\frac{1}{2(1-\rho^2)}\left[\frac{(x-\mu_1)^2}{\sigma_1^2}-2\rho\frac{x-\mu_1}{\sigma_1}\frac{y-\mu_2}{\sigma_2}+\frac{(y-\mu_2)^2}{\sigma_2^2}\right]}$$

其中参数μ_1，μ_2，σ_1，σ_2，ρ均为常数，且$\sigma_1>0$，$\sigma_2>0$，$|\rho|<1$，则称(X,Y)服从参数为μ_1，μ_2，σ_1，σ_2及ρ的二维正态分布，记作$(X,Y)\sim N(\mu_1,\mu_2,\sigma_1^2,\sigma_2^2;\rho)$。

以上关于二维随机变量的讨论，不难推广到$n(n>2)$维随机变量的情形，一般而言，设$X_1,X_2,\cdots,X_n$是定义在同一个样本空间

Ω上的n个一维随机变量，则称$(X_1,X_2,\cdots,X_n)$为n维随机变量。与二维随机变量的情形类似，也可以定义n维随机变量的联合分布函数等。

3.3.2 二维连续型随机变量的边缘概率密度函数

定义 3.3.4 设(X,Y)为连续型随机变量，并且其联合概率密度为$f(x,y)$，则称

$$F_X(x)=F(x,+\infty)=\int_{-\infty}^{+\infty}\mathrm{d}y\int_{-\infty}^{x}f(u,y)\mathrm{d}u,$$

$$F_Y(y)=F(+\infty,y)=\int_{-\infty}^{+\infty}\mathrm{d}x\int_{-\infty}^{y}f(x,v)\mathrm{d}v$$

分别为X和Y的**边缘分布函数**。

类似地，称

$$f_X(x)=\int_{-\infty}^{+\infty}f(x,y)\mathrm{d}y,\ f_Y(y)=\int_{-\infty}^{+\infty}f(x,y)\mathrm{d}x$$

分别为X和Y的**边缘密度函数**。

例 3.3.3 设二维连续型随机变量(X,Y)的联合概率密度为

$$f(x,y)=\begin{cases}2,\ 0\leqslant x\leqslant 1,\ 0\leqslant y\leqslant x,\\0,\ 其他。\end{cases}$$

求边缘密度函数$f_X(x)$，$f_Y(y)$。

解：由定义 3.3.4 知

$$f_X(x)=\int_{-\infty}^{+\infty}f(x,y)\mathrm{d}y=\begin{cases}\int_0^x 2\mathrm{d}y=2x,\ 0\leqslant x\leqslant 1,\\0,\ 其他,\end{cases}$$

$$f_Y(y)=\int_{-\infty}^{+\infty}f(x,y)\mathrm{d}x=\begin{cases}\int_y^1 2\mathrm{d}x=2(1-y),\ 0\leqslant y\leqslant 1,\\0,\ 其他。\end{cases}$$

例 3.3.4 设(X,Y)服从参数为μ_1，μ_2，σ_1，σ_2及ρ的二维正态分布，求边缘概率密度$f_X(x)$，$f_Y(y)$。

解：根据定义 3.3.4，有$f_X(x)=\int_{-\infty}^{+\infty}f(x,y)\mathrm{d}y$，由于

$$\frac{(y-\mu_2)^2}{\sigma_2^2}-2\rho\frac{x-\mu_1}{\sigma_1}\cdot\frac{y-\mu_2}{\sigma_2}=\left(\frac{y-\mu_2}{\sigma_2}-\rho\frac{x-\mu_1}{\sigma_1}\right)^2-\rho^2\frac{(x-\mu_1)^2}{\sigma_1^2},$$

于是

$$f_X(x)=\frac{1}{2\pi\sigma_1\sigma_2\sqrt{1-\rho^2}}\mathrm{e}^{-\frac{(x-\mu_1)^2}{2\sigma_1^2}}\int_{-\infty}^{+\infty}\mathrm{e}^{-\frac{1}{2(1-\rho^2)}\left(\frac{y-\mu_2}{\sigma_2}-\rho\frac{x-\mu_1}{\sigma_1}\right)^2}\mathrm{d}y,$$

令 $t=\frac{1}{\sqrt{1-\rho^2}}\left(\frac{y-\mu_2}{\sigma_2}-\rho\frac{x-\mu_1}{\sigma_1}\right)$，则有

$$f_X(x)=\frac{1}{2\pi\sigma_1}e^{-\frac{(x-\mu_1)^2}{2\sigma_1^2}}\int_{-\infty}^{+\infty}e^{-\frac{t^2}{2}}dt,$$

根据标准正态分布的密度函数以及密度函数的性质，得

$$\int_{-\infty}^{+\infty}e^{-\frac{t^2}{2}}dt=\sqrt{2\pi},$$

于是

$$f_X(x)=\frac{1}{\sqrt{2\pi}\sigma_1}e^{-\frac{(x-\mu_1)^2}{2\sigma_1^2}},\quad -\infty<x<+\infty。$$

同理

$$f_Y(y)=\frac{1}{\sqrt{2\pi}\sigma_2}e^{-\frac{(y-\mu_2)^2}{2\sigma_2^2}},\quad -\infty<y<+\infty。$$

习题 3.3

1. 说明函数 $f(x,y)=\begin{cases}3, & x^2+y^2\leqslant 1,\\ 0, & 其他\end{cases}$ 能否作为某随机变量的联合概率密度。

2. 设二维随机变量(X,Y)的联合概率密度函数为

$$f(x,y)=\begin{cases}Cxy, & 0\leqslant x\leqslant y,\ 0\leqslant y\leqslant 1,\\ 0, & 其他。\end{cases}$$

求：

(1) 常数 C；

(2) (X,Y)的分布函数 $F(x,y)$；

(3) $P\{X+Y\geqslant 1\}$。

3. 若二维随机变量(X,Y)服从区域 D 上的均匀分布，其中 D 是由 x 轴、y 轴及直线 $x+2y=4$ 围成的图形，试求：

(1) (X,Y)的概率密度；

(2) $P\{0\leqslant X\leqslant 1,\ 0\leqslant Y\leqslant 1\}$。

4. 设二维随机变量(X,Y)的联合概率密度函数为

$$f(x,y)=\begin{cases}\frac{3}{2}y, & 0\leqslant x\leqslant 2,\ y\leqslant 2,\\ 1, & 其他。\end{cases}$$

求边缘概率密度 $f_X(x)$，$f_Y(y)$。

5. 设二维随机变量(X,Y)的联合概率密度函数为

$$f(x,y)=\begin{cases}3y, & 0\leqslant x\leqslant 1,\ x\leqslant y\leqslant 1,\\ 1, & 其他。\end{cases}$$

求边缘概率密度 $f_X(x)$，$f_Y(y)$。

6. 设二维随机变量(X,Y)的联合概率密度函数为

$$f(x,y)=\begin{cases}C, & x^2+y^2<r^2,\\ 0, & 其他。\end{cases}$$

求：

(1) 常数 C；

(2) 边缘概率密度 $f_X(x)$，$f_Y(y)$。

3.4 条件分布与随机变量的独立性

二维随机变量(X,Y)作为一个整体，具有联合概率分布，而每个分量X和Y也是随机变量，也有相应的概率分布，将(X,Y)中每个分量的分布称为边缘分布。条件分布是在已知一个随机变量取值的条件下，另一个随机变量的概率分布。随机变量的独立性是随机事件独立性的引申，它是概率论与数理统计的重要概念之一，许多重要的定理都以独立性为条件。

3.4.1 条件分布律

设(X,Y)为二维离散型随机变量，其联合分布律为

$$P\{X=x_i,\ Y=y_j\}=p_{ij}(i,j=1,2,\cdots),$$

则(X,Y)关于X和关于Y的边缘分布律分别为

$$p_{i\cdot}=P\{X=x_i\}=\sum_{j=1}^{\infty}p_{ij},\ i=1,2,\cdots,$$

$$p_{\cdot j}=P\{Y=y_j\}=\sum_{i=1}^{\infty}p_{ij},\ j=1,2,\cdots。$$

当$p_{\cdot j}>0$时，由条件概率公式，可求出在事件$\{Y=y_j\}$已发生的条件下，事件$\{X=x_i\}$发生的概率为

$$P\{X=x_i\mid Y=y_j\}=\frac{P\{X=x_i,\ Y=y_j\}}{P\{Y=y_j\}}=\frac{p_{ij}}{p_{\cdot j}},\ i=1,2,\cdots,$$

显然，上述条件概率满足分布律的非负性和规范性，于是我们引入下面的定义：

定义 3.4.1 设(X,Y)是二维离散型随机变量，对于固定的j，若$P\{Y=y_j\}>0$，则称

$$P\{X=x_i\mid Y=y_j\}=\frac{P\{X=x_i,\ Y=y_j\}}{P\{Y=y_j\}}=\frac{p_{ij}}{p_{\cdot j}},\ i=1,2,\cdots$$

为在$Y=y_j$的条件下随机变量X的条件分布律。类似地，对于固定的i，若$P\{X=x_i\}>0$，则称

$$P\{Y=y_j\mid X=x_i\}=\frac{P\{X=x_i,\ Y=y_j\}}{P\{X=x_i\}}=\frac{p_{ij}}{p_{i\cdot}},j=1,2,\cdots$$

为在$X=x_i$的条件下随机变量Y的条件分布律。

以下在离散型随机变量的条件分布律的基础上给出其条件分布函数的定义。

定义 3.4.2　给定 $Y=y_j$ 的条件下，X 的条件分布函数为

$$F(x|y_j)=\sum_{x_i\leqslant x}P\{X=x_i|Y=y_j\},$$

给定 $X=x_i$ 的条件下，Y 的条件分布函数为

$$F(y|x_i)=\sum_{y_j\leqslant y}P\{Y=y_j|X=x_i\}。$$

例 3.4.1　已知(X,Y)的联合分布律及关于 X 与关于 Y 的边缘分布律为

X	Y			$P\{X=x_i\}$
	0	1	2	
0	0.2	0.1	0	0.3
1	0.15	0.15	0.15	0.45
2	0	0.25	0	0.25
$P\{Y=y_j\}$	0.35	0.5	0.15	

求在 $X=0$ 条件下 Y 的分布律。

解：$P\{X=0\}=0.3$，

$$P\{Y=0|X=0\}=\frac{P\{X=0,\ Y=0\}}{P\{X=0\}}=\frac{0.2}{0.3}=\frac{2}{3},$$

$$P\{Y=1|X=0\}=\frac{P\{X=0,\ Y=1\}}{P\{X=0\}}=\frac{0.1}{0.3}=\frac{1}{3},$$

$$P\{Y=2|X=0\}=\frac{P\{X=0,\ Y=2\}}{P\{X=0\}}=\frac{0}{0.3}=0。$$

则 $X=0$ 条件下 Y 的分布律为

Y	0	1	2
$P\{Y=y_j\|X=0\}$	$\frac{2}{3}$	$\frac{1}{3}$	0

3.4.2 条件概率密度

定义 3.4.3　设二维连续型随机变量(X,Y)的联合概率密度为 $f(x,y)$。若对固定的 y，$f_Y(y)>0$，则称$\frac{f(x,y)}{f_Y(y)}$为在 $Y=y$ 条件下 X 的条件概率密度，记作

$$f_{X|Y}(x|y)=\frac{f(x,\ y)}{f_Y(y)},$$

称 $\int_{-\infty}^{x} f_{X|Y}(u|y)\,\mathrm{d}u$ 为在 $Y=y$ 条件下 X 的条件分布函数，记作 $F_{X|Y}(x|y)$。

类似地，在 $X=x$ 条件下 Y 的条件概率密度和条件分布函数分别为

$$f_{Y|X}(y|x)=\frac{f(x,y)}{f_X(x)},\ F_{Y|X}(y|x)=\int_{-\infty}^{y} f_{Y|X}(v|x)\,\mathrm{d}v。$$

例 3.4.2 设 (X,Y) 的联合概率密度为

$$f(x,y)=\begin{cases}\mathrm{e}^{-y},\ 0<x<y,\\ 0,\ 其他。\end{cases}$$

求 (X,Y) 的条件概率密度。

解：关于 X 的边缘密度为

$$f_X(x)=\begin{cases}\int_{x}^{+\infty}\mathrm{e}^{-y}\mathrm{d}x,\ x>0,\\ 0,\ 其他\end{cases}=\begin{cases}\mathrm{e}^{-x},\ x>0,\\ 0,\ 其他。\end{cases}$$

关于 Y 的边缘密度为

$$f_Y(y)=\begin{cases}\int_{0}^{y}\mathrm{e}^{-y}\mathrm{d}x,\ y>0,\\ 0,\ 其他\end{cases}=\begin{cases}y\mathrm{e}^{-y},\ y>0,\\ 0,\ 其他。\end{cases}$$

所以，在 $X=x$ 条件下 Y 的条件概率密度

$$f_{Y|X}(y|x)=\frac{f(x,y)}{f_X(x)}=\begin{cases}\mathrm{e}^{x-y},\ 0<x<y,\\ 0,\ 其他。\end{cases}$$

在 $Y=y$ 条件下 X 的条件概率密度

$$f_{X|Y}(x|y)=\frac{f(x,y)}{f_Y(y)}=\begin{cases}\frac{1}{y},\ 0<x<y,\\ 0,\ 其他。\end{cases}$$

例 3.4.3 设 (X,Y) 服从参数为 μ_1，μ_2，σ_1，σ_2 及 ρ 的二维正态分布，求在 $Y=y$ 条件下 X 的条件概率密度。

解：根据例 3.3.4 可知

$$f_Y(y)=\frac{1}{\sqrt{2\pi}\sigma_2}\mathrm{e}^{-\frac{(y-\mu_2)^2}{2\sigma_2^2}},$$

根据条件密度函数的定义，有

$$f_{X|Y}(x|y)=\frac{f(x,y)}{f_Y(y)}=\frac{1}{\sqrt{2\pi}\sigma_1\sqrt{1-\rho^2}}\mathrm{e}^{-\frac{1}{2\sigma_1^2(1-\rho^2)}\left[x-\left(\mu_1+\rho\frac{\sigma_1}{\sigma_2}(y-\mu_2)\right)\right]^2},$$

在 $Y=y$ 条件下 X 服从正态分布 $N\left(\mu_1+\rho\frac{\sigma_1}{\sigma_2}(y-\mu_2),\ \sigma_1^2(1-\rho^2)\right)$，由此可知，二维正态分布的条件分布是一维正态分布。

3.4.3 随机变量的独立性

独立性是概率论和数理统计中的一个非常重要的概念，下面介绍二维随机变量的独立性。

定义 3.4.4　设(X,Y)是二维连续型随机变量，它的分布函数为$F(x,y)$，(X,Y)关于 X 和关于 Y 的边缘分布函数分别为$F_X(x)$，$F_Y(y)$。若对于任意实数 x，y，都有

$$P\{X\leqslant x,\ Y\leqslant y\}=P\{X\leqslant x\}P\{Y\leqslant y\},$$

即 $F(x,y)=F_X(x)F_Y(y)$，则称随机变量 X 和 Y 是相互独立的。

虽然联合分布确定边缘分布，而一般边缘分布不能确定联合分布。但是，在 X 和 Y 相互独立的条件下，边缘分布可以确定联合分布，在此不加证明地给出如下定理。

定理 3.4.1　设(X,Y)为二维离散型随机变量，则 X 和 Y 相互独立的充要条件是对(X,Y)的任意一对可能取值(x_i,y_j)有

$$P\{X=x_i,\ Y=y_j\}=P\{X=x_i\}P\{Y=y_j\},\ i,\ j=1,2,\cdots,$$

即

$$p_{ij}=p_{i\cdot}\,p_{\cdot j},\ i,j=1,2,\cdots。$$

例 3.4.4　设离散型随机变量(X,Y)的联合分布律为

X	Y	
	2	3
3	$\frac{1}{3}$	$\frac{1}{6}$
4	α	$\frac{1}{9}$
5	β	$\frac{1}{18}$

试求 α，β 的值，使得 X 与 Y 相互独立。

解：边缘分布律为

X	Y: 2	3	$p_{i\cdot}$
3	$\frac{1}{3}$	$\frac{1}{6}$	$\frac{1}{2}$
4	α	$\frac{1}{9}$	$\frac{1}{9}+\alpha$
5	β	$\frac{1}{18}$	$\frac{1}{18}+\beta$
$p_{\cdot j}$	$\frac{1}{3}+\alpha+\beta$	$\frac{1}{3}$	

由分布律的性质可知，

$$\frac{1}{3}+\frac{1}{3}+\alpha+\beta=1,\ \alpha+\beta=\frac{1}{3},$$

因为 X，Y 独立，所以有

$$P\{X=4,\ Y=3\}=P\{X=4\}P\{Y=3\},$$

从而 $\frac{1}{9}=\left(\frac{1}{9}+\alpha\right)\times\frac{1}{3}$，即 $\alpha=\frac{2}{9}$，$\beta=\frac{1}{3}-\frac{2}{9}=\frac{1}{9}$。

定理 3.4.2 设 (X,Y) 为二维连续型随机变量，则 X 和 Y 相互独立的充要条件是

$$f(x,y)=f_X(x)f_Y(y),$$

其中 $f(x,y)$ 为 (X,Y) 的联合概率密度函数，$f_X(x)$ 和 $f_Y(y)$ 分别为 (X,Y) 关于 X 和关于 Y 的边缘密度函数。

由定义知，当随机变量 X 和 Y 相互独立时，边缘概率密度 $f_X(x)$ 和概率 $f_Y(y)$ 的乘积就是联合概率密度 $f(x,y)$，从而可由边缘概率密度确定联合概率密度。但是一般情况下，边缘概率密度并不能唯一确定联合概率密度。

例 3.4.5 设 (X,Y) 的联合概率密度函数为

$$f(x,y)=\begin{cases}\frac{1}{2}, & x^2+y^2\leqslant 1,\\ 0, & \text{其他。}\end{cases}$$

问 X 与 Y 是否相互独立？

解：

$$f_X(x)=\int_{-\infty}^{+\infty}f(x,y)\mathrm{d}y=\begin{cases}\int_{-\sqrt{1-x^2}}^{\sqrt{1-x^2}}\frac{1}{2}\mathrm{d}y, & -1\leqslant x\leqslant 1,\\ 0, & \text{其他}\end{cases}$$

$$=\begin{cases}\sqrt{1-x^2}, & -1\leqslant x\leqslant 1,\\ 0, & \text{其他。}\end{cases}$$

$$f_Y(y)=\int_{-\infty}^{+\infty}f(x,y)\,\mathrm{d}x=\begin{cases}\int_{-\sqrt{1-y^2}}^{\sqrt{1-y^2}}\dfrac{1}{2}\mathrm{d}x, & -1\leqslant y\leqslant 1,\\ 0, & \text{其他}\end{cases}$$

$$=\begin{cases}\sqrt{1-y^2}, & -1\leqslant y\leqslant 1,\\ 0, & \text{其他。}\end{cases}$$

显然，$f(x,y)\neq f_X(x)f_Y(y)$，X 与 Y 不独立。

例 3.4.6　设随机变量 X 与 Y 相互独立，已知 $X\sim U(0,1)$，$Y\sim U(0,2)$，求 $P\{X<Y\}$。

解：因为 $X\sim U(0,1)$，$Y\sim U(0,2)$，所以

$$f(x)=\begin{cases}1, & 0\leqslant x\leqslant 1,\\ 0, & \text{其他,}\end{cases}\qquad f(y)=\begin{cases}\dfrac{1}{2}, & 0\leqslant y\leqslant 2,\\ 0, & \text{其他。}\end{cases}$$

(X,Y) 的联合概率密度函数为

$$f(x,y)=\begin{cases}\dfrac{1}{2}, & 0\leqslant x\leqslant 1,\ 0\leqslant y\leqslant 2,\\ 0, & \text{其他。}\end{cases}$$

从而 $P\{X<Y\}=\iint\limits_{x<y}f(x,y)\,\mathrm{d}x\mathrm{d}y=\int_0^1\mathrm{d}x\int_x^2\dfrac{1}{2}\mathrm{d}y=\dfrac{3}{4}$。

习题 3.4

1. 设二维随机变量 (X,Y) 的联合分布律如下表：

X \ Y	0	1
0	$\frac{1}{4}$	$\frac{1}{4}$
1	$\frac{1}{6}$	$\frac{1}{8}$
2	$\frac{1}{8}$	$\frac{1}{12}$

求：

(1) 在 $Y=0,1$ 的条件下 X 的分布律；

(2) 在 $X=0,1,2$ 的条件下 Y 的分布律。

2. 设二维随机变量 (X,Y) 的联合概率密度函数为

$$f(x,y)=\begin{cases}3x, & 0<x<1,\ 0<y<x,\\ 0, & \text{其他。}\end{cases}$$

求 $f_{Y|X}(y|x)$。

3. 二维随机变量 (X,Y) 服从区域 G 上的均匀分布，其中，G 是由 $x-y=0$，$x+y=2$，$y=0$ 所围成的三角形区域，求：

(1) X 的边缘概率密度 $f_X(x)$；

(2) 条件概率密度 $f_{X|Y}(x|y)$。

4. 袋中有 1 个红球、2 个黑球与 3 个白球，现有放回地从袋中取两次，每次取一个球，以 X，Y，Z 分别表示两次所取得的红球、黑球与白球的个数。求：

(1) $P\{X=1|Z=0\}$；

(2) 二维随机变量 (X,Y) 的概率分布。

5. 设二维随机变量 (X,Y) 的联合概率密度函数为

$$f(x,y)=\begin{cases}\dfrac{1}{2x^2y}, & 1\leqslant x<+\infty,\ \dfrac{1}{x}\leqslant y\leqslant x,\\ 0, & \text{其他。}\end{cases}$$

问 X 与 Y 是否相互独立？

6. 设二维随机变量 (X,Y) 在矩形区域 $a\leqslant x\leqslant b$,

$c \leqslant y \leqslant d$ 内服从均匀分布，求：

(1) (X,Y)的联合概率密度函数；

(2) 边缘概率密度，并判断 X 与 Y 是否相互独立。

7. 设随机变量 X 与 Y 相互独立，它们的概率分布均为 $B\left(1,\frac{1}{2}\right)$，求 $P\{X=Y\}$。

3.5 二维随机变量函数的分布

设 $g(x,y)$是一个二元函数，(X,Y)是二维随机变量，则 $Z=g(X,Y)$是随机变量(X,Y)的函数，若已知(X,Y)的联合分布，如何求 $Z=g(X,Y)$的概率分布是本节讨论的问题。

3.5.1 二维离散型随机变量函数的分布

设二维离散型随机变量(X,Y)的联合分布律为

$$P\{X=x_i,\ Y=y_j\}=p_{ij},\ i,j=1,2,\cdots,$$

显然 $Z=g(X,Y)$也是离散型随机变量，$Z=g(X,Y)$的所有可能取值是将(X,Y)的所有可能取值(x_i,y_j)，$i,j=1,2,\cdots$代入函数 $z=g(x,y)$中求得，记为 z_1，z_2，$\cdots$，z_k，$\cdots$，则随机变量 $Z=g(X,Y)$的分布律为

$$P\{Z=z_k\}=\sum_{g(x_i,y_j)=z_k}P\{X=x_i,\ Y=y_j\},\ k=1,2,\cdots。$$

例 3.5.1 已知随机变量 X 和 Y 的联合分布律为

X \ Y	-1	0	1
0	0.3	0	0.3
1	0.1	0.2	0.1

试求 $Z=X+Y$ 的概率分布。

解：由已知条件可得

当 $Z=-1$ 时，

$$P\{X+Y=-1\}=P\{X=0,\ Y=-1\}=0.3,$$

当 $Z=0$ 时，

$$P\{X+Y=0\}=P\{X=0,\ Y=0\}+P\{X=1,\ Y=-1\}=0.1,$$

当 $Z=1$ 时，

$$P\{X+Y=1\}=P\{X=1,\ Y=0\}+P\{X=0,\ Y=1\}=0.2+0.3=0.5,$$

当 $Z=2$ 时，

$$P\{X+Y=2\}=P\{X=1,\ Y=1\}=0.1,$$

则 $Z=X+Y$ 的概率分布为

Z	-1	0	1	2
P	0.3	0.1	0.5	0.1

3.5.2 二维连续型随机变量函数的分布

设(X,Y)是二维连续型随机变量，联合密度函数为$f(x,y)$，函数 $Z=g(X,Y)$ 仍然是连续型随机变量，在求 $Z=g(X,Y)$ 密度函数时，通常用分布函数法。

（1）设 Z 的分布函数为 $F_Z(z)$，则

$$F_Z(z)=P\{Z\leqslant z\}=P\{g(X,\ Y)\leqslant z\}$$
$$=\iint_{D_Z} f(x,y)\,\mathrm{d}x\mathrm{d}y,$$

其中
$$D_Z=\{(x,y)\mid g(x,y)\leqslant z\};$$

（2）对 $F_Z(z)$ 求导，即求出概率密度函数 $f_Z(z)=F'_Z(z)$。

1. 和函数 $Z=X+Y$ 的概率密度函数

设(X,Y)的联合密度函数为$f(x,y)$，则 $Z=X+Y$ 的分布函数为

$$F_Z(z)=P\{Z\leqslant z\}=\iint_{x+y\leqslant z} f(x,y)\,\mathrm{d}x\mathrm{d}y$$
$$=\int_{-\infty}^{+\infty}\left[\int_{-\infty}^{z-x} f(x,y)\,\mathrm{d}y\right]\mathrm{d}x,$$

固定 z 和 x，对积分 $\int_{-\infty}^{z-x} f(x,y)\,\mathrm{d}y$ 做变换，令 $y=u-x$，得

$$\int_{-\infty}^{z-x} f(x,y)\,\mathrm{d}y=\int_{-\infty}^{z} f(x,u-x)\,\mathrm{d}u,$$

于是

$$F_Z(z)=\int_{-\infty}^{+\infty}\left[\int_{-\infty}^{z} f(x,u-x)\,\mathrm{d}u\right]\mathrm{d}x=\int_{-\infty}^{z}\left[\int_{-\infty}^{+\infty} f(x,u-x)\,\mathrm{d}x\right]\mathrm{d}u,$$

则 Z 的密度函数为

$$f_Z(z)=F'_Z(z)=\int_{-\infty}^{+\infty} f(x,z-x)\,\mathrm{d}x,$$

由于 X 与 Y 的对称性，$f_Z(z)$ 又可以表示为

$$f_Z(z)=\int_{-\infty}^{+\infty} f(z-y,y)\,\mathrm{d}y。$$

特别地，如果 X 与 Y 相互独立，且(X,Y)关于 X 与关于 Y 的边缘密度函数分别为$f_X(x)$和$f_Y(y)$，则有

$$f_Z(z)=\int_{-\infty}^{+\infty} f_X(x)f_Y(z-x)\,\mathrm{d}x=\int_{-\infty}^{+\infty} f_X(z-y)f_Y(y)\,\mathrm{d}y。$$

以上两个公式称为卷积公式。

例 3.5.2 设随机变量 X 与 Y 相互独立，其概率密度分别为

$$f_X(x)=\begin{cases}1, & 0\leqslant x\leqslant 1,\\ 0, & 其他,\end{cases}\quad f_Y(y)=\begin{cases}e^{-y}, & y>0,\\ 0, & y\leqslant 0,\end{cases}$$

求 $Z=X+Y$ 的概率密度。

解：因为随机变量 X，Y 相互独立，利用卷积公式可得

$$f_Z(z)=f_X*f_Y=\int_{-\infty}^{+\infty}f_X(x)f_Y(z-x)\,dx=\int_0^1 1\times f_Y(z-x)\,dx。$$

做变量代换，令 $z-x=y$，可得

$$f_Z(z)=\int_{z-1}^{z}f_Y(y)\,dy=\begin{cases}0, & z\leqslant 0,\\ \int_0^z e^{-y}dy, & 0<z\leqslant 1,\\ \int_{z-1}^{z}e^{-y}dy, & z>1\end{cases}=\begin{cases}0, & z\leqslant 0,\\ 1-e^{-z}, & 0<z\leqslant 1,\\ (e-1)e^{-z}, & z>1。\end{cases}$$

2. $Z=\dfrac{X}{Y}$ 的分布

设 (X,Y) 的联合概率密度为 $f(x,y)$，则 $Z=\dfrac{X}{Y}$ 的分布函数为

$$\begin{aligned}F_Z(z)&=P\left\{\frac{X}{Y}\leqslant z\right\}=\iint\limits_{\frac{x}{y}\leqslant z}f(x,y)\,dxdy\\&=\iint\limits_{\substack{y>0\\x\leqslant yz}}f(x,y)\,dxdy+\iint\limits_{\substack{y<0\\x\geqslant yz}}f(x,y)\,dxdy\\&=\int_0^{+\infty}\left(\int_{-\infty}^{yz}f(x,y)\,dx\right)dy+\int_{-\infty}^{0}\left(\int_{yz}^{+\infty}f(x,y)\,dx\right)dy,\end{aligned}$$

对固定的 $y\neq 0$，做变量替换 $t=\dfrac{x}{y}$，从而有

$$\begin{aligned}&\int_0^{+\infty}\left(\int_{-\infty}^{yz}f(x,y)\,dx\right)dy+\int_{-\infty}^{0}\left(\int_{yz}^{+\infty}f(x,y)\,dx\right)dy\\&=\int_0^{+\infty}\left(\int_{-\infty}^{z}yf(ty,y)\,dt\right)dy+\int_{-\infty}^{0}\left(\int_{-\infty}^{z}f(ty,y)\,|y|\,dt\right)dy\\&=\int_{-\infty}^{z}\left(\int_{-\infty}^{+\infty}|y|f(ty,y)\,dy\right)dt,\end{aligned}$$

由概率密度的定义，得 $Z=\dfrac{X}{Y}$ 的概率密度为

$$f_Z(z)=\int_{-\infty}^{+\infty}|y|f(zy,y)\,dy。$$

特别地，当 X 和 Y 相互独立时，有

$$f_Z(z)=\int_{-\infty}^{+\infty}|y|f_X(yz)f_Y(y)\,dy,$$

其中，$f_X(x)$，$f_Y(y)$ 分别为 (X,Y) 关于 X 和关于 Y 的边缘密度函数。

例 3.5.3　设随机变量 X，Y 相互独立，它们都服从参数为 λ 的指数分布，求 $Z=\dfrac{X}{Y}$的概率密度。

解：由题意

$$f_X(x)=\begin{cases}\lambda e^{-\lambda x}, & x>0,\\ 0, & x\leqslant 0,\end{cases}\qquad f_Y(y)=\begin{cases}\lambda e^{-\lambda y}, & y>0,\\ 0, & y\leqslant 0。\end{cases}$$

因为随机变量 X，Y 相互独立，所以

$$f_Z(z)=\int_{-\infty}^{+\infty}|y|f_X(yz)f_Y(y)\mathrm{d}y,$$

当 $Z\leqslant 0$ 时，$f_Z(z)=0$，

当 $Z>0$ 时，$f_Z(z)=\lambda^2\int_0^{+\infty}e^{-\lambda y(1+z)}y\mathrm{d}y=\dfrac{1}{(1+z)^2}$。

所以 $Z=\dfrac{X}{Y}$ 的概率密度为

$$f_Z(z)=\begin{cases}\dfrac{1}{(1+z)^2}, & z>0,\\ 0, & z\leqslant 0。\end{cases}$$

3. 最大值 $M=\max\{X,Y\}$ 和最小值 $N=\min\{X,Y\}$ 的分布

设随机变量 X，Y 相互独立，它们的分布函数分别为 $F_X(x)$，$F_Y(y)$，$M=\max\{X,Y\}$ 的分布函数为

$$\begin{aligned}F_M(z)&=P\{M\leqslant z\}=P\{\max\{X,Y\}\leqslant z\}=P\{X\leqslant z,\ Y\leqslant z\}\\&=P\{X\leqslant z\}P\{Y\leqslant z\}=F_X(z)F_Y(z),\end{aligned}$$

最小值 $N=\min\{X,Y\}$ 的分布函数为

$$\begin{aligned}F_N(z)&=P\{N\leqslant z\}=1-P\{N>z\}=1-P\{\min\{X,Y\}>z\}\\&=1-P\{X>z,\ Y>z\}=1-P\{X>z\}P\{Y>z\}\\&=1-[1-P\{X\leqslant z\}][1-P\{Y\leqslant z\}]\\&=1-[1-F_X(z)][1-F_Y(z)],\end{aligned}$$

特别地，当 X，Y 独立同分布，分布函数为 $F(x)$ 时，

$$F_M(z)=[F(z)]^2,\ F_N(z)=1-[1-F(z)]^2。$$

上述结果，自然地可以推广到 n 个随机变量的情形，当 X_1，X_2，…，X_n 独立同分布时，

$$F_M(z)=[F(z)]^n,\ F_N(z)=1-[1-F(z)]^n。$$

例 3.5.4　设 $X_1,X_2,\cdots,X_n$ 独立同分布，且都服从$[0,\theta]$上的均匀分布，求 $X_1,X_2,\cdots,X_n$ 的最大值 M 的概率密度。

解：由已知条件 $X_1,X_2,\cdots,X_n$ 的分布函数为

$$F(x)=\begin{cases}0, & x<0,\\ \dfrac{x}{\theta}, & 0\leqslant x\leqslant\theta,\\ 1, & x>\theta,\end{cases}$$

分布函数

$$F_M(z)=[F(z)]^n=\begin{cases}0, & z<0,\\ \dfrac{z^n}{\theta^n}, & 0\leqslant z\leqslant\theta,\\ 1, & z>\theta,\end{cases}$$

概率密度

$$f_M(z)=\begin{cases}\dfrac{nz^{n-1}}{\theta^n}, & 0\leqslant z\leqslant\theta,\\ 1, & 其他。\end{cases}$$

习题 3.5

1. 设相互独立的随机变量 X, Y 的分布律分别如下：

X	0	1	2
P	0.8	0.2	0

Y	0	1	2
P	0.7	0.2	0.1

求 $X+Y$ 的分布律。

2. 甲、乙两人独立地各进行两次射击，假设甲的命中率为 0.2，乙的命中率为 0.5，以 X, Y 分别表示甲和乙的命中次数，试求 X, Y 的联合分布律，并分别求 $M=\max\{X,Y\}$, $N=\min\{X,Y\}$ 的分布律。

3. 设二维随机变量 (X,Y) 的联合密度函数为

$$f(x,y)=\begin{cases}1, & 0<x<1,\ 0<y<2x,\\ 0, & 其他。\end{cases}$$

求 $Z=2X-Y$ 的概率密度。

4. 设相互独立的随机变量 $X,Y,X\sim P(\lambda_1)$, $Y\sim P(\lambda_2)$，证明：$Z=X+Y\sim P(\lambda_1+\lambda_2)$。

5. 设相互独立的随机变量 X, Y，且均服从区间 $(0,2)$ 上的均匀分布，求 $Z=\dfrac{X}{Y}$ 的概率密度。

3.6 二维随机变量及其分布的 MATLAB 实现

本节通过案例介绍使用 MATLAB 绘制二维随机变量的联合概率密度函数图像，计算边缘密度函数及其多维随机数的生成。

例 3.6.1 绘制出均值为 $(0,0)$，协方差矩阵为 $\begin{pmatrix}0.75 & 0.5\\ 0.5 & 1\end{pmatrix}$ 的二维正态分布联合概率密度函数图像。

解：编写 MATLAB 程序如下：

```
clc
clear
mu=[0 0];
sigma=[0.75 0.5;0.5 1];
x=[-2:0.1:2];
```

```
y=[-2:0.1:2];
[x1,y1]=meshgrid(x,y);
f=mvnpdf([x1(:) y1(:)],mu,sigma);
F=reshape( f , numel( y) ,numel(x)) ;
surf(x,y,F)
xlabel('x')
ylabel('y')
zlabel('f(x,y)')
```

绘制二维正态分布联合概率密度函数图像如图 3.6.1 所示。

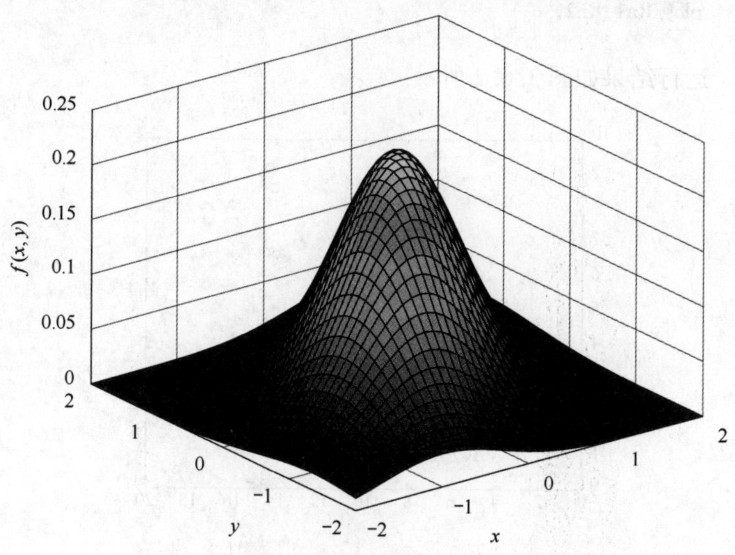

图 3.6.1　二维正态分布联合概率密度函数图像

例 3.6.2　设二维连续型随机变量(X,Y)的联合概率密度为

$$f(x,y)=\begin{cases}2,\ 0\leqslant x\leqslant 1,\ 0\leqslant y\leqslant x,\\0,\ 其他。\end{cases}$$

求边缘密度函数$f_X(x)$，$f_Y(y)$。

解：编写 MATLAB 程序如下：

```
syms x y
fxy=2;
fx=int(fxy, y, 0, x)
fy=int(fxy, x, 0, 1)
```

运行结果为

```
fx=2*x
fy=2*(1-y)
```

所以，$f_X(x)=\begin{cases}2x, & 0\leqslant x\leqslant 1,\\ 0, & 其他,\end{cases}$ $f_Y(y)=\begin{cases}2(1-y), & 0\leqslant y\leqslant 1,\\ 0, & 其他。\end{cases}$

例 3.6.3 使用 MATLAB 生成二维随机数。

（1）二维均匀随机数

```
a=20;
b=10;
n=200;
Rn1=a * rand(n,1);
Rn2=b * rand(n,1);
plot(Rn1,Rn2,'o')
```

运行结果如图 3.6.2 所示。

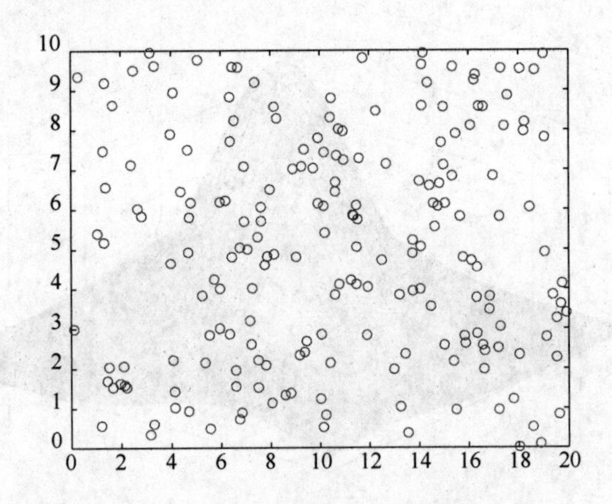

图 3.6.2 二维均匀随机数图像

（2）生成二维正态分布随机数

```
mu=[1 2];
sigma=[1 0.5; 0.5 2];
R=chol(sigma);
z=repmat(mu,10,1) + randn(10,2) * R
```

运行结果为

```
z=
    1.2510    4.1510
    0.7354    3.6836
    0.1868    0.7836
    1.1320    0.7871
   -0.1847    1.1214
    1.3404    1.7521
```

```
-0.5921   3.0366
-1.4538   0.3124
0.7919   3.4907
0.0181   3.1458
```

(3) 生成三维随机数组

```
X=randn([3,2,3])
```

运行结果

```
X(:,:,1)=
    2.5197   1.6757
    -0.3795   -0.7384
    -0.4753   -1.8155
X(:,:,2)=
    0.0867   -0.3507
    0.5003   -1.3629
    -0.3630   1.7228
X(:,:,3)=
    0.2014   0.8344
    -0.5477   -1.0483
    0.4018   0.2253
```

总复习题 3

1. 盒子里装有 3 个球，分别标有数字 1，1，2，现从口袋中无放回地连续摸出两个球，以 X 表示第一次摸出的球上标有的数字，以 Y 表示第二次摸出的球上标有的数字，求 X 和 Y 的联合分布律。

2. 设二维随机变量 (X,Y) 的概率密度函数为

$$f(x,y)=\begin{cases}Cxy,\ 0<x<1,\ 0<y<1,\\ 0,\ 其他。\end{cases}$$

求：

(1) 常数 C；

(2) $P\{X=Y\}$；

(3) $P\{X<Y\}$。

3. 设二维随机变量 (X,Y) 的概率密度函数为

$$f(x,y)=\begin{cases}x^2+\dfrac{xy}{3},\ 0<x<1,\ 0<y<2,\\ 0,\ 其他。\end{cases}$$

求：$P\{X+Y\geqslant 1\}$。

4. 设随机变量 (X,Y) 的概率密度函数为

$$f(x,y)=\begin{cases}k(6-x-y),\ 0<x<2,\ 2<y<4,\\ 0,\ 其他。\end{cases}$$

(1) 确定常数 k；

(2) 求 $P\{X<1,\ Y<3\}$；

(3) 求 $P\{X<1.5\}$；(4) 求 $P\{X+Y\leqslant 4\}$。

5. 设二维随机变量 (X,Y) 的分布律如下：

Y	X	
	1	2
−1	$\frac{1}{4}$	$\frac{1}{6}$
0	$\frac{1}{4}$	a

(1) 求 a；

(2) 求(X,Y)关于 X 和关于 Y 的边缘分布律与边缘分布函数。

6. 设随机变量(X,Y)的概率密度为

$$f(x,y)=\begin{cases}\dfrac{21}{4}x^2y,\ x^2\leqslant y\leqslant 1,\\0,\ 其他。\end{cases}$$

求其边缘概率密度。

7. 设随机变量(X,Y)的概率密度为

$$f(x,y)=\begin{cases}1,\ |y|<x,\ 0<x<1,\\0,\ 其他。\end{cases}$$

求条件概率密度 $f_{Y|X}(y|x)$，$f_{X|Y}(x|y)$ 。

8. 设二维随机变量(X,Y)的分布律如下：

X	Y		
	1	2	3
1	$\frac{1}{6}$	$\frac{1}{9}$	$\frac{1}{18}$
2	$\frac{1}{3}$	a	b

若 X 与 Y 相互独立，求参数 a，b。

9. 设袋中有 5 个号码 1，2，3，4，5，从中任取 3 个，以 X，Y 分别表示这 3 个号码中最小的号码和最大的号码。求：

(1) 二维随机变量(X,Y)的概率分布；

(2) X 和 Y 是否相互独立？

10. 已知随机变量 X 和 Y 的联合分布为

Y	X	
	−1	2
−1	$\frac{1}{10}$	$\frac{2}{10}$
1	$\frac{2}{10}$	$\frac{1}{10}$
2	$\frac{3}{10}$	$\frac{1}{10}$

求 $Z_1=X+Y$ 和 $Z_2=\max\{XY\}$ 的分布律。

11. 设 X 与 Y 是相互独立的随机变量，其概率密度分别为

$$f_X(x)=\begin{cases}1,\ 0\leqslant x\leqslant 1,\\0,\ 其他,\end{cases}\quad f_Y(y)=\begin{cases}e^{-y},\ y>0,\\0,\ 其他。\end{cases}$$

求随机变量 $Z=X+Y$ 的概率密度。

12. 某种商品一周的需求量是一个随机变量，其概率密度为

$$f(t)=\begin{cases}te^{-t},\ t>0,\\0,\ t\leqslant 0。\end{cases}$$

设各周的需求量是相互独立的，求：

(1) 两周的需求量的概率密度；

(2) 三周的需求量的概率密度。

数学家与数学家精神

概率统计领域的先行者——贝叶斯

托马斯·贝叶斯（Thomas Bayes，1702—1763），英国数学家、数理统计学家和哲学家。贝叶斯是概率论理论创始人之一，在概率论与统计学的早期发展过程中有着重要的奠基作用。他将归纳推理法用于概率论基础理论的研究，使用“逆概率”概念，并将其作为一种普遍的推理方法提出来，给出了著名的“贝叶斯公式”。此外，他首次提出“以样本推断总体”的思想，并创立了贝叶斯统计理论，现已成为统计学学科中的重要分支。贝叶斯在科学研究上勇于探索和创新的精神以及突出的学术成果，对后人的研究产生了深远的影响。

第4章 随机变量的数字特征

随机变量的分布主要是描述随机变量的统计规律。但是在实际问题中，整体的统计规律并不知道，所以只能退而求其次，关注随机变量的某些特征。例如，检查某批产品的质量时，通过平均寿命对其进行度量。该平均值即可作为随机变量的数字特征用于精确度量随机变量，随机变量的数字特征是指描述随机变量的某些特征的量。本章将介绍随机变量的常用数字特征：数学期望、方差、协方差、相关系数和矩。

4.1 数学期望

4.1.1 数学期望的定义

1. 离散型随机变量的数学期望

定义 4.1.1 设离散型随机变量 X 的分布律为 $P\{X=x_k\}=p_k$，$k=1,2,\cdots$，若 $\sum_{k=1}^{\infty}|x_k|p_k$ 收敛，则称 $\sum_{k=1}^{\infty}x_kp_k$ 为随机变量 X 的**数学期望**或均值，记为 $E(X)$（或 EX），即有

$$E(X)=\sum_{k=1}^{\infty}x_kp_k。\tag{4.1.1}$$

如果级数 $\sum_{k=1}^{\infty}|x_k|p_k$ 发散，则称 $E(X)$ 不存在。

例 4.1.1 设随机变量 X 的分布律如下：

X	−1	0	1	2
P	0.2	0.3	0.4	0.1

求 $E(X)$。

解：$E(X)=\sum_{k=1}^{4}x_kp_k=-1\times0.2+0\times0.3+1\times0.4+2\times0.1=$

0.4。

例 4.1.2 有两名射击手，对他们的射击技术数据进行统计如下表：

	1 号射击手			2 号射击手		
击中环数 X	8	9	10	8	9	10
P	0.4	0.1	0.5	0.2	0.2	0.6

请问哪名射击手射击水平较高?

解：设随机变量 X_1 表示 1 号射击手击中的环数，随机变量 X_2 表示 2 号射击手击中的环数，因此，1 号射击手平均命中的环数

$$E(X_1)=8\times0.4+9\times0.1+10\times0.5=9.1(\text{环})。$$

同理，可得 2 号射击手平均命中的环数

$$E(X_2)=8\times0.2+9\times0.2+10\times0.6=9.4(\text{环})。$$

由此可见，2 号射击手的射击水平比 1 号射击手的射击水平高。

下面给出一些常见的离散型随机变量的数学期望。

(1) 0-1 分布

设随机变量 $X\sim B(1,p)$，即 X 的分布律为 $P\{X=1\}=p,P\{X=0\}=1-p$，则

$$E(X)=1\times p+0\times(1-p)=p。$$

(2) 二项分布

设随机变量 $X\sim B(n,p)$，即其分布律为

$$P\{X=k\}=\mathrm{C}_n^k p^k(1-p)^{n-k},\ k=0,1,2,\cdots,n,$$

则

$$E(X)=\sum_{k=0}^{n}k\cdot P\{X=k\}=\sum_{k=0}^{n}k\mathrm{C}_n^k p^k(1-p)^{n-k}$$

$$=np\cdot\sum_{k=1}^{n}\mathrm{C}_{n-1}^{k-1}p^{k-1}(1-p)^{n-k}=np[p+(1-p)]^{n-1}=np。$$

(3) 泊松分布

设随机变量 $X\sim P(\lambda)$，即 X 的分布律为

$$P\{X=k\}=\frac{\lambda^k}{k!}\mathrm{e}^{-\lambda},\ k=0,1,2,\cdots,$$

则

$$E(X)=\sum_{k=0}^{\infty}kP\{X=k\}$$

$$=\sum_{k=0}^{\infty}k\frac{\lambda^k}{k!}\mathrm{e}^{-\lambda}$$

$$= \lambda e^{-\lambda} \sum_{k=1}^{\infty} \frac{\lambda^{k-1}}{(k-1)!}$$

$$= \lambda e^{-\lambda} \cdot e^{\lambda} = \lambda。$$

2. 连续型随机变量的数学期望

下面给出关于连续型随机变量的数学期望的定义。

定义 4.1.2　设连续型随机变量 X 的概率密度函数为 $f(x)$，若积分 $\int_{-\infty}^{+\infty} |x| f(x)\mathrm{d}x$ 收敛，则称 $\int_{-\infty}^{+\infty} x f(x)\mathrm{d}x$ 为随机变量 X 的数学期望或均值，记为 $E(X)$（或 EX），即有

$$E(X) = \int_{-\infty}^{+\infty} x f(x)\mathrm{d}x。\tag{4.1.2}$$

同样，如果积分 $\int_{-\infty}^{+\infty} |x| f(x)\mathrm{d}x$ 发散，则称 $E(X)$ 不存在。

例 4.1.3　设随机变量 X 的概率密度函数为

$$f(x) = \begin{cases} x, & 0 \leqslant x < 1, \\ 2 - x, & 1 \leqslant x < 2, \\ 0, & \text{其他}。\end{cases}$$

求 X 的数学期望 $E(X)$。

解：$E(X) = \int_{-\infty}^{+\infty} x f(x)\mathrm{d}x = \int_0^1 x \cdot x\mathrm{d}x + \int_1^2 x \cdot (2-x)\mathrm{d}x = \int_0^1 x^2\mathrm{d}x + \int_1^2 (2x - x^2)\mathrm{d}x = 1$。

例 4.1.4　设某企业在线上平台销售某商品，已知该商品的月需求量为随机变量 X（单位：件），它服从区间 [3000,5000] 上的均匀分布，每销售 1 件可获得利润 8 元；若销售不出去，则每件商品需存储费 4 元。应该组织多少货源，才能使该企业收益最大？

解：设需组织货源 t 件，显然应满足 $3000 \leqslant t \leqslant 5000$，企业收益为 Y（单位：元）是关于随机变量 X 的函数，即 $Y = g(X)$，则有

$$g(X) = \begin{cases} 8t, & X \geqslant t, \\ 8X - 4(t - X), & X < t, \end{cases}$$

由于随机变量 $X \sim U[3000,5000]$，则有概率密度函数

$$f(x) = \begin{cases} \dfrac{1}{2000}, & 3000 \leqslant x \leqslant 5000, \\ 0, & \text{其他}, \end{cases}$$

于是 Y 的数学期望为

$$E(Y)=\int_{-\infty}^{+\infty}g(x)f(x)\,\mathrm{d}x=\int_{3000}^{5000}\frac{1}{2000}g(x)\,\mathrm{d}x$$

$$=\frac{1}{2000}\left[\int_{3000}^{t}[8x-4(t-x)]\,\mathrm{d}x+\int_{t}^{5000}8t\,\mathrm{d}x\right]$$

$$=\frac{1}{2000}\left[\int_{3000}^{t}(12x-4t)\,\mathrm{d}x+\int_{t}^{5000}8t\,\mathrm{d}x\right]$$

$$=\frac{1}{2000}\left(-6t^2+52000t-5.4\times10^7\right)。$$

考虑 t 的取值使得 $E(Y)$ 达到最大，易得 $t^*=4333$，故组织 4333 件商品时，收益最大。

下面给出一些常见的连续型随机变量的数学期望。

（1）均匀分布

设随机变量 $X\sim U[a,b]$，即 X 的概率密度函数为

$$f(x)=\begin{cases}\dfrac{1}{b-a}, & a\leqslant x\leqslant b,\\ 0, & \text{其他},\end{cases}$$

则

$$E(X)=\int_{-\infty}^{+\infty}xf(x)\,\mathrm{d}x=\int_{a}^{b}\frac{x}{b-a}\mathrm{d}x=\frac{a+b}{2}。$$

（2）指数分布

设随机变量 $X\sim \mathrm{Exp}(\lambda)$，其中 $\lambda>0$，即 X 的概率密度函数为

$$f(x)=\begin{cases}\lambda \mathrm{e}^{-\lambda x}, & x>0,\\ 0, & x\leqslant 0,\end{cases}$$

则

$$E(X)=\int_{-\infty}^{+\infty}xf(x)\,\mathrm{d}x=\int_{0}^{+\infty}x\lambda \mathrm{e}^{-\lambda x}\mathrm{d}x=\frac{1}{\lambda}。$$

（3）正态分布

设随机变量 $X\sim N(\mu,\sigma^2)$，其中 $\sigma>0$，即 X 的概率密度函数为

$$f(x)=\frac{1}{\sqrt{2\pi}\sigma}\mathrm{e}^{-\frac{(x-\mu)^2}{2\sigma^2}},\quad -\infty<x<+\infty,$$

则

$$E(X)=\int_{-\infty}^{+\infty}xf(x)\,\mathrm{d}x=\int_{-\infty}^{+\infty}(x-\mu)f(x)\,\mathrm{d}x+\int_{-\infty}^{+\infty}\mu f(x)\,\mathrm{d}x$$

$$=\int_{-\infty}^{+\infty}(x-\mu)\frac{1}{\sqrt{2\pi}\sigma}\mathrm{e}^{-\frac{(x-\mu)^2}{2\sigma^2}}\mathrm{d}x+\mu\int_{-\infty}^{+\infty}f(x)\,\mathrm{d}x$$

$$\overset{x-\mu=t}{=}\int_{-\infty}^{+\infty}t\frac{1}{\sqrt{2\pi}\sigma}\mathrm{e}^{-\frac{t^2}{2\sigma^2}}\mathrm{d}t+\mu=\mu。$$

4.1.2 随机变量函数的数学期望

之前在随机变量的分布中研究了随机变量函数的分布，同样关于随机变量函数也可研究其数学期望，以便解决实际生活中的复杂问题。

首先，给出一维随机变量函数的情形。

定理 4.1.1　设随机变量 X 的函数 $Y=g(X)$，其中 $g(x)$ 为连续函数，则

（1）若 X 为离散型随机变量，其分布律为 $P\{X=x_k\}=p_k$，$k=1,2,\cdots$，且 $\sum_{k=1}^{\infty}|g(x_k)|p_k$ 收敛，则随机变量 X 的函数 $Y=g(X)$ 的数学期望为

$$E(Y)=E[g(X)]=\sum_{k=1}^{\infty}g(x_k)p_k。\tag{4.1.3}$$

（2）若 X 为连续型随机变量，其概率密度为 $f(x)$，且 $\int_{-\infty}^{+\infty}|g(x)|f(x)\mathrm{d}x$ 收敛，则随机变量 X 的函数 $Y=g(X)$ 的数学期望为

$$E(Y)=E[g(X)]=\int_{-\infty}^{+\infty}g(x)f(x)\mathrm{d}x。\tag{4.1.4}$$

特别地，当 $Y=g(X)=X$ 时，定理 4.1.1 与前面引入的随机变量的数学期望的定义是一致的。

由定理 4.1.1 可将其推广到二维随机变量函数的情形。

定理 4.1.2　设二维随机变量 (X,Y) 的函数 $Z=g(X,Y)$，其中 $g(x,y)$ 为连续函数，则

（1）若 (X,Y) 为二维离散型随机变量，其联合分布律为 $P\{X=x_i,Y=y_j\}=p_{ij}$，$i,j=1,2,\cdots$，且 $\sum_{i=1}^{\infty}\sum_{j=1}^{\infty}|g(x_i,y_j)|p_{ij}$ 收敛，则二维随机变量函数 $Z=g(X,Y)$ 的数学期望为

$$E(Z)=E[g(X,Y)]=\sum_{i=1}^{\infty}\sum_{j=1}^{\infty}g(x_i,y_j)p_{ij}。\tag{4.1.5}$$

（2）若 (X,Y) 为二维连续型随机变量，其联合概率密度函数为 $f(x,y)$，且 $\int_{-\infty}^{+\infty}\int_{-\infty}^{+\infty}|g(x,y)|f(x,y)\mathrm{d}x\mathrm{d}y$ 收敛，则二维随机变量函数 $Z=g(X,Y)$ 的数学期望为

$$E(Z)=E[g(X,Y)]=\int_{-\infty}^{+\infty}\int_{-\infty}^{+\infty}g(x,y)f(x,y)\mathrm{d}x\mathrm{d}y。\tag{4.1.6}$$

特别地，当 $Z=g(X,Y)=X$ 与 $Z=g(X,Y)=Y$ 时，$E[g(X,Y)]$ 为二维随机变量 (X,Y) 的分量 X 与 Y 的数学期望。

例 4.1.5 设随机变量 X 的分布律为

X	-1	0	1
P	0.2	0.5	0.3

求 $E(X^2)$。

解：由式（4.1.3）有

$$E(X^2)=(-1)^2\times 0.2+0^2\times 0.5+1^2\times 0.3=0.5。$$

例 4.1.6 设随机变量 X 的概率密度函数为

$$f(x)=\begin{cases} e^{-x}, & x>0, \\ 0, & x\leqslant 0, \end{cases}$$

求：

（1）$Y=2X$；

（2）$Z=e^{-2X}$ 的数学期望。

解：由式（4.1.4）有

$$(1)\ E(Y)=E(2X)=\int_{-\infty}^{+\infty}2xf(x)\,dx=\int_0^{+\infty}2xe^{-x}\,dx=2;$$

$$(2)\ E(Z)=E(e^{-2X})=\int_{-\infty}^{+\infty}e^{-2x}f(x)\,dx=\int_0^{+\infty}e^{-2x}e^{-x}\,dx=\frac{1}{3}。$$

例 4.1.7 设 (X,Y) 是二维离散型随机变量，X 与 Y 的联合分布律如下所示：

X \ Y	1	2
0	$\frac{1}{5}$	$\frac{2}{5}$
1	$\frac{1}{5}$	$\frac{1}{5}$

求 $E(X+Y)$。

解：由式（4.1.5）有

$$E(X+Y)=(0+1)\times\frac{1}{5}+(0+2)\times\frac{2}{5}+(1+1)\times\frac{1}{5}+$$

$$(1+2)\times\frac{1}{5}=2。$$

例 4.1.8　设(X,Y)是二维连续型随机变量，其联合概率密度函数为

$$f(x,y)=\begin{cases}6x^2y,\ 0<x<1,\ 0<y<1,\\0,\ 其他。\end{cases}$$

求$E(X)$，$E(Y)$和$E(XY)$。

解：由式（4.1.6）有

$$\begin{aligned}E(X)&=\int_{-\infty}^{+\infty}\int_{-\infty}^{+\infty}xf(x,y)\,\mathrm{d}x\mathrm{d}y\\&=6\int_0^1\mathrm{d}x\int_0^1 x\cdot x^2y\mathrm{d}y=6\int_0^1x^3\mathrm{d}x\int_0^1y\mathrm{d}y\\&=\frac{3}{4};\end{aligned}$$

$$\begin{aligned}E(Y)&=\int_{-\infty}^{+\infty}\int_{-\infty}^{+\infty}yf(x,y)\,\mathrm{d}x\mathrm{d}y\\&=6\int_0^1\mathrm{d}x\int_0^1 y\cdot x^2y\mathrm{d}y=6\int_0^1x^2\mathrm{d}x\int_0^1y^2\mathrm{d}y\\&=\frac{2}{3};\end{aligned}$$

$$\begin{aligned}E(XY)&=\int_{-\infty}^{+\infty}\int_{-\infty}^{+\infty}xyf(x,y)\,\mathrm{d}x\mathrm{d}y\\&=6\int_0^1\mathrm{d}x\int_0^1 xy\cdot x^2y\mathrm{d}y\\&=6\int_0^1x^3\mathrm{d}x\int_0^1y^2\mathrm{d}y\\&=\frac{1}{2}。\end{aligned}$$

4.1.3　数学期望的性质

设X，Y为两个随机变量，且$E(X)$，$E(Y)$都存在，则有以下性质：

性质 4.1.1（线性性质）　设X，Y为两个随机变量，C_1，C_2为常数，则有

$$E(C_1X+C_2Y)=C_1E(X)+C_2E(Y)。$$

根据性质 4.1.1，我们可以得到下面的推论。

推论 4.1.1　C为常数，则$E(C)=C$。

推论 4.1.2　设X是随机变量，C为常数，则$E(CX)=CE(X)$。

若将随机变量推广到任意有限个随机变量和的情形，则有：

推论 4.1.3 设随机变量 X_i，C_i 为常数，$i=1,2,\cdots,n$，则

$$E\left(\sum_{i=1}^{n} C_i X_i\right) = \sum_{i=1}^{n} C_i E(X_i)。$$

性质 4.1.2 若 X 和 Y 是相互独立的随机变量，则 $E(XY)=E(X)E(Y)$。

同样，可将性质 4.1.2 推广到任意有限个相互独立的随机变量积的情形。若 $X_1,X_2,\cdots,X_n$ 为相互独立的随机变量，则

$$E(X_1X_2\cdots X_n) = E(X_1)E(X_2)\cdots E(X_n)。$$

例 4.1.9 设随机变量 $X_1,X_2,\cdots,X_n$ 之间相互独立，且都服从 $B(1,p)$，求 $X=\sum_{i=1}^{n} X_i$ 的数学期望 $E(X)$。

解：由数学期望的线性性质可知

$$E(X) = E\left(\sum_{i=1}^{n} X_i\right) = \sum_{i=1}^{n} E(X_i) = np。$$

由于在伯努利试验中，每次试验中事件 A 发生与否对应的随机变量 $X_i(i=1,2,\cdots,n)$ 取值为 1 或 0，则 n 重伯努利试验中事件发生的次数 $X=X_1+X_2+\cdots+X_n$ 可能取值为 $0,1,2,\cdots,n$。若取 $X=k$，则要求 $X_1,X_2,\cdots,X_n$ 中有 k 个随机变量取值为 1，共有 C_n^k 种不同组合方式，而其余$(n-k)$个随机变量取值为 0，由于 $X_1,X_2,\cdots,X_n$ 相互独立，那么随机变量 $X=\sum_{i=1}^{n} X_i$ 的分布律为

$$P\{X=k\} = \mathrm{C}_n^k p^k (1-p)^{n-k} (k=0,1,2,\cdots),$$

因此，可以发现 n 重伯努利试验中事件发生次数的随机变量 X 服从二项分布，即 $X\sim B(n,p)$。并且随机变量 X 的数学期望为

$$\begin{aligned} E(X) &= \sum_{k=0}^{n} k \cdot P\{X=k\} = \sum_{k=0}^{n} k - \mathrm{C}_n^k p^k (1-p)^{(n-k)} \\ &= np \cdot \sum_{k=1}^{n} \mathrm{C}_{n-1}^{k-1} p^{k-1} (1-p)^{n-k} \\ &= np[p+(1-p)]^{n-1} = np。\end{aligned}$$

进一步说明了 n 重伯努利试验中事件发生次数的随机变量 X 所服从的二项分布与 0-1 分布之间的特殊关系。

习题 4.1

1. 设离散型随机变量 X 的分布律如下：

X	0	2	4
P	$\frac{1}{5}$	$\frac{2}{5}$	$\frac{2}{5}$

求 $E(X)$。

2. 将 4 个不同色的球随机放入 4 个盒子中，每盒容纳球数无限制，求空盒子数的数学期望。

3. 某工厂生产的产品分为一等品、二等品、三等品、废品，假设每生产出一件一等品可获利 10 元，二等品获利 5 元，三等品 3 元，而每生产出一件废品要损失 2 元。工厂生产一件产品的利润 X（元）是个随机变量，据以往的经验，X 的分布律如下：

X	10	5	3	-2
P	0.5	0.27	0.2	0.03

问预期平均每生产一件产品获利多少元？

4. 设离散型随机变量 X 的分布律如下：

X	-1	0	1	2
P	0.2	0.1	0.3	0.4

求 $E(X)$、$E(5X)$ 和 $E(X^2)$。

5. 设随机变量 X 的概率密度函数为

$$f(x)=\begin{cases}Ax^2, & 0<x<1,\\ 0, & \text{其他。}\end{cases}$$

求：

(1) 常数 A；

(2) $E(X)$。

6. 设随机变量 $X\sim N(0,1)$，求 $E(3X^2)$。

7. 设二维随机变量 (X,Y) 的联合概率密度为

$$f(x,y)=\begin{cases}e^{-x-y}, & x>0,\ y>0,\\ 0, & \text{其他，}\end{cases}$$

求 $E(Y)$ 和 $E(XY)$。

8. 已知随机变量 X 服从参数为 2 的泊松分布，求 $E(2X+3)$。

9. 设一部机器在一天内发生故障的概率为 0.2，一周工作 5 天。无故障情况下，可获利润 10 万元；发生一次故障仍可获利 5 万元；若发生两次故障，获利 0 元；若发生 3 次或 3 次以上故障，则亏损 2 万元。试问一周平均获利多少万元？

10. 设 X 和 Y 是相互独立的随机变量，且服从同一分布，已知随机变量 X 的分布律为

$$P\{X=i\}=\frac{1}{3},\ i=1,2,3。$$

并且有 $Z=\max\{X,Y\}$，$W=\min\{X,Y\}$。

(1) 求二维随机变量 (Z,W) 的分布律；

(2) 求 $E(X)$ 和 $E(W)$。

4.2 方差

随机变量的数学期望表示随机变量 X 的加权算术平均数，即均值，它反映了随机变量 X 的集中程度，具有重要的实际意义。但在很多实际问题中，除了要了解随机变量集中程度外，还需要了解随机变量 X 与其数学期望 $E(X)$ 之间的波动程度。例如，要考察某班级的考试成绩，除了要知道平均成绩外，还需要进一步了解每个学生的考试成绩 X 与平均成绩 $E(X)$ 的波动程度，若波动程度小，表示成绩比较稳定。由此可见，研究随机变量 X 与其数学期望的偏离程度十分重要。那么如何去度量这个偏离程度呢？不难发现，必须消除正负差异以后才能准确地衡量其平均波动程

度，即$E[|X-E(X)|]$或$E\{[X-E(X)]^2\}$。但绝对值不便于数学运算，为此，引入随机变量的另一个重要的数字特征——**方差**。

4.2.1 方差的定义

定义 4.2.1 设X为随机变量，如果$E\{[X-E(X)]^2\}$存在，则称$E\{[X-E(X)]^2\}$的值为随机变量X的方差，记为$D(X)$或$\mathrm{Var}(X)$，即

$$D(X)=E\{[X-E(X)]^2\}。\tag{4.2.1}$$

方差$D(X)$反映了随机变量X取值与期望$E(X)$的离散程度，方差越大，则X的取值越分散，其波动程度越大，稳定性越差；方差越小，则X的取值越集中，其波动程度越小，稳定性越好。

注：(1) 方差是非负的常数。

(2) 方差与随机变量X的量纲不一致，为使其量纲一致，称$\sqrt{D(X)}$为**标准差或均方差**，记作$\mathrm{Std}(X)$。

(3) 若随机变量X为离散型随机变量，其分布律为$P\{X=x_k\}=p_k$，$k=1,2,\cdots$，则由定义知

$$D(X)=\sum_{k=1}^{\infty}[x_k-E(X)]^2p_k;\tag{4.2.2}$$

若随机变量X为连续型随机变量，其概率密度函数为$f(x)$，则

$$D(X)=\int_{-\infty}^{+\infty}[x-E(X)]^2f(x)\mathrm{d}x。\tag{4.2.3}$$

(4) 由于数学期望$E(X)$是一个常数，由方差的性质有

$$\begin{aligned}D(X)&=E\{[X-E(X)]^2\}\\&=E\{X^2-2XE(X)+[E(X)]^2\}\\&=E(X^2)-[E(X)]^2,\end{aligned}\tag{4.2.4}$$

即$D(X)=E(X^2)-[E(X)]^2$，常用此公式来计算方差$D(X)$。

例 4.2.1 设随机变量X的分布律如下：

X	-1	0	1
P	0.2	0.5	0.3

求$D(X)$。

解：$E(X)=-1\times0.2+0\times0.5+1\times0.3=0.1$,

$E(X^2)=(-1)^2\times0.2+0^2\times0.5+1^2\times0.3=0.5$,

根据方差的常用计算公式，有

$$D(X)=E(X^2)-[E(X)]^2=0.5-0.1^2=0.49。$$

例 4.2.2　设随机变量 X 的概率密度函数为

$$f(x)=\begin{cases}2(1-x), & 0\leqslant x\leqslant 1,\\ 0, & \text{其他。}\end{cases}$$

求 $D(X)$。

解：
$$E(X)=\int_0^1 2x(1-x)\mathrm{d}x=\frac{1}{3},$$
$$E(X^2)=\int_0^1 2x^2(1-x)\mathrm{d}x=\frac{1}{6}。$$

根据方差的常用计算公式，有

$$D(X)=E(X^2)-[E(X)]^2=\frac{1}{18}。$$

4.2.2　几种常见分布的方差

1. 0-1 分布

设随机变量 $X\sim B(1,p)$，则其分布律为

X	0	1
P	$1-p$	p

$$E(X^2)=0^2\times(1-p)+1^2\times p=p,$$

根据方差的常用计算公式，有

$$D(X)=p-p^2=p(1-p)。$$

2. 二项分布

设随机变量 $X\sim B(n,p)$，则其分布律为 $P\{X=k\}=\mathrm{C}_n^k p^k(1-p)^{n-k}$，$k=0,1,2,\cdots,n$，故

$$\begin{aligned}E(X^2)&=E[X(X-1)+X]\\&=\sum_{k=0}^{n}k(k-1)\frac{n!}{k!\,(n-k)!}p^k(1-p)^{n-k}+np\\&=\sum_{k=2}^{n}\frac{n(n-1)(n-2)!}{(k-2)!\,(n-k)!}p^k(1-p)^{n-k}+np\\&=n(n-1)p^2\sum_{k=2}^{n}\mathrm{C}_{n-2}^{k-2}p^{k-2}(1-p)^{n-k}+np\\&=n(n-1)p^2+np\\&=n^2p^2+np(1-p)。\end{aligned}$$

因为 $E(X)=np$，所以根据方差的计算公式有

$$D(X)=n^2p^2+np(1-p)-n^2p^2=np(1-p)。$$

3. 泊松分布

设随机变量 $X\sim P(\lambda)$，其分布律为 $P\{X=k\}=\dfrac{\lambda^k}{k!}\mathrm{e}^{-\lambda}$，$k=0,1,$

2,…，则

$$\begin{aligned}E(X^2)&=E[X(X-1)+X]\\&=E[X(X-1)]+E(X)\\&=\sum_{k=0}^{\infty}k(k-1)\frac{\lambda^k}{k!}e^{-\lambda}+\lambda\\&=\lambda^2e^{-\lambda}\sum_{k=2}^{\infty}\frac{\lambda^{k-2}}{(k-2)!}+\lambda\\&=\lambda^2e^{-\lambda}e^{\lambda}+\lambda\\&=\lambda^2+\lambda。\end{aligned}$$

根据方差的常用计算公式，有

$$D(X)=E(X^2)-[E(X)]^2=\lambda。$$

4. 均匀分布

设随机变量 $X\sim U(a,b)$，其概率密度函数为 $f(x)=\begin{cases}\frac{1}{b-a}, & a\leqslant x\leqslant b,\\ 0, & 其他,\end{cases}$ 则

$$\begin{aligned}E(X^2)&=\int_{-\infty}^{+\infty}x^2f(x)\mathrm{d}x\\&=\int_a^b x^2\cdot\frac{1}{b-a}\mathrm{d}x\\&=\frac{1}{3}(a^2+ab+b^2)。\end{aligned}$$

根据方差的常用计算公式，有

$$D(X)=E(X^2)-[E(X)]^2=\frac{1}{12}(b-a)^2。$$

5. 指数分布

设随机变量 $X\sim \mathrm{Exp}(\lambda)$，其概率密度函数为 $f(x)=\begin{cases}\lambda e^{-\lambda x}, & x>0,\\ 0, & x\leqslant 0,\end{cases}$ 则

$$\begin{aligned}E(X^2)&=\int_{-\infty}^{+\infty}x^2f(x)\mathrm{d}x\\&=\int_0^{+\infty}\lambda x^2e^{-\lambda x}\mathrm{d}x=\frac{2}{\lambda^2}。\end{aligned}$$

根据方差的常用计算公式，有

$$D(X)=E(X^2)-[E(X)]^2=\frac{2}{\lambda^2}-\left(\frac{1}{\lambda}\right)^2=\frac{1}{\lambda^2}。$$

6. 正态分布

设随机变量 $X\sim N(\mu,\sigma^2)$，其概率密度函数为 $f(x)=\frac{1}{\sqrt{2\pi}\sigma}$

$e^{-\frac{(x-\sigma)^2}{2\sigma^2}}$，$-\infty<x<+\infty$，由方差的定义，有

$$\begin{aligned}D(X)&=E\{[X-E(X)]^2\}\\&=E[(X-\mu)^2]\\&=\int_{-\infty}^{+\infty}(x-\mu)^2\frac{1}{\sqrt{2\pi}\sigma}e^{-\frac{(x-\mu)^2}{2\sigma^2}}dx。\end{aligned}$$

令 $y=\dfrac{x-\mu}{\sigma}$，则有

$$\begin{aligned}D(X)&=\frac{\sigma^2}{\sqrt{2\pi}}\int_{-\infty}^{+\infty}y^2e^{-\frac{y^2}{2}}dy\\&=\frac{\sigma^2}{\sqrt{2\pi}}\int_{-\infty}^{+\infty}(-y)\,de^{-\frac{y^2}{2}}\\&=\frac{\sigma^2}{\sqrt{2\pi}}\left(-ye^{-\frac{y^2}{2}}\Big|_{-\infty}^{+\infty}+\int_{-\infty}^{+\infty}e^{-\frac{y^2}{2}}dy\right)\\&=\frac{\sigma^2}{\sqrt{2\pi}}\sqrt{2\pi}=\sigma^2。\end{aligned}$$

结果表明，正态分布的方差就是其第二个参数 σ^2。

现将前面得到的几种常见分布的数学期望和方差总结于表 4.2.1。

表 4.2.1　几种常见分布的数学期望和方差

分布名称	分布律或密度函数	数学期望	方差
0-1 分布	$P\{X=0\}=1-p$ $P\{X=1\}=p$	p	$p(1-p)$
二项分布	$P\{X=k\}=C_n^kp^k(1-p)^{n-k}$ $k=0,1,\cdots,n,\ 0<p<1$	np	$np(1-p)$
泊松分布	$P\{X=k\}=\dfrac{\lambda^k}{k!}e^{-\lambda},\ k=0,1,\cdots,\lambda>0$	λ	λ
均匀分布	$f(x)=\begin{cases}\dfrac{1}{b-a}, & a\leqslant x\leqslant b\\0, & 其他\end{cases}$	$\dfrac{a+b}{2}$	$\dfrac{(b-a)^2}{12}$
指数分布	$f(x)=\begin{cases}\lambda e^{-\lambda x}, & x>0,\\0, & x\leqslant 0,\end{cases}\ \lambda>0$	$\dfrac{1}{\lambda}$	$\dfrac{1}{\lambda^2}$
正态分布	$f(x)=\dfrac{1}{\sqrt{2\pi}\sigma}e^{-\frac{(x-\mu)^2}{2\sigma^2}},\ -\infty<x<+\infty$ $-\infty<\mu<+\infty,\ \sigma>0$	μ	σ^2

4.2.3 方差的性质

假设所涉及随机变量的方差都存在。

性质 4.2.1 设 C 是任意常数，则 $D(C)=0$。

性质 4.2.2 设 X 和 Y 是两个相互独立的随机变量，C_1 和 C_2 是两个任意常数，则有

$$D(C_1X \pm C_2Y) = C_1^2D(X) + C_2^2D(Y)。$$

证明：根据数学期望的性质，有

$$\begin{aligned} D(C_1X \pm C_2Y) &= E\{[(C_1X \pm C_2Y) - E(C_1X \pm C_2Y)]^2\} \\ &= E\{[C_1(X - E(X)) \pm C_2(Y - E(Y))]^2\} \\ &= C_1^2D(X) + C_2^2D(Y) \pm 2C_1C_2E\{(X - E(X)) \\ &\quad (Y - E(Y))\}, \end{aligned}$$

因为

$$\begin{aligned} E\{(X - E(X))(Y - E(Y))\} &= E[XY + E(X)E(Y) - XE(Y) - \\ &\quad YE(X)] \\ &= E(XY) - E(X)E(Y)。 \end{aligned}$$

由假设 X 和 Y 是两个相互独立的随机变量，知 $E(XY)=E(X)E(Y)$，因此该性质成立。

推论 4.2.1 设 X 是随机变量，C_1 和 C_2 是两个任意常数，则有

$$D(C_1X \pm C_2) = C_1^2D(X)。$$

推论 4.2.2 设 X 和 Y 是两个相互独立的随机变量，则有

$$D(X \pm Y) = D(X) + D(Y)。$$

推论 4.2.3 设 X 是随机变量，C 为任意常数，则有

$$D(CX) = C^2D(X)。$$

推论 4.2.4 设 $X_1, X_2, \cdots, X_n$ 为相互独立的随机变量，则

$$D\left(\sum_{i=1}^{n} X_i\right) = \sum_{i=1}^{n} D(X_i),\quad D\left(\frac{1}{n}\sum_{i=1}^{n} X_i\right) = \frac{1}{n^2}\sum_{i=1}^{n} D(X_i)。$$

性质 4.2.3 $D(X)=0$ 的充分必要条件是 $P\{X=C\}=1$。

证明略，显然这里有 $C=E(X)$。

运用推论 4.2.3 也可以证明二项分布 $B(n,p)$ 的方差。

证明：记 $X_i, i=1,2,\cdots,n$ 表示事件 A 在第 i 次试验中发生的次数，显然，X_i，$i=1,2,\cdots,n$ 相互独立、且都服从 0-1 分布，因为 $D(X_i)=p(1-p)$，记 $X=\sum_{i=1}^{n}X_i$，则由方差的性质有

$$D(X)=\sum_{i=1}^{n}D(X_i)=np(1-p)。$$

性质 4.2.4　设 $X_1,X_2,\cdots,X_n$ 为相互独立的随机变量，且 $X_i\sim N(\mu_i,\sigma_i^2)$，$i=1,2,\cdots,n$，则

$$\sum_{i=1}^{n}C_iX_i\sim N\left(\sum_{i=1}^{n}C_i\mu_i,\ \sum_{i=1}^{n}C_i^2\sigma_i^2\right),$$

即正态分布的线性组合仍服从正态分布。

证明略。

例 4.2.3　已知 X 和 Y 是两个相互独立的随机变量，且 $X\sim\mathrm{Exp}(3)$，$Y\sim N(2,4)$，求 $D(3X-4Y)$。

解：因为 $X\sim\mathrm{Exp}(3)$，$Y\sim N(2,4)$，所以 $D(X)=\frac{1}{9}$，$D(Y)=4$，因此

$$D(3X-4Y)=9D(X)+16D(Y)=65。$$

例 4.2.4　设 (X,Y) 是二维离散型随机变量，X 与 Y 的联合分布律如下：

X	Y	
	-1	0
0	0.3	0.4
1	0.1	0.2

求 $D(X)$。

解：$E(X)=0\times(0.3+0.4)+1\times(0.1+0.2)=0.3$，

$E(X^2)=0^2\times(0.3+0.4)+1^2\times(0.1+0.2)=0.3$，

根据方差的计算公式，有

$$D(X)=E(X^2)-[E(X)]^2=0.21。$$

例 4.2.5　设 (X,Y) 是二维连续型随机变量，联合密度函数为

$$f(x,y)=\begin{cases}6x^2y, & 0<x<1,\ 0<y<1,\\ 0, & 其他。\end{cases}$$

求 $D(X),D(Y)$。

解：根据数学期望的计算公式，有

$$E(X)=\int_{-\infty}^{+\infty}\int_{-\infty}^{+\infty}xf(x,y)\mathrm{d}x\mathrm{d}y=\int_0^1\mathrm{d}x\int_0^1 x6x^2y\mathrm{d}y=6\int_0^1 x^3\mathrm{d}x\int_0^1 y\mathrm{d}y=\frac{3}{4},$$

$$E(X^2)=\int_{-\infty}^{+\infty}\int_{-\infty}^{+\infty}x^2f(x,y)\mathrm{d}x\mathrm{d}y=6\int_0^1\mathrm{d}x\int_0^1 x^2x^2y\mathrm{d}y=6\int_0^1 x^4\mathrm{d}x\int_0^1 y\mathrm{d}y=\frac{3}{5},$$

$$E(Y)=\int_{-\infty}^{+\infty}\int_{-\infty}^{+\infty}yf(x,y)\mathrm{d}x\mathrm{d}y=\int_0^1\mathrm{d}x\int_0^1 y6x^2y\mathrm{d}y=6\int_0^1 x^2\mathrm{d}x\int_0^1 y^2\mathrm{d}y=\frac{2}{3},$$

$$E(Y^2)=\int_{-\infty}^{+\infty}\int_{-\infty}^{+\infty}y^2f(x,y)\mathrm{d}x\mathrm{d}y=\int_0^1\mathrm{d}x\int_0^1 y^26x^2y\mathrm{d}y=6\int_0^1 x^2\mathrm{d}x\int_0^1 y^3\mathrm{d}y=\frac{1}{2},$$

再根据方差的计算公式可得

$$D(X)=E(X^2)-[E(X)]^2=\frac{3}{80},$$

$$D(Y)=E(Y^2)-[E(Y)]^2=\frac{1}{18}。$$

例 4.2.6 设有 A、B 两种不相关的证券，它们的收益与概率见表 4.2.2。

表 4.2.2 证券的收益分布表

类型	收益（元）	概率
证券 A	−30	$\frac{1}{3}$
	30	$\frac{2}{3}$
证券 B	−20	$\frac{1}{2}$
	40	$\frac{1}{2}$

试问如何投资这两种证券最佳（即要满足收益越大风险越小越好）?

解：风险就是投资者的收益关于其均值的不确定性，平均收益可以用期望来描述，而风险则可用方差来描述，因此

证券 A 的平均收益

$$E(A)=-30\times\frac{1}{3}+30\times\frac{2}{3}=10\text{（元）},$$

证券 B 的平均收益

$$E(B)=-20\times\frac{1}{2}+40\times\frac{1}{2}=10\text{（元）},$$

证券 A 的风险

$$D(A)=(-30-10)^2\times\frac{1}{3}+(30-10)^2\times\frac{2}{3}=800,$$

证券 B 的风险

$$D(B)=(-20-10)^2\times\frac{1}{2}+(40-10)^2\times\frac{1}{2}=900,$$

由此可见，虽然投资两种证券的平均收益相同，但投资证券 A 的风险明显小于投资证券 B 的风险，单独投资，首选证券 A。

例 4.2.7　设甲、乙两名射击选手在相同的条件下独立地进行射击，他们的射击成绩见表 4.2.3。

表 4.2.3　甲、乙两名射击选手的射击成绩

射击次数	第1次	第2次	第3次	第4次	第5次
甲命中环数	7	8	8	8	9
乙命中环数	10	6	10	6	8

试利用以上数据，分析甲、乙两名射击选手的射击水平。

解：设甲、乙命中的环数分别为 X 和 Y，则根据数学期望和方差的定义，有

$$E(X)=8,\ E(Y)=8,$$

$$D(X)=\frac{1}{5}[(7-8)^2+(8-8)^2+(8-8)^2+(8-8)^2+(9-8)^2]=\frac{2}{5},$$

$$D(Y)=\frac{1}{5}[(10-8)^2+(6-8)^2+(10-8)^2+(6-8)^2+(8-8)^2]=\frac{16}{5},$$

显然 $E(X)=E(Y)$，这说明甲、乙两名射击选手的平均射击环数均为 8 环，可认为他们的平均射击水平是相当的。

方差是描述随机变量关于其期望的离散程度，可用来描述两个选手射击水平的稳定性。而 $D(X)<D(Y)$，这又说明选手甲的射击水平比较稳定。

习题 4.2

1. 若 X，Y 为随机变量，则下列选项不正确的是（　　）。

A. $E(E(X))=E(X)$

B. $D(D(X))=0$

C. $E(X+Y)=E(X)+E(Y)$

D. $D(X+Y)=D(X)+D(Y)$

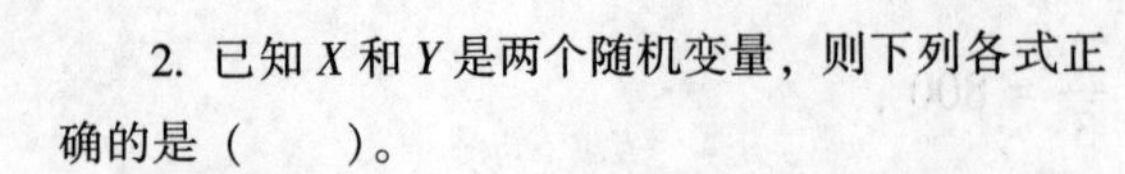

2. 已知 X 和 Y 是两个随机变量，则下列各式正确的是（　　）。

A. $E(X+Y)=E(X)+E(Y)$

B. $E(XY)=E(X)E(Y)$

C. $D(X+Y)=D(X)+D(Y)$

D. $D(XY)=D(X)D(Y)$

3. 设随机变量 X 与 Y 相互独立，且 $X\sim N(1,2)$，$Y\sim N(1,4)$，则 $D(2X-Y)=$（　　）。

A. 6　　B. 8

C. 12　　D. 15

4. 设连续型随机变量 X_1 与 X_2 相互独立，且方差存在，X_1 与 X_2 的概率密度分别为 $f_1(x)$ 与 $f_2(x)$，随机变量 Y_1 的概率密度为 $f_{Y_1}(y)=0.5(f_1(y)+f_2(y))$，随机变量 $Y_2=0.5(X_1+X_2)$，则（　　）。

A. $E(Y_1)>E(Y_2)$，$D(Y_1)>D(Y_2)$

B. $E(Y_1)=E(Y_2)$，$D(Y_1)=D(Y_2)$

C. $E(Y_1)=E(Y_2)$，$D(Y_1)<D(Y_2)$

D. $E(Y_1)=E(Y_2)$，$D(Y_1)>D(Y_2)$

5. 设随机变量 X 的分布律如下：

X	0	1	2
P	0.2	0.5	0.3

求 $D(X)$。

6. 设随机变量 X 的分布律如下：

X	−1	0	1	2
P	0.3	a	0.3	0.1

求：

(1) a；

(2) $D(2X+1)$。

7. 设随机变量 X 的概率密度函数为

$$f(x)=\begin{cases}1-|x|, & |x|<1,\\ 0, & \text{其他。}\end{cases}$$

求 $D(X)$。

8. 设随机变量 X 的概率密度函数为

$$f(x)=\begin{cases}x, & 0<x\leqslant 1,\\ 2-x, & 1<x<2,\\ 0, & \text{其他。}\end{cases}$$

求 $E(X)$，$D(X)$。

9. 某城市地铁的运行间隔时间为 2min，一旅客在任意时刻进入站台，求候车时间的数学期望和方差。

4.3 协方差、相关系数和矩

对于 n 维随机变量 $(X_1,X_2,\cdots,X_n)$ 来说，除了关心其各个分量的数学期望与方差外，还要关心它们之间相互关系的数字特征。本节要讨论的是**协方差**、**相关系数**以及**矩**。

4.3.1 协方差

对于二维随机变量 (X,Y) 来说，除了讨论 X 与 Y 的数学期望和方差外，还要讨论 X 与 Y 之间的相互关系。易知，若随机变量 X 与 Y 相互独立，则

$$E\{[X-E(X)][Y-E(Y)]\}=E(XY)-E(X)E(Y)=0。$$

反之，当 $E\{[X-E(X)][Y-E(Y)]\}=E(XY)-E(X)E(Y)\neq 0$ 时，随机变量 X 与 Y 不独立，故可选用 $E\{[X-E(X)][Y-E(Y)]\}$ 来反映随机变量 X 与 Y 之间的关系。

1. 协方差的定义

定义 4.3.1　设 (X, Y) 为二维随机变量，如果 $E[(X-E(X))(Y-E(Y))]$ 存在，则称其为随机变量 X 与 Y 的**协方差**，记为

$$\mathrm{Cov}(X,Y)=E[(X-E(X))(Y-E(Y))]。\tag{4.3.1}$$

注：根据数学期望的性质，易得协方差的常用计算公式为

$$\mathrm{Cov}(X,Y)=E(XY)-E(X)E(Y)。\tag{4.3.2}$$

例 4.3.1　设 (X,Y) 是二维离散型随机变量，X 与 Y 的联合分布律如下表所示：

X	Y	
	2	3
1	0.2	0.1
2	0.3	0.4

试求：$\mathrm{Cov}(X,Y)$。

解：$E(X)=1\times(0.2+0.1)+2\times(0.3+0.4)=1.7$，

$E(Y)=2\times(0.2+0.3)+3\times(0.1+0.4)=2.5$，

$E(XY)=(1\times2)\times0.2+(1\times3)\times0.1+(2\times2)\times0.3+(2\times3)\times0.4=4.3$，

因此，根据协方差的常用计算公式有

$$\mathrm{Cov}(X,Y)=E(XY)-E(X)E(Y)=0.05。$$

例 4.3.2　设 (X,Y) 是二维连续型随机变量，联合密度函数为

$$f(x,y)=\begin{cases}4xy, & 0<x<1,\ 0<y<1,\\ 0, & 其他。\end{cases}$$

求 $\mathrm{Cov}(X,Y)$。

解：根据数学期望的定义，有

$$E(X)=\int_{-\infty}^{+\infty}\int_{-\infty}^{+\infty}xf(x,y)\,\mathrm{d}x\mathrm{d}y=\int_0^1\mathrm{d}x\int_0^1 x\cdot4xy\,\mathrm{d}y=4\int_0^1x^2\mathrm{d}x\int_0^1y\,\mathrm{d}y=\frac{2}{3},$$

$$E(Y)=\int_{-\infty}^{+\infty}\int_{-\infty}^{+\infty}yf(x,y)\,\mathrm{d}x\mathrm{d}y=\int_0^1\mathrm{d}x\int_0^1 y\cdot4xy\,\mathrm{d}y=4\int_0^1x\,\mathrm{d}x\int_0^1y^2\mathrm{d}y=\frac{2}{3},$$

$$E(XY)=\int_{-\infty}^{+\infty}\int_{-\infty}^{+\infty}xyf(x,y)\,\mathrm{d}x\mathrm{d}y=\int_0^1\mathrm{d}x\int_0^1 xy4xy\,\mathrm{d}y=4\int_0^1x^2\mathrm{d}x\int_0^1y^2\mathrm{d}y=\frac{4}{9},$$

因此，根据协方差的计算公式有

$$\mathrm{Cov}(X,Y)=E(XY)-E(X)E(Y)=0。$$

例 4.3.3 设随机变量 X 与 Y 相互独立，X 的概率分布为 $P\{X=1\}=P\{X=-1\}=0.5$，Y 服从参数为 λ 的泊松分布，令 $Z=XY$，求 $\mathrm{Cov}(X,Z)$。

解：由随机变量 X 与 Y 相互独立，得 $E(XY)=E(X)E(Y)$。由协方差的定义有

$$\begin{aligned}\mathrm{Cov}(X,Z)&=E(XZ)-E(X)E(Z)\\&=E(X^2Y)-E(X)E(XY)\\&=E(X^2)E(Y)-[E(X)]^2E(Y),\end{aligned}$$

其中 $E(X)=1\times0.5+(-1)\times0.5=0$，$E(X^2)=1^2\times0.5+(-1)^2\times0.5=1$，$E(Y)=\lambda$，

所以 $\mathrm{Cov}(X,Z)=\lambda$。

2. 协方差的性质

协方差具有如下性质：

(1) $\mathrm{Cov}(X,C)=0$，C 为常数；

(2) $\mathrm{Cov}(X,X)=D(X)$；

(3) $\mathrm{Cov}(X,Y)=\mathrm{Cov}(Y,X)$；

(4) $\mathrm{Cov}(X,Y_1+Y_2)=\mathrm{Cov}(X,Y_1)+\mathrm{Cov}(X,Y_2)$；

(5) $\mathrm{Cov}(aX,bY)=ab\mathrm{Cov}(X,Y)$，$a$，$b$ 为任意常数。

定义 4.3.2 对于方差不为零的两个随机变量 X，Y 满足 $\mathrm{Cov}(X,Y)=0$，则称随机变量 X 和 Y 不相关。

若随机变量 X 和 Y 相互独立，则 X 和 Y 不相关。反之不一定成立。

例 4.3.4 设 (X,Y) 为二维离散型随机变量，其联合分布律为

X	Y		
	-1	0	1
-1	$\frac{1}{8}$	$\frac{1}{8}$	$\frac{1}{8}$
0	$\frac{1}{8}$	0	$\frac{1}{8}$
1	$\frac{1}{8}$	$\frac{1}{8}$	$\frac{1}{8}$

试求随机变量 X 和 Y 的协方差，并判断 X 和 Y 是否独立。

解：因为 $E(X)=-1\times\frac{3}{8}+1\times\frac{3}{8}=0$，由对称性知 $E(Y)=0$，

$$E(XY)=(-1)\times(-1)\times\frac{1}{8}+(-1)\times1\times\frac{1}{8}+1\times$$

$$(-1)\times\frac{1}{8}+1\times 1\times\frac{1}{8}=0,$$

故 $\mathrm{Cov}(X,Y)=0$，即随机变量 X 和 Y 不相关。

又因为 $P\{X=0,Y=1\}=\frac{1}{8}\neq P\{X=0\}P\{Y=1\}=\frac{2}{8}\times\frac{3}{8}$，故随机变量 X 和 Y 不独立。

4.3.2 相关系数

1. 相关系数的定义

定义 4.3.3　设 (X,Y) 为二维随机变量，协方差 $\mathrm{Cov}(X,Y)$ 存在且 $D(X)>0$，$D(Y)>0$，则称

$$\rho_{XY}=\frac{\mathrm{Cov}(X,Y)}{\sqrt{D(X)}\sqrt{D(Y)}} \tag{4.3.3}$$

为 X 与 Y 的相关系数。

2. 相关系数的性质

（1）$|\rho_{XY}|\leqslant 1$；

（2）$\rho_{XY}>0$，表明随机变量 X 与 Y 呈现正相关关系；$\rho_{XY}<0$，表明随机变量 X 与 Y 呈现负相关关系；

（3）$|\rho_{XY}|=1$ 的充要条件是随机变量 X 与 Y 依概率 1 线性相关，即 $P\{Y=a+bX\}=1$，a，b 为常数。

相关系数 ρ_{XY} 表示两个随机变量 X 与 Y 的线性相关程度，越接近于 1，表示随机变量 X 与 Y 正的相关程度越强烈；越接近于 -1，表示随机变量 X 与 Y 负的相关程度越强烈；越接近于 0，表示随机变量 X 与 Y 的相关程度越弱。特别地，

（1）若 $\rho_{XY}=0$，表示随机变量 X 与 Y 无线性相关关系；

（2）$\rho_{XY}=1$ 称 X 与 Y 完全正相关，$\rho_{XY}=-1$ 称 X 与 Y 完全负相关；

（3）随机变量 X 与 Y 相互独立，则一定不相关；X 与 Y 不相关但是不一定独立。但若 (X,Y) 服从二维正态分布，则 X 与 Y 不相关等价于 X 与 Y 相互独立。

（4）随机变量 X 与 Y 不相关与以下各式是等价的：

1）$\rho_{XY}=0$；

2）$\mathrm{Cov}(X,Y)=0$；

3）$E(XY)=E(X)E(Y)$；

4）$D(X+Y)=D(X)+D(Y)$。

例 4.3.5 设二维随机变量(X,Y)服从二维正态分布$N(\mu_1,\mu_2,\sigma_1{}^2,\sigma_2{}^2,0)$，求$E(XY^2)$。

解：由于(X,Y)服从二维正态分布，且相关系数$\rho_{XY}=0$，所以X与Y相互独立，故

$$E(XY^2)=E(X)E(Y^2)=\mu_1(\sigma_2{}^2+\mu_2{}^2)。$$

例 4.3.6 设随机变量X与Y不相关，且$E(X)=3$，$E(Y)=4$，$D(X)=5$，$D(Y)=6$，求$E[(X-Y)(X+Y)]$。

解：因为$D(X)=E(X^2)-[E(X)]^2$，$D(Y)=E(Y^2)-[E(Y)]^2$，故

$$\begin{aligned}E[(X-Y)(X+Y)]&=E(X^2-Y^2)\\&=E(X^2)-E(Y^2)\\&=D(X)+[E(X)]^2-D(Y)-[E(Y)]^2\\&=5+3^2-6-4^2=-8。\end{aligned}$$

例 4.3.7 设(X,Y)是二维连续型随机变量，其联合概率密度函数为

$$f(x,y)=\begin{cases}6xy^2, & 0<x<1,\ 0<y<1,\\0, & 其他。\end{cases}$$

求ρ_{XY}。

解：根据数学期望的定义，有

$$E(X)=\int_{-\infty}^{+\infty}\int_{-\infty}^{+\infty}xf(x,y)\,\mathrm{d}x\mathrm{d}y=\int_0^1\mathrm{d}x\int_0^1 x\cdot 6xy^2\mathrm{d}y=6\int_0^1 x^2\mathrm{d}x\int_0^1 y^2\mathrm{d}y=\frac{2}{3},$$

$$E(Y)=\int_{-\infty}^{+\infty}\int_{-\infty}^{+\infty}yf(x,y)\,\mathrm{d}x\mathrm{d}y=\int_0^1\mathrm{d}x\int_0^1 y\cdot 6xy^2\mathrm{d}y=6\int_0^1 x\mathrm{d}x\int_0^1 y^3\mathrm{d}y=\frac{3}{4},$$

$$E(XY)=\int_{-\infty}^{+\infty}\int_{-\infty}^{+\infty}xyf(x,y)\,\mathrm{d}x\mathrm{d}y=\int_0^1\mathrm{d}x\int_0^1 6x^2y^3\mathrm{d}y=6\int_0^1 x^2\mathrm{d}x\int_0^1 y^3\mathrm{d}y=\frac{1}{2},$$

因此，由协方差的常用计算公式有

$$\mathrm{Cov}(X,\ Y)=E(XY)-E(X)E(Y)=\frac{1}{2}-\frac{2}{3}\times\frac{3}{4}=0,$$

所以，由相关系数的定义得

$$\rho_{XY}=\frac{\mathrm{Cov}(X,Y)}{\sqrt{D(X)}\sqrt{D(Y)}}=0。$$

上述协方差、相关系数是对两个随机变量而言的，对于n个随机变量（$n\geqslant 2$）的情况，可以通过定义协方差矩阵来讨论。

定义 4.3.4 设$(X_1,X_2,\cdots,X_n)$为n维随机变量，记$C_{ij}=\mathrm{Cov}(X_i,X_j)$为$X_i$与$X_j$的协方差，

$$\rho_{ij}=\frac{\mathrm{Cov}(X_i,X_j)}{\sqrt{D(X_i)}\ \sqrt{D(X_j)}}$$

为 X_i 与 X_j 的相关系数，令

$$\boldsymbol{C}=\begin{pmatrix} C_{11} & C_{12} & \cdots & C_{1n} \\ C_{21} & C_{22} & \cdots & C_{2n} \\ \vdots & \vdots & & \vdots \\ C_{n1} & C_{n2} & \cdots & C_{nn} \end{pmatrix},\ \boldsymbol{R}=\begin{pmatrix} \rho_{11} & \rho_{12} & \cdots & \rho_{1n} \\ \rho_{21} & \rho_{22} & \cdots & \rho_{2n} \\ \vdots & \vdots & & \vdots \\ \rho_{n1} & \rho_{n2} & \cdots & \rho_{nn} \end{pmatrix},$$

称 $\boldsymbol{C}$ 为 $(X_1,X_2,\cdots,X_n)$ 的**协方差矩阵**，$\boldsymbol{R}$ 为 $(X_1,X_2,\cdots,X_n)$ 的**相关系数矩阵**。

特别地，$C_{ii}=\mathrm{Cov}(X_i,X_i)=D(X_i)$，$\rho_{ii}=1$，$i=1,2,\cdots,n$。

由此，二维正态分布对应的协方差矩阵为

$$\boldsymbol{C}=\begin{pmatrix} \sigma_1^2 & \rho\sigma_1\sigma_2 \\ \rho\sigma_1\sigma_2 & \sigma_2^2 \end{pmatrix}。$$

4.3.3 矩

数学期望、方差、协方差都是随机变量的数字特征，它们都是某种矩。矩是最广泛的一种数字特征，在概率论与数理统计中占有重要地位。

定义 4.3.5　设 X 与 Y 为随机变量，则有如下关于矩的定义。

（1）若 $E[(X-A)^k]$，$k=1,2,\cdots$存在，A 为任意常数，则称其为随机变量 X 的 **k 阶矩**。

1）当 $A=0$，若 $E(X^k)$，$k=1,2,\cdots$存在，则称其为随机变量 X 的 **k 阶原点矩**。

2）当 $A=E(X)$，若 $E[X-E(X)]^k$，$k=1,2,\cdots$存在，则称其为随机变量 X 的 **k 阶中心矩**。

（2）若 $E(X^kY^l)$，$k,l=1,2,\cdots$存在，则称其为随机变量 X 和 Y 的 **$k+l$ 阶混合原点矩**。

（3）若 $E[(X-E(X))^k(Y-E(Y))^l]$，$k,l=1,2,\cdots$存在，则称其为随机变量 X 和 Y 的 **$k+l$ 阶混合中心矩**。

易知数学期望 $E(X)$ 就是一阶原点矩，方差 $D(X)$ 就是二阶中心矩，协方差 $\mathrm{Cov}(X,Y)$ 就是二阶混合中心矩。

例 4.3.8　设随机变量 $X\sim N(\mu,\sigma^2)$，其概率密度函数为

$$f(x)=\frac{1}{\sqrt{2\pi}\sigma}e^{-\frac{(x-\mu)^2}{2\sigma^2}},\quad -\infty<x<+\infty,$$

试求随机变量 X 的 k 阶中心矩。

解：因为 $E(X)=\mu$，故随机变量 X 的 k 阶中心矩为

$$E[X-E(X)]^k=\int_{-\infty}^{+\infty}(x-\mu)^k\frac{1}{\sqrt{2\pi}\sigma}e^{-\frac{(x-\mu)^2}{2\sigma^2}}dx,$$

令 $t=\frac{x-\mu}{\sigma}$，则 $E[X-E(X)]^k=\frac{\sigma^k}{\sqrt{2\pi}}\int_{-\infty}^{+\infty}t^k e^{-\frac{t^2}{2}}dt$。

此积分对任意正整数 k 收敛，当 k 为奇数时，被积函数为奇函数，故 $E[X-E(X)]^k=0$；当 k 为偶数时，令 $y=\frac{t^2}{2}$，则

$$\begin{aligned}E[X-E(X)]^k&=\frac{2\sigma^k}{\sqrt{2\pi}}\int_0^{+\infty}t^k e^{-\frac{t^2}{2}}dt\\&=\frac{\sigma^k}{\sqrt{2\pi}}2^{\frac{k+1}{2}}\int_0^{+\infty}y^{\frac{k-1}{2}}e^{-y}dy\\&=\frac{\sigma^k}{\sqrt{2\pi}}2^{\frac{k+1}{2}}\Gamma\left(\frac{k+1}{2}\right),\end{aligned}$$

因为 $\Gamma\left(\frac{1}{2}\right)=\sqrt{\pi}$，$\Gamma(k+1)=k\Gamma(k)$，于是得

$$E[X-E(X)]^k=\begin{cases}\sigma^k(k-1)(k-3)(k-5)\cdots1,\ k\text{为偶数},\\0,\ k\text{为奇数},\end{cases}$$

故 $N(\mu,\sigma^2)$ 的前四阶中心矩为

$$\mu_1=0,\ \mu_2=\sigma^2,\ \mu_3=0,\ \mu_4=3\sigma^4。$$

当 $\mu=0$ 时，所有的 k 阶中心矩等于 k 阶原点矩，即 $E[X-E(X)]^k=E(X^k)$，$k=1,2,\cdots$。

习题 4.3

1. 已知随机变量 X 和 Y 相互独立，则下列选项错误的是（　　）。

A. $\mathrm{Cov}(X,Y)=0$

B. $\rho_{XY}=1$

C. $D(X-Y)=D(X)+D(Y)$

D. $E(XY)=E(X)E(Y)$

2. 设 X，Y 为两个随机变量，若 $E(XY)=E(X)E(Y)$，则下列各式不正确的是（　　）。

A. $\mathrm{Cov}(X,Y)=0$

B. 随机变量 X，Y 不相关

C. $D(X-Y)=D(X)-D(Y)$

D. 随机变量 X 和 Y 的相关系数 $\rho_{XY}=0$

3. 设 X，Y 为两个随机变量，若相关系数 $\rho_{XY}=0$，则下列各式正确的是（　　）。

A. $E(XY)=E(X)E(Y)$

B. $D(X-Y)=D(X)-D(Y)$

C. 随机变量 X，Y 相互独立

D. 随机变量 X，Y 具有线性关系

4. 设随机变量 $X \sim B(10,0.3)$，$Y \sim P(4)$，且随机变量 X 和 Y 不相关，则 $D(2X-Y)=$______.

5. 设二维随机变量 (X,Y) 的概率密度为

$$f(x,y)=\begin{cases}\dfrac{1}{\pi}, & x^2+y^2 \leqslant 1,\\ 0, & 其他。\end{cases}$$

试验证随机变量 X 和 Y 不相关，但随机变量 X 和 Y 不是相互独立的。

6. 随机变量 X 的概率密度为

$$f_X(x)=\begin{cases}\dfrac{1}{2}, & -1<x<0,\\ \dfrac{1}{4}, & 0 \leqslant x<2,\\ 0, & 其他。\end{cases}$$

令 $Y=X^2$，$F(x,y)$ 为二维随机变量 (X,Y) 的分布函数，求 $\mathrm{Cov}(X,Y)$。

7. 设二维随机变量 (X,Y) 的概率密度为

$$f(x,y)=\begin{cases}2\mathrm{e}^{-(2x+y)}, & x>0,y>0,\\ 0, & 其他。\end{cases}$$

试求：

(1) $E(X)$，$E(Y)$；

(2) $D(X)$，$D(Y)$；

(3) (X,Y) 的协方差及相关系数。

4.4 随机变量数字特征的 MATLAB 实现

本节主要利用 MATLAB 计算随机变量的数字特征，主要包括：随机变量的数学期望、方差、协方差、相关系数和矩。

例 4.4.1　用 MATLAB 程序代码求解 4.1 节中的例 4.1.1。

解：在 MATLAB 的 m 文件中输入以下命令：

```
clc; clear all;
X= [-1, 0, 1, 2];
P= [0.2, 0.3, 0.4, 0.1];
EX=sum (X . * P)
```

运行结果：

```
EX=
    0.4000
```

例 4.4.2　用 MATLAB 程序代码求解 4.1 节中的例 4.1.2。

解：在 MATLAB 的 m 文件中输入以下命令：

```
clc;clear all;
X1=[8, 9, 10];
P1=[0.4, 0.1, 0.5];
EX1=sum(X1 . * P1)
X2=[8, 9, 10];
P2=[0.2, 0.2, 0.6];
EX2=sum(X2 . * P2)
```

运行结果：

```
EX1 =
    9.1000
```

```
EX2 =
    9.4000
```

例 4.4.3 用 MATLAB 程序代码求解 4.1 节中的例 4.1.3。

解：在 MATLAB 的 m 文件中输入以下命令：

```
clc; clear all;
syms x
f1 = x;
f2 = 2-x;
Ex = int (x * f1, 0, 1) +int (x * f2, 1, 2)
```

运行结果：

```
Ex =
    1
```

例 4.4.4 用 MATLAB 程序代码求解 4.1 节中的例 4.1.5。

解：在 MATLAB 的 m 文件中输入以下命令：

```
clc; clear all;
X= [-1, 0, 1];
P= [0.2, 0.5, 0.3];
E=sum (X.^2 .* P)
```

运行结果：

```
E =
    0.5000
```

例 4.4.5 用 MATLAB 程序代码求解 4.1 节中的例 4.1.6。

解：在 MATLAB 的 m 文件中输入以下命令：

```
clc; clear all;
syms x
f1 = exp (-x);
```

```
f2=0;
EY=int(2*x*f1, 0,inf) + int(2*x*f2, -inf, 0)
EZ=int(exp(-2*x)*f1, 0, inf) + int(exp(-2*x)*f2, -inf, 0)
```

运行结果：

```
EY=
    2
EZ=
    1/3
```

例 4.4.6 用 MATLAB 程序代码求解 4.1 节中的例 4.1.7。

解：在 MATLAB 的 m 文件中输入以下命令：

```
clc; clear all;
X= [0, 0; 1, 1];
Y= [1, 2; 1, 2];
P= [1/5, 2/5; 1/5, 1/5]
E=sum(sum((X + Y).*P))
```

运行结果：

```
E=
    2
```

例 4.4.7 用 MATLAB 程序代码求解 4.1 节中的例 4.1.8。

解：在 MATLAB 的 m 文件中输入以下命令：

```
clc; clear all;
syms x y
fxy=6*x^2*y;
Ex=int (int (fxy*x, y, 0, 1), x, 0, 1)
Ey=int (int (fxy*y, y, 0, 1), x, 0, 1)
Exy=int (int (fxy*x*y, y, 0, 1), x, 0, 1)
```

运行结果：

```
Ex=
    3/4
Ey=
    2/3
Exy=
    1/2
```

例 4.4.8 用 MATLAB 程序代码求解 4.2 节中的例 4.2.1。

解：在 MATLAB 的 m 文件中输入以下命令：

```
clc; clear all;
X= [-1, 0, 1];
P= [0.2, 0.5, 0.3];
EX=sum (X . *P);
EX2=sum (X.^2 . *P);
DX=EX2 - EX^2
```

运行结果：

```
DX=
    0.4900
```

例 4.4.9 用 MATLAB 程序代码求解 4.2 节中的例 4.2.2。

解：在 MATLAB 的 m 文件中输入以下命令：

```
clc; clear all;
syms x
f1=2* (1 - x);
f2=0;
EX=int (x*f1, 0, 1) + int (x*f2, 0, 1);
EX2=int (x^2*f1, 0, 1) + int (x^2*f2, 0, 1);
DX=EX2 - EX^2
```

运行结果：

```
DX=
    1/18
```

例 4.4.10 用 MATLAB 程序代码求解 4.2 节中的例 4.2.4。

解：在 MATLAB 的 m 文件中输入以下命令：

```
clc; clear all;
X= [0, 1] ';
P= [0.3, 0.4; 0.1, 0.2];
EX=sum (X . *sum (P, 2) )
EX2=sum (X .^2 . *sum (P , 2) )
DX=EX2 - EX^2
```

运行结果：

```
DX=
    0.2100
```

例 4.4.11　用 MATLAB 程序代码求解 4.2 节中的例 4.2.5。

解：在 MATLAB 的 m 文件中输入以下命令：

```
clc; clear all;
syms x y
fxy=6*x^2*y;
Ex=int (int (fxy*x, y, 0, 1), x, 0, 1);
Ex2=int (int (fxy*x^2, y, 0, 1), x, 0, 1);
DX=Ex2 - Ex^2
Ey=int (int (fxy*y, y, 0, 1), x, 0, 1);
Ey2=int (int (fxy*y^2, y, 0, 1), x, 0, 1);
Dy=Ey2 - Ey^2
```

运行结果：

```
DX=
    3/80
Dy=
    1/18
```

对于一些常见的离散型随机变量的数学期望和方差可通过直接调用相应的函数求得，表 4.4.1 给出了一些常用的分布的数学期望和方差求解函数。

表 4.4.1　一些常用的分布的数学期望和方差求解函数

分布类型名称	函数调用格式	输出参数说明
0-1 分布	[E, D]=binostat(1,p)	E：期望 D：方差
二项分布	[E, D]=binostat(n,p)	
几何分布	[E, D]=geostat(p)	
超几何分布	[E, D]=hygestat(m,k,n)	
泊松分布	[E, D]=poisstat(λ)	
均匀分布	[E, D]=unifstat(a,b)	
指数分布	[E, D]=expstat(λ)	
正态分布	[E, D]=normstat(mu,sigma)	

例 4.4.12　用 MATLAB 程序代码求解 4.3 节中的例 4.3.1。

解：在 MATLAB 的 m 文件中输入以下命令：

```
clc; clear all;
X=[1, 2]';
Y=[2, 3];
P=[0.2, 0.1; 0.3, 0.4];
EX=sum(X .* sum(P, 2));
EY=sum(Y .* sum(P));
EXY=sum(sum((X*Y) .* P));
Cov_XY=EXY - EX*EY
```

运行结果：

```
Cov_ XY=
    0.0500
```

例 4.4.13 用 MATLAB 程序代码求解 4.3 节中的例 4.3.2。

解：在 MATLAB 的 m 文件中输入以下命令：

```
clc; clear all;
syms x y
fxy=4*x*y;
Ex=int (int (fxy*x, y, 0, 1), x, 0, 1);
Ey=int (int (fxy*y, y, 0, 1), x, 0, 1);
Exy=int (int (fxy*x*y, y, 0, 1), x, 0, 1);
Cov_ xy=Exy - Ex*Ey
```

运行结果：

```
Cov_ xy=
    0
```

例 4.4.14 用 MATLAB 程序代码求解 4.3 节中的例 4.3.7。

解：在 MATLAB 的 m 文件中输入以下命令：

```
clc; clear all;
syms x y
fxy=6*x*y^2;
Ex=int(int(fxy*x, y, 0, 1), x, 0, 1);
Ex2=int(int(fxy*x^2, y, 0, 1), x, 0, 1);
Dx=Ex2 - Ex^2;
Ey=int(int(fxy*y, y, 0, 1), x, 0, 1);
Ey2=int(int(fxy*y^2, y, 0, 1), x, 0, 1);
```

```
Dy=Ey2 - Ey^2;
Exy=int(int(fxy*x*y, y, 0, 1), x, 0, 1);
Cov_xy=Exy - Ex*Ey;
rho_xy=Cov_xy/(sqrt(Dx)*sqrt(Dy))
```

运行结果：

```
rho_ xy=
    0
```

总复习题 4

1. 设随机变量 $X\sim U(0,2)$，随机变量 $Y\sim N(1,4)$，则 $E(2X+3Y)=$____。

2. 设随机变量 $X\sim \mathrm{Exp}(2)$，则 $E(3X^2)=$____。

3. 在相同的条件下，用甲、乙两种方法测量某一零件的长度（单位：mm），由大量测量结果得到它们的分布为

X	−1	0	1	2
P	0.3	0.2	0.1	0.4

求 $E(X)$。

4. 某种商品每件表面上的疵点数 X 服从泊松分布，平均每件上有 0.8 个疵点。若规定表面不超过一个疵点的为一等品，价值 10 元，表面疵点数大于 1 不多于 4 的为二等品，价值 8 元，表面疵点数是 4 个以上的为废品，求该商品价值的均值。

5. 设随机变量 X 的概率密度函数为

$$f(x)=\begin{cases}x+0.5, & x\in[0,1],\\ 0, & x\notin[0,1],\end{cases}$$

求 $E(2X^2+1)$。

6. 设 (X,Y) 是二维离散型随机变量，X 与 Y 的联合分布律如下：

X	Y	
	2	3
1	$\frac{4}{25}$	$\frac{6}{25}$
2	$\frac{6}{25}$	$\frac{9}{25}$

求 $E(XY)$。

7. 设随机变量 (X,Y) 的概率密度函数为

$$f(x,y)=\begin{cases}24xy, & 0\leqslant x\leqslant 1, 0\leqslant y\leqslant 1, x+y\leqslant 1,\\ 0, & \text{其他。}\end{cases}$$

求 $E(X)$，$E(Y)$，$E(XY)$。

8. 一批零件中有 9 个一等品和 3 个次品，在生产安装时，每次从这批零件中任取一个，若取到的是次品就不放回去，求在取得一等品之前，已经取到次品数的数学期望和方差。

9. 某亲子活动策划营计划举办一次“一日游”活动，现有三种方案，具体如下：

方　案	整天下雨	阴有阵雨	晴天
方案一：野外体验	−350	300	500
方案二：野外体验准备躲雨	0	450	450
方案三：室内活动	100	150	−100

“−350”表示这项活动亏本 350 元，“300”表示获利 300 元，其余类推。根据气象部门预报，晴天的概率为 70%，阴有阵雨的概率为 20%，整天下雨的概率为 10%。试做出决策，哪一种方案最佳？

10. 设 $D(X)=9$，$D(Y)=4$，$\rho_{XY}=-\frac{1}{6}$，求 $D(X+Y)$，$D(X-3Y+4)$。

11. 设随机变量 X 的概率密度函数为 $f(x)=\frac{1}{2a}\mathrm{e}^{-\frac{|x-b|}{a}}$，求 $E(X)$，$D(X)$。

12. 设 X 和 Y 为两个相互独立的随机变量，且

都服从正态分布 $N(0,\sigma^2)$。记 $U=\alpha X+\beta Y$，$V=\alpha X-\beta Y$（α，β 为不相等的常数），求：

（1）U 与 V 的相关系数 ρ_{UV}；

（2）U 与 V 相互独立的条件。

13. 设二维随机变量 (X,Y) 在矩形区域 D 内，

$$D=\{(x,y)\mid a<x<b,\ c<y<d\}$$

服从均匀分布，求

（1）随机变量 X 和 Y 的概率密度函数；

（2）随机变量 $Z=2X-Y$ 的数学期望和方差；

（3）随机变量 X 和 Z 的协方差；

（4）随机变量 (X,Y) 的相关系数，并判断随机变量 X 和 Y 是否独立。

数学家与数学家精神

数学思想界的重要人物——布莱士·帕斯卡

布莱士·帕斯卡（Blaise Pascal，1623—1662），法国数学家、物理学家、哲学家、散文家。他自幼聪颖，求知欲极强。17 世纪，因一个赌博游戏帕斯卡与数学家皮埃尔·德·费马讨论了赌博中的点数分配问题，而创造性地提出了数学期望的思想。他与皮埃尔·德·费马共同建立了概率论和组合论的基础，并得到了关于概率论问题的一系列解法。帕斯卡在数学和物理学科均具有重大的贡献，在科学史上占有重要的地位，他的科学精神至今鼓舞着一代又一代年轻人。

第 5 章 大数定律和中心极限定理

极限定理是概率论的基本理论，在理论研究和应用中起着重要的作用，其中最重要的是称为“大数定律”与“中心极限定理”的一些定理。大数定律是叙述随机变量序列的前一些项的算术平均值在某种条件下收敛到这些项的均值的算术平均值；中心极限定理则是确定在什么条件下，大量随机变量之和的分布逼近于正态分布。本章介绍几个大数定律和中心极限定理。

5.1 大数定律

第一章我们学习概率的统计定义时知道，在相同条件下进行大量独立重复试验时，事件的频率具有稳定性，即随着试验次数 n 的增多，随机事件发生的频率逐渐稳定在某个常数附近。在实践中我们还发现，大量独立的随机变量平均值也具有稳定性。把这些经验认识上升到理论高度所得的结论就是大数定律。本节将给出几个重要的大数定律。

5.1.1 切比雪夫不等式

给出大数定律之前，首先给出切比雪夫不等式。

定理 5.1.1（切比雪夫不等式） 设随机变量 X 的方差 $D(X)<\infty$，则对于任意正整数 ε，恒有不等式

$$P\{|X-E(X)|\geqslant\varepsilon\}\leqslant\frac{D(X)}{\varepsilon^2},$$

或

$$P\{|X-E(X)|<\varepsilon\}\geqslant 1-\frac{D(X)}{\varepsilon^2}。$$

以上两个不等式均称为切比雪夫不等式。

证明：以 X 为连续型随机变量为例证明。设 X 的密度函数为 $f(x)$，则对任意的实数 $\varepsilon>0$，有

$$D(X)=\int_{-\infty}^{+\infty}[x-E(X)]^2f(x)\mathrm{d}x$$

$$\geqslant \int_{|X-E(X)|\geqslant\varepsilon}[x-E(X)]^2f(x)\mathrm{d}x \geqslant \int_{|X-E(X)|\geqslant\varepsilon}\varepsilon^2 f(x)\mathrm{d}x。$$

$$=\varepsilon^2 P\{|X-E(X)|\geqslant\varepsilon\},$$

所以 $P\{|X-E(X)|\geqslant\varepsilon\}\leqslant\dfrac{D(X)}{\varepsilon^2}$。对离散型随机变量可类似的证明。

注 (1) 首先切比雪夫不等式从概率的角度描述了随机变量 X 在其均值 $E(X)$ 周围取值的分散程度，并用数学式子表示出来。

(2) 切比雪夫不等式给出了在未知随机变量 X 分布的情况下，求事件“$|X-E(X)|<\varepsilon$”概率的一种估计方法。

(3) 用切比雪夫不等式估计概率的界时，仅当偏差区间是以 μ 为中心的区间时才能用。

下面通过一个简单例子说明切比雪夫不等式的应用。

例 5.1.1 在 n 重伯努利试验中，若已知每次试验事件 A 出现的概率为 0.75，试利用切比雪夫不等式求最小的 n，使 A 出现的频率在 0.74 至 0.76 之间的概率不小于 0.90。

解：设 n 次试验中事件 A 出现 X 次，则 $X\sim B(n,0.75)$。所以有 $E(X)=0.75n$，$D(X)=0.1875n$。由切比雪夫不等式有

$$P\left\{0.74<\frac{X}{n}<0.76\right\}=P\left\{\left|\frac{X}{n}-0.75\right|<0.01\right\}$$

$$=P\left\{\left|\frac{X}{n}-E\left(\frac{X}{n}\right)\right|<0.01\right\}\geqslant 1-\frac{D\left(\frac{X}{n}\right)}{(0.01)^2}$$

$$=1-\frac{0.1875n}{(0.01n)^2}\geqslant 0.9。$$

解得 $n\geqslant 18750$。因此至少需要 18750 次。

5.1.2 大数定律

定义 5.1.1 设 $X_1,X_2,\cdots,X_n,\cdots$ 是一列随机变量序列，X 是一个随机变量。若对任意的正数 ε，有

$$\lim_{n\to\infty}P\{|X_n-X|<\varepsilon\}=1 \text{ 或 } \lim_{n\to\infty}P\{|X_n-X|\geqslant\varepsilon\}=0,$$

则称随机变量序列 $X_1,X_2,\cdots,X_n,\cdots$ 依概率收敛于 X，并用符号 $X_n\xrightarrow{P}X$ 表示。

定义 5.1.2　设 $X_1,X_2,\cdots,X_n,\cdots$ 是一列随机变量序列，$E(X_i)$ 都存在($i=1,2,\cdots$)，令 $\overline{X}_n=\frac{1}{n}\sum_{i=1}^{n}X_i$，若对任意的 $\varepsilon>0$，有

$$\lim_{n\to\infty}P\{|\overline{X}_n-E(\overline{X}_n)|<\varepsilon\}=1 \text{ 或 } \lim_{n\to\infty}P\{|\overline{X}_n-E(\overline{X}_n)|\geqslant\varepsilon\}=0,$$

则称随机变量序列 $X_1,X_2,\cdots,X_n,\cdots$ 服从大数定律。

注：定义 5.1.2 的含义是服从大数定律的随机变量序列 $X_1,X_2,\cdots,X_n,\cdots$ 的前 n 项的算术平均值 $\overline{X}_n$ 构成一个新的随机变量序列，它依概率收敛于 $E(\overline{X}_n)$。

下面给出几个重要的大数定律。

定理 5.1.2（切比雪夫大数定律）　设 $X_1,X_2,\cdots,X_n,\cdots$ 是一列相互独立的随机变量序列，期望 $E(X_i)$ 和方差 $D(X_i)$ 都存在，其中 $i=1,2,\cdots$，并且方差一致有界，即存在常数 $C(C>0)$，使

$$D(X_i)\leqslant C\quad(i=1,2,\cdots)。$$

则对任意的 $\varepsilon>0$，有

$$\lim_{n\to\infty}P\left\{\left|\frac{1}{n}\sum_{i=1}^{n}X_i-\frac{1}{n}\sum_{i=1}^{n}E(X_i)\right|<\varepsilon\right\}=1。$$

证明：由定理的条件及数学期望和方差的性质，可得

$$E\left(\frac{1}{n}\sum_{i=1}^{n}X_i\right)=\frac{1}{n}\sum_{i=1}^{n}E(X_i),$$

$$D\left(\frac{1}{n}\sum_{i=1}^{n}X_i\right)=\frac{1}{n^2}\sum_{i=1}^{n}D(X_i)\leqslant\frac{C}{n}。$$

对任意 $\varepsilon>0$，根据切比雪夫不等式，有

$$P\left\{\left|\frac{1}{n}\sum_{i=1}^{n}X_i-\frac{1}{n}\sum_{i=1}^{n}E(X_i)\right|<\varepsilon\right\}\geqslant 1-\frac{C}{n\varepsilon^2}。$$

当 $n\to\infty$，注意到概率不大于 1，因此有

$$\lim_{n\to\infty}P\left\{\left|\frac{1}{n}\sum_{i=1}^{n}X_i-\frac{1}{n}\sum_{i=1}^{n}E(X_i)\right|<\varepsilon\right\}=1。$$

将切比雪夫大数定律应用于伯努利试验场合，有如下定理。

定理 5.1.3（伯努利大数定律）　如果 n_A 是 n 次独立重复试验中事件 A 发生的次数，p 是事件 A 在每次试验中发生的概率，则对任意 $\varepsilon>0$，有

$$\lim_{n\to\infty}P\left\{\left|\frac{n_A}{n}-p\right|<\varepsilon\right\}=1。$$

证明：设有随机变量

$$X_k=\begin{cases}1, & \text{第 } k \text{ 次试验中 } A \text{ 发生},\\ 0, & \text{第 } k \text{ 次试验中 } A \text{ 不发生},\end{cases}\quad (k=1,2,\cdots,n),$$

则

$$n_A=\sum_{k=1}^{n}X_k。$$

注意到 $X_1,X_2,\cdots,X_n$ 相互独立且都服从参数为 p 的 0-1 分布，则

$$E(X_k)=p,D(X_k)=p(1-p)(k=1,2,\cdots,n)。$$

根据切比雪夫大数定律，有

$$\lim_{n\to\infty}P\left\{\left|\frac{n_A}{n}-p\right|<\varepsilon\right\}=1。$$

该定理表明事件 A 发生的频率 $\frac{n_A}{n}$ 依概率收敛到事件 A 的概率，以严格的形式表达了频率的稳定性，正是因为这种稳定性，概率的概念才有客观的意义。即随着试验次数的增加，事件发生的频率 $\frac{n_A}{n}$ 逐渐稳定于事件的概率 p，这个事实为我们在实际中用频率估计概率提供了一个理论依据。

定理 5.1.4（辛钦大数定律） 设 $X_1,X_2,\cdots,X_n,\cdots$ 是一列相互独立、同分布的随机变量序列，具有数学期望 $E(X_i)=\mu$，则对于任意的 $\varepsilon>0$ 有

$$\lim_{n\to\infty}P\left\{\left|\frac{1}{n}\sum_{i=1}^{n}X_i-\mu\right|<\varepsilon\right\}=1。$$

辛钦大数定律表明，独立同分布随机变量的平均值依概率收敛于其共同的数学期望，由此可以得到求数学期望近似值的方法。设想对随机变量 X 进行 n 次独立观察，则观察值 $X_1,X_2,\cdots,X_n$ 相互独立，且与 X 同分布。当 n 充分大时，可以将平均观察值

$$\overline{X}_n=\frac{1}{n}\sum_{i=1}^{n}X_i$$

作为数学期望 $E(X)$ 的近似值。

习题 5.1

1. 设有随机变量 X，$E(X)=\mu$，$D(X)=\sigma^2$，估计 $P\{|X-\mu|<2\sigma\}$。

2. 设随机变量 X 的数学期望 $E(X)=100$，方差 $D(X)=10$，用切比雪夫不等式估计 $P\{80<X<120\}$ 的下界。

3. 用切比雪夫不等式确定一枚均匀的硬币，至

少要抛多少次才能使正面出现的频率介于 0.4~0.6 的概率不小于 0.9？

4. 设在每次试验中，事件 A 发生的概率为 0.5。根据切比雪夫不等式，求在 1000 次独立重复试验中，事件 A 发生的次数在 400 至 600 之间的概率。

5.2　中心极限定理

中心极限定理是研究独立随机变量之和极限分布的一系列定理的总称。中心极限定理的基本结论可以表述为：在一定的条件下，独立随机变量之和的极限分布为正态分布。本节将介绍三个常见的中心极限定理。

定理 5.2.1（林德贝格–勒维中心极限定理）　设 $X_1,X_2,\cdots,X_n,\cdots$ 是相互独立且同分布的随机变量序列，$E(X_i)=\mu$，$D(X_i)=\sigma^2(i=1,2,\cdots)$，则对于一切实数 x，有

$$\lim_{n\to\infty}P\left\{\frac{\sum_{i=1}^{n}X_i-n\mu}{\sigma\sqrt{n}}\leqslant x\right\}=\frac{1}{\sqrt{2\pi}}\int_{-\infty}^{x}\mathrm{e}^{-\frac{t^2}{2}}\mathrm{d}t=\Phi(x)\text{。}$$

根据定理 5.2.1，在实际问题中，只要 n 充分大，便可把标准化之后的独立同分布随机变量之和近似看作标准正态变量，从而利用标准正态随机变量的分布函数计算这个随机变量落入某一区间的概率。并且由定理 5.2.1，可知 n 项独立同分布随机变量和近似服从正态分布，即

$$\sum_{i}^{n}X_i\overset{\text{近似}}{\sim}N(n\mu,\ n\sigma^2)\text{。}$$

例 5.2.1　某种零件每箱 100 个，每个零件的质量独立同分布，其数学期望为 100g，标准差为 10g，求一箱零件的质量超过 10.2kg 的概率。

解：设一箱零件中第 i 个零件的质量为 X_ig，$i=1,2,\cdots,100$，则

$$\mu=E(X_i)=100,\ \sigma=\sqrt{D(X_i)}=10,\ n=100\text{。}$$

所以，一箱零件的质量超过 10.2kg 的概率为

$$P\left\{\sum_{i=1}^{n}X_i>10200\right\}=P\left\{\frac{\sum_{i=1}^{n}X_i-n\mu}{\sqrt{n}\sigma}>2\right\}\approx1-\Phi(2)=0.0228\text{。}$$

定理 5.2.2（李雅普诺夫定理）　设 $X_1,X_2,\cdots,X_n,\cdots$ 相互独立，

且 $E(X_i)=\mu_i$，$D(X_i)=\sigma_i^2>0$，则对于一切实数 x，有

$$\lim_{n\to\infty}P\left\{\frac{\sum_{i=1}^{n}X_i-\sum_{i=1}^{n}\mu_i}{\sqrt{\sum_{i=1}^{n}\sigma_i^2}}\leqslant x\right\}=\frac{1}{\sqrt{2\pi}}\int_{-\infty}^{x}\mathrm{e}^{-\frac{t^2}{2}}\mathrm{d}t=\Phi(x)。$$

定理 5.2.3（棣莫弗-拉普拉斯中心极限定理） 设随机变量 X 服从二项分布 $B(n,p)$，则

$$\lim_{n\to\infty}P\left\{\frac{X-np}{\sqrt{np(1-p)}}\leqslant x\right\}=\frac{1}{\sqrt{2\pi}}\int_{-\infty}^{x}\mathrm{e}^{-\frac{t^2}{2}}\mathrm{d}t。$$

定理 5.2.3 实际上说明了当 n 充分大时，服从二项分布 $B(n,p)$ 的随机变量 X 就近似地服从正态分布 $N(np,np(1-p))$。这在直观上也是很容易理解的。例如，掷一枚硬币 100 次，出现很少正面或很多正面的可能性都是很小的，而出现 50 次左右正面的可能性却是非常大的，这说明出现正面的次数 X 是近似地服从正态分布的。

例 5.2.2 某公司有 400 人参加资格考试，根据以往经验，该考试的通过率为 0.8，求通过考试的人数介于 296~344 人之间的概率。

解：设考试通过的人数为 X，则 $X\sim B(400,0.8)$，有

$$np=320,\ np(1-p)=64。$$

则通过考试的人数介于 296~344 人之间的概率为

$$\begin{aligned}P\{296\leqslant X\leqslant 344\}&=P\left\{-3\leqslant\frac{X-np}{\sqrt{np(1-p)}}\leqslant 3\right\}\\&\approx\Phi(3)-\Phi(-3)=2\Phi(3)-1\\&=2\times0.9987-1=0.9974。\end{aligned}$$

例 5.2.3 某学生开了家淘宝店，店内有 120 件相互无关的商品。若每件商品在 1h 内平均每 3min 就有一个顾客点击查看，问：

（1）在任一时刻至少有 10 名顾客点击查看店内商品的概率；

（2）在任一时刻有 8 到 10 名顾客点击查看店内商品的概率。

解：（1）设在任一时刻，访问店内商品的顾客数为 X，易知 $X\sim B\left(120,\dfrac{1}{20}\right)$，故有

$$
\begin{aligned}
P\{X \geqslant 10\} &= 1 - P\{0 \leqslant X < 10\} \\
&= 1 - P\left\{\frac{0 - np}{\sqrt{np(1-p)}} \leqslant \frac{X - np}{\sqrt{np(1-p)}} < \frac{10 - np}{\sqrt{np(1-p)}}\right\} \\
&= 1 - P\left\{\frac{0-6}{\sqrt{5.7}} \leqslant \frac{X-6}{\sqrt{5.7}} < \frac{10-6}{\sqrt{5.7}}\right\} \\
&\approx 1 - [\Phi(1.68) - \Phi(-2.51)] \\
&= 2 - \Phi(1.68) - \Phi(2.51) \\
&\approx 2 - 0.9535 - 0.9940 = 0.0525。
\end{aligned}
$$

（2）在任一时刻有 8 到 10 名顾客点击查看店内商品的概率

$$
\begin{aligned}
P\{8 \leqslant X \leqslant 10\} &= P\left\{\frac{8 - np}{\sqrt{np(1-p)}} \leqslant \frac{X - np}{\sqrt{np(1-p)}} \leqslant \frac{10 - np}{\sqrt{np(1-p)}}\right\} \\
&= P\left\{\frac{8-6}{\sqrt{5.7}} \leqslant \frac{X-6}{\sqrt{5.7}} \leqslant \frac{10-6}{\sqrt{5.7}}\right\} \\
&\approx \Phi(1.68) - \Phi(0.84) = 0.154。
\end{aligned}
$$

习题 5.2

1. 设某种电器元件的寿命服从数学期望为 100h 的指数分布，现随机地取 16 只元件，且各元件的寿命相互独立，求 16 只元件的寿命总和大于 1920h 的概率。

2. 对某目标不断地进行独立射击，每次的命中率为$\frac{1}{10}$。

（1）试求 500 次射击中，射中次数在区间 (49，55) 内的概率；

（2）问至少要射击多少次，才能使射中的次数超过 50 次的概率大于 0.95？

3. 某车间有 200 台机床，它们独立地工作着，开工率各为 0.6，开工时耗电各为 1kW，问供电所至少要供给这个车间多少电力才能以 0.999 的概率保证这个车间不会因供电不足而影响生产？

4. 对敌人的预防阵地进行密集轰炸，一枚炸弹命中目标的概率为$\frac{2}{3}$，则在投放的 180 枚炸弹中，命中目标的次数不低于 120 次的概率近似为多少？

5. 某保险公司多年的统计资料表明，在索赔中被盗索赔户占 20%。现随机地抽查 100 户索赔户，求被盗索赔户不少于 14 户且不多于 30 户的概率近似值。

6. 某单位设置一电话总机，其有 200 个电话分机。设每个电话分机是否使用外线通话时是相互独立的，每时刻每个分机有 5% 的概率要用外线通话，试问总机需要多少外线才能以不低于 90% 的概率保证每个分机要使用外线时可供使用？

5.3 极限定理的 MATLAB 模拟

本节通过金融保险和工业设计等案例介绍极限定理的 MATLAB 模拟。

例 5.3.1　假如某保险公司有 10000 个同阶层的人参加人寿保险，每人每年付 12 元保险费，在一年内一个人死亡的概率为

0.006，死亡时，其家属可向保险公司领得1000元。试问：平均每户支付赔偿金5.9元至6.1元的概率是多少？保险公司亏本的概率有多大？保险公司每年利润大于4万元的概率是多少？

解：设 X_i 表示保险公司支付给第 i 户的赔偿金，则 $P\{X_i=0\}=0.994$，$P\{X_i=1000\}=0.006$。$E(X_i)=6$，$D(X_i)=5.964$（$i=1,2,\cdots,10000$），各 X_i 相互独立，则

$$\overline{X}=\frac{1}{10000}\sum_{i=1}^{10000}X_i,\ E(\overline{X})=6,\ D(\overline{X})=\frac{1}{n}D(X_i)=5.964\times10^{-4}。$$

由中心极限定理 $\overline{X}\overset{近似}{\sim}N(6,0.0244^2)$，得

$$P\{5.9<\overline{X}<6.1\}=\Phi\left(\frac{6.1-6}{0.0244}\right)-\Phi\left(\frac{5.9-6}{0.0244}\right)$$
$$\approx2\Phi(4.10)-1=0.99998。$$

虽然每一家的赔偿金差别很大（有的是0，有的是1000元），但保险公司平均对每户的支付几乎恒等于6元，在5.9元至6.1元内的概率接近于1，几乎是必然的。所以，对保险公司来说，只关心这个平均数。

在MATLAB命令窗口输入：

```
format long
low=5.9; up=6.1;
n=10000;
fee=12; p=0.006;
fp=1000;
Ex=fp*p;
Dx=fp*p*(1-p);
Exx=Ex; Dxx=Dx/n;
P1=normcdf((up-Exx)/sqrt(Dxx))-normcdf((low-Exx)/sqrt(Dxx))
```

输出结果：

```
P1=
    0.9999
```

可见，在5.9元至6.1元内的概率接近于1，几乎是必然的。保险公司亏本，即死亡人数大于120人的概率。由于每个人死亡都服从二项分布，在一年内一个人死亡的概率为0.006。设一年内死亡人数为 Y，则

$$Y\sim B(10000,0.006),\ E(Y)=60,\ D(Y)=59.64。$$

由中心极限定理，Y 近似服从正态分布，那么 $Y\sim N$（60,

59.64)，

$$P\{Y > 120\} = 1 - P\{Y \leqslant 120\} = 1 - \Phi(7.77) = 0。$$

在 MATLAB 命令窗口输入：

```
yn=n * fee/fp;
[m, v]=binostat(n, 0.006);
P2=1-normcdf(yn, m, sqrt(v))
```

输出结果：

```
P2=
    3.9968e-015
```

这说明保险公司亏本的概率几乎等于零。甚至我们可以确定赢利低于 3 万元的概率几乎等于零（即赔偿人数大于 90 人的概率也几乎等于零）。

在 MATLAB 命令窗口输入：

```
P2=1-normcdf(90, m, sqrt(v))
```

输出结果：

```
P2=
    5.1238e-005
```

如果保险公司每年的利润大于 4 万元，即赔偿人数小于 80 人，则

在 MATLAB 命令窗口输入：

```
P2=normcdf(80, m, sqrt(v))
```

输出结果：

```
P2=
    0.9952
```

可见，保险公司每年利润大于 4 万元的概率接近 100%。

在保险市场的竞争过程中，有两个可以采用的策略，一个是降低保险费 3 元，另一个是提高赔偿金 500 元，哪种做法更有可能吸纳更多的投保者，哪一种效果更好？对保险公司来说，收益是一样的，而采用提高赔偿金比降低 3 元保险费更能吸引投保户。

例 5.3.2 经验数据表明，公共汽车车门的高度是按成年男子与车门碰头的机会在 0.01 以下的标准来设计的。根据统计资料，成年男子的身高 X 服从正态分布 $N(168,7^2)$（以 cm 计），那么车门的高度应该是多少厘米？

解：根据理论，设车门高度为 $a$cm，那么应有 $P\{X\geqslant a\}\leqslant 0.01$，由 $X\sim N(168,7^2)$ 有

$$\begin{aligned}P\{X\geqslant a\}&=1-P\{X<a\}\\&=1-P\left\{\frac{X-168}{7}<\frac{a-168}{7}\right\}\\&=1-\Phi\left(\frac{a-168}{7}\right)\leqslant 0.01,\end{aligned}$$

于是得 $\Phi\left(\frac{a-168}{7}\right)\geqslant 0.99$，所以 $\frac{a-168}{7}\geqslant 2.33$，即 $a\geqslant 168+7\times 2.33=184.31$（cm）。

用 MATLAB 模拟，随机生成正态分布的随机数。$X\sim N(168,\ 7^2)$ 计算它们大于 184.31 的概率。如果小于 0.01，则说明 184.31 符合要求。

在 MATLAB 命令窗口输入：

```
times=1000;
R=normrnd (168, 7, times, 1);
pro=sum (R>184.31) /times
```

输出结果：

```
pro=
    0.0090
```

说明车门设置为 184.31cm，而成年男子身高大于 184.31cm 碰头的概率为 0.009；小于 0.01，符合题目要求，即车门设置为 184.31cm 较为合理。

总复习题 5

1. 设随机变量 X 的方差为 2，试根据切比雪夫不等式估计 $P\{|X-E(X)|\geqslant 2\}$ 的上界。

2. 某种难度很大的手术成功率为 0.9，现对 100 个病人进行这种手术，求手术成功的人数大于 84 且小于 95 的概率。

3. 甲、乙两个戏院在竞争 1000 名观众，假定每个观众完全随意地选择一个戏院，且观众之间选择戏院是彼此独立的，问每个戏院应设多少个座位才能保证因缺少座位而使观众离开的概率小于 1%？

4. 对敌人防御阵地进行轰炸，每次轰炸命中目标的炸弹数目是一个均值为 2、方差为 23.51 的同分布随机变量。计算在 100 次轰炸中命中目标的炸弹

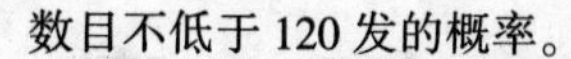

数目不低于120发的概率。

5. 一食品店有三种蛋糕出售，由于售出哪一种蛋糕是随机的，因为售出一只蛋糕的价格是随机变量，它取1元，1.2元，1.5元各个值的概率分别为0.3，0.2，0.5。若售出300只蛋糕，求：

(1) 收入至少400元的概率；

(2) 售出价格为1.2元的蛋糕多于60只的概率。

6. 一复杂的系统由100个相互独立起作用的部件所组成，在整个运行期间每个部件损坏的概率为0.10。为了使整个系统起作用，至少必须有85个部件正常工作，求整个系统起作用的概率。

7. 已知笔记本电脑中某种配件的合格率为80%，某大型计算机厂商月生产笔记本电脑10000台，为了以99.7%的把握保证出厂的笔记本电脑均能装上合格的配件，问此生产厂商每月至少应购买该种配件多少件？

8. 设各零件的质量都是随机变量，它们互相独立，且服从相同的分布，其数学期望为0.5kg，均方差为0.1kg，问5000个零件的总质量超过2510kg的概率是多少？

数学家与数学家精神

彼得堡数学学派的奠基人——切比雪夫

切比雪夫（Chebyshev，1821—1894），俄罗斯数学家、力学家。他在数学中的贡献主要有贝尔特兰公式的证明、自然数列中素数分布的定理、大数定律的一般公式以及中心极限定理等。切比雪夫一生科研成果丰硕，研究领域涉及数论、概率论、函数逼近论、积分学等方面。他不仅从事纯粹数学的研究，而且十分重视应用数学研究，作为彼得堡数学学派的奠基人，以其卓越的科学成就、严谨的科学态度、锐意进取的科学精神而举世闻名、影响深远。

第6章 数理统计的基本概念

前面几章主要介绍概率论部分的相关知识，通常在随机变量分布已知的情况下，对问题进行分析，而在实际生活中，随机变量的分布往往是无法精确获得的，这就需要我们使用数理统计的知识来解决。数理统计是以概率论为基础，研究如何有效地获取观测数据，合理地利用相关知识对随机变量的分布做出推断的一门学科。

6.1 总体与样本

6.1.1 总体与样本的概念

例 6.1.1 研究一批灯泡的寿命分布，需明确该批灯泡中每个灯泡的寿命长短。

例 6.1.2 研究某一湖泊的深度，需测量湖面上每处到湖底的深度。

统计问题总有明确的研究对象，研究对象的全体称为**总体**，构成总体的每个元素称为**个体**，如例 6.1.1 中所有灯泡的寿命就是一个总体，每个灯泡的寿命都是个体；例 6.1.2 中湖面上所有测量点测得的深度为一个总体，湖面上每个测量点测得的深度是个体。总体中所包含的个体数量称为**总体容量**，若总体中个体数量有限，则称该总体为**有限总体**，如例 6.1.1；否则称为**无限总体**，如例 6.1.2。

一般而言，不论我们讨论总体还是个体，都是指研究对象的某一数量指标，可以用随机变量表示，一个总体对应一个随机变量 X，对总体的研究就是对一个随机变量 X 进行研究，今后将不区分总体与相对应的随机变量，统称为总体 X。

在实际中，总体的性质一般是未知的，而总体的特征由其所包含的所有个体的特征综合决定，通常情况下，由于试验的破坏性或总体容量的无限性等原因，不会通过观察总体中每个个体的特征来获取总体的性质，如例 6.1.1 中，一旦测得某灯泡的寿命，该灯泡也就报废了；例 6.1.2 中，湖面上有无限个点可以选作测量湖泊深度的点。因此，在数理统计中，常用的认知总体的方法是，从总体中抽取部分个体进行研究，该过程称为**抽样**。根据从部分个体中获得的数据对总体的特征做出推断，被抽出来的部分个体称为**样本**，样本中所包含的个体数目称为**样本容量**。

从总体 X 中随机地抽取一个个体，抽样结果是不确定的，所以抽取的第 i 个个体是一个随机变量，记为 $X_i(i=1,2,\cdots)$，由 n 个个体可组成容量为 n 的样本，记作 $(X_1,X_2,\cdots,X_n)$，因此，样本 $(X_1,X_2,\cdots,X_n)$ 是一个 n 维随机向量。每次抽样之后，会得到一组确定的数值，记作 $(x_1,x_2,\cdots,x_n)$，该组数值称为样本 $(X_1,X_2,\cdots,X_n)$ 的一组观测值，简称**样本值**。由于抽样的随机性，每次抽样中所得到的样本值不一定相同。

抽样的方法有很多种，为了使用抽取的样本对总体做出尽可能精确的推断，就要求样本应满足以下两个基本条件：

(1) 独立性：$X_1,X_2,\cdots,X_n$ 相互独立；

(2) 代表性：$X_i(i=1,2,\cdots,n)$ 与总体具有相同的分布。

满足上述两个条件的样本 $(X_1,X_2,\cdots,X_n)$ 称为简单随机样本，简称样本，本书所提样本均为简单随机样本。

定义 6.1.1　设总体 X 是一随机变量，$X_1,X_2,\cdots,X_n$ 是一组相互独立且与 X 同分布的随机变量，称 n 维随机变量 $(X_1,X_2,\cdots,X_n)$ 为来自总体 X 的一个**简单随机样本**，简称**样本**，n 为样本容量，每次抽样得到的具体数值 $(x_1,x_2,\cdots,x_n)$ 称为**样本观测值**。

由定义 6.1.1 可知，若总体 X 具有分布函数 $F(x)$，则样本 $(X_1,X_2,\cdots,X_n)$ 的联合分布函数为

$$F^*(x_1,x_2,\cdots,x_n)=\prod_{i=1}^{n}F(x_i)。$$

如果总体 X 为离散型随机变量，其概率分布为 $P\{X=x_{k_i}\}=p_{k_i}(i=1,2,\cdots,n)$，则其样本联合分布律为

$$P\{X_1=x_{k_1},X_2=x_{k_2},\cdots,X_n=x_{k_n}\}=\prod_{i=1}^{n}p_{k_i}。$$

如果总体 X 为连续型随机变量，其概率密度函数为 $f(x)$，则其样本联合概率密度函数为

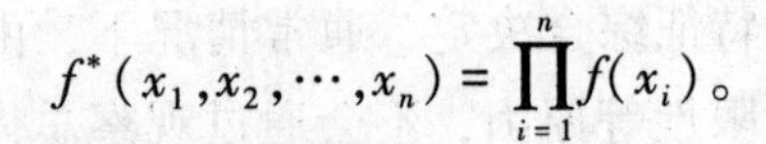

$$f^*(x_1,x_2,\cdots,x_n)=\prod_{i=1}^{n}f(x_i)。$$

6.1.2 直方图与经验分布函数

1. 直方图

为研究总体分布的性质，人们往往通过试验或抽样的方式得到许多观测值，通常情况下这些数据是杂乱无章的。因此，需要对这些数据进行加工整理，而直方图就是常用的对统计数据加工整理的一种方式，它能够在一定程度上反映总体的概率分布情况。下面通过例子来介绍直方图的做法。

例 6.1.3 由于随机因素的影响，某铅球运动员的铅球出手高度可看成一个随机变量，现有一组出手高度的统计数据（单位：cm）如下：

200	195	210	211	201	192	177	189	210	189
205	185	197	183	177	202	204	188	206	197
202	200	201	191	195	183	198	189	203	194

现在来画这组数据的频率直方图。

解：第一步，在以上数据中找到最小值和最大值：

$$x_{\min}=177，x_{\max}=211。$$

第二步，确定最小下限和最大上限。

此例数据为整数，说明测量工具精度只能精确到厘米，因而若测得铅球某次出手高度为200cm，实际代表[199.5,200.5)内一切数值，显然，该例中最小下限应为176.5，最大上限应为211.5。

第三步，确定分组数及组距。

分组数不宜过多，也不宜过少，通常当样本容量 n 较大时，可确定为10~20组；当 $n\leqslant 50$ 时，可分为5~6组。本例共测量30次，即 $n=30$，分为5组，通常采用等距分组，每组区间长度称为**组距**，用 Δ 表示，其计算方式如下：

$$\Delta=\frac{\text{最大上限}-\text{最小下限}}{\text{分组数}}=\frac{211.5-176.5}{5}=7。$$

第四步，确定组限、组频数、组频率，作频率分布表。

组限为分组区间的端点，根据各区间内所包含的样本数量即组频数 $f_i(i=1,2,3,4,5)$，计算组频率 f_i/n，列于表6.1.1。

表 6.1.1　某铅球运动员的铅球出手高度频率分布表

分组	1	2	3	4	5
组限	[176.5,183.5)	[183.5,190.5)	[190.5,197.5)	[197.5,204.5)	[204.5,211.5)
组频数 f_i	4	5	7	9	5
组频率 f_i/n	0.1333	0.1667	0.2333	0.3000	0.1667

第五步，画频率直方图。

在某一区间上的频率可用该区间上的小方条面积表示，所有这些小矩形就形成频率直方图，若用 y_i 表示每个小矩形的纵坐标，则

$$y_i = \frac{f_i/n}{\Delta}。$$

上式称为**频率密度值**。此时，以铅球出手高度 x 为横轴，频率密度值为纵轴，作小矩形就得到铅球出手高度 x 的频率直方图。每个小矩形的面积就是相对应区间上的频率，因此所有小矩形面积之和等于1。连接小矩形的顶边所形成的阶梯曲线称为**频率密度曲线**。如图 6.1.1 所示。

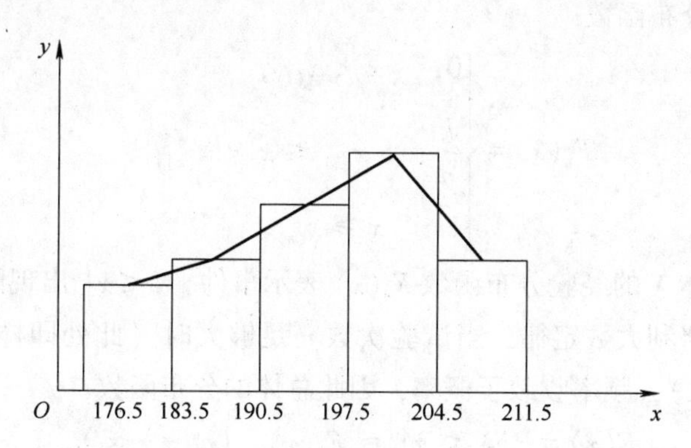

图 6.1.1　某铅球运动员的铅球出手高度频率直方图

若样本容量不断增加，分组数越来越多，组距越来越小，频率密度曲线将无限接近于总体的真实分布密度曲线，即概率密度曲线。

2. 经验分布函数

定义 6.1.2　设 $(X_1, X_2, \cdots, X_n)$ 是总体的一个样本，若用 $S(x)(-\infty<x<+\infty)$ 表示其一组样本观测值中不大于 x 的观测值数量，则称函数

$$F_n(x) = \frac{1}{n}S(x), \quad -\infty < x < +\infty$$

为**经验分布函数**。

若给定总体 X 的样本观测值，通过经验分布函数可以近似描述总体的分布函数。

例 6.1.4 设(X_1,X_2,X_3,X_4,X_5)是来自总体 X 的一个样本，现得到其一组观测值为-1，0，1，1，2，试求其经验分布函数。

解：根据定义，其经验分布函数为

$$F_5(x)=\begin{cases}0, & x<-1,\\ \dfrac{1}{5}, & -1\leqslant x<0,\\ \dfrac{2}{5}, & 0\leqslant x<1,\\ \dfrac{4}{5}, & 1\leqslant x<2,\\ 1, & x\geqslant 2。\end{cases}$$

一般地，设$(x_1,x_2,\cdots,x_n)$是总体 X 的一个容量为 n 的样本观测值，先将其按从小到大的顺序进行排列，记为

$$x_{(1)}\leqslant x_{(2)}\leqslant\cdots\leqslant x_{(n)},$$

则经验分布函数

$$F_n(x)=\begin{cases}0, & x<x_{(1)},\\ \dfrac{k}{n}, & x_{(k)}\leqslant x<x_{(k+1)},\\ 1, & x\geqslant x_{(n)}。\end{cases}$$

总体 X 的经验分布函数 $F_n(x)$ 表示事件 $\{X\leqslant x\}$ 出现的频率。根据伯努利大数定律，当试验次数 n 足够大时（此处即样本容量 n 足够大），频率收敛于概率，因此总体的分布函数

$$F(x)=P\{X\leqslant x\}\approx F_n(x)\quad(n\to+\infty),$$

从而可以用经验分布函数 $F_n(x)$ 近似描述总体的分布函数 $F(x)$。

习题 6.1

1. 设$(X_1,X_2,\cdots,X_n)$是来自总体 X 的一个样本，$X\sim \mathrm{Exp}(\lambda)$，试写出样本$(X_1,X_2,\cdots,X_n)$的联合概率密度函数。

2. 下面列出某成年男子篮球队 30 名成员的体重（单位：lb）：

225 232 232 245 235 245 270 225 240 240

217 195 225 185 200 220 200 210 271 240

220 230 215 252 225 220 206 185 227 236

试根据这组数据，作频率直方图，并绘制频率密度曲线。

6.2 统计量与抽样分布

6.2.1 统计量的概念

有关样本的不包含未知参数的函数称为统计量，一般来说，有如下定义：

定义 6.2.1　设$(X_1,X_2,\cdots,X_n)$是来自总体 X 的容量为 n 的样本，$f(X_1,X_2,\cdots,X_n)$为 $X_1,X_2,\cdots,X_n$ 的函数，若$f(X_1,X_2,\cdots,X_n)$中不含未知参数，则称$f(X_1,X_2,\cdots,X_n)$是一个**统计量**。若 $x_1,x_2,\cdots,x_n$ 是 $X_1,X_2,\cdots,X_n$ 的一组观测值，则称$f(x_1,x_2,\cdots,x_n)$是$f(X_1,X_2,\cdots,X_n)$的**观测值**。

例 6.2.1　设$(X_1,X_2,\cdots,X_n)$是来自正态总体 $N(\mu,\sigma^2)$的样本，参数μ已知，σ未知，则 $\frac{1}{n}\sum\limits_{i=1}^{n}X_i$，$\frac{1}{n}\sum\limits_{i=1}^{n}(X_i-\mu)^2$，$\max\{X_1,X_2,\cdots,X_n\}$都是统计量，而 $\frac{1}{\sigma}\sum\limits_{i=1}^{n}X_i$，$\frac{X_i-\mu}{\sigma}$ 都不是统计量。

6.2.2 常见统计量

设$(X_1,X_2,\cdots,X_n)$是来自总体 X 的样本，$x_1,x_2,\cdots,x_n$ 为其一组观测值，下面给出几个常见的统计量。

1. 样本均值

$$\overline{X}=\frac{1}{n}\sum_{i=1}^{n}X_i。$$

2. 样本方差

$$S^2=\frac{1}{n-1}\sum_{i=1}^{n}(X_i-\overline{X})^2=\frac{1}{n-1}\left(\sum_{i=1}^{n}X_i^2-n\overline{X}^2\right)。$$

3. 样本标准差

$$S=\sqrt{S^2}=\sqrt{\frac{1}{n-1}\sum_{i=1}^{n}(X_i-\overline{X})^2}=\sqrt{\frac{1}{n-1}\left(\sum_{i=1}^{n}X_i^2-n\overline{X}^2\right)}。$$

4. 样本 k 阶（原点）矩

$$A_k=\frac{1}{n}\sum_{i=1}^{n}X_i^k,\ k=1,2,\cdots。$$

5. 样本 k 阶中心矩

$$B_k=\frac{1}{n}\sum_{i=1}^{n}(X_i-\overline{X})^k,\ k=1,2,\cdots。$$

6. 样本偏度

$$\hat{\beta}_s = \frac{B_3}{B_2^{3/2}} = \frac{E(X-\overline{X})^3}{\sigma^3}。$$

偏度，也称为**偏态**、**偏态系数**，是一个衡量样本数据关于均值对称性的测度。正态分布的概率密度函数图像关于均值对称，其偏度为0，如果样本偏度值 $\hat{\beta}_s<0$，则说明均值左侧数据比均值右侧数据更离散，直观表现为左侧尾部相对右侧尾部较长，称为**左偏态**；反之，如果 $\hat{\beta}_s>0$，则说明均值右侧数据比均值左侧数据更离散，直观表现为右侧尾部相对左侧尾部较长，称为**右偏态**。

7. 样本峰度

$$\hat{\beta}_k = \frac{B_4}{B_2^2} - 3$$

峰度，又称**峰态系数**，是一个衡量概率密度函数曲线在平均值处峰值高低的量，直观来看，峰度反映了概率密度函数图像峰部的陡缓程度。正态分布的峰度为3，一般而言，以正态分布作为参照，若峰度值 $\hat{\beta}_k<3$，说明峰部形状较为平缓，比正态分布更扁平，则称分布具有不足的峰度；若峰度值 $\hat{\beta}_k>3$，说明峰部形状较为陡峭，比正态分布更尖，则称分布具有过度的峰度。

以上7个统计量的观测值分别表示为

$$\bar{x} = \frac{1}{n}\sum_{i=1}^{n} x_i,$$

$$s^2 = \frac{1}{n-1}\sum_{i=1}^{n}(x_i-\bar{x})^2 = \frac{1}{n-1}\left(\sum_{i=1}^{n} x_i^2 - n\bar{x}^2\right),$$

$$s = \sqrt{s^2} = \sqrt{\frac{1}{n-1}\sum_{i=1}^{n}(x_i-\bar{x})^2} = \sqrt{\frac{1}{n-1}\left(\sum_{i=1}^{n} x_i^2 - n\bar{x}^2\right)},$$

$$a_k = \frac{1}{n}\sum_{i=1}^{n} x_i^k,\ k=1,2,\cdots,$$

$$b_k = \frac{1}{n}\sum_{i=1}^{n}(x_i-\bar{x})^k,\ k=1,2,\cdots,$$

$$\hat{\beta}_s = \frac{b_3}{b_2^{3/2}},$$

$$\hat{\beta}_k = \frac{b_4}{b_2^2} - 3。$$

8. 顺序统计量

定义 6.2.2 设$(X_1,X_2,\cdots,X_n)$是来自总体 X 的样本，将其观测值 $x_1,x_2,\cdots,x_n$ 按从小到大的顺序进行排列为 $x_{(1)}\leqslant x_{(2)}\leqslant\cdots\leqslant x_{(n)}$，当$(X_1,X_2,\cdots,X_n)$的取值为$(x_1,x_2,\cdots,x_n)$时，定义一组新的随机变量 $X_{(1)}\leqslant X_{(2)}\leqslant\cdots\leqslant X_{(n)}$，使 $X_{(k)}$ 的取值为 $x_{(k)}$，$k=1,2,\cdots,n$，则称 $X_{(1)}\leqslant X_{(2)}\leqslant\cdots\leqslant X_{(n)}$ 为**顺序统计量**（或**次序统计量**）。

定理 6.2.1 设$(X_1,X_2,\cdots,X_n)$是来自总体 X 的样本，如果 $E(X)=\mu$，$D(X)=\sigma^2$，则

(1) $E(\overline{X})=E(X)=\mu$，$D(\overline{X})=\dfrac{D(X)}{n}=\dfrac{\sigma^2}{n}$；

(2) $E(S^2)=D(X)=\sigma^2$。

证明：(1) 由于 $X_1,X_2,\cdots,X_n$ 是相互独立且与总体 X 同分布的随机变量，因此

$$E(\overline{X})=E\left(\frac{1}{n}\sum_{i=1}^{n}X_i\right)=\frac{1}{n}\sum_{i=1}^{n}E(X_i)=\mu,$$

$$D(\overline{X})=D\left(\frac{1}{n}\sum_{i=1}^{n}X_i\right)=\frac{1}{n^2}\sum_{i=1}^{n}D(X_i)=\frac{\sigma^2}{n}。$$

$$\begin{aligned}(2)\ E(S^2)&=E\left[\frac{1}{n-1}\sum_{i=1}^{n}(X_i-\overline{X})^2\right]=\frac{1}{n-1}E\left(\sum_{i=1}^{n}X_i^2-n\overline{X}^2\right)\\&=\frac{1}{n-1}\left[\sum_{i=1}^{n}E(X_i^2)-nE(\overline{X}^2)\right]\\&=\frac{1}{n-1}\left[\sum_{i=1}^{n}(\mu^2+\sigma^2)-n\left(\mu^2+\frac{\sigma^2}{n}\right)\right]\\&=\sigma^2。\end{aligned}$$

6.2.3 抽样分布

在使用统计量进行统计推断时，往往需要知晓其分布，通过前面的介绍，我们知道统计量是由样本构成的函数，因此，将统计量的分布称为**抽样分布**。下面我们介绍几种常用抽样分布。

1. 标准正态分布的分位数

设 $X\sim N(0,1)$，对于给定的 $\alpha(0<\alpha<1)$，称满足

$$P\{X>u_\alpha\}=\alpha$$

的点 u_α 为**标准正态分布的上 α 分位数**，如图 6.2.1 所示。u_α 的值

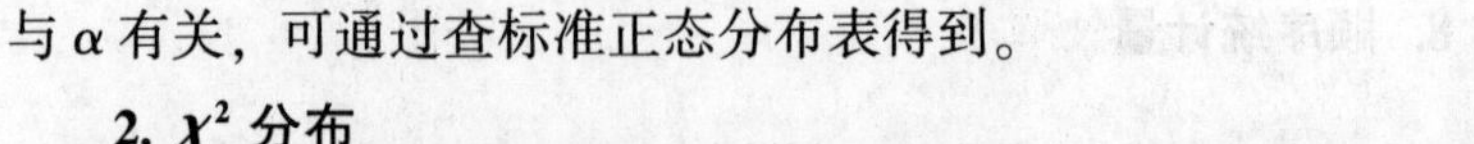

与 α 有关，可通过查标准正态分布表得到。

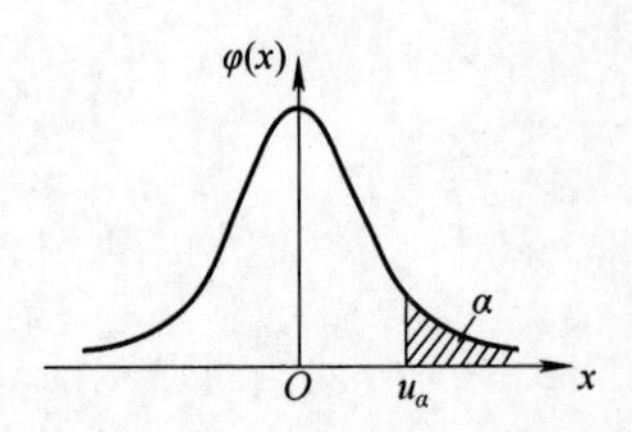

图 6.2.1 标准正态分布的上 α 分位数

2. χ^2 分布

定义 6.2.3 设$(X_1,X_2,\cdots,X_n)$是来自总体 $N(0,1)$的样本，令

$$\chi^2 = X_1^2 + X_2^2 + \cdots + X_n^2,$$

则统计量χ^2 服从自由度为 n 的**χ^2 分布**，记为$\chi^2 \sim \chi^2(n)$。此处，自由度表示χ^2 统计量中独立随机变量的个数。

χ^2 分布的概率密度函数为

$$f(x) = \begin{cases} \dfrac{1}{2^{\frac{n}{2}}\Gamma(n/2)} x^{\frac{n}{2}-1} \mathrm{e}^{-\frac{x}{2}}, & x > 0, \\ 0, & x \leqslant 0, \end{cases}$$

其中，$\Gamma(\alpha) = \int_0^{+\infty} x^{\alpha-1}\mathrm{e}^{-x}\mathrm{d}x\,(\alpha > 0)$。

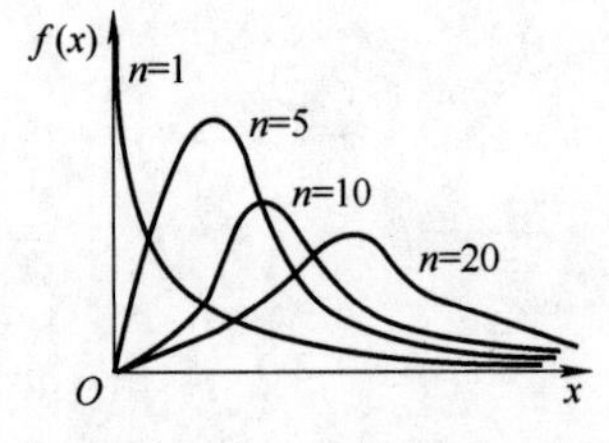

图 6.2.2 不同自由度下χ^2分布的概率密度函数图

自由度不同，χ^2 分布的概率密度函数图的形状不同，当自由度 n 分别取 1，5，10，20 时，$f(x)$的图形如图 6.2.2 所示。

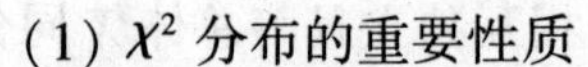

(1) χ^2 分布的重要性质

1) 若$\chi^2 \sim \chi^2(n)$，则 $E(\chi^2)=n$，$D(\chi^2)=2n$；

2) χ^2 分布的可加性：若 $\chi_1^2,\chi_2^2,\cdots,\chi_m^2$ 相互独立，且 $\chi_1^2 \sim \chi^2(n_1)$，$\chi_2^2 \sim \chi^2(n_2)$，$\cdots$，$\chi_m^2 \sim \chi^2(n_m)$，则

$$\chi_1^2 + \chi_2^2 + \cdots + \chi_m^2 \sim \chi^2(n_1 + n_2 + \cdots + n_m)。$$

(2) χ^2 分布的分位数

设$\chi^2 \sim \chi^2(n)$，对于给定的 $\alpha(0<\alpha<1)$，称满足

$$P\{\chi^2 > \chi_\alpha^2(n)\} = \alpha$$

的点$\chi_\alpha^2(n)$为**χ^2 分布的上 α 分位数**，如图 6.2.3 所示。$\chi_\alpha^2(n)$的值与 α 和 n 有关，可通过查χ^2 分布表得到，如当 $\alpha=0.05$，$n=10$ 时，$\chi_{0.05}^2(10)=18.307$。但表中只列举到 $n=45$ 的情形。

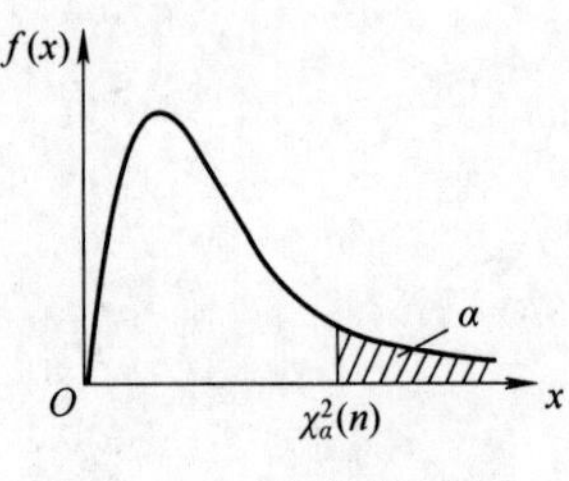

图 6.2.3 χ^2 分布的上 α 分位数

费希尔（Fisher）曾证明，当 n 充分大时，

$$\chi_\alpha^2(n) \approx \frac{1}{2}(u_\alpha + \sqrt{2n-1})^2,$$

其中，u_α 是标准正态分布的上 α 分位数。

该特征从图 6.2.2 中也有所体现，自由度 n 越大，χ^2 分布的概率密度函数图像越接近正态分布。因此，我们约定，当 $n>45$ 时，$\chi_\alpha^2(n)$由上式计算。

3. t 分布

定义 6.2.4 设 $X \sim N(0,1)$，$Y \sim \chi^2(n)$，且 X 与 Y 相互独立，令

$$T=\frac{X}{\sqrt{Y/n}},$$

则 T 服从自由度为 n 的 t **分布**，记为 $T\sim t(n)$，t 分布又称学生（Student）t 分布。

t 分布的概率密度函数为

$$f(t)=\frac{\Gamma[(n+1)/2]}{\sqrt{\pi n}\,\Gamma(n/2)}\left(1+\frac{t^2}{n}\right)^{-(n+1)/2},\quad -\infty<t<+\infty。$$

自由度不同，t 分布的概率密度函数图形状不同，当自由度 n 分别取 1，10，以及 $n\to+\infty$ 时，$f(x)$ 的图形如图 6.2.4 所示。

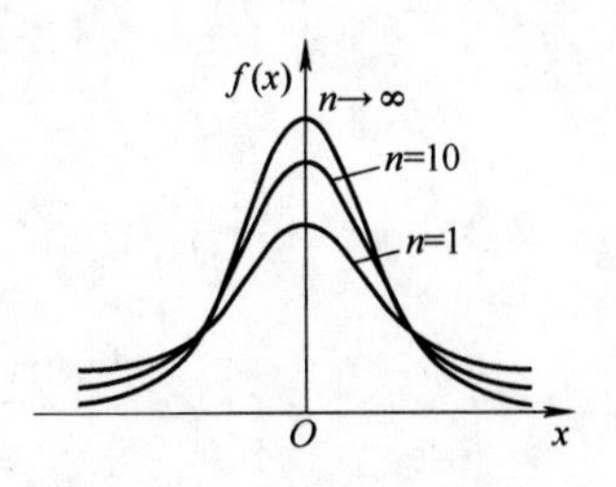

图 6.2.4　不同自由度下 t 分布的概率密度函数图

(1) t 分布的重要性质

当 n 足够大时，t 分布的近似分布为标准正态分布，即

$$\lim_{n\to+\infty}f(t)=\frac{1}{\sqrt{2\pi}}e^{-\frac{t^2}{2}},$$

但当 n 比较小的时候，t 分布与标准正态分布差异较大。

(2) t 分布的分位数

设 $T\sim t(n)$，对于给定的 $\alpha(0<\alpha<1)$，称满足

$$P\{T>t_\alpha(n)\}=\alpha$$

的点 $t_\alpha(n)$ 为 t 分布的上 α 分位数，如图 6.2.5 所示。

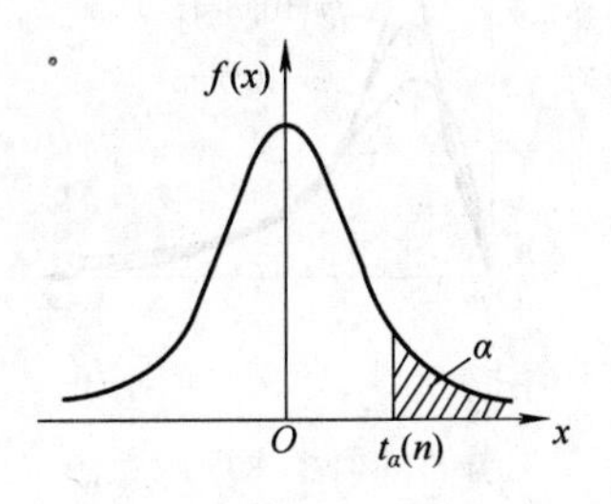

图 6.2.5　t 分布的上 α 分位数

根据 t 分布上 α 分位数的定义及其概率密度函数图像的对称性，可知

$$t_{1-\alpha}(n)=-t_\alpha(n)。$$

$t_\alpha(n)$ 的值与 α 和 n 有关，可通过查 t 分布表得到，例如当 $\alpha=0.025$，$n=5$ 时，$t_{0.025}(5)=2.5706$。t 分布表中只列举到 $n=45$ 的情形，这是由于当 $n\to\infty$ 时，t 分布的概率密度函数逼近标准正态分布（见图 6.2.4），因此在 $n>45$ 时，可用标准正态分布近似 t 分布，即

$$t_\alpha(n)\approx u_\alpha,$$

其中，u_α 是标准正态分布的上 α 分位数。

4. F 分布

定义 6.2.5　设 $X\sim\chi^2(m)$，$Y\sim\chi^2(n)$，且 X 与 Y 相互独立，令

$$F=\frac{X/m}{Y/n},$$

则 F 服从第一自由度为 m，第二自由度为 n 的 F **分布**，记为 $F\sim F(m,n)$。

例 6.2.2 已知 $T\sim t(n)$，证明 $T^2\sim F(1,n)$。

证明：若 $T\sim t(n)$，根据 t 分布的定义，有

$$T=\frac{X}{\sqrt{Y/n}},$$

其中，$X\sim N(0,1)$，$Y\sim\chi^2(n)$，且 X 与 Y 相互独立，则

$$T^2=\frac{X^2}{Y/n}。$$

根据 χ^2 分布的定义可知，$X^2\sim\chi^2(1)$，且 X^2 与 Y 相互独立，根据 F 分布的定义，有

$$T^2\sim F(1,n)。$$

F 分布的概率密度函数为

$$f(x)=\begin{cases}\dfrac{\Gamma[(m+n)/2]}{\Gamma(m/2)\Gamma(n/2)}\left(\dfrac{m}{n}\right)^{\frac{m}{2}}x^{\frac{m}{2}-1}\left(1+\dfrac{m}{n}x\right)^{-\frac{m+n}{2}}, & x>0,\\ 0, & x\leqslant 0。\end{cases}$$

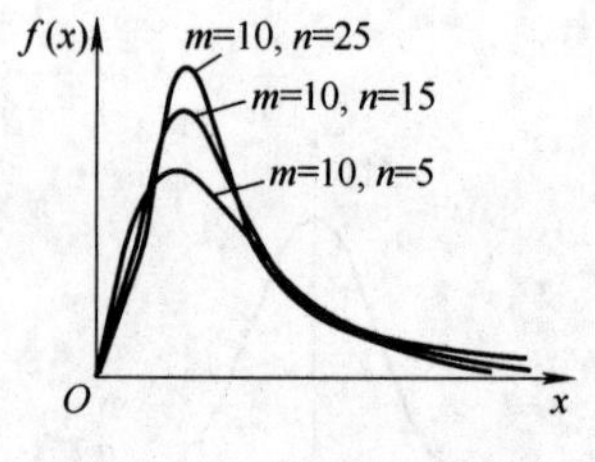

图 6.2.6 不同自由度下 F 分布的概率密度函数图

自由度不同，F 分布的概率密度函数形状不同，固定第一自由度 $m=10$，当第二自由度 n 分别取 5，15，25 时，$f(x)$ 的图形如图 6.2.6 所示。

（1）F 分布的重要性质

若 $F\sim F(m,n)$，则 $\frac{1}{F}\sim F(n,m)$。

（2）F 分布的分位数

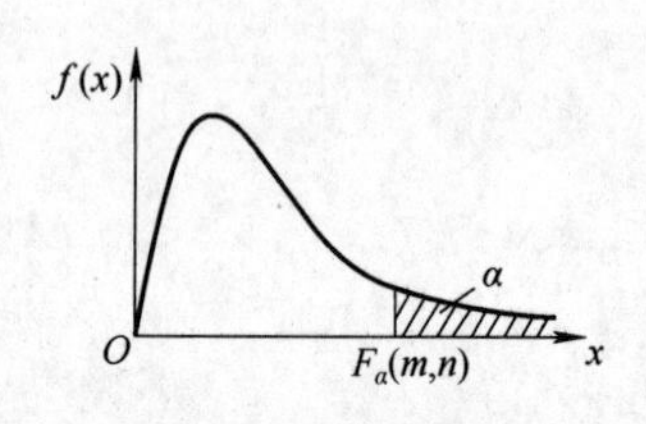

图 6.2.7 F 分布的上 α 分位数

设 $F\sim F(m,n)$，对于给定的 $\alpha(0<\alpha<1)$，称满足

$$P\{F>F_\alpha(m,n)\}=\alpha$$

的点 $F_\alpha(m,n)$ 为 **F 分布的上 α 分位数**，如图 6.2.7 所示。

根据 F 分布上 α 分位数的定义及 F 分布的性质，可知

$$F_{1-\alpha}(m,n)=\frac{1}{F_\alpha(n,m)}。$$

$F_\alpha(m,n)$ 的值与 α，m 以及 n 有关，可通过查 F 分布表得到，例如当 $\alpha=0.01$，$m=5$，$n=6$ 时，$F_{0.01}(5,6)=8.75$。F 分布表中只列举了 $\alpha=0.10$，0.05，0.025，0.01，0.005 的情形，对于 $\alpha=0.90$，0.95，0.975，0.99，0.995 的情形，可利用 F 分布上 α 分位数的性质得出，如

$$F_{0.95}(4,5)=\frac{1}{F_{0.05}(5,4)}=\frac{1}{6.26}=0.1597。$$

习题 6.2

1. 设$(X_1,X_2,\cdots,X_n)$是来自总体$N(\mu,\sigma^2)$的一个样本，其中μ已知，σ^2未知，试问以下哪些是统计量？

(1) $\frac{1}{n}\sum_{i=1}^{n}X_i$；

(2) $\frac{1}{n}\sum_{i=1}^{n}(X_i-\mu)^2$；

(3) $\frac{1}{\sigma}\sum_{i=1}^{n}(X_i-\mu)$；

(4) $\frac{1}{n}\sum_{i=1}^{n}(X_i-\overline{X})^2$；

(5) $3X_1+2X_2^2+4X_3^3$。

2. 设$(X_1,X_2,\cdots,X_6)$是来自总体$N(1,4)$的一个样本，试指出$\sum_{i=1}^{6}\left(\frac{X_i-1}{2}\right)^2$服从什么分布。

3. 已知$T\sim t(10)$，求满足$P\{T>t_1\}=0.10$及$P\{T<t_2\}=0.75$的t_1和t_2。

4. 查表求出下列各式的上α分位数。

(1) $\chi^2_{0.9}(10)$；

(2) $\chi^2_{0.95}(20)$；

(3) $\chi^2_{0.975}(30)$；

(4) $t_{0.9}(10)$；

(5) $t_{0.95}(20)$；

(6) $t_{0.025}(30)$；

(7) $F_{0.9}(10,10)$；

(8) $F_{0.05}(5,6)$；

(9) $F_{0.025}(2,3)$。

6.3 常用统计量的分布

6.3.1 单个正态总体的抽样分布

定理 6.3.1　设$(X_1,X_2,\cdots,X_n)$是来自正态总体$N(\mu,\sigma^2)$的样本，$\overline{X}$是样本均值，S^2是样本方差，则有：

(1) $\overline{X}\sim N\left(\mu,\frac{\sigma^2}{n}\right)$，即$\frac{\overline{X}-\mu}{\sigma/\sqrt{n}}\sim N(0,1)$；

(2) $\frac{\sum_{i=1}^{n}(X_i-\mu)^2}{\sigma^2}\sim\chi^2(n)$，$\frac{(n-1)S^2}{\sigma^2}=\frac{\sum_{i=1}^{n}(X_i-\overline{X})^2}{\sigma^2}\sim\chi^2(n-1)$；

(3) $\overline{X}$与S^2相互独立；

(4) $\frac{\overline{X}-\mu}{S/\sqrt{n}}\sim t(n-1)$。

证明　(1) 由于$X_1,X_2,\cdots,X_n$之间相互独立且同分布于$N(\mu,\sigma^2)$，又

$$\overline{X}=\frac{1}{n}\sum_{i=1}^{n}X_i,$$

则根据正态分布的线性性质，有

$$\overline{X}\sim N\left(\frac{1}{n}\sum_{i=1}^{n}\mu,\ \frac{1}{n^2}\sum_{i=1}^{n}\sigma^2\right),$$

即

$$\overline{X}\sim N\left(\mu,\ \frac{\sigma^2}{n}\right)。$$

（2）①由于 $X_i\sim N(\mu,\sigma^2)$，则

$$\frac{X_i-\mu}{\sigma}\sim N(0,1)。$$

根据卡方分布的定义可知

$$\frac{\sum_{i=1}^{n}(X_i-\mu)^2}{\sigma^2}=\sum_{i=1}^{n}\left(\frac{X_i-\mu}{\sigma}\right)^2\sim\chi^2(n)。$$

②证明过程参见参考文献［1］。

（3）证明过程参见参考文献［1］。

（4）由（1）（2）可知

$$\frac{\overline{X}-\mu}{\sigma/\sqrt{n}}\sim N(0,1),\ \frac{(n-1)S^2}{\sigma^2}\sim\chi^2(n-1),$$

且两者相互独立，根据 t 分布的定义，有

$$\frac{\dfrac{\overline{X}-\mu}{\sigma/\sqrt{n}}}{\sqrt{\dfrac{(n-1)S^2}{\sigma^2}/(n-1)}}\sim t(n-1),$$

整理得

$$\frac{\overline{X}-\mu}{S/\sqrt{n}}\sim t(n-1)。$$

6.3.2 两个正态总体的抽样分布

定理 6.3.2 设 $(X_1,X_2,\cdots,X_{n_1})$ 是来自正态总体 $N(\mu_1,\sigma_1^2)$ 的样本，$(Y_1,Y_2,\cdots,Y_{n_2})$ 是来自正态总体 $N(\mu_2,\sigma_2^2)$ 的样本，且这两个样本相互独立。两个正态总体的样本均值分别记为 $\overline{X}$ 和 $\overline{Y}$，样本方差分别记为 S_1^2 和 S_2^2，即

$$\overline{X}=\frac{1}{n_1}\sum_{i=1}^{n_1}X_i,\ \overline{Y}=\frac{1}{n_2}\sum_{j=1}^{n_2}Y_j,$$

$$S_1^2=\frac{1}{n_1-1}\sum_{i=1}^{n_1}(X_i-\overline{X})^2,\ S_2^2=\frac{1}{n_2-1}\sum_{j=1}^{n_2}(Y_j-\overline{Y})^2,$$

则

（1）$\dfrac{(\overline{X}-\overline{Y})-(\mu_1-\mu_2)}{\sqrt{\dfrac{\sigma_1^2}{n_1}+\dfrac{\sigma_2^2}{n_2}}}\sim N(0,\ 1)$；

（2）当 $\sigma_1^2=\sigma_2^2=\sigma^2$ 时，

$$\frac{(\overline{X}-\overline{Y})-(\mu_1-\mu_2)}{S_w\sqrt{\dfrac{1}{n_1}+\dfrac{1}{n_2}}}\sim t(n_1+n_2-2),$$

其中，$S_w=\dfrac{(n_1-1)S_1^2+(n_2-1)S_2^2}{n_1+n_2-2}$；

（3）$\dfrac{S_1^2/S_2^2}{\sigma_1^2/\sigma_2^2}\sim F(n_1-1,n_2-1)$；

（4）$\dfrac{\dfrac{1}{\sigma_1^2}\sum\limits_{i=1}^{n_1}(X_i-\mu_1)^2/n_1}{\dfrac{1}{\sigma_2^2}\sum\limits_{i=1}^{n_2}(Y_i-\mu_2)^2/n_2}=\dfrac{n_2\sigma_2^2\sum\limits_{i=1}^{n_1}(X_i-\mu_1)^2}{n_1\sigma_1^2\sum\limits_{i=1}^{n_2}(Y_i-\mu_2)^2}\sim F(n_1,n_2)$。

证明：（1）根据定理 6.3.1 可知

$$\overline{X}\sim N\left(\mu_1,\ \frac{\sigma_1^2}{n_1}\right),\ \overline{Y}\sim N\left(\mu_2,\ \frac{\sigma_2^2}{n_2}\right),$$

且两者相互独立，根据正态分布的性质，有

$$\overline{X}-\overline{Y}\sim N\left(\mu_1-\mu_2,\ \frac{\sigma_1^2}{n_1}+\frac{\sigma_2^2}{n_2}\right),$$

因此，$\dfrac{(\overline{X}-\overline{Y})-(\mu_1-\mu_2)}{\sqrt{\dfrac{\sigma_1^2}{n_1}+\dfrac{\sigma_2^2}{n_2}}}\sim N(0,1)$。

（2）当 $\sigma_1^2=\sigma_2^2=\sigma^2$ 时，令

$$U=\frac{(\overline{X}-\overline{Y})-(\mu_1-\mu_2)}{\sigma\sqrt{\dfrac{1}{n_1}+\dfrac{1}{n_2}}},$$

则由（1）可知 $U\sim N(0,1)$。

又由定理 6.3.1 第（2）条可知

$$\frac{(n_1-1)S_1^2}{\sigma^2}\sim\chi^2(n_1-1),\ \frac{(n_2-1)S_2^2}{\sigma^2}\sim\chi^2(n_2-1),$$

且两者相互独立。根据χ^2的可加性，有

$$V=\frac{(n_1-1)S_1^2}{\sigma^2}+\frac{(n_2-1)S_2^2}{\sigma^2}\sim\chi^2(n_1+n_2-2)。$$

由于U和V相互独立，则根据t分布的定义可得

$$\frac{U}{\sqrt{V/(n_1+n_2-2)}}=\frac{(\overline{X}-\overline{Y})-(\mu_1-\mu_2)}{S_w\sqrt{\frac{1}{n_1}+\frac{1}{n_2}}}\sim t(n_1+n_2-2)。$$

(3) 根据定理6.3.1，可知

$$\frac{(n_1-1)S_1^2}{\sigma_1^2}\sim\chi^2(n_1-1),\ \frac{(n_2-1)S_2^2}{\sigma_2^2}\sim\chi^2(n_2-1),$$

且两者相互独立，根据F分布的定义，有

$$\frac{\frac{(n_1-1)S_1^2}{\sigma_1^2}/(n_1-1)}{\frac{(n_2-1)S_2^2}{\sigma_2^2}/(n_2-1)}\sim F(n_1-1,\ n_2-1),$$

整理得

$$\frac{S_1^2/S_2^2}{\sigma_1^2/\sigma_2^2}\sim F(n_1-1,\ n_2-1)。$$

(4) 根据定理6.3.1第(2)条，有

$$\frac{1}{\sigma_1^2}\sum_{i=1}^{n_1}(X_i-\mu_1)^2\sim\chi^2(n_1),\ \frac{1}{\sigma_2^2}\sum_{i=1}^{n_2}(Y_i-\mu_2)^2\sim\chi^2(n_2),$$

且两者相互独立。因此，根据F分布的定义，有

$$\frac{\frac{1}{\sigma_1^2}\sum_{i=1}^{n_1}(X_i-\mu_1)^2/n_1}{\frac{1}{\sigma_2^2}\sum_{i=1}^{n_2}(Y_i-\mu_2)^2/n_2}=\frac{n_2\sigma_2^2\sum_{i=1}^{n_1}(X_i-\mu_1)^2}{n_1\sigma_1^2\sum_{i=1}^{n_2}(Y_i-\mu_2)^2}\sim F(n_1,\ n_2)。$$

习题 6.3

1. 设$(X_1,X_2,\cdots,X_9)$是来自总体$N(2,1)$的一个样本，$\overline{X}$为样本均值，试分别求出X和$\overline{X}$在区间[1,3]上取值的概率，并指出$3(\overline{X}-2)$服从什么分布。

2. 设$(X_1,X_2,\cdots,X_8)$是来自总体$N(1,4)$的一个样本，S^2为样本方差，试指出$\frac{7S^2}{4}$服从什么分布。

3. 设$(X_1,X_2,\cdots,X_n)$是来自总体$N(-1,\sigma^2)$的一个样本，且$E(X^2)=4$，试指出$\overline{X}$服从什么分布。

4. 设$(X_1,X_2,\cdots,X_9)$是来自总体$N(2,\sigma^2)$的一

个样本，S 为样本标准差，试指出$\frac{3(\bar{X}-2)}{S}$服从什么分布。

5. 设$(X_1,X_2,\cdots,X_8)$是来自总体 $N(1,4)$的一个样本，$(Y_1,Y_2,\cdots,Y_9)$是来自总体 $N(3,4)$的一个样本，S_1^2，S_2^2 分别是两组样本的样本方差，试指出$\frac{S_1^2}{S_2^2}$服从什么分布。

6.4 样本数字特征与几个常见抽样分布的 MATLAB 实现

6.4.1 样本数字特征

例 6.4.1 从某高校大二年级学生中随机选 40 名学生，记录其“概率论与数理统计”课程成绩（以分计）如下：

76，84，68，79，78，67，78，76，84，68，76，63，84，79，88，93，84，73，95，80，64，66，64，77，38，75，52，97，83，10，54，76，30，75，89，90，92，83，75，78

试求样本数字特征（样本均值、样本方差、样本标准差、样本二阶原点矩、样本二阶中心矩、样本偏度、样本峰度）。

解：X=［76 84 68 79 78 67 78 76 84 68 76 63 84 79 88 93 84 73 95 80 64 66 64 77 38 75 52 97 83 10 54 76 30 75 89 90 92 83 75 78］；

（1）样本均值：mean( )

```
X_bar=mean(X)
```

返回结果如下：

```
X_bar=
    73.5250
```

（2）样本方差与样本标准差：var( )与 std( )

```
样本方差
s_2=var(X)
```

返回结果如下：

```
s_2=
    301.6917
样本标准差
s=std(X)
```

返回结果如下：

```
s=
    17.3693
```

（3）样本 k 阶原点矩：mean(X.^k)

```
样本二阶原点矩
a_2=mean(X.^2)
```

返回结果如下：

```
a_2=
    5.7001e+03
```

（4）样本 k 阶中心矩：mean((X-mean(X)).^k)

```
样本二阶中心矩
b_2=mean((X-mean(X)).^2)
```

返回结果如下：

```
b_2=
    294.1494
```

（5）样本偏度：skewness()

```
beta_s=skewness(X)
```

返回结果如下：

```
belta_s=
    -1.7343
```

结果表明，均值左边的数据比均值右边的数据更分散，即该组数据呈左偏态。

（6）样本峰度：kurtosis()

```
belta_k=kurtosis(X)
```

返回结果如下：

```
belta_k=
    6.6117
```

6.4.2 χ^2 分布、t 分布和 F 分布的 MATLAB 实现

1. χ^2 分布

计算χ^2 分布的概率密度函数、分布函数以及上 α 分位数的函数见表 6.4.1。

表 6.4.1　χ^2 分布的相关函数

函　数	命　令
概率密度函数	chi2pdf(X,n)
分布函数	chi2cdf(X,n)
上 α 分位数	chi2inv(1-alpha,n)

注：表 6.4.1 中，X 为服从χ^2 分布的随机变量，n 为χ^2 分布的自由度，alpha 为分位数 α 的取值。

例 6.4.2　设 $X\sim\chi^2(10)$，绘制其概率密度函数和分布函数图像，并求 $\alpha=0.05$ 时的上 α 分位数。

解：(1) 密度函数

```
x=0:0.01:50;
x2_f=chi2pdf(x,10);
plot(x2_f)
```

结果如图 6.4.1a 所示。

(2) 分布函数

```
x2_F=chi2cdf(x,10);
plot(x2_F)
```

结果如图 6.4.1b 所示。

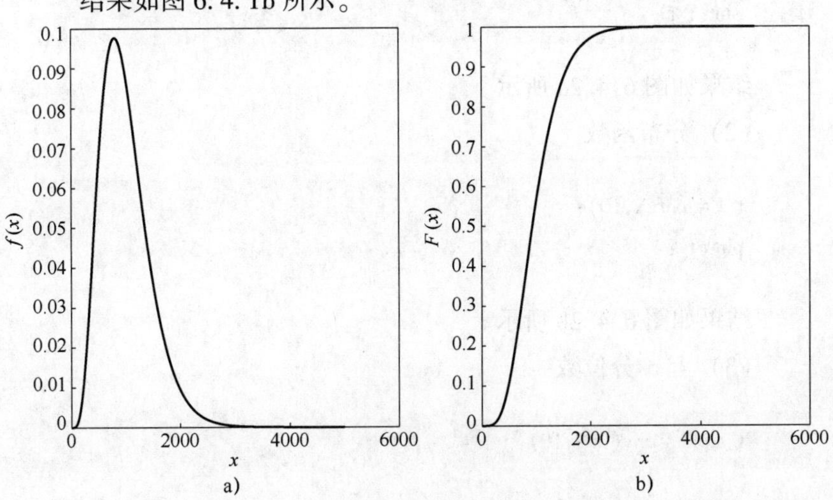

图 6.4.1　自由度为 10 的χ^2 分布的概率密度函数与分布函数

(3) 上 α 分位数

```
x2_alpha=chi2inv(0.9,10)
```

返回结果如下：

```
x2_alpha=
  15.9872
```

2. t 分布

计算 t 分布的概率密度函数、分布函数以及上 α 分位数的函数见表 6.4.2。

表 6.4.2

函　数	命　令
概率密度函数	tpdf(X,n)
分布函数	tcdf(X,n)
上 α 分位数	tinv(1-alpha,n)

注：表 6.4.2 中，X 为服从 t 分布的随机变量，n 为 t 分布的自由度，alpha 为分位数 α 的取值。

例 6.4.3　设 $X\sim t(10)$，绘制其概率密度函数和分布函数图像，并求 $\alpha=0.1$ 时的上 α 分位数。

解：(1) 密度函数

```
x=-5:0.01:5;
t_f=tpdf(x,10);
plot(t_f)
```

结果如图 6.4.2a 所示。

(2) 分布函数

```
t_F=tcdf(x,10);
plot(t_F)
```

结果如图 6.4.2b 所示。

(3) 上 α 分位数

```
t_alpha=tinv(0.9,10)
```

返回结果如下：

```
t_alpha=
   1.3722
```

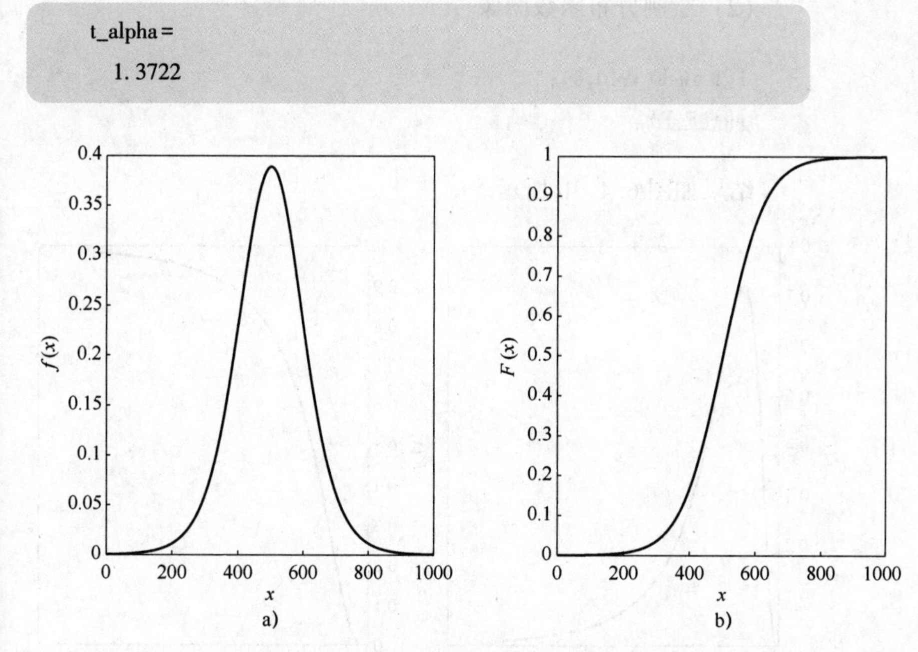

图 6.4.2　自由度为 10 的 t 分布的概率密度函数与分布函数

3. *F* 分布

计算 F 分布的概率密度函数、分布函数以及上 α 分位数的函数见表 6.4.3。

表　6.4.3

函　　数	命　令
概率密度函数	fpdf(X,m,n)
分布函数	fcdf(X,m,n)
上 α 分位数	finv(1-alpha,m,n)

注：表 6.4.3 中，X 为服 F 分布的随机变量，m，n 分别为 F 分布的第一自由度与第二自由度，alpha 为分位数 α 的取值。

例 6.4.4　设 $X\sim F(10,8)$，绘制其概率密度函数和分布函数图像，并求 $\alpha=0.01$ 时的上 α 分位数。

解：(1) 绘制密度函数图像

```
x=0:0.01:5;
F_f=fpdf(x,10,8);
plot(F_f)
```

结果如图 6.4.3a 所示。

（2）绘制分布函数图像

```
F_F=fcdf(x,10,8);
plot(F_F)
```

结果如图 6.4.3b 所示。

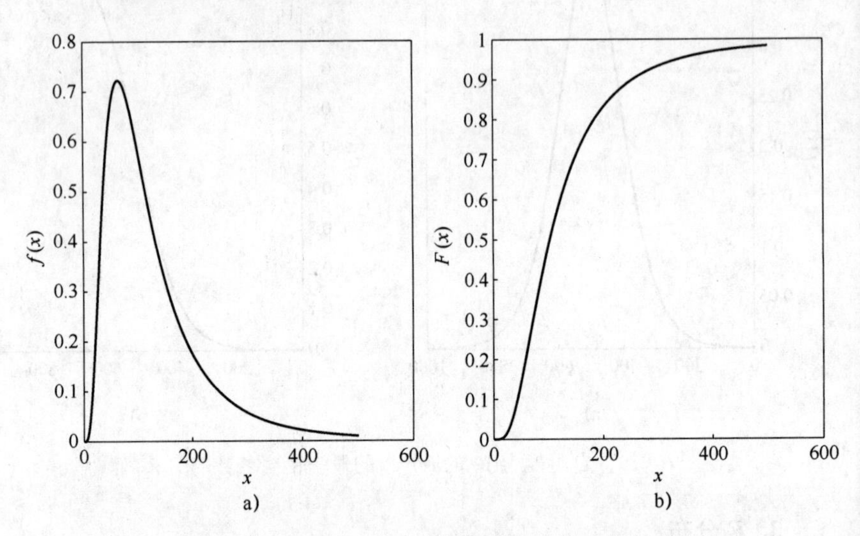

图 6.4.3　$F(10,8)$分布的概率密度函数与分布函数

（3）上 α 分位数

```
F_alpha=finv(0.99,10,8)
```

返回结果如下：

```
F_alpha=
    5.8143
```

总复习题 6

1. 设$(X_1,X_2,\cdots,X_n)$是来自总体 X 的一个样本，$X\sim B(1,p)$，试写出样本$(X_1,X_2,\cdots,X_n)$的联合分布律。

2. 设$(X_1,X_2,\cdots,X_n)$是来自总体 X 的一个样本，$X\sim N(0,1)$，试写出：

（1）样本$(X_1,X_2,\cdots,X_n)$的联合概率密度函数；

（2）样本均值 $\overline{X}$ 的概率密度函数。

3. 为了研究灯泡在运输过程中的损坏情况，现随机抽取 20 箱灯泡，检查每箱灯泡的损坏数目，结果如下：

2，1，2，1，0，0，3，2，0，2，0，4，3，1，1，1，1，2，1，2

试写出经验分布函数。

4. 设(X_1,X_2,X_3,X_4)是来自总体 X 的一个样本，$X\sim B(n,p)$，其中 n，p 未知，$\overline{X}$ 为样本均值，S^2 为样本方差，下列哪些是统计量？

（1）$\dfrac{1}{4}\sum\limits_{i=1}^{4}X_i$；

(2) X_1-20p;

(3) $\frac{1}{n}\sum_{i=1}^{n}X_i^2$;

(4) $S^2-20p(1-p)$;

(5) $3X_1+2X_2^2+4X_3^3+X_4^2$。

5. 已知 $X\sim\chi^2(10)$，求满足 $P\{X>\lambda_1\}=0.9$ 及 $P\{X<\lambda_2\}=0.75$ 的 λ_1 和 λ_2。

6. 已知 $F\sim F(8,7)$，求满足 $P\{F>\lambda_1\}=0.05$，$P\{F>\lambda_2\}=0.95$，$P\{F<\lambda_3\}=0.995$ 以及 $P\{F<\lambda_4\}=0.005$ 的 λ_1，λ_2，λ_3 以及 λ_4。

7. 设 $(X_1,X_2,\cdots,X_{16})$ 是来自总体 $N(4,4)$ 的一个样本，$\overline{X}$ 为样本均值，求 $P\{3\leqslant\overline{X}\leqslant5\}$。

8. 设 $(X_1,X_2,\cdots,X_{20})$ 是来自总体 $N(3,9)$ 的一个样本，问：

(1) 若令 $Y=\sum_{i=1}^{10}\left(\frac{X_i-3}{3}\right)^2$，则 Y 服从什么分布？

(2) 若令 $Z=\frac{1}{9}\sum_{i=1}^{20}(X_i-3)^2$，则 Z 服从什么分布？

(3) 若令 $W=\frac{2Y}{Z}$，则 W 服从什么分布？

9. 设 (X_1,X_2,X_3,X_4) 是来自总体 $N(0,4)$ 的一个样本，若令

$$Y=a(X_1-2X_2)^2+b(3X_3+4X_4)^2,$$

求 a，b 使得统计量服从 χ^2 分布，并求该 χ^2 分布的自由度。

数学家与数学家精神

“统计学之父”——卡尔·皮尔逊

卡尔·皮尔逊（Karl Pearson，1857—1936），英国数学家，生物统计学家。他是数理统计学的创立者，被誉为“统计学之父”。他将数学运用于遗传和进化的随机过程，发展了回归和相关理论，奠定了大样本理论的基础。皮尔逊的科学道路从数学研究开始，继之以哲学、法律学，进而研究生物学和遗传学，集大成于统计学。他不轻信权威，因实事求是、逐本溯源的科学态度和探索创新的科学精神而受人膜拜、誉满全球。

第7章 参数估计

数理统计学是研究随机数据统计规律性的一门学科，主要任务是根据样本数据，对总体或总体分布中的参数进行统计推断。在许多工程、经济问题中，往往会遇到总体分布中的某些参数未知的情况，这就需要使用一些统计推断方法，利用样本数据得到参数的近似值或范围，同时对得到的结果进行评价。这一系列的问题都属于参数估计范畴，本章主要介绍参数估计中的点估计和区间估计。

7.1 点估计

7.1.1 点估计的概念

设总体 X 的分布类型已知，但其中的某些参数未知。设参数为 θ，其取值范围为 Θ，则称 Θ 为**参数空间**。如果仅有一个参数未知，则 θ 为实数，如果有 k 个参数未知，则 θ 为以这 k 个未知参数为分量的向量，记作 $\theta=(\theta_1,\theta_2,\cdots,\theta_k)$。

设$(X_1,X_2,\cdots,X_n)$为来自总体 X 的一个样本，$(x_1,x_2,\cdots,x_n)$为一组样本观测值，构造统计量 $\hat{\theta}=\hat{\theta}(X_1,X_2,\cdots,X_n)$，使用 $\hat{\theta}$ 估计参数 θ 的方法称为**点估计**。称 $\hat{\theta}(X_1,X_2,\cdots,X_n)$ 为 θ 的估计量，$\hat{\theta}(x_1,x_2,\cdots,x_n)$为 θ 的估计值。下面介绍两种常用的点估计方法。

7.1.2 矩估计

根据大数定律可知，当总体矩存在时，样本矩依概率收敛于总体矩。一般而言，总体矩中也会含有总体分布所含的参数，而样本矩中包含样本信息。这便很自然地想到使用样本矩代替总体矩，从而得到总体分布中参数的一种估计，该方法称为**矩估计法**，得到的估计量称为参数的**矩估计量**。

矩估计的基本思想是：用样本矩代替总体矩，用样本矩的函数代替总体矩的函数。这里的矩可以是各阶原点矩，也可以是各阶中心矩。下面以样本原点矩为例，给出矩估计的一般模型。

设总体 X 的各阶矩都存在，假定总体分布中有 k 个未知参数，则取前 k 阶矩，记为 $\mu_i=E(X^i)$，$i=1,2,\cdots,k$，根据矩估计的基本思想可以得到方程组

$$\begin{cases}\mu_1(\theta_1,\theta_2,\cdots,\theta_k)=E(X)=\dfrac{1}{n}\sum\limits_{i=1}^{n}X_i,\\ \mu_2(\theta_1,\theta_2,\cdots,\theta_k)=E(X^2)=\dfrac{1}{n}\sum\limits_{i=1}^{n}X_i^2,\\ \quad\vdots\\ \mu_k(\theta_1,\theta_2,\cdots,\theta_k)=E(X^k)=\dfrac{1}{n}\sum\limits_{i=1}^{n}X_i^k,\end{cases}$$

上述方程组的解 $\hat{\theta}_i=\hat{\theta}_i(X_1,X_2,\cdots,X_n)$，$i=1,2,\cdots,k$，称为参数 $\boldsymbol{\theta}=(\theta_1,\theta_2,\cdots,\theta_k)$ 的矩估计，记作 $\hat{\theta}_{ME}$。

例 7.1.1 设总体 $X\sim P(\lambda)$，求未知参数 λ 的矩估计。

解：设 $(X_1,X_2,\cdots,X_n)$ 为来自总体 X 的一个样本，由于 $X\sim P(\lambda)$，则 $E(X)=\lambda$，则令

$$\lambda=\frac{1}{n}\sum_{i=1}^{n}X_i=\overline{X},$$

解得参数 λ 的矩估计 $\hat{\lambda}_{ME}=\overline{X}$。

例 7.1.2 设 $(X_1,X_2,\cdots,X_n)$ 为来自总体 X 的一个样本，只要 X 的各阶矩都存在，则可根据矩估计法，获得 X 的若干参数的矩估计，常用的矩估计有：

（1）总体均值 $\mu=E(X)$ 的矩估计为 $\hat{\mu}_{ME}=\overline{X}$。

（2）总体方差 $\sigma^2=E[(X-\mu)^2]$ 的矩估计为 $\hat{\sigma}^2_{ME}=S_n^2$，其中，$S_n^2=\dfrac{1}{n}\sum\limits_{i=1}^{n}(X_i-\overline{X})^2$。

（3）总体标准差 σ 的矩估计为 $\hat{\sigma}_{ME}=\sqrt{S_n^2}=S_n$。

事实上，根据矩估计法可以得到方程组

$$\begin{cases}\mu=E(X)=\dfrac{1}{n}\sum\limits_{i=1}^{n}X_i=\overline{X},\\ \mu^2+\sigma^2=E(X^2)=\dfrac{1}{n}\sum\limits_{i=1}^{n}X_i^2,\end{cases}$$

解上述方程组可得

$$\begin{cases}\hat{\mu}_{ME}=\overline{X},\\ \hat{\sigma}_{ME}^2=\dfrac{1}{n}\sum\limits_{i=1}^{n}(X_i-\overline{X})^2=S_n^2。\end{cases}$$

例 7.1.3 设总体 $X\sim N(\mu,\sigma^2)$，μ 和 σ^2 均未知，对任意的常数 a，求 $p=P\{X<a\}$ 的矩估计。

解：对于 $X\sim N(\mu,\sigma^2)$，有 $E(X)=\mu$，$D(X)=\sigma^2$，根据例 7.1.2 结论

$$\hat{\mu}_{ME}=\overline{X},\ \hat{\sigma}_{ME}=S_n,$$

下面计算 p 的矩估计，由于

$$p=P\{X<a\}=P\left\{\frac{X-\mu}{\sigma}<\frac{a-\mu}{\sigma}\right\}=\Phi\left(\frac{a-\mu}{\sigma}\right),$$

所以 p 的矩估计为

$$\hat{p}_{ME}=\Phi\left(\frac{a-\overline{X}}{S_n}\right)。$$

矩估计的优点是计算简单，思想容易被人接受，适用的条件较为宽泛，即使在总体分布未知时也可以使用。其缺点是**结果不具有唯一性**，比如对总体分布中某一个参数进行估计时，选用一阶矩和二阶矩列方程，都可以得到该参数的矩估计，但结果不相同，此时为了计算方便，应选用低阶矩去估计参数。加之，样本的异常观测值对各阶矩的影响较大，尤其是高阶矩的稳定性较差，因此要尽量避免使用高阶矩进行矩估计。

7.1.3 极大似然估计

极大似然估计的基本思想是：在一次随机试验中发生的事件应是大概率事件。比如在一次随机试验中有可能发生的结果是事件 A，B，C，但是实际情况是事件 A 发生了，此时就认为事件 A 发生的概率是其中最大的。下面介绍极大似然估计的相关概念。

设$(X_1,X_2,\cdots,X_n)$为来自总体 X 的一个样本，$(x_1,x_2,\cdots,x_n)$为一组样本观测值，X 的分布 $p(x;\theta)$ 中含有未知参数 θ，则样本的联合分布为

$$p(X_1,X_2,\cdots,X_n;\theta)=\prod_{i=1}^{n}p(x_i;\theta), \tag{7.1.1}$$

其中，$p(x_i;\theta)$ 在离散总体的情形下表示概率 $P_\theta\{X_i=x_i\}$，在连续总体的情形下表示密度函数在 x_i 处的值。

极大似然估计的直观想法是：如果一次随机抽样的结果得到样本观测值$(x_1,x_2,\cdots,x_n)$，则应当选取 θ 的值，使得该样本观测

值出现的概率最大。换言之，当得到样本观测值$(x_1,x_2,\cdots,x_n)$时，应选取使式（7.1.1）取得最大值时对应的θ值作为参数θ的极大似然估计。于是给出如下定义。

定义 7.1.1　设$(X_1,X_2,\cdots,X_n)$为来自总体X的一个样本，$(x_1,x_2,\cdots,x_n)$为一组样本观测值，X的分布为$p(x;\theta)$（分布律或概率密度函数），样本的联合分布$p(x_1,x_2,\cdots,x_n;\theta)$是参数$\theta$的函数，称之为$\theta$的**似然函数**，记作

$$L(\theta)=L(\theta;x_1,x_2,\cdots,x_n)=\prod_{i=1}^{n}p(x_i;\theta),\qquad(7.1.2)$$

如果存在$\hat{\theta}\in\Theta$，使得$L(\hat{\theta})$达到最大，即

$$L(\hat{\theta})=\max_{\theta\in\Theta}L(\theta),$$

则称$\hat{\theta}(x_1,x_2,\cdots,x_n)$为$\theta$的**极大似然估计值**，称$\hat{\theta}(X_1,X_2,\cdots,X_n)$为$\theta$的**极大似然估计量**，在不至于混淆的前提下可简记为$\hat{\theta}_{MLE}$。

注：似然函数中的参数θ有可能是一个参数，也有可能是多个参数组成的向量，总体分布中的未知参数个数决定了θ的形式，要视具体情况来定。

下面以总体分布中有且仅有一个未知参数的情形为例，给出极大似然估计的步骤，也不失一般性。极大似然估计的目的是求似然函数的极大值点，如果$L(\theta)$对θ可导，则可利用求驻点的方法计算$L(\theta)$的极大值点，即令

$$\frac{\mathrm{d}}{\mathrm{d}\theta}L(\theta)=0,\qquad(7.1.3)$$

求解方程，即可得到参数θ的极大似然估计，称式（7.1.3）为**似然方程**。

然而，大多情况下，对式（7.1.2）求导非常烦琐，一般不直接求解式（7.1.3），为了计算方便，可对式（7.1.2）两端取自然对数，然后求解$\ln L(\theta)$的极大值。这样一来，既不改变似然函数的极大值点，又简化了计算过程。鉴于此，令

$$\frac{d}{\mathrm{d}\theta}\ln L(\theta)=0,\qquad(7.1.4)$$

解得$\theta=\hat{\theta}$，即为参数θ的极大似然估计，其中$\ln L(\theta)$称为对数似然函数，式（7.1.4）称为对数似然方程。

注1：似然函数$L(\theta)$中添加或去掉一个与参数θ无关的量$c>0$，不影响寻求参数θ的极大似然估计的最终结果，故$cL(\theta)$仍

称为 θ 的似然函数，同时其中的 c 可以是常数，也可以是$(x_1,x_2,\cdots,x_n)$的函数。

注 2：使用上述方法求解参数的极大似然估计，仅适用于似然函数可导的情形，且得到的驻点不一定为极大值点，极大值点也不一定为最大值点，这些细节需详加讨论。

注 3：如果总体分布中有多个未知参数，则可利用求解多元函数极大值点的方法得到相应参数的极大似然估计，此处不再赘述。

例 7.1.4 设总体 $X\sim P(\lambda)$，试求参数 λ 的极大似然估计量。

解：设$(X_1,X_2,\cdots,X_n)$为总体 X 的样本，其观测值为$(x_1,x_2,\cdots,x_n)$且 $x_i>0$，$i=1,2,\cdots,n$，由于 $X\sim P(\lambda)$，所以 $P\{X_i=x_i\}=\dfrac{\lambda^{x_i}}{x_i!}e^{-\lambda}$，$i=1,2,\cdots,n$，则

似然函数

$$L(\lambda)=\prod_{i=1}^{n}\frac{\lambda^{x_i}}{x_i!}e^{-\lambda}=e^{-n\lambda}\frac{\lambda^{\sum\limits_{i=1}^{n}x_i}}{\prod\limits_{i=1}^{n}x_i!},$$

对数似然函数

$$\ln L(\lambda)=-n\lambda+\ln\lambda\sum_{i=1}^{n}x_i-\sum_{i=1}^{n}\ln x_i,$$

对数似然函数求导

$$\frac{d}{d\lambda}\ln L(\lambda)=-n+\frac{1}{\lambda}\sum_{i=1}^{n}x_i,$$

求二阶导数

$$\frac{d^2}{d\lambda^2}\ln L(\lambda)=-\frac{\sum\limits_{i=1}^{n}x_i}{\lambda^2}<0,$$

因此，令$\dfrac{d}{d\lambda}\ln L(\lambda)=0$解得参数 λ 的极大似然估计值为

$$\hat{\lambda}=\frac{1}{n}\sum_{i=1}^{n}x_i=\bar{x},$$

故参数 λ 的极大似然估计量为 $\hat{\lambda}=\bar{X}$。

例 7.1.5 设总体 $X\sim \mathrm{Exp}(\lambda)$，试求参数 λ 的极大似然估计量。

解：设$(X_1,X_2,\cdots,X_n)$为总体 X 的样本，其观测值为$(x_1,x_2,\cdots,x_n)$且 $x_i>0$，$i=1,2,\cdots,n$，由于 $X\sim \mathrm{Exp}(\lambda)$，所以其概率密度函数为

$$f(x)=\begin{cases}\lambda e^{-\lambda x}, & x>0,\\ 0, & x\leqslant 0。\end{cases}$$

则似然函数

$$L(\lambda)=\prod_{i=1}^{n}\lambda e^{-\lambda x_i}=\lambda^n e^{-\lambda\left(\sum_{i=1}^{n}x_i\right)},$$

对数似然函数

$$\ln L(\lambda)=n\ln\lambda-\lambda\sum_{i=1}^{n}x_i,$$

对数似然函数求导

$$\frac{d}{d\lambda}\ln L(\lambda)=\frac{n}{\lambda}-\sum_{i=1}^{n}x_i,$$

求二阶导数

$$\frac{d^2}{d\lambda^2}\ln L(\lambda)=-\frac{n}{\lambda^2}<0,$$

因此，由$\frac{d}{d\lambda}\ln L(\lambda)=0$解得参数 λ 的极大似然估计值为

$$\hat{\lambda}=\frac{n}{\sum_{i=1}^{n}x_i}=\frac{1}{\bar{x}},$$

故参数 λ 的极大似然估计量为 $\hat{\lambda}=\frac{1}{\bar{X}}$。

例 7.1.6　设总体 $X\sim N(\mu,\sigma^2)$，求参数 μ 和 σ^2 的极大似然估计。

解：设$(X_1,X_2,\cdots,X_n)$为总体 X 的样本，其观测值为$(x_1,x_2,\cdots,x_n)$且 $x_i>0$，$i=1,2,\cdots,n$，由于 $X\sim N(\mu,\sigma^2)$，所以其概率密度函数为$f(x)=\frac{1}{\sqrt{2\pi}\sigma}e^{-\frac{(x-\mu)^2}{2\sigma^2}}$，则

似然函数

$$L(\mu,\sigma^2)=\prod_{i=1}^{n}\frac{1}{\sqrt{2\pi}\sigma}e^{-\frac{(x_i-\mu)^2}{2\sigma^2}},$$

对数似然函数

$$\ln L(\mu,\sigma^2)=-\frac{1}{2}\ln(2\pi)-\frac{n}{2}\ln\sigma^2-\frac{1}{2\sigma^2}\sum_{i=1}^{n}(x_i-\mu)^2,$$

令

$$\begin{cases}\frac{\partial}{\partial\mu}\ln L(\mu,\sigma^2)=\frac{1}{\sigma^2}\sum_{i=1}^{n}(x_i-\mu)=0,\\ \frac{\partial}{\partial(\sigma^2)}\ln L(\mu,\sigma^2)=-\frac{n}{2\sigma^2}+\frac{1}{2\sigma^4}\sum_{i=1}^{n}(x_i-\mu)^2=0,\end{cases}$$

解得参数 μ 和 σ^2 的极大似然估计值分别为 $\hat{\mu}_{MLE}=\frac{1}{n}\sum_{i=1}^{n}x_i=\bar{x}$，

$\hat{\sigma}_{MLE}^2=\frac{1}{n}\sum_{i=1}^{n}(x_i-\bar{x})^2$。

例 7.1.7　例设总体 $X\sim U(\theta,\theta+1)$，求参数 θ 的极大似然估计。

解：设 $(X_1,X_2,\cdots,X_n)$ 为总体 X 的样本，其观测值为 $(x_1,x_2,\cdots,x_n)$ 且 $x_i>0$，$i=1,2,\cdots,n$，将观测值从小到大依次排序为 $x_{(1)}\leqslant x_{(2)}\leqslant\cdots\leqslant x_{(n)}$，由于总体 $X\sim U(\theta,\theta+1)$，则似然函数为

$$L(\theta)=\begin{cases}1, & \theta\leqslant x_{(1)}\leqslant x_{(n)}\leqslant\theta+1,\\ 0, & \text{其他。}\end{cases}$$

该似然函数在 θ 不超过 $x_{(1)}$ 或 θ 不小于 $x_{(n)}-1$ 时均可取到最大值，因此 $\hat{\theta}_1=x_{(1)}$ 和 $\hat{\theta}_2=x_{(n)}-1$ 都是 θ 的极大似然估计，另外，对于 $\forall\alpha\in(0,1)$，$\hat{\theta}_1$ 和 $\hat{\theta}_2$ 的线性组合

$$\hat{\theta}=\alpha\hat{\theta}_1+(1-\alpha)\hat{\theta}_2=\alpha x_{(1)}+(1-\alpha)(x_{(n)}-1)$$

都是 θ 的极大似然估计，可见参数的**极大似然估计不具有唯一性**。

对于某个总体的分布而言，设 $\hat{\theta}$ 是参数 θ 的极大似然估计，若 $g(\theta)$ 是定义在参数空间 $\Theta=\{\theta\}$ 上的函数，试问 $g(\hat{\theta})$ 是否是 $g(\theta)$ 的极大似然估计？答案是肯定的，下面不加证明地给出极大似然估计的不变原理。

定理 7.1.1（不变原理）　设 $\hat{\theta}$ 是某总体分布中参数 θ 的极大似然估计，则对于任意函数 $\gamma=g(\theta)$，$\theta\in\Theta$，γ 的极大似然估计为 $\hat{\gamma}_{MLE}=g(\hat{\theta})$。

该定理的条件非常宽泛，使得极大似然估计也有着广泛的应用。例 7.1.7 中若要求标准差 σ 的极大似然估计，则可直接利用不变原理和例 7.1.7 的结论，得到 σ 的极大似然估计值为 $\hat{\sigma}_{MLE}=\sqrt{\frac{1}{n}\sum_{i=1}^{n}(x_i-\bar{x})^2}$。

习题 7.1

1. 设总体 $X\sim B(1,p)$，求未知参数 p 的矩估计和极大似然估计。

2. 设总体 $X\sim U(\theta-1,\theta+1)$，求未知参数 θ 的矩估计和极大似然估计。

3. 设样本 $X_1,X_2,\cdots,X_n$ 为来自总体 X 的一个样本，已知 X 的概率密度函数为

$$f(x)=\begin{cases}\alpha x^{\alpha-1}, & 0<x<1,\\ 0, & \text{其他},\end{cases}$$

请给出参数 α 的矩估计量和极大似然估计量，并计算样本观测值为 0.69，0.71，0.72，0.70，0.71，0.69 时，参数 α 的估计值。

4. 设总体 X 具有概率密度函数

$$f(x,\mu,\sigma)=\begin{cases}\dfrac{1}{x\sigma\sqrt{2\pi}}e^{-\frac{1}{2\sigma^2}(\ln x-\mu)}, & x>0,\ \sigma>0,\\ 0, & \text{其他},\end{cases}$$

求未知参数 μ 和 σ^2 的极大似然估计。

7.2 估计量的优劣性

参数的点估计结果并不一定是唯一的，那么如何判断一个估计量的优劣呢？这就要涉及如何评价一个估计量的好坏。在这一节，主要介绍几种常用的评价标准，即无偏性、有效性和相合性。

7.2.1 无偏性

由于估计量是用于参数估计的统计量，因而估计量是随机变量。那么，自然就希望估计量的取值与参数的真实值越接近越好，首先介绍无偏性的相关定义。

定义 7.2.1（无偏性） 设 $\hat{\theta}=\hat{\theta}(X_1,X_2,\cdots,X_n)$ 是某总体分布中参数 θ 的估计量，若

$$E(\hat{\theta})=\theta,$$

则称 $\hat{\theta}$ 为参数 θ **无偏估计量**，简称**无偏估计**；否则，称之为**有偏估计**。

如果估计量 $\hat{\theta}$ 随着样本容量 n 的无限增大而趋于 θ 的真实值，记 $\hat{\theta}=\hat{\theta}_n$，有

$$\lim_{n\to\infty}E(\hat{\theta}_n)=\theta,$$

则称 $\hat{\theta}_n$ 为参数 θ 的**渐近无偏估计**。

例 7.2.1 设总体 X 的期望为 μ，方差为 σ^2，$(X_1,X_2,\cdots,X_n)$ 为总体 X 的样本，试证明：

（1）样本均值 $\overline{X}$ 是总体期望 μ 的无偏估计；

（2）样本方差 $S^2=\dfrac{1}{n-1}\sum\limits_{i=1}^{n}(X_i-\overline{X})^2$ 和估计量 $S_n^2=\dfrac{1}{n}\sum\limits_{i=1}^{n}(X_i-\overline{X})^2$ 分别是总体方差 σ^2 的无偏估计和渐近无偏估计。

证明：由于 $E(X)=\mu$，$D(X)=\sigma^2$，所以 $E(X_i)=\mu$，$D(X_i)=\sigma^2$，$i=1,2,\cdots n$。

(1) 由于

$$E(\overline{X})=E\left(\frac{1}{n}\sum_{i=1}^{n}X_i\right)=\frac{1}{n}\sum_{i=1}^{n}E(X_i)=\frac{1}{n}\sum_{i=1}^{n}\mu=\mu,$$

所以 $\overline{X}$ 是总体期望 μ 的无偏估计。

(2) 由于

$$\begin{aligned}
E(S^2)&=E\left(\frac{1}{n-1}\sum_{i=1}^{n}(X_i-\overline{X})^2\right)\\
&=\frac{1}{n-1}E\left(\sum_{i=1}^{n}(X_i^2-2X_i\overline{X}+(\overline{X})^2)\right)\\
&=\frac{1}{n-1}E\left(\sum_{i=1}^{n}X_i^2-2n(\overline{X})^2+n(\overline{X})^2\right)\\
&=\frac{1}{n-1}\left(\sum_{i=1}^{n}E(X_i^2)-nE((\overline{X})^2)\right)\\
&=\frac{1}{n-1}\left(\sum_{i=1}^{n}(\mu^2+\sigma^2)-n\left(\mu^2+\frac{\sigma^2}{n}\right)\right)\\
&=\frac{1}{n-1}((n-1)\sigma^2)=\sigma^2,
\end{aligned}$$

因此，样本方差 $S^2=\frac{1}{n-1}\sum_{i=1}^{n}(X_i-\overline{X})^2$ 是总体方差 σ^2 的无偏估计；

由于

$$E(S_n^2)=E\left(\frac{1}{n}\sum_{i=1}^{n}(X_i-\overline{X})^2\right)=\frac{n-1}{n}\sigma^2,$$

所以 $\lim\limits_{n\to\infty}E(S_n^2)=\sigma^2$，即估计量 $S_n^2=\frac{1}{n}\sum_{i=1}^{n}(X_i-\overline{X})^2$ 是总体方差 σ^2 的渐近无偏估计。

定义 7.2.2（可估参数） 如果参数 θ 存在无偏估计，则称此参数为**可估参数**。

可估参数 θ 的无偏估计有可能只有一个，也有可能有多个。在只有一个无偏估计时，没有选择的余地，在有多个无偏估计时，常用其方差作为进一步选择的指标，下面介绍有效性的定义。

7.2.2 有效性

定义 7.2.3（有效性） 设 $\hat{\theta}_1=\hat{\theta}_1(X_1,X_2,\cdots,X_n)$ 和 $\hat{\theta}_2=\hat{\theta}_2(X_1,$

$X_2,\cdots,X_n)$都是某总体分布中参数θ的无偏估计量，若

$$D(\hat{\theta}_1) \leqslant D(\hat{\theta}_2),$$

则称$\hat{\theta}_1$比$\hat{\theta}_2$有效。

例 7.2.2 设总体X的期望为μ，方差为σ^2，$(X_1,X_2,\cdots,X_n)$为总体X的样本，对总体期望μ的两个无偏估计$\hat{\mu}_1=\overline{X}$和$\hat{\mu}_2=X_1$，试分析$\hat{\mu}_1$和$\hat{\mu}_2$的有效性。

解：$\hat{\mu}_1$和$\hat{\mu}_2$的方差分别为

$$D(\hat{\mu}_1)=D(\overline{X})=\frac{\sigma^2}{n},\ D(\hat{\mu}_2)=D(X_1)=\sigma^2,$$

当$n\geqslant 2$时，$D(\hat{\mu}_1)<D(\hat{\mu}_2)$，$\hat{\mu}_1$比$\hat{\mu}_2$有效。

例 7.2.3 设总体X的期望为μ，方差为σ^2，$(X_1,X_2,\cdots,X_n)$为总体X的样本，令

$$\hat{\mu}=\sum_{i=1}^{n}\alpha_iX_i,\ 其中\ \alpha_i>0,\ i=1,2,\cdots,n,\ \sum_{i=1}^{n}\alpha_i=1,$$

试证明：

（1）$\hat{\mu}$是μ的无偏估计；

（2）当且仅当$\alpha_1=\alpha_2=\cdots=\alpha_n=\frac{1}{n}$，即$\hat{\mu}=\overline{X}$是$\mu$的最有效估计。

证明：（1）由于

$$E(\hat{\mu})=E\left(\sum_{i=1}^{n}\alpha_iX_i\right)=\sum_{i=1}^{n}E(\alpha_iX_i)=\sum_{i=1}^{n}\alpha_iE(X_i)$$
$$=\sum_{i=1}^{n}\alpha_iE(X)=\sum_{i=1}^{n}\alpha_i\mu=\mu\sum_{i=1}^{n}\alpha_i=\mu,$$

所以$\hat{\mu}$是μ的无偏估计。

（2）由于

$$D(\hat{\mu})=D\left(\sum_{i=1}^{n}\alpha_iX_i\right)=\sum_{i=1}^{n}D(\alpha_iX_i)=\sum_{i=1}^{n}\alpha_i^{\,2}D(X_i)$$
$$=\sum_{i=1}^{n}\alpha_i^{\,2}D(X)=\sum_{i=1}^{n}\alpha_i^{\,2}\sigma^2=\sigma^2\sum_{i=1}^{n}\alpha_i^{\,2},$$

当$\alpha_1=\alpha_2=\cdots=\alpha_n$时，

$$D(\hat{\mu})=D(\overline{X})=\frac{\sigma^2}{n},$$

根据柯西-施瓦茨不等式得

$\sum_{i=1}^{n}\alpha_n^2 \geqslant \frac{1}{n}\left(\sum_{i=1}^{n}\alpha_i\right)^2 = \frac{1}{n}$，当且仅当 $\alpha_1=\alpha_2=\cdots=\alpha_n$ 时取“=”，

所以 $D(\hat{\mu})=\sigma^2\sum_{i=1}^{n}\alpha_i{}^2 \geqslant \frac{\sigma^2}{n}=D(\overline{X})$，即 $\hat{\mu}=\overline{X}$ 是 μ 的最有效估计。

从这些例子可见，总体期望的无偏估计很多，但是样本均值是其中最有效的。同时，应避免仅仅使用部分样本数据去估计总体分布中的参数，以达到提高估计量有效性的目的。

7.2.3 相合性

前面介绍的无偏性和有效性都是在样本容量固定条件下提出的，然而，在样本容量固定的前提下估计量与参数的真实值之间的随机偏差总是存在的，而且不可避免。我们希望在样本容量不断增大时，估计量与参数的真实值之间的偏差发生的机会逐渐缩小。因此，下面将介绍相合性的定义。

定义 7.2.4（相合性） 设 $\hat{\theta}_n=\hat{\theta}(X_1,X_2,\cdots,X_n)$ 是某总体分布中参数 θ 的估计量，如果当 $n\to\infty$，$\hat{\theta}_n$ 依概率收敛于 θ，即对 $\forall\varepsilon>0$，有

$$\lim_{n\to\infty}P\{|\hat{\theta}_n-\theta|<\varepsilon\}=1,$$

则称 $\hat{\theta}_n$ 为参数 θ 的**相合估计**（**或一致估计**）。

例 7.2.4 试证明样本 k 阶矩 $A_k=\frac{1}{n}\sum_{i=1}^{n}X_i^k$ 是总体 k 阶矩 $\mu_k=E(X^k)$ 的相合估计。

证明： 根据大数定律，如果总体 k 阶矩 $\mu_k=E(X^k)$ 存在，则当 $n\to\infty$ 时，样本 k 阶矩 $A_k=\frac{1}{n}\sum_{i=1}^{n}X_i^k$ 依概率收敛于总体 k 阶矩 $\mu_k=E(X^k)$，即对 $\forall\varepsilon>0$，有

$$\lim_{n\to\infty}P\{|A_k-\mu_k|<\varepsilon\}=1。$$

因此，样本 k 阶矩 A_k 是总体 k 阶矩 μ_k 的相合估计。

习题 7.2

1. 设总体 X 的期望为 μ，方差为 σ^2，X_1，X_2，X_3 为来自总体 X 的样本，令

$$\hat{\mu}_1=\frac{1}{2}X_1+\frac{1}{4}X_2+\frac{1}{4}X_3,$$

$$\hat{\mu}_2=\frac{1}{3}X_1+\frac{1}{3}X_2+\frac{1}{3}X_3,$$

$$\hat{\mu}_3=\frac{1}{2}X_1+\frac{1}{3}X_2+\frac{1}{6}X_3,$$

试解决如下问题：

（1）证明$\hat{\mu}_1$，$\hat{\mu}_2$，$\hat{\mu}_3$都是期望μ的无偏估计；

（2）猜测$\hat{\mu}_1$，$\hat{\mu}_2$，$\hat{\mu}_3$中哪一个是最有效的估计，并给出理由。

2. 设总体$X\sim N(\mu,\sigma^2)$，$(X_1,X_2,\cdots,X_n)$为来自X的一个样本。当$n>1$时，试确定常数C，使得$C\sum_{i=1}^{n-1}(X_{i+1}-X_i)^2$为$\sigma^2$的无偏估计量。

3. 设总体X的期望为μ，方差为σ^2，$(X_1,X_2,\cdots,X_n)$为来自X的一个样本，试证明估计量

$$\hat{\mu}=\frac{2}{n(n+1)}\sum_{i=1}^{n}iX_i$$

是μ的无偏估计。

4. 设$\hat{\theta}_1$和$\hat{\theta}_2$是参数θ的两个无偏估计，且相互独立，方差分别为$D(\hat{\theta}_1)=\sigma_1^2$和$D(\hat{\theta}_2)=\sigma_2^2$，试解决如下问题：

（1）证明：对$\forall\alpha\in(0,1)$，使得$\hat{\theta}_\alpha=\alpha\hat{\theta}_1+(1-\alpha)\hat{\theta}_2$是$\theta$的无偏估计。

（2）确定α的值，使得$\hat{\theta}_\alpha$的方差最小。

7.3 单个正态总体参数的置信区间

在前两节我们讨论了参数的点估计，点估计的实质就是给出了参数的近似值，常用的参数估计方法还有区间估计。两种方法相互补充，各有用途。正态分布是实际应用最为重要和广泛存在的一种分布。因此在这一节，我们利用枢轴量法分别讨论正态总体$N(\mu,\sigma^2)$的均值μ和方差σ^2的置信区间。

7.3.1 置信区间与枢轴量法

在实际问题中，往往不仅需要给出参数的估计值，还需要估计出参数的范围，并给出这个范围包含参数真值的可信程度。而这种范围通常是以区间形式给出的，故称这种随机区间为置信区间，下面给出置信区间的定义及构造区间估计的枢轴量法。

1. 置信区间

定义7.3.1（置信区间）　设$(X_1,X_2,\cdots,X_n)$为来自总体X的一个样本，X的分布$p(x;\theta)$中含有未知参数θ，对给定的$\alpha\in(0,1)$，如果统计量$\hat{\theta}_1=\hat{\theta}_1(X_1,X_2,\cdots,X_n)$和$\hat{\theta}_2=\hat{\theta}_2(X_1,X_2,\cdots,X_n)$满足

$$P\{\hat{\theta}_1\leqslant\theta\leqslant\hat{\theta}_2\}=1-\alpha,$$

则称随机区间$[\hat{\theta}_1,\hat{\theta}_2]$为参数$\theta$的**置信度**（**或置信水平**）为$1-\alpha$的**置信区间**。

注1：由于置信度越大，置信区间覆盖参数的概率就越大，

但是不宜一味地追求高置信度的区间估计，置信度很高的区间估计一般没有任何用处（如人的平均身高在0~2m之间），因为这种区间估计不能给出有效信息。

注2：随机区间 $[\hat{\theta}_1,\hat{\theta}_2]$ 的平均长度 $E_\theta[\hat{\theta}_2-\hat{\theta}_1]$ 越短越好，因为平均长度越短，表示区间估计的精度越高。

2. 枢轴量法

构造未知参数 θ 的置信区间的一种常用的方法称为枢轴量法，其具体步骤如下：

（1）构造枢轴量：从 θ 的一个点估计 $\hat{\theta}$ 出发，构造一个 $\hat{\theta}$ 和 θ 的函数 $G(\hat{\theta},\theta)$，使得其分布已知，且分布与 θ 无关，通常称 $G(\hat{\theta},\theta)$ 为**枢轴量**。

（2）列概率表达式：选取适当的两个常数 c 和 d，使得对给定的 $\alpha\in(0,1)$ 有 $P\{c\leqslant G(\hat{\theta},\theta)\leqslant d\}=1-\alpha$。

（3）利用不等式运算，得到置信区间：若不等式 $c\leqslant G(\hat{\theta},\theta)\leqslant d$ 可等价变形为形如 $\hat{\theta}_1\leqslant\theta\leqslant\hat{\theta}_2$ 的不等式，则 $[\hat{\theta}_1,\hat{\theta}_2]$ 即为参数 θ 的置信度为 $1-\alpha$ 的置信区间。

7.3.2 均值的置信区间

设总体 $X\sim N(\mu,\sigma^2)$，$(X_1,X_2,\cdots,X_n)$ 为来自总体 X 的一个样本，下面分两种情况讨论均值 μ 的置信区间。

1. σ^2 已知时，μ 的置信区间

当 σ^2 已知时，可选取

$$U=\frac{\overline{X}-\mu}{\sigma/\sqrt{n}}\sim N(0,1)$$

作为枢轴量，再利用标准正态分布分位数即可得到 μ 的置信区间。考虑到正态分布的概率密度函数是单峰对称函数，若取对称区间，则可使置信区间的长度最短。如图7.3.1所示，选取标准正态分布的分位数 $u_{\alpha/2}$ 和 $u_{1-\alpha/2}$，由于 $u_{1-\alpha/2}=-u_{\alpha/2}$，则对于给定的置信度 $1-\alpha$，有

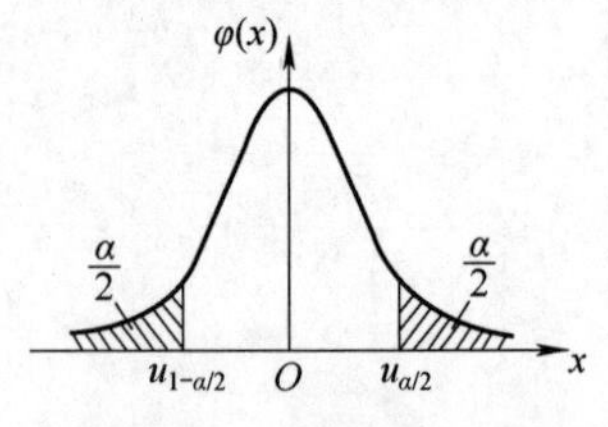

图7.3.1 标准正态分布的双侧分位数

$$P\{|U|\leqslant u_{\alpha/2}\}=1-\alpha,\tag{7.3.1}$$

由于式（7.3.1）等价于

$$P\left\{|\mu-\overline{X}|\leqslant\frac{\sigma}{\sqrt{n}}u_{\alpha/2}\right\}=1-\alpha,$$

因此，均值 μ 的置信度为 $1-\alpha$ 的置信区间为

$$\left[\overline{X}-\frac{\sigma}{\sqrt{n}}u_{\alpha/2},\ \overline{X}+\frac{\sigma}{\sqrt{n}}u_{\alpha/2}\right]。$$

2. σ^2 未知时，μ 的置信区间

当 σ^2 未知时，可选取

$$T=\frac{\overline{X}-\mu}{S/\sqrt{n}}\sim t(n-1)$$

作为枢轴量，再利用 t 分布分位数即可得到 μ 的置信区间。考虑到 t 分布与正态分布相似，其概率密度函数是单峰对称函数，取对称区间可使置信区间的长度最短。如图 7.3.2 所示，选取 t 分布的分位数 $t_{\alpha/2}(n-1)$ 和 $t_{1-\alpha/2}(n-1)$，由于 $t_{1-\alpha/2}(n-1)=-t_{\alpha/2}(n-1)$，则对于给定的置信度 $1-\alpha$，有

$$P\{|T|\leqslant t_{\alpha/2}(n-1)\}=1-\alpha,\tag{7.3.2}$$

由于 $t_{1-\alpha/2}(n-1)=-t_{\alpha/2}(n-1)$，所以式（7.3.2）等价于

$$P\left\{|\mu-\overline{X}|\leqslant\frac{S}{\sqrt{n}}t_{\alpha/2}(n-1)\right\}=1-\alpha,$$

因此，均值 μ 的置信度为 $1-\alpha$ 的置信区间为

$$\left[\overline{X}-\frac{S}{\sqrt{n}}t_{\alpha/2}(n-1),\ \overline{X}+\frac{S}{\sqrt{n}}t_{\alpha/2}(n-1)\right]。$$

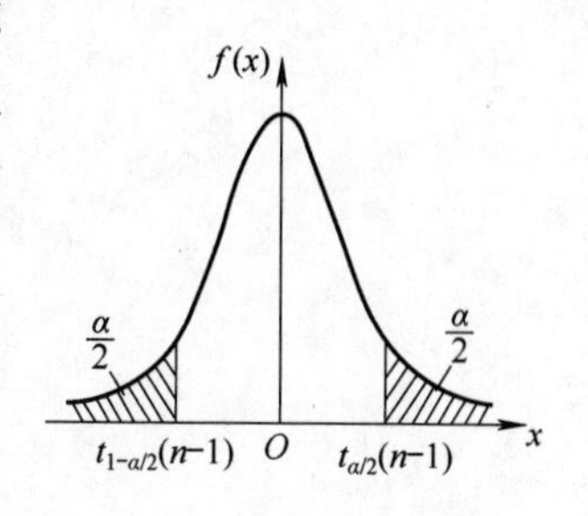

图 7.3.2　t 分布的双侧分位数

例 7.3.1　某厂用自动包装机包装食盐，每袋净重 $X\sim N(\mu,5^2)$，现随机抽取 9 袋，测得 9 袋食盐总净重为 1350g，试求总体均值 μ 的置信度为 90%的置信区间。

解：由于总体方差已知，所以均值 μ 的置信度为 $1-\alpha$ 的置信区间为

$$\left[\overline{X}-\frac{\sigma}{\sqrt{n}}u_{\alpha/2},\ \overline{X}+\frac{\sigma}{\sqrt{n}}u_{\alpha/2}\right],$$

设每袋盐的净重为 x_ig，$i=1,2,\cdots,9$，则由题可知样本均值 $\overline{x}=\frac{1}{9}\sum_{i=1}^{9}x_i=150$，总体标准差 $\sigma=5$。

当置信度 $1-\alpha=0.9$ 时，$\frac{\alpha}{2}=0.05$，$u_{\alpha/2}=u_{0.05}=1.6449$，代入数据得到均值 μ 的置信度为 90% 的置信区间为［147.2585，152.7415］。

例 7.3.2　假定某型号新能汽车续航时间服从正态分布 $N(\mu,\sigma^2)$，现随机抽取 16 辆汽车进行测试，得到总续航里程为 2160km，样本标准差为 10km，试求参数 μ 的置信度为 95%的置信区间。

解：因为总体方差 σ^2 未知，所以总体均值 μ 的置信度为 1-α 的置信区间为

$$\left[\overline{X}-\frac{S}{\sqrt{n}}t_{\alpha/2}(n-1),\ \overline{X}+\frac{S}{\sqrt{n}}t_{\alpha/2}(n-1)\right],$$

设每辆汽车的续航里程为 $x_i$km，$i=1,2,\cdots,16$，由题可知样本均值 $\bar{x}=\frac{1}{16}\sum_{i=1}^{16}x_i=135$，样本标准差 $s=10$。

当置信度 $1-\alpha=0.95$，$\alpha=0.05$ 时，$t_{\alpha/2}(n-1)=t_{0.025}(15)=2.1314$，故总体均值 μ 的置信度为95%的置信区间为［129.6715，140.3285］。

7.3.3 方差的置信区间

1. μ 未知时，σ^2 的置信区间

当 μ 未知时，可选取

$$\chi^2=\frac{n-1}{\sigma^2}S^2=\frac{1}{\sigma^2}\sum_{i=1}^{n}(X_i-\overline{X})^2\sim\chi^2(n-1)$$

作为枢轴量，由于 χ^2 分布是偏态分布，寻求长度最短的 1-α 置信区间比较困难，在实务中通常构造等尾的 1-α 置信区间，如图 7.3.3 所示，选取 χ^2 分布的 1-α/2 分位数和 α/2 分位数，使得

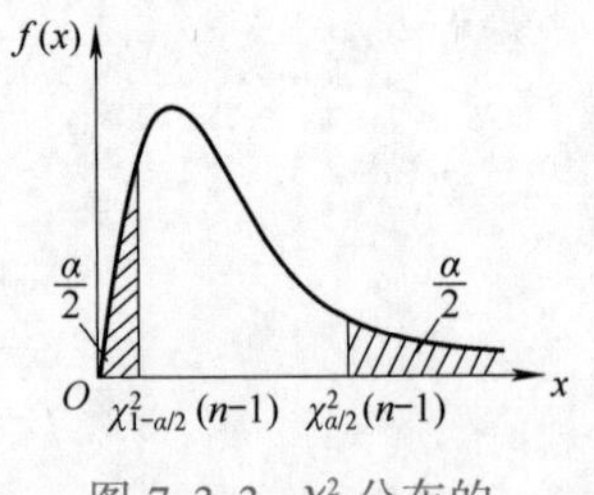

图 7.3.3 χ^2 分布的双侧分位数

$$P\{\chi^2_{1-\alpha/2}(n-1)\leqslant\chi^2\leqslant\chi^2_{\alpha/2}(n-1)\}=1-\alpha,\quad(7.3.3)$$

式（7.3.3）等价于

$$P\left\{\frac{(n-1)S^2}{\chi^2_{\alpha/2}(n-1)}\leqslant\sigma^2\leqslant\frac{(n-1)S^2}{\chi^2_{1-\alpha/2}(n-1)}\right\}=1-\alpha,$$

因此，μ 的置信度为 1-α 的置信区间为

$$\left[\frac{(n-1)S^2}{\chi^2_{\alpha/2}(n-1)},\frac{(n-1)S^2}{\chi^2_{1-\alpha/2}(n-1)}\right]。$$

2. μ 已知时，σ^2 的置信区间

当 μ 已知时，类似地可选取

$$\chi^2=\frac{1}{\sigma^2}\sum_{i=1}^{n}(X_i-\mu)^2\sim\chi^2(n)$$

作为枢轴量，使用枢轴量法可得到相应的 σ^2 的置信区间为

$$\left[\frac{\sum_{i=1}^{n}(X_i-\mu)^2}{\chi^2_{\alpha/2}(n)},\ \frac{\sum_{i=1}^{n}(X_i-\mu)^2}{\chi^2_{1-\alpha/2}(n)}\right]。$$

例 7.3.3 使用金属球测定引力常量（单位：10^{-11}N·m^2·kg^{-2}），测得其值如下：

6.0661，6.6760，6.6780，6.6690，6.6680，6.6670

设测定值服从 $N(\mu,\sigma^2)$，试求方差 σ^2 的置信度为 95% 的置信区间。

解：因为总体期望 μ 未知，所以总体方差 σ^2 的置信度为 $1-\alpha$ 的置信区间为

$$\left[\frac{(n-1)S^2}{\chi^2_{\alpha/2}(n-1)},\frac{(n-1)S^2}{\chi^2_{1-\alpha/2}(n-1)}\right],$$

由题可知样本均值 $\bar{x}=\frac{1}{6}\sum_{i=1}^{6}x_i=6.5707$，样本方差 $s^2=0.0611$。

当置信度 $1-\alpha=0.95$，$\alpha=0.05$ 时，

$\chi^2_{1-\alpha/2}(n-1)=\chi^2_{0.975}(5)=0.831$，$\chi^2_{\alpha/2}(n-1)=\chi^2_{0.025}(5)=12.833$，

故总体方差 σ^2 的置信度为95%的置信区间为 $[0.0238,\ 0.3678]$。

例 7.3.4　设 $X_1,X_2,\cdots,X_n$ 是来自正态总体 $X\sim N(0,\sigma^2)$ 的一个样本，寻求方差 σ^2 的置信度为 $1-\alpha$ 的置信区间。

解：该问题属于期望已知时，方差的区间估计。选择枢轴量

$$\chi^2=\frac{1}{\sigma^2}\sum_{i=1}^{n}(X_i-\mu)^2,$$

由于 $\frac{X_i-\mu}{\sigma}\sim N(0,1)$，因此 $\sum_{i=1}^{n}\left(\frac{X_i-\mu}{\sigma}\right)^2\sim\chi^2(n)$。则对于置信区间 $1-\alpha$ 有

$$P\{\chi^2_{1-\alpha/2}(n)\leqslant\chi^2\leqslant\chi^2_{\alpha/2}(n)\}=1-\alpha,$$

解不等式得到参数 σ^2 的置信度为 $1-\alpha$ 的置信区间为

$$\left[\frac{\sum_{i=1}^{n}(X_i-\mu)^2}{\chi^2_{\alpha/2}(n)},\frac{\sum_{i=1}^{n}(X_i-\mu)^2}{\chi^2_{1-\alpha/2}(n)}\right]。$$

根据前面的介绍，将单个正态总体参数的置信区间归纳于表 7.3.1。

表 7.3.1　单个正态总体参数的置信区间

待估参数	条　件	枢 轴 量	置 信 区 间
μ	σ^2 已知	$U=\frac{\bar{X}-\mu}{\sigma/\sqrt{n}}\sim N(0,1)$	$\left[\bar{X}-\frac{\sigma}{\sqrt{n}}u_{\alpha/2},\ \bar{X}+\frac{\sigma}{\sqrt{n}}u_{\alpha/2}\right]$
	σ^2 未知	$T=\frac{\bar{X}-\mu}{S/\sqrt{n}}\sim t(n-1)$	$\left[\bar{X}-\frac{S}{\sqrt{n}}t_{\alpha/2}(n-1),\ \bar{X}+\frac{S}{\sqrt{n}}t_{\alpha/2}(n-1)\right]$
σ^2	μ 未知	$\chi^2=\frac{n-1}{\sigma^2}S^2\sim\chi^2(n-1)$	$\left[\frac{(n-1)S^2}{\chi^2_{\alpha/2}(n-1)},\frac{(n-1)S^2}{\chi^2_{1-\alpha/2}(n-1)}\right]$
	μ 已知	$\chi^2=\frac{1}{\sigma^2}\sum_{i=1}^{n}(X_i-\mu)^2\sim\chi^2(n)$	$\left[\frac{\sum_{i=1}^{n}(X_i-\mu)^2}{\chi^2_{\alpha/2}(n)},\frac{\sum_{i=1}^{n}(X_i-\mu)^2}{\chi^2_{1-\alpha/2}(n)}\right]$

习题 7.3

1. 用仪器间接测量炉子的温度，其测量值 X 服从正态分布 $N(\mu,\sigma^2)$，现重复测量 5 次，结果（单位:℃）为

1250，1265，1245，1260，1275

求总体期望 μ 的置信度 95%的置信区间。

2. 随机地从一批设备元件中抽取了一个样本，测得其直径（单位：cm）为

2.14，2.10，2.13，2.15，2.13，2.12，2.13，2.10，2.15，2.12，2.14，2.10，2.13，2.11，2.14，2.11

设元件直径 $X\sim N(\mu,\sigma^2)$，分别在以下两个条件下求 μ 的置信度为 90%的置信区间：

（1）$\sigma^2=10^{-2}$；

（2）σ^2 未知。

3. 已知维尼纶纤度在正常条件下服从正态分布，期望为 1.4，从某天产品中抽取一个样本，测得其纤维度为

1.32，1.55，1.36，1.40，1.44，1.36，1.52，1.38，1.45

请根据以上数据，计算方差的置信度为 95%的置信区间。

4. 设总体 $X\sim N(\mu,\sigma^2)$，方差 σ^2 已知，试确定样本容量至少为多少时，μ 的置信度为 $1-\alpha$ 的置信区间的长度不超过 L。

7.4 两个正态总体参数的置信区间

前面已经介绍了单个正态总体参数的区间估计，在这一节，将介绍两个总体参数的区间估计，基本的问题为两个总体的均值差和方差比的区间估计。设总体 $X\sim N(\mu_1,\sigma_1^2)$ 与总体 $Y\sim N(\mu_2,\sigma_2^2)$ 相互独立，$(X_1,X_2,\cdots,X_{n_1})$ 和 $(Y_1,Y_2,\cdots,Y_{n_2})$ 分别为来自 X 和 Y 的样本，记两个样本均值分别为 $\overline{X}$ 和 $\overline{Y}$，样本方差分别为 S_1^2 和 S_2^2。下面分别讨论均值差 $\mu_1-\mu_2$ 和方差比 σ_1^2/σ_2^2 的区间估计。

7.4.1 均值差的置信区间

1. 方差 σ_1^2，σ_2^2 已知时，$\mu_1-\mu_2$ 的置信区间

方差 σ_1^2，σ_2^2 已知时，根据正态分布与样本的性质可知 $\overline{X}-\overline{Y}\sim N\left(\mu_1-\mu_2,\frac{\sigma_1^2}{n_1}+\frac{\sigma_2^2}{n_2}\right)$，因此，求 $\mu_1-\mu_2$ 的置信区间的方法与单个正态总体方差已知时求期望的置信区间相似。只需要选择

$$U=\frac{(\overline{X}-\overline{Y})-(\mu_1-\mu_2)}{\sqrt{\frac{\sigma_1^2}{n_1}+\frac{\sigma_2^2}{n_2}}}\sim N(0,1)$$

作为枢轴量，对于给定的置信度 $1-\alpha$，有

$$P\{|U|\leqslant u_{\alpha/2}\}=1-\alpha,$$

即

$$P\left\{|(\mu_1-\mu_2)-(\overline{X}-\overline{Y})|\leqslant u_{\alpha/2}\sqrt{\frac{\sigma_1^2}{n_1}+\frac{\sigma_2^2}{n_2}}\right\}=1-\alpha,$$

因此，均值$\mu_1-\mu_2$的置信度为$1-\alpha$的置信区间为

$$\left[(\overline{X}-\overline{Y})-u_{\alpha/2}\sqrt{\frac{\sigma_1^2}{n_1}+\frac{\sigma_2^2}{n_2}},\ (\overline{X}-\overline{Y})+u_{\alpha/2}\sqrt{\frac{\sigma_1^2}{n_1}+\frac{\sigma_2^2}{n_2}}\right]。$$

2. 方差$\sigma_1^2=\sigma_2^2=\sigma^2$（未知）时，$\mu_1-\mu_2$的置信区间

由于当$\sigma_1^2=\sigma_2^2=\sigma^2$时，

$$T=\frac{(\overline{X}-\overline{Y})-(\mu_1-\mu_2)}{S_w\sqrt{\frac{1}{n_1}+\frac{1}{n_2}}}\sim t(n_1+n_2-2),\qquad(7.4.1)$$

其中，$S_w=\sqrt{\frac{(n_1-1)S_1^2+(n_2-1)S_2^2}{n_1+n_2-2}}$。因此，求$\mu_1-\mu_2$的置信区间与单个正态总体方差未知时期望的置信区间相似。只需要选择式（7.4.1）中的T作为枢轴量，对于给定的置信度$1-\alpha$，有

$$P\{|T|\leqslant t_{\alpha/2}(n_1+n_2-2)\}=1-\alpha,$$

即

$$P\left\{|(\mu_1-\mu_2)-(\overline{X}-\overline{Y})|\leqslant S_w\sqrt{\frac{1}{n_1}+\frac{1}{n_2}}t_{\alpha/2}(n_1+n_2-2)\right\}=1-\alpha,$$

因此，均值差$\mu_1-\mu_2$的置信度为$1-\alpha$的置信区间为

$$\left[(\overline{X}-\overline{Y})-S_w\sqrt{\frac{1}{n_1}+\frac{1}{n_2}}t_{\alpha/2}(n_1+n_2-2),\right.$$
$$\left.(\overline{X}-\overline{Y})+S_w\sqrt{\frac{1}{n_1}+\frac{1}{n_2}}t_{\alpha/2}(n_1+n_2-2)\right]。$$

3. 方差σ_1^2，σ_2^2未知且$\sigma_1^2\neq\sigma_2^2$时，$\mu_1-\mu_2$的置信区间

若$\sigma_1^2\neq\sigma_2^2$，则可利用当n_1和n_2充分大时，

$$U=\frac{(\overline{X}-\overline{Y})-(\mu_1-\mu_2)}{\sqrt{\frac{S_1^2}{n_1}+\frac{S_2^2}{n_2}}}\overset{\text{近似}}{\sim}N(0,1),$$

使用枢轴量法，对于给定的置信度$1-\alpha$，有

$$P\{|U|\leqslant u_{\alpha/2}\}=1-\alpha,$$

即

$$P\left\{|(\mu_1-\mu_2)-(\overline{X}-\overline{Y})|\leqslant u_{\alpha/2}\sqrt{\frac{S_1^2}{n_1}+\frac{S_2^2}{n_2}}\right\}=1-\alpha,$$

因此，$\mu_1-\mu_2$的置信度为$1-\alpha$的近似置信区间为

$$\left[(\overline{X}-\overline{Y})-u_{\alpha/2}\sqrt{\frac{S_1^2}{n_1}+\frac{S_2^2}{n_2}},\ (\overline{X}-\overline{Y})+u_{\alpha/2}\sqrt{\frac{S_1^2}{n_1}+\frac{S_2^2}{n_2}}\right]。$$

例 7.4.1 某种飞机上用的铝制加强杆有两种类型，它们的抗拉强度（kg/mm²）都服从正态分布。由生产过程知其标准差分别为 1.2 与 1.5。现要求两类加强杆的平均抗拉强度均值之差的 99% 置信区间，使置信区间长度不超过 2.5kg/mm² 需要多少样本量。

解：由于问题属于两个正态总体均值差的区间估计（方差均已知），所以均值差 $\mu_1-\mu_2$ 的置信度为 $1-\alpha$ 的置信区间为

$$\left((\overline{X}-\overline{Y})-u_{\alpha/2}\sqrt{\frac{{\sigma_1}^2}{n_1}+\frac{{\sigma_2}^2}{n_2}},\ (\overline{X}-\overline{Y})+u_{\alpha/2}\sqrt{\frac{{\sigma_1}^2}{n_1}+\frac{{\sigma_2}^2}{n_2}}\right),$$

区间长度为

$$d=2u_{\alpha/2}\sqrt{\frac{{\sigma_1}^2}{n_1}+\frac{{\sigma_2}^2}{n_2}}\leqslant d_0,$$

其中

$$\begin{cases} n_1=n_2=n, \\ {\sigma_1}^2=1.2,\quad {\sigma_2}^2=1.5, \\ d_0=2.5, \\ u_{0.005}=2.5758, \end{cases}$$

解得样本容量 $n\geqslant\frac{4\ ({\sigma_1}^2+{\sigma_2}^2)}{{d_0}^2}u_{\alpha/2}^2=11.4648$，因此样本容量最小为 12。

例 7.4.2 从两台切断机所截下的坯料（长度服从正态分布）中分别抽取 8 个和 9 个产品，测得长度如下（单位：mm）：

甲：$X\sim N(\mu_1,\sigma^2)$ 观测值：

150，145，152，155，148，151，152，148

乙：$Y\sim N(\mu_2,\sigma^2)$ 观测值：

152，150，148，152，150，150，148，151，148

试求两个总体均值差 $\mu_1-\mu_2$ 的 95% 的置信区间。

解：两个总体的方差相等时，均值差 $\mu_1-\mu_2$ 的置信度为 $1-\alpha$ 的置信区间为

$$\left[(\overline{X}-\overline{Y})-S_w\sqrt{\frac{1}{n_1}+\frac{1}{n_2}}t_{\alpha/2}(n_1+n_2-2),\right.$$
$$\left.(\overline{X}-\overline{Y})+S_w\sqrt{\frac{1}{n_1}+\frac{1}{n_2}}t_{\alpha/2}(n_1+n_2-2)\right],$$

由题目数据计算可得

$$\overline{x}=150.1250,\ \overline{y}=149.8889,$$

$$s_1^2=3.0909,\ s_2^2=1.6159,\ s_w=\sqrt{\frac{(n_1-1)s_1^2+(n_2-1)s_2^2}{n_1+n_2-2}}=2.4189,$$

又 $1-\alpha=0.95$，即 $\frac{\alpha}{2}=0.025$，查表可知 $t_{\alpha/2}(n_1+n_2-2)=t_{0.025}(15)=2.1314$，则均值差 $\mu_1-\mu_2$ 的置信度为 $1-\alpha$ 的置信区间为 $[0.9392, 1.4115]$。

7.4.2 方差比的置信区间

1. 期望 μ_1，μ_2 未知时，σ_1^2/σ_2^2 的置信区间

若 μ_1，μ_2 未知，则可选择

$$F=\frac{S_1^2/S_2^2}{\sigma_1^2/\sigma_2^2}\sim F(n_1-1,n_2-1)$$

作为枢轴量，对于给定的置信度 $1-\alpha$，如图 7.4.1 所示，选取 F 分布的 $1-\alpha/2$ 分位数和 $\alpha/2$ 分位数，

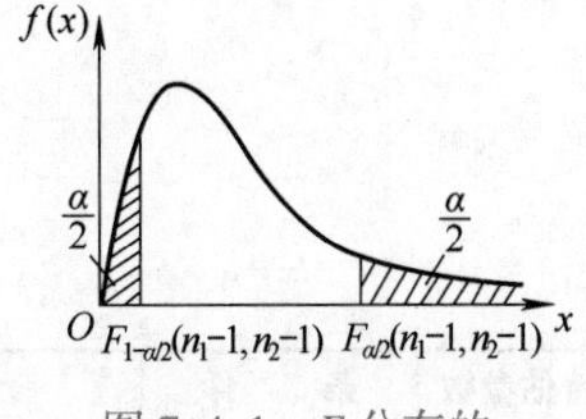

图 7.4.1　F 分布的双侧分位数

使得

$$P\{F_{1-\alpha/2}(n_1-1,\ n_2-1)\leqslant F\leqslant F_{\alpha/2}(n_1-1,\ n_2-1)\}=1-\alpha,$$

即

$$P\left\{\frac{S_1^2/S_2^2}{F_{\alpha/2}(n_1-1,\ n_2-1)}\leqslant\frac{\sigma_1^2}{\sigma_2^2}\leqslant\frac{S_1^2/S_2^2}{F_{1-\alpha/2}(n_1-1,\ n_2-1)}\right\}=1-\alpha,$$

因此，σ_1^2/σ_2^2 的置信度为 $1-\alpha$ 的置信区间为

$$\left[\frac{S_1^2/S_2^2}{F_{\alpha/2}(n_1-1,\ n_2-1)},\ \frac{S_1^2/S_2^2}{F_{1-\alpha/2}(n_1-1,\ n_2-1)}\right]。$$

2. 期望 μ_1，μ_2 已知时，σ_1^2/σ_2^2 的置信区间

当 μ_1，μ_2 未知时，则可选择

$$F=\frac{n_2\sigma_2^2\sum_{i=1}^{n_1}(X_i-\mu_1)^2}{n_1\sigma_1^2\sum_{i=1}^{n_2}(Y_i-\mu_2)^2}\sim F(n_1,n_2)$$

作为枢轴量，类似地，可得到 σ_1^2/σ_2^2 置信度为 $1-\alpha$ 的置信区间为

$$\left[\frac{\frac{1}{n_1}\sum_{i=1}^{n_1}(X_i-\mu_1)^2}{\frac{1}{n_2}\sum_{i=1}^{n_2}(Y_i-\mu_2)^2}\frac{1}{F_{\alpha/2}(n_1,\ n_2)},\ \frac{\frac{1}{n_1}\sum_{i=1}^{n_1}(X_i-\mu_1)^2}{\frac{1}{n_2}\sum_{i=1}^{n_2}(Y_i-\mu_2)^2}\frac{1}{F_{1-\alpha/2}(n_1,\ n_2)}\right]。$$

例 7.4.3　甲、乙两台机床分别加工某种机械轴，轴的直径分别服从正态分布 $N(\mu_1,\sigma_1^2)$ 与 $N(\mu_2,\sigma_2^2)$。为了比较两台机床所生产的机械轴的加工精度的稳定性，从各自加工的轴中分别抽取若干根测得其直径（单位：mm），结果如下：

甲机床：20.5，19.8，19.7，20.4，20.1，20.0，19.0，19.9

乙机床：20.7，19.8，19.5，20.8，20.4，19.6，20.2

试根据以上信息给出两个总体方差比 σ_1^2/σ_2^2 的 90%置信区间。

解：期望 μ_1，μ_2 未知时，σ_1^2/σ_2^2 的 $1-\alpha$ 置信区间为

$$\left[\frac{S_1^2/S_2^2}{F_{\alpha/2}(n_1-1,\ n_2-1)},\ \frac{S_1^2/S_2^2}{F_{1-\alpha/2}(n_1-1,\ n_2-1)}\right],$$

根据题目数据计算可得

$$n_1=8,\ \bar{x}=19.9250,\ s_1=0.2164,\ n_2=7,\ \bar{y}=20.1429,\ s_2=0.2729,$$

查表可得

$$F_{\alpha/2}(n_1-1,n_2-1)=F_{0.05}(7,6)=4.21,\ F_{1-\alpha/2}(n_1-1,n_2-1)=F_{0.95}(7,6)=0.2587,$$

因此，方差比 σ_1^2/σ_2^2 的 90%置信区间为［0.1884，3.0661］。

根据前面的介绍，将两个正态总体参数的置信区间归纳于表 7.4.1。

表 7.4.1 两个正态总体参数的置信区间

待估参数	条　件	枢 轴 量	置 信 区 间
$\mu_1-\mu_2$	σ_1^2，σ_2^2 已知	$U=\dfrac{(\overline{X}-\overline{Y})-(\mu_1-\mu_2)}{\sqrt{\dfrac{\sigma_1^2}{n_1}+\dfrac{\sigma_2^2}{n_2}}}\sim N(0,1)$	$\left[(\overline{X}-\overline{Y})-u_{\alpha/2}\sqrt{\dfrac{\sigma_1^2}{n_1}+\dfrac{\sigma_2^2}{n_2}},(\overline{X}-\overline{Y})+u_{\alpha/2}\sqrt{\dfrac{\sigma_1^2}{n_1}+\dfrac{\sigma_2^2}{n_2}}\right]$
	$\sigma_1^2=\sigma_2^2=\sigma^2$（未知）	$T=\dfrac{(\overline{X}-\overline{Y})-(\mu_1-\mu_2)}{S_w\sqrt{\dfrac{1}{n_1}+\dfrac{1}{n_2}}}\sim t(n_1+n_2-2)$ $S_w=\sqrt{\dfrac{(n_1-1)S_1^2+(n_2-1)S_2^2}{n_1+n_2-2}}$	$\left[(\overline{X}-\overline{Y})-S_w\sqrt{\dfrac{1}{n_1}+\dfrac{1}{n_2}}t_{\alpha/2}(n_1+n_2-2),\right.$ $\left.(\overline{X}-\overline{Y})+S_w\sqrt{\dfrac{1}{n_1}+\dfrac{1}{n_2}}t_{\alpha/2}(n_1+n_2-2)\right]$
	σ_1^2，σ_2^2 未知且 $\sigma_1^2\neq\sigma_2^2$	$U=\dfrac{(\overline{X}-\overline{Y})-(\mu_1-\mu_2)}{\sqrt{\dfrac{S_1^2}{n_1}+\dfrac{S_2^2}{n_2}}}\overset{\text{近似}}{\sim}N(0,1)$ n_1 和 n_2 充分大	$\left[(\overline{X}-\overline{Y})-u_{\alpha/2}\sqrt{\dfrac{S_1^2}{n_1}+\dfrac{S_2^2}{n_2}},\right.$ $\left.(\overline{X}-\overline{Y})+u_{\alpha/2}\sqrt{\dfrac{S_1^2}{n_1}+\dfrac{S_2^2}{n_2}}\right]$
$\dfrac{\sigma_1^2}{\sigma_2^2}$	μ_1，μ_2 未知	$F=\dfrac{S_1^2/S_2^2}{\sigma_1^2/\sigma_2^2}\sim F(n_1-1,\ n_2-1)$	$\left[\dfrac{S_1^2/S_2^2}{F_{\alpha/2}(n_1-1,\ n_2-1)},\dfrac{S_1^2/S_2^2}{F_{1-\alpha/2}(n_1-1,\ n_2-1)}\right]$
	μ_1，μ_2 已知	$F=\dfrac{n_2\sigma_2^2\sum_{i=1}^{n_1}(X_i-\mu_1)^2}{n_1\sigma_1^2\sum_{i=1}^{n_2}(Y_i-\mu_2)^2}\sim F(n_1,n_2)$	$\left[\dfrac{\frac{1}{n_1}\sum_{i=1}^{n_1}(X_i-\mu_1)^2}{\frac{1}{n_2}\sum_{i=1}^{n_2}(Y_i-\mu_2)^2}\dfrac{1}{F_{\alpha/2}(n_1,n_2)},\right.$ $\left.\dfrac{\frac{1}{n_1}\sum_{i=1}^{n_1}(X_i-\mu_1)^2}{\frac{1}{n_2}\sum_{i=1}^{n_2}(Y_i-\mu_2)^2}\dfrac{1}{F_{1-\alpha/2}(n_1,n_2)}\right]$

习题 7.4

1. 考察两种不同的设备生产的工件的直径，各自抽取一个样本进行观测，其样本容量、样本均值和样本方差分别为

$$n_1=15,\ \bar{x}=8.73,\ s_1^2=0.35,$$

$$n_2=17,\ \bar{y}=8.68,\ s_2^2=0.40,$$

已知两个样本来自方差相等的正态总体，试给出平均直径差的 95%置信区间。

2. 从某地随机选取男女各 100 名，以估计男女平均身高之差，测量并计算的男子身高的样本均值为 1.71m，样本标准差为 0.35m，女子身高的样本均值为 1.67m，样本标准差为 0.038m，假定男女身高均服从正态分布，试求男女身高平均值之差的置信度为 0.95 的置信区间。

3. 有两位化验员 A，B，他们独立地对某种聚合物的含氯量用相同的方法各做了 10 次测定，其方差的测定值分别为 $s_A^2=0.5419$，$s_B^2=0.6065$，设 σ_A^2 与 σ_B^2 分别为 A，B 所测量数据总体（设为正态分布）的方差。求方差比 σ_A^2/σ_B^2 的 95%置信区间。

7.5 单侧置信区间

前面讨论的区间估计问题都属于双侧置信区间，然而在一些实际问题中，人们往往只关心未知参数的上限或下限。例如，某种新型电池的放电时间，人们总希望电池的放电时间越长越好，这时平均放电时间的下限就是一个重要指标。又如，研究产品的次品率问题时，人们总希望次品率越低越好，这时产品的平均次品率的上限便是一个重要的指标。这些问题都可以归结为寻求未知参数的单侧置信区间问题。

7.5.1 单侧置信区间的概念

定义 7.5.1　设$(X_1,X_2,\cdots,X_n)$为来自总体 X 的一个样本，X 的分布中含有未知参数 θ，对给定的 $\alpha\in(0,1)$，如果统计量 $\hat{\theta}_L=\hat{\theta}_L(X_1,X_2,\cdots,X_n)$满足

$$P\{\hat{\theta}_L\leqslant\theta\}=1-\alpha,$$

则称 $\hat{\theta}_L$ 为参数 θ 的**单侧置信下限**。又，如果统计量 $\hat{\theta}_U=\hat{\theta}_U(X_1,X_2,\cdots,X_n)$满足

$$P\{\theta\leqslant\hat{\theta}_U\}=1-\alpha,$$

则称 $\hat{\theta}_U$ 为参数 θ 的**单侧置信上限**，称随机区间$[\hat{\theta}_L,+\infty)$和$(-\infty,\hat{\theta}_U]$为参数 θ 的置信度为 $1-\alpha$ 的**单侧置信区间**。

容易看出，单侧置信下限与单侧置信上限都是置信区间的特

殊情况，其寻求方法也是类似，同样可以采用枢轴量法来解决。

7.5.2 单侧置信区间的估计

设总体 $X \sim N(\mu,\sigma^2)$，$(X_1,X_2,\cdots,X_n)$ 为来自总体 X 的一个样本，下面分两种情况讨论均值 μ 的单侧置信区间。

1. σ^2 已知时，μ 的单侧置信区间

当 σ^2 已知时，可选取

$$U = \frac{\overline{X} - \mu}{\sigma / \sqrt{n}} \sim N(0,1)$$

作为枢轴量，再利用标准正态分布分位数即可得到 μ 的置信区间。如图 7.5.1 所示，分别选取标准正态分布的分位数 u_α 和 $u_{1-\alpha}$ 给出参数 μ 的 $1-\alpha$ 单侧置信下限和单侧置信上限。

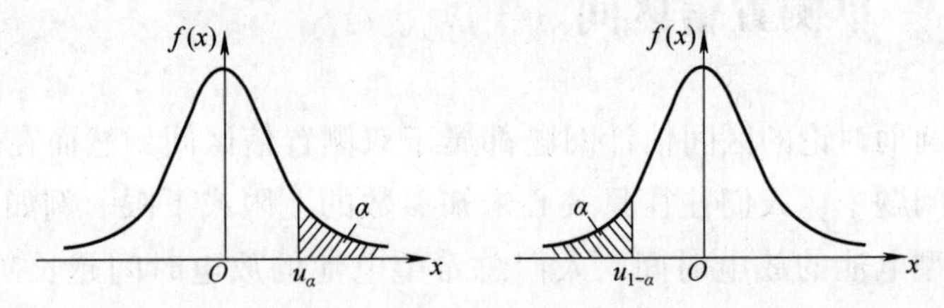

图 7.5.1 标准正态分布的单侧分位数

根据分位数的定义有 $u_{1-\alpha}=-u_\alpha$，因此，可分别列概率表达式

$$P\{U \leqslant u_\alpha\} = 1 - \alpha \text{ 和 } P\{U \geqslant -u_\alpha\} = 1 - \alpha,$$

解得参数 μ 的单侧置信下限 $\hat{\mu}_L = \overline{X} - \dfrac{\sigma}{\sqrt{n}}u_\alpha$，单侧置信上限为 $\hat{\mu}_U = \overline{X} + \dfrac{\sigma}{\sqrt{n}}u_\alpha$。

2. σ^2 未知时，μ 的单侧置信区间

当 σ^2 未知时，可选取

$$T = \frac{\overline{X} - \mu}{S / \sqrt{n}} \sim t(n-1)$$

作为枢轴量，再利用 t 分布分位数即可得到 μ 的置信区间。考虑到 t 分布与正态分布相似，此时 μ 的单侧置信区间与 σ^2 已知时类似。对于给定的置信度 $1-\alpha$，有

$$P\{T \leqslant t_\alpha(n-1)\} = 1 - \alpha \text{ 和 } P\{T \geqslant -t_\alpha(n-1)\} = 1 - \alpha,$$

解得参数 μ 的单侧置信下限 $\hat{\mu}_L = \overline{X} - \dfrac{S}{\sqrt{n}}t_\alpha(n-1)$，单侧置信上限为 $\hat{\mu}_U = \overline{X} + \dfrac{S}{\sqrt{n}}t_\alpha(n-1)$。

例 7.5.1　从某厂家生产的一批新型电池中随机抽取 5 组观测其放电时间，观测数据如下（单位：h）

1050，1100，1120，1250，1280

假定这些电池的放电时间 $X \sim N(\mu,\sigma^2)$，求参数 μ 的 95%单侧置信下限。

解：参数 μ 的 $1-\alpha$ 单侧置信下限 $\hat{\mu}_L = \overline{X} - \frac{S}{\sqrt{n}}t_\alpha(n-1)$，根据题目数据计算可得

$n=5$，$\overline{x}=1160$，$s=99.75$，$t_\alpha(n-1)=t_{0.05}(4)=2.1318$，

参数 μ 的 95%单侧置信下限 $\hat{\mu}_L \approx 1064.9$。其统计学意义为这批电池的平均放电时间至少为 1064.9h，置信度为 95%。

注：由于置信度为 $1-\alpha$ 的单侧置信区间与双侧置信区间基本类似，只需要把 α 集中在一侧即可，因此单侧置信区间中其余的情形，请有兴趣的读者自行推导，此处不再赘述。

习题 7.5

1. 设某工件的长度 $X \sim N(\mu,16)$，从中任意抽取 9 件测量其长度（单位：mm），得数据如下：

142，138，150，165，156，148，132，135，160

试求参数 μ 的置信度为 95%的单侧置信下限与单侧置信上限。

2. 现从某正态总体中抽取一个容量为 10 的样本，得到其观测值依次为 102.5，103.5，103.5，104.5，105，105.5，105.5，106.5，106.5，107.5，若总体方差为 4，求总体期望的 90% 的单侧置信区间。

3. 某车间生产的螺杆直径服从正态分布（方差未知），现随机抽取 5 只，测得直径（单位：mm）为

25.3，24.5，25，24.8，24.4

当 σ 未知时，求参数 μ 的置信度为 95%的置信上限与置信下限。

7.6　参数估计的 MATLAB 实现

7.6.1　点估计的 MATLAB 实现

1. 矩估计的 MATLAB 实现

设总体 X 的均值 μ 和方差 σ^2 都存在，$(X_1,X_2,\cdots,X_n)$ 为来自 X 的一个样本，则不论 X 服从何种分布，$\overline{X}$ 和 $\frac{1}{n}\sum_{i=1}^{n}(X_i-\overline{X})^2$ 总是均值 μ 和方差 σ^2 的矩估计。因此，总体 X 的均值 μ 和方差 σ^2 的矩估计的 MATLAB 实现分别为

```
mu_ME=mean(X)
sigma2_ME=moment(X,2)
```

例 7.6.1 设某总体的一个样本观测值为

0.2174 0.4332 0.6810 0.2948 0.6858 0.4239 0.1400 0.5998 0.6893

0.9837 0.5345 0.6574 0.9648 0.0388 0.1057 0.2537 0.4392 0.8322

则计算该总体均值和方差的矩估计值的 MATLAB 代码如下：

```
clc, clear all
X=[0.2174  0.4332  0.6810  0.2948  0.6858  0.4239  0.1400
0.5998  0.6893...
0.9837  0.5345  0.6574  0.9648  0.0388  0.1057  0.2537
0.4392  0.8322]
mu_ME=mean(X)
sigma2_ME=moment(X,2)
```

运行结果：

```
mu_ME=
     0.4986
sigma2_ME=
     0.0774
```

2. 极大似然估计的 MATLAB 实现

在 MATLAB 中，计算参数的极大似然估计值可使用通用的命令。

通用命令：mle()。

调用格式：[输出参数项]=mle('分布名称',数据,置信度)

参数说明：总体分布可以自行设定，分布名称见表 7.6.1。

表 7.6.1 常见分布的极大似然估计的 MATLAB 函数

分布名称	调用函数名
0-1 分布	bernoulli
二项分布	binomial
泊松分布	poisson
几何分布	geometric
均匀分布	uniform
指数分布	exponential

（续）

分布名称	调用函数名
正态分布	normal
伽马分布	gamma
贝塔分布	beta
对数正态分布	lognormal
瑞利分布	rayleigh
威布尔分布	weibull

例 7.6.2 设总体 $X \sim N(\mu,\sigma^2)$，使用生成随机数的方法产生样本数据，再使用极大似然估计方法得到参数的估计值，MATLAB代码如下：

```
clc,clear all
mu=0;
sigma=1;
M=1;
N=10000;
DATA=normrnd(mu,sigma,N,M);
[R_hat R_ci ]=mle('normal',DATA,0.05)
```

运行结果：

```
R_hat=
    0.0094   0.9943
R_ci=
   -0.0101   0.9808
    0.0289   1.0083
```

其中，R_hat 为参数估计结果，μ 的估计值为 0.0094，σ^2 的估计值为 0.9943，R_ci 的每一列为对应参数的置信区间。

例 7.6.3 要从一批产品中抽取 1000 件作为测试样本，经验证有 60 件次品，估计这批产品的次品率。该问题中涉及的总体为二项分布 $B(1000,p)$，使用极大似然估计法计算参数 p 的估计值即可，MATLAB 代码如下：

```
clc,clear all
N=1000;
X=60;
[p_hat p_ci ]=mle('binomial',X,0.05,N)
```

运行结果：

```
p_hat=
    0.0600
p_ci=
    0.0461
    0.0766
```

7.6.2 区间估计的 MATLAB 实现

1. 正态总体参数区间估计的 MATLAB 实现

(1) 对于单个正态总体 $X \sim N(\mu, \sigma^2)$，参数 μ 和 σ^2 均未知时，可使用命令

```
[mu_hat sig_hat mu_ci sig_ci]=normfit(X,alpha)
```

进行参数估计，其中，X 为原始数据，alpha 表示置信度。

例 7.6.4 设总体 $X \sim N(\mu, \sigma^2)$，使用生成随机数的方法产生样本数据，再使用 normfit()得到参数的估计值和置信区间，MATLAB 代码如下：

```
clc,clear all
mu=0;
sigma=1;
M=1;
N=10000;
X=normrnd(mu,sigma,N,M);
alpha=0.05;
[mu_hat sig_hat mu_ci sig_ci ]=normfit(X,alpha)
```

运行结果：

```
mu_hat=
    -0.0077
sig_hat=
    1.0040
mu_ci=
    -0.0274
     0.0119
sig_ci=
```

```
0.9903
1.0181
```

（2）也可以使用枢轴量法，编写对应的 MATLAB 代码进行实现。

例 7.6.5　设总体 $X\sim N(\mu,0.3^2)$，使用样本数据 22.3，21.5，22，21.8，21.4 计算参数 μ 的 95% 置信区间，MATLAB 代码如下：

```
clc,clear all
x=[22.3 21.5 22 21.8 21.4];
n=length(x);
sig=0.3;
Xbar=mean(x)
alpha=1-0.95;
u=norminv(1-alpha/2,0,1)
Mu_L=mean(x)-u*sig/sqrt(n)
Mu_U=mean(x)+u*sig/sqrt(n)
D=[Mu_L Mu_U]
```

运行结果：

```
D=
21.5370   22.0630
```

例 7.6.6　对于两个正态总体 $X\sim N(\mu_1,\sigma_1^2)$ 和 $Y\sim N(\mu_2,\sigma_2^2)$，当方差 $\sigma_1^2=\sigma_2^2=\sigma^2$（未知）时，期望差 $\mu_1-\mu_2$ 的估计，可使用枢轴量法编写程序，使用样本数据

X：150　145　152　155　148　151　152　148

Y：152　150　148　152　150　150　148　151　148

计算参数 μ 的 95%置信区间，MATLAB 代码如下：

```
clc,clear all
x=[150   145   152   155   148   151   152   148];
y=[152   150   148   152   150   150   148   151   148];
n1=length(x)
n2=length(y)
xbar=mean(x)
ybar=mean(y)
```

```
S1=std(x)
S2=std(y)
Sw=sqrt(((n1-1) * S1^2+(n2-1) * S2^2)/(n1+n2-2))
alpha=0.05;
t=tinv(1-alpha/2,n1+n2-2)
d1=(xbar-ybar)-t * Sw.* sqrt(1./n1+1./n2);
d2=(xbar-ybar)+t * Sw.* sqrt(1./n1+1./n2);
D=[d1,d2]
```

运行结果：

```
D=
21.5370   22.0630
```

2. 其他常见分布参数区间估计的 MATLAB 实现

前面介绍了总体服从正态分布的区间估计问题，然而在一些实际问题中，总体并不一定服从正态分布，下面介绍其他常见分布参数区间估计的 MATLAB 实现，详见表 7.6.2。

表 7.6.2 常见分布参数区间估计的 MATLAB 函数

分布名称	待估参数	调用格式
二项分布	p	[p_hat, p_ci]=binofit(X, alpha)
泊松分布	λ	[lambda_hat, lambda_ci]=poissfit(X, alpha)
均匀分布	a,b	[a_hat, b_hat,a_ci,b_ci]=unifit(X, alpha)
指数分布	λ	[lambda_hat, lambda_ci]=expfit(X,alpha)

例 7.6.7 调查某客服电话的服务情况，在随机抽取的 200 次呼叫中，有 40%需要转人工服务，假定每次呼叫相互独立，则该问题中的总体服从二项分布，可利用数据信息进行参数估计，MATLAB 代码如下：

```
clc,clear all
X=200 * 0.4;
n=200;
alpha=0.05;
[p_hat,p_ci]=binofit(X,n,alpha)
```

运行结果：

```
p_hat=
    0.4000
```

```
p_ci =
    0.3315    0.4715
```

总复习题 7

1. 设总体 $X \sim N(\mu,\sigma^2)$，$(X_1,X_2,\cdots,X_n)$ 为来自 X 的一个样本，则 $\frac{1}{n-1}\sum_{i=1}^{n}(X_i-\overline{X})^2$ 是（　　）。

A. μ 的无偏估计　　B. σ^2 的无偏估计

C. μ 的矩估计　　D. σ^2 的矩估计

2. 设 $(X_1,X_2,\cdots,X_n)$ 是来自总体 X 的一个样本，且 $E(X)=\mu$，则下列是 μ 的无偏估计的是（　　）。

A. $\frac{1}{n}\sum_{i=1}^{n-1}X_i$　　B. $\frac{1}{n-1}\sum_{i=1}^{n}X_i$

C. $\frac{1}{n}\sum_{i=2}^{n}X_i$　　D. $\frac{1}{n-1}\sum_{i=1}^{n-1}X_i$

3. 总体 $X \sim N(\mu,\sigma^2)$，σ^2 已知，若要使总体均值 μ 的置信度为 0.95 的置信区间长度不大于 L，则样本容量 n 至少为（　　）。

A. $15\sigma^2/L^2$　　B. $15.3664\sigma^2/L^2$

C. $16\sigma^2/L^2$　　D. 16

4. 设总体 $X \sim N(\mu,\sigma^2)$，$(X_1,X_2,\cdots,X_n)$ 是来自 X 的一个样本，则 σ^2 的极大似然估计为（　　）。

A. $\frac{1}{n}\sum_{i=1}^{n}X_i^2$　　B. $\frac{1}{n-1}\sum_{i=1}^{n}(X_i-\overline{X})^2$

C. $\frac{1}{n}\sum_{i=1}^{n}(X_i-\overline{X})^2$　　D. $\overline{X}^2$

5. 设总体 $X \sim N(\mu,\sigma^2)$，$(X_1,X_2,\cdots,X_n)$ 是来自 X 的一个样本，对样本进行观测，得到数据如下（单位：mm）：

77.8160，75.6240，82.2000，90.4200，85.4880，81.1040，72.3360，73.9800，87.6800

则参数 μ 的双侧置信区间关于（　　）对称。

A. 80.7387　　B. 80.5833

C. 80.5737　　D. 80.5795

6. 设 $X \sim N(\mu,\sigma^2)$，而 1.70，1.75，1.70，1.65，1.75 是来自总体 X 的一个样本，则 μ 的矩估计值为____。

7. 设 $X \sim U[a,1]$，$(X_1,X_2,\cdots,X_n)$ 是来自 X 的一个样本，则 a 的矩估计为____。

8. 若参数 λ 的极大似然估计为 $\hat{\lambda}$，那么 λ^2 的极大似然估计为____。

9. 设 $(X_1,X_2,\cdots,X_n)$ 是来自 X 的一个样本，则总体期望的最小方差无偏估计是____。

10. 为了提高区间估计的精度，则需要使随机区间 $[\hat{\theta}_1,\hat{\theta}_2]$ 的平均长度越____越好。

11. 设 $(X_1,X_2,\cdots,X_n)$ 是来自参数为 λ 的指数分布总体的样本，其中 λ 未知。

$$T_1=\frac{1}{6}(X_1+X_2)+\frac{1}{3}(X_3+X_4),$$

$$T_2=\frac{1}{5}(X_1+2X_2+3X_3+4X_4),$$

$$T_3=\frac{1}{4}(X_1+X_2+X_3+X_4)$$

都是 λ 的估计量，试解决如下问题：

（1）指出 T_1，T_2，T_3 哪几个是 θ 的无偏估计量；

（2）在上述 θ 的无偏估计中指出哪一个较为有效。

12. 设某种清漆的 9 个样品，其干燥时间（以 h 计）分别为 6.0，5.7，5.8，6.5，7.0，6.3，5.6，6.1，5.0。设干燥时间总体服从正态分布 $N(\mu,\sigma^2)$，分别在 $\sigma=0.6$ 和 σ 未知的条件下，求 μ 的置信度为 0.95 的置信区间。

13. 随机地取某种炮弹 9 发做试验，得炮弹口速度的样本标准差为 $s=11$m/s。设炮口速度服从正态分布 $N(\mu,\sigma^2)$。求这种炮弹的炮口速度的标准差 σ 的置信度为 0.95 的置信区间。

14. 研究两种固体燃料火箭推进器的燃烧率。设两者都服从正态分布，并且已知燃烧率的标准差均近似地为 0.05cm/s，取样本容量为 $n_1=n_2=20$。燃烧率的样本均值分别为 $\bar{x}_1=18$cm/s，$\bar{x}_2=24$cm/s。设两样本独立，求两燃烧率总体均值差 $\mu_1-\mu_2$ 的置信度为 0.99 的置信区间。

15. 从两个相互独立的正态总体 $X\sim N(\mu_1,\sigma_1^2)$ 和 $Y\sim N(\mu_2,\sigma_2^2)$ 中，各随机抽取一个样本，具体数据如下：

X	2.4	6.24	13.68	6	7.2	8.4	9.6	10.8	12
Y	13.2	14.52	10.2	15.84	9.36	7.08	8.16	9.24	10.68

试求：

(1) 方差比 σ_1^2/σ_2^2 的 95%置信区间；

(2) 方差比 σ_1^2/σ_2^2 的 95%单侧置信下限和单侧置信上限。

数学家与数学家精神

爱国数学家——许宝騄

许宝騄（1910—1970），中国数学家，中国科学院学部委员（院士）。他是中国概率论与数理统计的教学和研究工作开创者，在数学与统计学的诸多领域成果丰硕、造诣精深，被公认为概率论与数理统计领域第一个具有国际声望的中国数学家。抗战时期，他曾放弃优越的学术环境和生活条件，从伦敦毅然返回祖国，在条件艰苦的西南联大为党和国家培养了一大批概率论与数理统计人才。他晚年身患重病，也始终坚持在教学科研一线。他一生热衷于数学的研究和教育事业，在他身上体现出的民族精神和科学精神激励着千千万万的中华儿女。

第 8 章 假设检验

假设检验是进行统计推断的一种重要方法，首先是对总体未知参数或总体的分布形式提出一定的假设，然后利用样本信息来检验假设是否成立。这一方法具有很重要的统计意义与实际意义，因此假设检验是数理统计学的重要内容之一。本章主要介绍假设检验的概念和一般步骤、正态总体中各种参数的假设检验方法，以及总体分布的假设检验方法。

8.1 假设检验的基本概念

8.1.1 问题的提出

先看三个实例：

例 8.1.1 一台包装机包装食盐，每袋装食盐质量为一个随机变量 X，且服从正态分布 $N(\mu,\sigma^2)$。当机器工作正常时，其均值为 400g，标准差为 5g。为检验包装机工作是否正常，随机地抽取它所包装的食盐 9 袋，称得净重为（单位：g）

397　410　409　398　402　410　406　409　395

问机器工作是否正常？

例 8.1.2 为了比较两种枪弹的速度（单位：m/s），在相同的条件下进行速度测定。算得样本平均值和样本方差如下：

枪弹甲：$n_1=110$，$\bar{x}=2805$，$s_1^2=120.41$

枪弹乙：$n_2=100$，$\bar{x}=2680$，$s_2^2=105.00$

在显著性水平 $\alpha=0.05$ 下，这两种枪弹在速度方面及均匀性方面有无显著差异。

例 8.1.3 雾霾中对人体健康威胁最大的是直径为 2.5μm 以下的可入肺颗粒物（PM2.5），某品牌 PM2.5 口罩生产中以直径为 0.75μm 的氯化钠气溶胶为检测样本，经检测，厂家声明 PM2.5 滤芯口罩的过滤率达到 99.97%，这个声明可信吗？

以上三个例题具有代表性，其共同点就是先对总体的分布函数或分布的某些参数做出某种假设，如：机器工作正常；两种枪弹在速度方面及均匀性方面无显著差异；声明可信，然后根据样本观测值去判断这一假设是否成立。

一般地，我们把关于总体分布或者总体参数的论述称为统计假设，也称原假设或零假设，记为 H_0，如例 8.1.1 的 H_0 就是“$\mu=400$”；而将与 H_0 所对立的假设称为备择假设或对立假设，记为 H_1。一个问题仅提出一个假设，并不同时研究其他假设，称为简单统计假设或简单假设。对原假设的正确与否进行判断的方法称为假设检验。

当原假设确定之后，备择假设的形式可以是多样的，一般采用题目信息已表明的那一方面，如例 8.1.1 中备择假设可以是 H_1：$\mu\neq400$，也可以是 H_1：$\mu>400$ 或 H_1：$\mu<400$。由于备择假设形式多样，所以假设检验分为**双侧检验**和**单侧检验**：

双侧检验（two-tail test）

$$H_0:\mu=\mu_0;\ H_1:\mu\neq\mu_0$$

单侧检验（one-tail test）

$$H_0:\mu\geqslant\mu_0;\ H_1:\mu<\mu_0$$

或
$$H_0:\mu\leqslant\mu_0;\ H_1:\mu>\mu_0$$

一般来讲，假设检验根据问题性质可分为参数检验和非参数检验两大类：

（1）**参数检验**：总体的分布类型已知，对总体分布中未知参数的检验，称这类问题为参数检验。

（2）**非参数检验**：总体的分布类型未知，对总体的分布类型或者分布性质的检验，这类问题称为非参数检验。

8.1.2 假设检验的基本原理

下面以例 8.1.1 为例介绍假设检验的基本原理。

以 μ,σ 分别表示食盐质量构成的总体 X 的期望和标准差。按经验标准差为 $\sigma=5\text{g}$，则 $X\sim N(\mu,\sigma^2)$，但是 μ 未知。现在问题是要判断 μ 是否等于 400g。

为此，提出原假设：$H_0:\mu=400$。

在原假设成立的条件下，$X\sim N(400,5^2)$。现在利用抽取的样本值来判断 H_0 是否成立。若假设成立，则认为机器正常；反之，认为不正常。

$\overline{X}$ 是 μ 的无偏估计量，为此，检验此假设可以利用样本均值

$\overline{X}$。在 H_0 成立的前提下，统计量

$$U=\frac{\overline{X}-\mu}{\sigma/\sqrt{n}}\sim N(0,1),$$

对于给定的 α，查标准正态分布的临界值表得 $u_{\alpha/2}$，使得

$$P\{|U|>u_{\alpha/2}\}=\alpha。$$

例如，当 $\alpha=0.05$ 时，由附表可得 $u_{\alpha/2}=u_{0.025}=1.96$，则

$$P\{|U|>1.96\}=0.05。$$

也即当 H_0 成立时，$|U|$超过 1.96 的概率 α 只有 5%，可认为该事件为小概率事件，在例 8.1.1 中可表述为 $P\left\{\left|\frac{\overline{X}-400}{5/\sqrt{9}}\right|>1.96\right\}=0.05$。若在原假设"$\mu=400$"的条件下，事件 $\left\{\left|\frac{\overline{X}-400}{5/\sqrt{9}}\right|>1.96\right\}$ 发生了，即认为小概率事件发生了，属于不正常现象，此时认为原假设"$\mu=400$"不成立。

现对例 8.1.1 进行具体计算，得到样本均值 $\overline{X}$ 的观测值

$$\bar{x}=\frac{1}{9}(397+410+\cdots+395)=404,$$

而统计量 U 对应的观测值为

$$\frac{\bar{x}-400}{5/\sqrt{9}}=2.4>1.96=u_{\alpha/2},$$

即小概率事件在一次试验中发生了，应拒绝原假设 H_0，即认为食盐质量的期望值不是 400g，机器未正常工作。

一般地，在假设检验中，称 α 为**显著性水平或检验水平**，称 $u_{\alpha/2}$ 为**临界值**，称区域 $W=(-\infty,-u_{\alpha/2})\cup(u_{\alpha/2},+\infty)$ 为**拒绝域**，称 W 的补集 $\overline{W}=(-u_{\alpha/2},u_{\alpha/2})$ 为**接受域**，如图 8.1.1 所示。若统计量 U 对应的观测值 u 落入**拒绝域** W，则应该**拒绝原假设**，反之则应**接受原假设**。

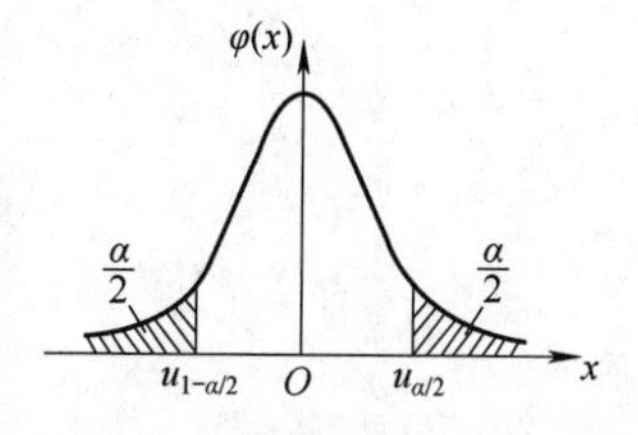

图 8.1.1　标准正态分布双侧 α 分位数示意图

一般地人们常把"$\alpha=0.05$ 时拒绝 H_0，$\alpha=0.01$ 时接受 H_0"称为**显著的**，而把在 $\alpha=0.01$ 时拒绝 H_0 称为**高度显著的**。

8.1.3　假设检验的基本步骤

从上面的分析中不难发现，假设检验的基本原理就是实际推断原理。在这个基本原理的指导下，检验过程有如下步骤：

(1) 建立假设。根据实际问题提出原假设 H_0 及备择假设 H_1。

(2) 选择合适的统计量。选取在原假设成立的条件下能确定

其分布的统计量为检验统计量。

（3）做出判断。给定显著性水平 α（一般地取 $\alpha=0.01$，0.05 或 0.10），在显著性水平为 α 的条件下根据样本观测值计算检验统计量 T，根据对应分布的临界值表查找相应的临界值，确定拒绝域 W。以验证拒绝条件是否成立，如果拒绝条件成立，就拒绝原假设 H_0，否则接受原假设 H_0。

这里需要注意的是备择假设和原假设不总是对立的，但总是互不相容的。

8.1.4 两类错误

当进行检验时，是由样本值去推断总体的。由于样本具有随机性，我们可能做出正确的判断，也可能不可避免地犯下两类错误。

一类错误是：在原假设 H_0 成立的情况下，样本值落入了拒绝域 W，因而 H_0 被拒绝了，称这类错误为**第一类错误或“弃真”错误**。

犯第一类错误的概率用式子表示为

$$P\{T \in W | H_0 \text{ 成立}\} = \alpha。$$

这个概率是个小概率，记作 α，也即检验的显著性水平。

这里需要注意的是在假设检验中犯第一类错误的概率不超过显著性水平 α。

另一类错误是：在原假设 H_0 不成立、H_1 成立的情况下，样本值落入了接受域 $\overline{W}$，因而 H_0 被接受了，称这类错误为**第二类错误或“取伪”错误**。

犯第二类错误的概率记为

$$P\{T \in \overline{W} | H_1 \text{ 成立}\} = \beta。$$

β 的计算通常比较复杂。

可将两类错误总结为表 8.1.1 的形式。

表 8.1.1 两类错误

真实情况	判断	
	接受 H_0	拒绝 H_0
H_0 成立	判断正确	第一类错误（弃真）
H_1 成立	第二类错误（取伪）	判断正确

在进行假设检验时，人们自然希望所犯的这两类错误的概率都很小，然而两类错误是相互关联的。一般来说，当样本容量固定时，犯一类错误概率的减少会导致犯另一类错误的概率增加。

如果希望同时降低犯两类错误的概率，或者在保持犯第一类错误的概率不变的条件下降低犯第二类错误的概率，就需要尽可能地使样本容量增大。

习题 8.1

1. 假设检验包括哪两种错误类型？
2. 什么是大概率区域？什么是小概率区域？
3. 简述假设检验的基本步骤。
4. 什么是假设检验？

8.2 单个正态总体的假设检验

本节讨论单个正态总体的假设检验问题，包括已知方差和未知方差检验数学期望，已知期望和未知期望检验方差等几种情况。

8.2.1 单个正态总体期望的检验

1. 已知总体方差 σ_0^2，检验 $H_0:\mu=\mu_0$

设总体 $X\sim N(\mu,\sigma^2)$，其中 $\sigma^2=\sigma_0^2$ 是已知常数，$(X_1,X_2,\cdots,X_n)$是来自于总体 X 的一个样本，现在要检验假设：

$$H_0:\mu=\mu_0,\ H_1:\mu\neq\mu_0。$$

当 H_0 成立时，构造统计量 U，由已知

$$U=\frac{\overline{X}-\mu_0}{\sigma_0/\sqrt{n}}\sim N(0,1),$$

给定显著性水平 α，由 $P\{|U|>u_{\alpha/2}\}=\alpha$ 查附表得到 $u_{\alpha/2}$（图 8.2.1），故拒绝域

$$W=\{U\,\big|\,|U|>u_{\alpha/2}\}。$$

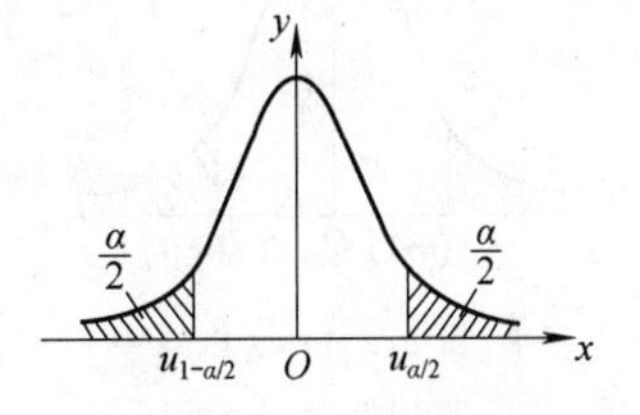

图 8.2.1　标准正态分布双侧 α 分位数示意图

若进行一次试验，将样本观测值$(x_1,x_2,\cdots,x_n)$代入 U，将计算得到的 u 与 $u_{\alpha/2}$ 进行比较，若$|u|>u_{\alpha/2}$，则落入拒绝域 W，说明小概率事件发生，拒绝原假设 H_0；若$|u|\leqslant u_{\alpha/2}$，则落入接受域 $\overline{W}$，说明小概率事件未发生，接受 H_0，这种检验方法称为 **U 检验法**。

以上检验法中，拒绝域表示为 U 小于一个给定数$-u_{\alpha/2}$ 或大于另一个给定数 $u_{\alpha/2}$ 的所有数的集合，称为双侧检验。

例 8.2.1　某厂生产的灯泡的使用寿命服从正态分布，并要求灯泡的平均使用寿命为 1000h，方差为 100^2，今从某天生产的灯泡中任取 5 个进行试验，得到寿命数据如下（单位：h）：

1050，1100，1120，1250，1280

如果总体方差没有变化，在显著性水平 0.05 条件下，能否认为这天生产的灯泡寿命无显著变化？

解：记灯泡的使用寿命为随机变量 X，则 $X \sim N(1000, 100^2)$。设

$$H_0: \mu=\mu_0=1000,\ H_1: \mu \neq 1000,$$

因为 $\bar{x}=1160$，由附表知 $u_{\alpha/2}=u_{0.025}=1.96$，则

$$|u|=\left|\frac{\bar{x}-\mu_0}{\sigma_0/\sqrt{n}}\right|=\left|\frac{1160-1000}{100/\sqrt{5}}\right| \approx 3.58>1.96,$$

所以拒绝原假设 H_0，即这天生产的灯泡寿命有显著变化。

上面的 U 检验法，必须知道 σ_0^2，但在实际问题中，方差往往是未知的。

2. 未知总体方差 σ_0^2，检验假设 $H_0: \mu=\mu_0$

设总体 $X \sim N(\mu, \sigma^2)$，其中 $\sigma^2=\sigma_0^2$ 未知，$(X_1, X_2, \cdots, X_n)$ 是来自于总体 X 的一个样本，现在要检验假设：

$$H_0: \mu=\mu_0,\ H_1: \mu \neq \mu_0。$$

当 H_0 成立时，由于样本方差 $S^2=\frac{1}{n-1}\sum_{i=1}^{n}(X_i-\bar{X})^2$ 是总体方差 σ^2 的无偏估计，故构造统计量 T，由已知

$$T=\frac{\bar{X}-\mu_0}{S/\sqrt{n}} \sim t(n-1)。$$

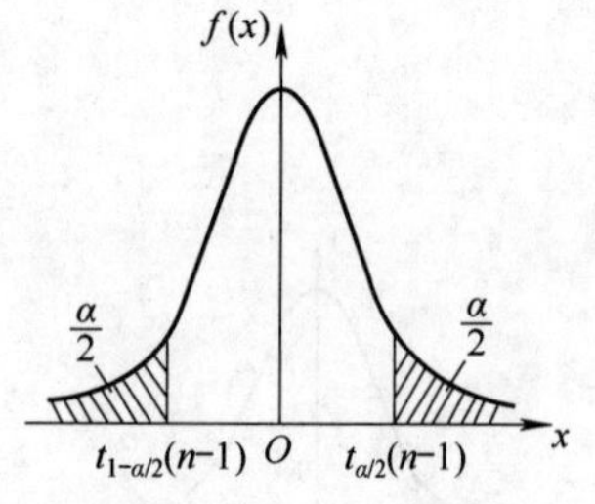

图 8.2.2 t 分布双侧 α 分位数示意图

如图 8.2.2 所示，给定显著性水平 α，由 $P\{|T|>t_{\alpha/2}(n-1)\}=\alpha$ 查附表得到 $t_{\alpha/2}(n-1)$，拒绝域

$$W=\{T \mid |T|>t_{\alpha/2}(n-1)\}。$$

若进行一次试验，将样本观测值 $(x_1, x_2, \cdots, x_n)$ 代入 T。将计算得到的 t 与 $t_{\alpha/2}(n-1)$ 进行比较，若 $|t|>t_{\alpha/2}(n-1)$，落入拒绝域 W，说明小概率事件发生，拒绝原假设 H_0；若 $|t| \leqslant t_{\alpha/2}(n-1)$，落入接受域 $\overline{W}$，说明小概率事件未发生，接受 H_0。这种检验方法称为 T **检验法**。

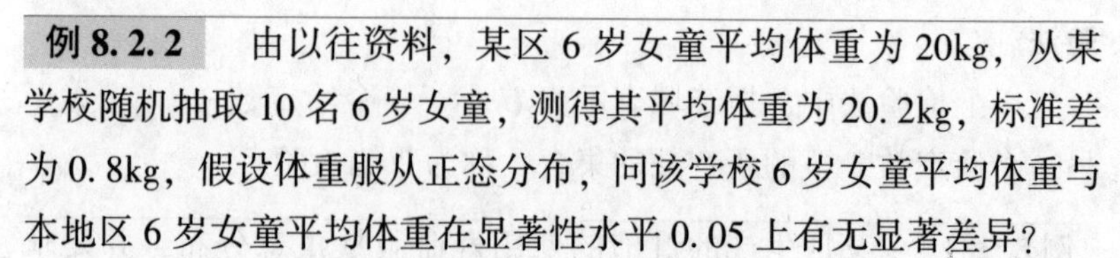

例 8.2.2 由以往资料，某区 6 岁女童平均体重为 20kg，从某学校随机抽取 10 名 6 岁女童，测得其平均体重为 20.2kg，标准差为 0.8kg，假设体重服从正态分布，问该学校 6 岁女童平均体重与本地区 6 岁女童平均体重在显著性水平 0.05 上有无显著差异？

解：设 $H_0: \mu=\mu_0=20,\ H_1: \mu \neq 20$。

由于 $n=10$，$\bar{x}=20.2$，$s^2=0.8^2$，$\alpha=0.05$，查 t 分布临界值表，得到 $t_{0.025}(9)=2.2622$，从而有

$$|t|=\left|\frac{\bar{x}-\mu_0}{s/\sqrt{n}}\right|=\left|\frac{20.2-20}{0.8/\sqrt{10}}\right|=0.75<t_{\alpha/2}(9)=2.2622,$$

故接受 H_0，说明该学校 6 岁儿童平均体重与本地区 6 岁女童平均体重无显著差异。

8.2.2 单个正态总体方差的检验

1. 总体期望 μ_0 未知，检验假设 $H_0:\sigma^2=\sigma_0^2$，$H_1:\sigma^2\neq\sigma_0^2$

设总体 $X\sim N(\mu_0,\sigma^2)$，其中 $\mu=\mu_0$ 未知，$(X_1,X_2,\cdots,X_n)$ 是来自于总体 X 的一个样本，现在要检验假设：$H_0:\sigma^2=\sigma_0^2$，$H_1:\sigma^2\neq\sigma_0^2$。

当 H_0 成立时，由于样本均值 $\bar{X}$ 是总体期望 μ 的无偏估计，故构造统计量

$$\chi^2=\frac{1}{\sigma_0^2}\sum_{i=1}^{n}(X_i-\bar{X})^2=\frac{(n-1)S^2}{\sigma_0^2}\sim\chi^2(n-1)。$$

如图 8.2.3 所示，对于给定显著性水平 α 和自由度 n，可查附表确定临界值 $\chi^2_{1-\alpha/2}(n-1)$ 和 $\chi^2_{\alpha/2}(n-1)$，使得

$$P\{[\chi^2<\chi^2_{1-\alpha/2}(n-1)]\cup[\chi^2>\chi^2_{\alpha/2}(n-1)]\}$$
$$=P\{\chi^2<\chi^2_{1-\alpha/2}(n-1)\}+P\{\chi^2>\chi^2_{\alpha/2}(n-1)\}$$
$$=\frac{\alpha}{2}+\frac{\alpha}{2}=\alpha。$$

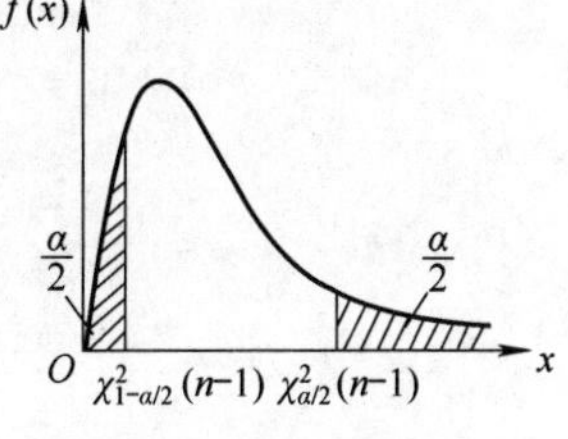

图 8.2.3　χ^2 分布双侧 α 分位数示意图

拒绝域

$$W=\{\chi^2\ |\ |\chi^2|>\chi^2_{\alpha/2}(n-1)\}。$$

以上检验方法称为 χ^2 **检验法**。

同理，如果我们提出假设为

$$H_0:\sigma^2\leqslant\sigma_0^2,\ H_1:\sigma^2>\sigma_0^2,$$

可做同样的推理得到 H_0 的拒绝域为

$$\chi^2\geqslant\chi^2_{\alpha}(n-1)。$$

例 8.2.3　一台车床加工的一批轴料中抽取 10 件测量其椭圆度，计算得 $s=0.025$，设椭圆度服从正态分布。试问在显著性水平为 0.05 的条件下该批轴料的总体方差与规定的方差 0.0004 有无显著差别？

解：设 X 为轴料椭圆度，且 $X\sim N(\mu,\sigma^2)$，μ 未知，建立统计假设

$$H_0:\sigma^2=\sigma_0^2=0.0004,\ H_1:\sigma^2\neq\sigma_0^2,$$

用 χ^2 检验法。当 $\alpha=0.05$，$10-1=9$ 时，查 χ^2 分布的临界值表知

$$\chi^2_{0.975}(9)=2.700,\ \chi^2_{0.025}(9)=19.023,$$

则

$$\chi^2=\frac{(n-1)s^2}{\sigma_0^2}=\frac{(10-1)\times 0.025^2}{0.0004}=14.0625,$$

因为2.700<14.0625<19.023，落入接受域，所以不能拒绝原假设H_0，故接受H_0，即该批轴料的总体方差与规定的方差无显著差异。

2. 已知总体期望μ_0，检验假设$H_0:\sigma^2=\sigma_0^2$；$H_1:\sigma^2\neq\sigma_0^2$

设总体$X\sim N(\mu_0,\sigma^2)$，其中$\mu=\mu_0$已知，$(X_1,X_2,\cdots,X_n)$是来自于总体X的一个样本，现在要检验假设：$H_0:\sigma^2=\sigma_0^2$；$H_1:\sigma^2\neq\sigma_0^2$。

当H_0成立时，构造统计量

$$\chi^2=\frac{1}{\sigma_0^2}\sum_{i=1}^{n}(X_i-\mu_0)^2=\sum_{i}^{n}\left(\frac{X_i-\mu_0}{\sigma_0}\right)^2\sim\chi^2(n),$$

给定显著性水平α和自由度n，可查附表确定临界值$\chi^2_{1-\alpha/2}(n)$和$\chi^2_{\alpha/2}(n)$，使

$$\begin{aligned}&P\{[\chi^2<\chi^2_{1-\alpha/2}(n)]\cup[\chi^2>\chi^2_{\alpha/2}(n)]\}\\&=P\{\chi^2<\chi^2_{1-\alpha/2}(n)\}+P\{\chi^2>\chi^2_{\alpha/2}(n)\}\\&=\frac{\alpha}{2}+\frac{\alpha}{2}=\alpha,\end{aligned}$$

其中，$\chi^2_{\alpha/2}(n)$与$\chi^2_{1-\alpha/2}(n)$为双侧临界值。故拒绝域

$$W=\{\chi^2\mid|\chi^2|>\chi^2_{\alpha/2}(n)\}。$$

习题 8.2

1. 某药物在某种溶剂中溶解后的标准浓度为20.00mg/L。现采用某种方法，测量该药物溶解液11次，结果为

20.99，20.41，20.10，20.00，20.91，22.41，
20.00，23.00，22.00，19.89，21.11

试问在显著性水平为0.01的条件下该方法测量所得结果与标准浓度值有无差异？

2. 某工厂进行高温铸造，假设其温度服从正态分布，现在测量了温度（单位：K）的5个值为

1150，1235，1215，1250，1360

在显著性水平为0.05的条件下，是否可以认为总体平均温度为1206K？

3. 某批饮品的5个样品中蛋白质的含量经测定为（%）

3.25，3.27，3.24，3.26，3.24

设测定值服从正态分布，在显著性水平为0.05的条件下能否认为这批饮品蛋白质的平均含量为3.25？

4. 某电动汽车的电瓶使用寿命（以h计）服从正态分布，并要求电瓶寿命的均方差$\sigma=100$h，今从某天生产的电瓶中任取5个进行试验，得寿命数据如下：

1050，1100，1120，1250，1280

试问在显著性水平为0.01的条件下这天生产的电瓶是否合格？

5. 某纤维的长度（单位：μm）在正常条件下服从正态分布 $N(\mu,\sigma^2)$，其均方差通常为 0.048。某天任取 5 根纤维，测得其纤维长度为

1.32，1.55，1.36，1.40，1.44

试在显著性水平为 0.01 的条件下检验纤维长度的方差 σ^2 有无显著变化？

8.3 两个正态总体的假设检验

上节主要讨论单个正态总体的参数假设检验，基于同样的思想，本节将考虑两个正态总体的参数假设检验。与单个正态总体的参数假设检验不同的是，本节着重考虑两个总体之间的差异，即两个总体的均值或方差是否相等。

8.3.1 两个正态总体均值差的检验

双正态总体均值有无显著性差异的检验在教育科学研究中，特别是在教学实验中有着重要地位。例如，对比重点班与其他班级学习成绩有无显著差异；高年级学生与低年级学生学习数学的能力有无显著差异；同类考题在两所不同学校是否引起成绩差异等都属于这类问题。

设总体 $X\sim N(\mu_1,\sigma_1^2)$，$Y\sim N(\mu_2,\sigma_2^2)$，$(X_1,X_2,\cdots,X_{n_1})$ 和 $(Y_1,Y_2,\cdots,Y_{n_2})$ 是分别来自于总体 X 和 Y 的两个简单随机样本，且相互独立。记 $\overline{X}=\frac{1}{n_1}\sum_{i=1}^{n_1}X_i$ 和 $\overline{Y}=\frac{1}{n_2}\sum_{i=1}^{n_2}Y_i$ 分别为两个简单随机样本的样本均值，S_1^2，S_2^2 分别为样本方差，由正态分布理论知 $\overline{X}\sim N\left(\mu_1,\ \frac{\sigma_1^2}{n_1}\right)$，$\overline{Y}\sim N\left(\mu_2,\ \frac{\sigma_2^2}{n_2}\right)$。

1. 已知方差 σ_1^2，σ_2^2，检验假设 $H_0:\mu_1=\mu_2$

检验原假设 $H_0:\mu_1=\mu_2$ 等价于检验假设 $H_0:\mu_1-\mu_2=0$，由前面内容可知，要研究样本均值之差 $\overline{X}-\overline{Y}$，若差值较大，说明 μ_1 不大可能等于 μ_2；若差值较小，说明 μ_1 很可能等于 μ_2。由两个样本 $(X_1,X_2,\cdots,X_{n_1})$ 和 $(Y_1,Y_2,\cdots,Y_{n_2})$ 的独立性，易得 $\overline{X}-\overline{Y}\sim N\left(\mu_1-\mu_2,\ \frac{\sigma_1^2}{n_1}+\frac{\sigma_2^2}{n_2}\right)$。

因此当原假设 $H_0:\mu_1=\mu_2$ 成立时，构造统计量

$$U=\frac{\overline{X}-\overline{Y}}{\sqrt{\frac{\sigma_1^2}{n_1}+\frac{\sigma_2^2}{n_2}}}\sim N(0,1),$$

对于给定的显著性水平 α，由 $P\{|U|>u_{\alpha/2}\}=\alpha$ 查标准正态分布

的临界值表得到 $u_{\alpha/2}$，故拒绝域 W 为

$$W=\{|U|>u_{\alpha/2}\}。$$

例 8.3.1 某中学高三年级理科班 30 名学生和文科班 40 名学生解数学计算题测验平均结果为

理科班：$\bar{x}=79$ 分；文科班：$\bar{y}=69$ 分

由以往经验，理科班成绩 $X\sim N(\mu_1,12)$，文科班成绩 $Y\sim N(\mu_2,8)$，问理科班与文科班学生解数学计算题测验成绩有无显著差异？($\alpha=0.05$)

解：设 $H_0:\mu_1=\mu_2$，$H_1:\mu_1\neq\mu_2$

由题意知

$$|u|=\left|\frac{79-69}{\sqrt{\frac{12}{30}+\frac{8}{40}}}\right|\approx 12.91$$

由于 $\alpha=0.05$，查附表得 $u_{\alpha/2}=1.96$，而 $|u|>u_{\alpha/2}$，落入拒绝域，故拒绝原假设 H_0。即理科班与文科班学生解数学计算题测验成绩有显著差异。

2. 已知方差 $\sigma_1^2=\sigma_2^2=\sigma^2$，且 σ^2 未知，检验假设 $H_0:\mu_1=\mu_2$

与前面情况类似，检验原假设 $H_0:\mu_1=\mu_2$ 等价于检验假设 $H_0:\mu_1-\mu_2=0$，由于 σ^2 未知，故两样本均值之差 $\overline{X}-\overline{Y}$ 的概率分布无法求解，考虑到样本方差 S^2 是总体方差 σ^2 的无偏估计，利用 $S_w=\sqrt{\frac{(n_1-1)S_1^2+(n_2-1)S_2^2}{n_1+n_2-2}}$ 代替 σ^2，因此当原假设 H_0：$\mu_1=\mu_2$ 成立时，构造统计量

$$T=\frac{\overline{X}-\overline{Y}}{S_w\sqrt{\frac{1}{n_1}+\frac{1}{n_2}}}\sim t(n_1+n_2-2),$$

对于给定的显著性水平 α，由 $P\{|T|>t_{\alpha/2}(n_1+n_2-2)\}=\alpha$ 查 t 分布的临界值表得到 $t_{\alpha/2}(n_1+n_2-2)$，故拒绝域

$$W=\{|T|>t_{\alpha/2}(n_1+n_2-2)\}。$$

例 8.3.2 某地某年高考后随机抽得 15 名男生、12 名女生的化学考试成绩（以分计）如下：

男生：50，47，46，54，51，43，39，57，56，46，43，44，55，44，41

女生：47，39，47，51，43，36，43，37，48，54，48，35

从这 27 名学生的成绩能说明这个地区男、女生的化学考试成绩不相上下吗？(显著性水平 $\alpha=0.05$)？

解：把男生和女生化学考试的成绩分别近似地看作服从正态分布的随机变量总体 $X\sim N(\mu_1,\sigma_1^2)$，$Y\sim N(\mu_2,\sigma_2^2)$，则由题设知 $n_1=15$，$n_2=12$，则 $\bar{x}=47.7$，$\bar{y}=44$

$$(n_1-1)s_1^2=\sum_{i=1}^{15}(x_i-\bar{x})^2=462.95,$$

$$(n_2-1)s_2^2=\sum_{j=1}^{12}(y_j-\bar{y})^2=412$$

$$s_w^2=\frac{(n_1-1)s_1^2+(n_2-1)s_2^2}{n_1+n_2-2}=5.9195^2$$

由此便可计算出

$$t=\frac{\bar{x}-\bar{y}}{s_w\sqrt{\dfrac{1}{n_1}+\dfrac{1}{n_2}}}=\frac{47.7-44}{5.9195\sqrt{\dfrac{1}{15}+\dfrac{1}{12}}}=1.6149$$

给定显著性水平 $\alpha=0.05$，查附表得 $t_{\alpha/2}(n_1+n_2-2)=t_{0.025}(25)=2.06$

因为 $|t|=1.6149<2.06$，落入接受域，故接受原假设 H_0，即这个地区男女生的化学高考成绩不相上下。

8.3.2　两个正态总体方差比的检验

设总体 $X\sim N(\mu_1,\sigma_1^2)$ 与总体 $Y\sim N(\mu_2,\sigma_2^2)$ 相互独立，$(X_1,X_2,\cdots,X_{n_1})$ 和 $(Y_1,Y_2,\cdots,Y_{n_2})$ 是分别来自于总体 X 和 Y 的两个简单随机样本。记 $\bar{X}=\dfrac{1}{n_1}\sum_{i=1}^{n_1}X_i$ 和 $\bar{Y}=\dfrac{1}{n_2}\sum_{i=1}^{n_2}Y_i$ 分别为两个简单随机样本的样本均值，S_1^2，S_2^2 分别为样本方差，由正态分布理论知 $\bar{X}\sim N\left(\mu_1,\dfrac{\sigma_1^2}{n_1}\right)$，$\bar{Y}\sim N\left(\mu_2,\dfrac{\sigma_2^2}{n_2}\right)$。

要检验假设 $H_0:\sigma_1^2=\sigma_2^2$，$H_1:\sigma_1^2\neq\sigma_2^2$，即证明原假设 $H_0:\dfrac{\sigma_1^2}{\sigma_2^2}=1$ 即可。要比较 σ_1^2 与 σ_2^2 的大小，由于样本方差 S^2 是总体方差 σ^2 的无偏估计，且 $S_1^2=\dfrac{1}{n_1-1}\sum_{i=1}^{n_1}(X_i-\bar{X})^2$，$S_2^2=\dfrac{1}{n_2-1}\sum_{j=1}^{n_2}(Y_j-\bar{Y})^2$，在原假设 H_0 成立时，可用样本方差 S^2 近似替代总体方差 σ^2，即比值 $F=\dfrac{S_1^2}{S_2^2}$ 接近于 1，否则当 $\sigma_1^2>\sigma_2^2$ 时，比值 F 有偏大的趋势；当 $\sigma_1^2<\sigma_2^2$ 时，比值 F 有偏小的趋势。这里只讨论总体期望 μ_1，μ_2 未知的情况，μ_1，μ_2 已知的情况，感兴趣的读者可自行完成。由

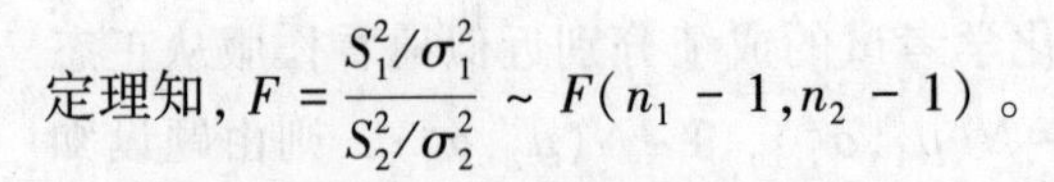
定理知，$F=\dfrac{S_1^2/\sigma_1^2}{S_2^2/\sigma_2^2}\sim F(n_1-1,n_2-1)$。

在原假设 $H_0:\sigma_1^2=\sigma_2^2$ 成立的条件下，构造统计量

$$F=\frac{S_1^2}{S_2^2}\sim F(n_1-1,n_2-1),$$

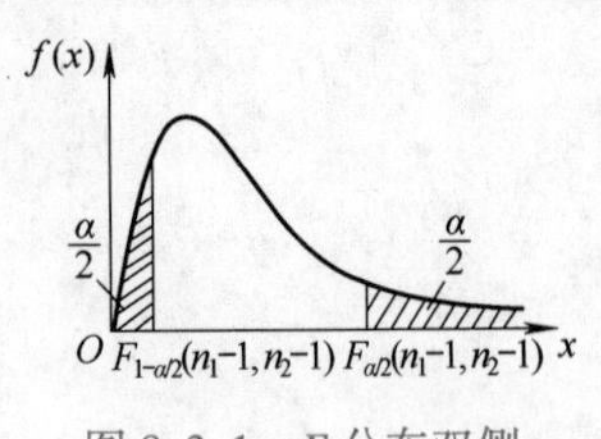

图 8.3.1　F 分布双侧 α 分位数示意图

如图 8.3.1 所示，对于给定的显著性水平 α，查 F 分布的临界值表得 $F_{\alpha/2}(n_1-1,\ n_2-1)$，由 $\dfrac{1}{F}=\dfrac{S_2^2}{S_1^2}\sim F(n_2-1,n_1-1)$ 知，$\dfrac{1}{F_{1-\alpha/2}(n_1-1,n_2-1)}=F_{\alpha/2}(n_2-1,n_1-1)$，得 $F_{1-\alpha/2}(n_1-1,n_2-1)$，使

$$P\left\{\frac{S_1^2}{S_2^2}<F_{1-\alpha/2}(n_1-1,n_2-1)\right\}=P\left\{\frac{S_1^2}{S_2^2}>F_{\alpha/2}(n_1-1,n_2-1)\right\}=\frac{\alpha}{2}$$

成立。其拒绝域为

$$W=\{F<F_{1-\alpha/2}(n_1-1,n_2-1)\text{ 或 }F>F_{\alpha/2}(n_1-1,n_2-1)\}。$$

例 8.3.3　在例 8.3.2 中，问这个地区男、女生的化学考试成绩的方差是否相等？

解：设　　$H_0:\sigma_1^2=\sigma_2^2$，$H_1:\sigma_1^2\neq\sigma_2^2$，

且 $n_1=15$，$n_2=12$，$s_1^2=33.0679$，$s_2^2=38.1818$，$F=\dfrac{s_1^2}{s_2^2}=0.8661$，

取 $\alpha=0.05$，则$\dfrac{\alpha}{2}=0.025$，查找 F 分布的临界值表得

$$F_{\alpha/2}(n_1-1,n_2-1)=F_{0.025}(14,11)=3.3588,$$

$$\frac{1}{F_{1-\alpha/2}(n_1-1,n_2-1)}=F_{\alpha/2}(n_2-1,n_1-1)$$

$$=F_{0.025}(11,14)=3.0946,$$

$$F_{1-\alpha/2}(n_1-1,n_2-1)=F_{0.975}(14,11)=\frac{1}{3.0946}=0.3231,$$

因为 $0.3231<0.8661<3.3588$，落入接受域。故接受原假设 H_0，即认为这个地区男、女生的化学考试成绩的方差相等。

同理，若检验假设 $H_0:\sigma_1^2\leqslant\sigma_2^2$，$H_1:\sigma_1^2>\sigma_2^2$，则构造统计量 $\tilde{F}=\dfrac{S_1^2/\sigma_1^2}{S_2^2/\sigma_2^2}\sim F(n_1-1,\ n_2-1)$，使得 $P\{F>F_\alpha(n_1-1,\ n_2-1)\}\leqslant P\{\tilde{F}>F_\alpha(n_1-1,\ n_2-1)\}=\alpha$ 成立，其拒绝域为 $W=\{F>F_\alpha(n_1-1,n_2-1)\}$。

表 8.3.1 对常用的正态总体的几种假设检验所用的统计量及拒绝域进行了归纳。

表 8.3.1　正态总体的各种假设检验

假设 H_0	条　件	检验统计量	拒 绝 域
$\mu=\mu_0$	σ_0^2 已知	$U=\dfrac{\overline{X}-\mu_0}{\sigma_0/\sqrt{n}}\sim N(0,1)$	$\{U \mid \vert U\vert>u_{\alpha/2}\}$
$\mu\leqslant\mu_0$			$\{U \mid U>u_\alpha\}$
$\mu\geqslant\mu_0$			$\{U \mid U<-u_\alpha\}$
$\mu=\mu_0$	σ_0^2 未知	$T=\dfrac{\overline{X}-\mu_0}{S/\sqrt{n}}\sim t(n-1)$	$\{T \mid \vert T\vert>t_{\alpha/2}(n-1)\}$
$\mu\leqslant\mu_0$			$\{T \mid T>t_\alpha(n-1)\}$
$\mu\geqslant\mu_0$			$\{T \mid T<-t_\alpha(n-1)\}$
$\sigma^2=\sigma_0^2$	μ_0 已知	$\chi^2=\dfrac{1}{\sigma_0^2}\sum_{i=1}^{n}(X_i-\mu_0)^2\sim\chi^2(n)$	$\{\chi^2 \mid \vert\chi^2\vert>\chi^2_{\alpha/2}(n)\}$
$\sigma^2=\sigma_0^2$	μ_0 未知	$\chi^2=\dfrac{(n-1)S^2}{\sigma_0^2}\sim\chi^2(n-1)$	$\{\chi^2 \mid \vert\chi^2\vert>\chi^2_{\alpha/2}(n-1)\}$
$\sigma^2\leqslant\sigma_0^2$			$\{\chi^2 \mid \chi^2>\chi^2_{\alpha/2}(n)\}$
$\mu_1=\mu_2$	σ_1^2，σ_2^2 已知	$U=\dfrac{\overline{X}-\overline{Y}}{\sqrt{\dfrac{\sigma_1^2}{n_1}+\dfrac{\sigma_2^2}{n_2}}}\sim N(0,1)$	$\{U \mid \vert U\vert>u_{\alpha/2}\}$
$\mu_1\leqslant\mu_2$			$\{U \mid U>u_\alpha\}$
$\mu_1=\mu_2$	$\sigma_1^2=\sigma_2^2=\sigma^2$ 未知	$T=\dfrac{\overline{X}-\overline{Y}}{S_w\sqrt{\dfrac{1}{n_1}+\dfrac{1}{n_2}}}\sim t(n_1+n_2-2)$	$\{T \mid \vert T\vert>t_{\alpha/2}(n_1+n_2-2)\}$
$\mu_1\leqslant\mu_2$			$\{T \mid T>t_{\alpha/2}(n_1+n_2-2)\}$
$\sigma_1^2=\sigma_2^2$	μ_1，μ_2 未知	$F=\dfrac{S_1^2\vert\sigma_1^2}{S_2^2\vert\sigma_2^2}\sim F(n_1-1,n_2-1)$	$\{F \mid F<F_{1-\alpha/2}(n_1-1,\ n_2-1),\ F>F_{\alpha/2}(n_1-1,n_2-1)\}$
$\sigma_1^2\leqslant\sigma_2^2$			$(F_\alpha(n_1-1,n_2-1),+\infty)$

习题 8.3

1. 甲、乙两人做废气成分中 CO_2［体积分数（%）］的分析，得到数据为

甲：14.7，14.8，15.2，15.5，15.6

乙：14.6，14.8，15.1，15.4

设测定值总体为同方差的正态分布，试问两人的分析结果是否有明显的差异（$\alpha=0.05$）？

2. 从两批牛奶饮品中分别抽取 6 个和 4 个样品，测得蛋白质含量（单位：mg）如下：

第一批：21，23.5，23.9，24.1，24.4，25.6

第二批：20.3，22.8，25.8，27.1

已知蛋白质含量服从正态分布，且两批的方差相同但未知，能否认为两批牛奶饮品的平均含量相等（$\alpha=0.05$）？

3. 在两个工厂生产的电动汽车蓄电池中（假设蓄电池的容量服从正态分布）分别取 10 个测量蓄电池的容量（单位：A · h），得数据如下：

甲厂：141，143，139，139，140，141，138，140，142，138

乙厂：145，141，136，142，140，143，138，137，142，137

两厂蓄电池的容量是否可以认为具有同一正态分布（$\alpha=0.05$）？

4. 在平炉上进行一项试验以确定改变操作方法的建议是否会增加钢的产率，试验是在同一台平炉上进行的。每炼一炉钢时除操作方法外，其他条件都尽可能做到相同。先用标准方法炼一炉，然后用建议的新方法炼一炉，以后交替进行，各炼 10 炉，其产率分别为

（1）标准方法：78.1，72.4，76.2，74.3，77.4，78.4，76.0，75.5，76.7，77.3

（2）新方法：79.1，81.0，77.3，79.1，80.0，79.1，79.1，77.3，80.2，82.1

设这两个样本相互独立，且分别来自正态总体，方差均未知。问建议的新操作方法能否提高产率（$\alpha=0.05$）？

8.4　总体分布的假设检验

前几节讨论的假设检验总是假定其总体服从正态分布，然后对其参数（期望、方差等）进行假设检验。实际中，随机变量的分布类型往往是未知的，这就需要我们根据事物本质的分析，利用概率论的相关知识，确定其类型。但在很多情况下，我们只能从一大堆观测数据中去探索发现其规律，以判断出总体分布的大致类型。这里主要介绍运用χ^2拟合检验法和K检验法对总体分布函数进行假设检验。

设X为一总体，其分布函数为$F(x)$，且未知，$F_0(x)$为某一已知类型总体的分布函数，$(X_1,X_2,\cdots,X_n)$为来自于总体X的一个样本，我们要检验原假设H_0: $F(x)=F_0(x)$，即检验总体分布是否为某一已知类型总体的分布。

8.4.1　χ^2 拟合检验

所谓拟合，统计学上也称为拟合度，即拟合的程度。当总体分布未知时，通过样本有时可以猜测它们的分布是某种特定的分布。那么，这种猜测是否合理？可以设原假设H_0: $F(x)=F_0(x)$，然后加以检验，这种检验实际上是考察理论分布曲线和实际观察曲线的吻合程度。

利用χ^2分布统计量进行的拟合检验叫作**χ^2 拟合检验**。

若总体X是离散型随机变量，则原假设H_0: $P\{X=k\}=p_k,k=1,2,\cdots$，其中$P\{X=k\}$为随机变量$X$的分布律，$p_k$为某一已知类型总体的分布律。

若总体X为连续型随机变量，则原假设H_0:$f(x)=f_0(x)$，其中$f(x)$为随机变量X的概率密度函数，$f_0(x)$为某一已知类型总体的概率密度函数。

1. 基本思想

将随机试验的全体结果分为r个互斥的事件$A_1,A_2,\cdots,A_r$。在原假设H_0成立的条件下，记$P(A_k)=p_k$，$k=1,2,\cdots,r$，在n次试验中A_k出现的频数n_k称为实际频数，则实际频率为$\frac{n_k}{n}$。一般来说，理论概率 p_k 与实际频率 $\frac{n_k}{n}$ 是有差异的，但如果原假设 H_0 成立，则 p_k 与 $\frac{n_k}{n}$ 相差不会太大。故构造统计量

$$\chi^2=\sum_{k=1}^{r}\frac{(n_k-np_k)^2}{np_k},$$

其中，n_k 为实际频数，p_k 为理论概率，n 为试验次数。

统计学家费希尔（Fisher）1924 年证明了不论 $F_0(x)$ 服从什么分布，当 n 充分大时，

$$\chi^2=\sum_{k=1}^{r}\frac{(n_k-np_k)^2}{np_k}\sim\chi^2(r-m-1),$$

其中 r 为随机变量 X 取值的个数，$r-m-1$ 为自由度，m 为待估计参数的个数。如果 X 为连续型随机变量，则 r 为分组的组数，n_k 为落入第 k 组的样本数据的个数，p_k 为落入第 k 组的概率（由假定总体的分布可以计算出来）。

2. 基本步骤

这里以总体 X 为连续型随机变量为例来讨论，离散型随机变量的情形类似。

步骤 1 将总体 X 分为 r 组，根据具体要求把实轴 $(-\infty,+\infty)$ 分为 r 个不相交的区间（一般 $7\leqslant r\leqslant 14$）：$(-\infty,a_1)$，(a_1,a_2)，…，$(a_{r-1},+\infty)$，使得每个区间 (a_{k-1},a_k) 内样本数据的个数 $n_k\geqslant 5$，$k=1,2,\cdots,r$（这 r 个区间可以等分也可以不等分）。

步骤 2 数出样本数据落入第 k 组的个数，得到实际频数 n_k，$k=1,2,\cdots,r$。

步骤 3 计算 p_k，在原假设 H_0 成立的条件下，由已知类型总体的概率密度 $f_0(x)$ 求出

$$p_k=P\{a_{k-1}<X\leqslant a_k\}=F(a_k)-F(a_{k-1})。$$

步骤 4 给定显著性水平 α，由 $P\{\chi^2>\chi^2_\alpha(r-m-1)\}=\alpha$，通过查找 χ^2 分布的临界值表得 $\chi^2_\alpha(r-m-1)$，得到其拒绝域为 $W=\{\chi^2>\chi^2_\alpha(r-m-1)\}$。

对于给定的显著性水平 α，由 $P\{\chi^2>\chi^2_\alpha(r-m-1)\}=\alpha$，查找 χ^2 分布的临界值表得 $\chi^2_\alpha(r-m-1)$，其拒绝域为 $W=\{\chi^2>\chi^2_\alpha(r-m-1)\}$。

例 8.4.1 设某国近 85 年地震发生的次数为随机变量 X，据统计得到表 8.4.1 所示的数据。

表 8.4.1 某国地震次数频数分布

X	0	1	2	3	4	5	6	7
频数	35	24	19	4	1	0	1	1
频率	0.412	0.282	0.224	0.047	0.012	0	0.012	0.012

经计算 $\bar{x}=1.07$，我们提出原假设 H_0: $X\sim P(1.07)$，即 $\lambda=1.07$ 的泊松分布。

解：**步骤 1** 分 r 组。根据统计表将数据自然地分为 8 组 0，1，…，7。

步骤 2 计算频数 n_k，由表 8.4.1 知，实际频数依次为 35，24，19，4，1，0，1，1。

步骤 3 计算 np_k，在原假设 H_0 成立的条件下，$p_1=P\{X=0\}=0.333$，$p_2=0.366$，$p_3=0.201$，$p_4=0.074$，$p_5=0.020$，$p_6=0.004$，$p_7=0.001$，$p_8=0.0001$。又由 $n=85$，得到理论频数 $np_k(k=1,2,\cdots,8)$。

步骤 4 计算 χ^2 得

$$\chi^2=\sum_{k=1}^{r}\frac{(n_k-np_k)^2}{np_k}=1.58+1.62+0.21+0.83+0.29+0.34+9.85+115.66=130.38。$$

步骤 5 给定显著性水平 $\alpha=0.05$，由 $P\{\chi^2>\chi^2_\alpha(r-m-1)\}=\alpha$，查找 χ^2 分布的临界值表得临界值 $\chi^2_\alpha(r-m-1)=\chi^2_{0.05}(8-1-1)=\chi^2_{0.05}(6)=12.592<\chi^2$，落入拒绝域，故拒绝原假设 H_0，即该国近 85 年地震发生的次数为随机变量 X 不服从参数为 $\lambda=1.07$ 的泊松分布。

这个结论主要是最后两项 9.85 和 115.66 造成的。我们可以认为这是干扰造成的。因此只要分成 5 组，最后一组“$X\geqslant 4$”（见表 8.4.2），其余同上，则得到

表 8.4.2 某国地震次数理论频率频数表

X	0	1	2	3	4
n_k	35	24	19	4	3
p_k	0.333	0.366	0.201	0.074	0.020
np_k	28.305	31.11	17.085	6.29	1.7

$$\chi^2=\sum_{k=1}^{r}\frac{(n_k-np_k)^2}{np_k}=1.58+1.62+0.21+0.83+0.99<\chi^2_\alpha(3)=7.815,$$

落入接受域，故接受原假设，表明该国地震次数可以认为服从泊松分布。

由上面例题可知，χ^2 拟合检验依赖于区间的划分，在某种分组下可能拒绝原假设，在另一种分组下可能接受原假设，这是因为只要在一个区间上概率和频率接近，则 χ^2 的值就可能很小，从而接受原假设。下面我们讨论一种比 χ^2 检验更为精细的检验法——柯尔莫哥洛夫（Kolmogorov）**检验**，又称为 *K* **检验**。这种检验是逐点比较总体分布函数与样本分布函数的偏差，与区间划分无关。

8.4.2 *K* 检验

设 $F(x)$ 为总体 X 的分布函数，$F_n(x)$ 为样本分布函数。当 n 很大时，我们知道 $F_n(x)$ 可以作为 $F(x)$ 的近似，格里汶科（Glivenko）1953 年从理论上证明了这个结论。

设 H_0: $F(x)=F_0(x)$，在原假设 H_0 成立的条件下，构造统计量

$$D_n = \max|F_0(x) - F_n(x)|,$$

D_n 为总体分布函数与样本分布函数的最大距离值，由于 D_n 受变动样本的影响，故 D_n 为随机变量。利用统计量 D_n 进行的拟合检验称为 K 检验。

由于 D_n 的精确分布未知，通常采用极限分布来确定临界值，柯尔莫哥洛夫 1933 年证明了如下结论：

$$\lim_{n\to\infty} P\left\{D_n < \frac{\lambda_\alpha}{\sqrt{n}}\right\} = K(\lambda_\alpha),$$

其中 D_n 的极限分布函数值 λ_α 通过临界值表可以得到。

对于给定的显著性水平 α，临界值 $D_{n\cdot\alpha}$ 通过查找 K 检验临界值表得到 $D_{n\cdot\alpha}=\dfrac{\lambda_\alpha}{\sqrt{n}}$，若 $D_n>D_{n\cdot\alpha}$，则拒绝原假设 H_0；若 $D_n\leqslant D_{n\cdot\alpha}$，则接受原假设 H_0。

K 检验的一般步骤为：

步骤 1 由样本数据算出样本分布函数

$$F_n(x)=\begin{cases}0, & x\leqslant x_{(1)},\\ \dfrac{1}{n}, & x_{(1)}<x\leqslant x_{(2)},\\ \vdots & \\ \dfrac{k(x)}{n}, & x_{(k)}<x\leqslant x_{(k+1)},\\ \vdots & \\ 1, & x>x_{(n)}。\end{cases}$$

步骤 2 计算 $F_0(x_k)$，$k=1,2,\cdots,n$。

步骤 3 给定显著性水平 α，由 n 和 α 查找 K 检验临界值表得到 $D_{n\cdot\alpha}$，若 $D_n>D_{n\cdot\alpha}$，则拒绝原假设 H_0；若 $D_n\leqslant D_{n\cdot\alpha}$，则接受原假设 H_0。

例 8.4.2 经测量 35 位健康男性在未进食之前的血糖浓度分别为

87，77，92，68，80，78，84，77，81，80，80，77，
76，80，81，75，77，72，81，72，84，86，80，68，
76，77，78，92，75，80，78，92，86，77，87

试测试这组数据是否来自均值为 80、标准差为 6 的正态分布。

解：建立统计假设

H_0：健康成人男性血糖浓度服从正态分布；
H_1：健康成人男性血糖浓度不服从正态分布。

根据正态分布计算理论分布见表 8.4.3。

表 8.4.3 根据正态分布计算理论分布表

血糖浓度	实际频数	累计频数 F	$F_n(x)=\frac{k(x)}{n}$	标准化值 $Z=\frac{x-\mu}{\sigma}$	理论分布 $F_0(x)$	D_n
68	2	2	0.0571	−2	0.0228	0.0291
72	2	4	0.1143	−1.33	0.0934	0.0209
75	2	6	0.1714	−0.83	0.2033	0.0319
76	2	8	0.2286	−0.67	0.2514	0.0228
77	6	14	0.4	−0.5	0.3085	0.0915
78	3	17	0.4857	−0.33	0.3707	0.115
80	6	23	0.6571	0	0.5	0.1571
81	3	26	0.7429	0.17	0.5675	**0.1754**
84	2	28	0.8	0.67	0.7486	0.0514
86	2	30	0.8571	1	0.8413	0.0158
87	2	32	0.9143	1.17	0.879	0.0353
92	3	35	1	2	0.9772	0.0228

结论：统计量

$$D_n=\max|F_0(x)-F_n(x)|=0.1754<D_{0.05\cdot 35}=0.23,$$

落入接受域，故不能拒绝原假设 H_0，从而接受原假设 H_0，因而不能说明健康成人男性血糖浓度不服从正态分布。

习题 8.4

1. 掷一颗骰子 60 次，每次出现的点数为随机变量，经过观测得到出现的点数及其对应的频数如下：

出现点数	1	2	3	4	5	6
频数	13	19	11	8	5	4

在显著性水平 0.05 的条件下检验这颗骰子是否均匀？

2. 在某交叉路口记录每 15s 内通过的汽车数量，共观察了 25min，得 100 个记录，经整理得如下数据：

汽车数量	0	1	2	3	4	5	6	7	8	9	10	11
频数	4	2	15	17	26	11	9	8	2	3	1	2

试在显著性水平 0.05 上检验通过该交叉路口的汽车数量是否服从泊松分布。

3. 问在显著性水平 0.10 下，是否可以认为下列 10 个数

0.034，0.437，0.863，0.964，0.336，
0.469，0.637，0.623，0.804，0.261

是来自于（0，1）区间上均匀分布的随机数？

8.5 假设检验的 MATLAB 实现

1. 单个正态总体均值的假设检验

（1）已知总体方差 σ_0^2，检验假设 $H_0: \mu=\mu_0$

调用格式：[h,p,ci]=ztest(x,mu,sig)

参数说明：输入参数 x 表示实验数据矩阵，mu 表示样本均值，sig 表示总体方差；输出参数 h 表示返回结果，是否拒绝原假设，若 $h=0$，表示在显著性水平 α 下，不能拒绝原假设；若 $h=1$，表示在显著性水平 α 下，可以拒绝原假设；p 表示临界值，ci 为总体均值 μ 的 $1-\lambda$ 置信区间。

例 8.5.1 已知某品种苹果重量服从正态分布，根据往年重量测得其平均重 220g，标准差 $\sigma=8.9$g，现从今年生产的该品种苹果中随机抽取 9 个苹果，重量（单位：g）分别为

228 225 221 218 235 220 241 230 240

如果总体方差没有变化，在显著性水平 $\alpha=0.05$ 下，能否认为今年生产的该品种苹果无显著变化？

解：记该品种苹果的重量为随机变量 X，则 $X \sim N(220, 8.9^2)$。设

$$H_0: \mu=\mu_0=220, H_1: \mu\neq 220。$$

实现程序如下：

```
clc; clear
x=[228  225  221  218  235  220  241  230  240];
```

```
[h,p,ci]=ztest(x,220,8.9)
h=
    1
p=
   0.0035
ci=
  222.8521   234.4812
```

故求得 $h=1$，$p=0.0035$，说明在显著性水平为 $\alpha=0.05$ 下，拒绝原假设 H_0，即今年生产的该品种苹果有显著变化。

（2）未知总体方差 σ_0^2，检验假设 $H_0: \mu=\mu_0$

调用格式：[h,p,ci]=ttest(x,mu,alpha)

参数说明：输入参数 x 表示实验数据矩阵，mu 表示样本均值，alpha 表示显著性水平；输出参数 h 表示返回结果，是否拒绝原假设，若 $h=0$，表示在显著性水平 α 下，不能拒绝原假设；若 $h=1$，表示在显著性水平 α 下，可以拒绝原假设；p 表示临界值，ci 为总体均值 μ 的 $1-\lambda$ 置信区间。

例 8.5.2 设某次考试的学生成绩服从正态分布，从中随机抽取 36 位考生的成绩，算得平均成绩为 66.5 分，样本标准差为 15 分，问在显著性水平 $\alpha=0.05$ 下，是否可以认为这次考试全体考生的平均成绩为 70 分？

解：设 $H_0: \mu=\mu_0=70$，$H_1: \mu\neq70$。

实现程序如下：

```
clc; clear
mz=66.5;
mu0=70;
n=36;
alpha=0.05;
t=tinv(1-alpha/2,n-1)
stdz=15;
T=(66.5-70)./(stdz/(sqrt(n)))
h=ttest(T,mu0,alpha);
if abs(T)<=t
disp('接受 H0')
else
disp('拒绝 H0')
end
```

运行结果：

```
t=
    2.0301
T=
   -1.4000
```

接受 H0

故接受 H_0，说明这次考试全体考生的平均成绩为 70 分。

2. 两个正态总体均值差的检验：已知方差 $\sigma_1^2=\sigma_2^2=\sigma^2$，且 σ^2 未知

例 8.5.3　现从甲、乙两煤矿各抽取几个试件，分析其含灰率（%）分别为

甲矿：24.3　20.8　23.7　21.3　17.4

乙矿：18.2　16.9　20.2　16.7

问甲、乙两煤矿所采煤的平均含灰率有无显著差异（显著性水平 $\alpha=0.05$）?

解：把甲、乙两煤矿所采煤的含灰率分别近似地看作服从正态分布的随机变量总体 $X\sim N(\mu_1,\sigma_1^2)$，$Y\sim N(\mu_2,\sigma_2^2)$。

实现程序如下：

```
x=[24.3  20.8  23.7  21.3  17.4];
y=[18.2  16.9  20.2  16.7];
[h,p,ci]=ttest2(x,y,0.05,-1)
h=
    0
p=
    0.9702
ci=
      -Inf    6.4534
```

故接受原假设 H_0，即甲、乙两煤矿所采煤的平均含灰率无显著差异。

3. χ^2 拟合检验

例 8.5.4　某食品市场的经历将根据预期到达商店的顾客来决定职员分配数目以及收款台的数目。为检验工作日上午到达顾客数（用 5min 时间段进入商店的顾客数来定义）是否服从泊松分布，随机选取了一个由 3 周内工作日上午的 128 个 5min 时间段组成的样本见表 8.5.1。

表 8.5.1 到达顾客数频数分布表

到达顾客数 X	0	1	2	3	4	5	6	7	8	≥9
频数	2	8	10	12	18	22	22	16	12	6

通过这些样本，我们提出原假设 $H_0: X \sim P(1.07)$，即 $\lambda = 1.07$ 的泊松分布。试分析到达顾客数是否服从该泊松分布？

解：根据统计表将数据自然地分为 8 组 0，1，…，7。

实现程序如下：

```
clc; clear
x=[0 0 1 1 1 1 1 1 1 1 2 2 2 2 2 2 2 2 2 2 3 3 3 3 3 3 3 3 3 3 3 3 4 4 4
4 4 4 4 4 4 4 4 4 4 4 4 4 4 4 5 5 5 5 5 5 5 5 5 5 5 5 5 5 5 5 5 5 5 5 5 5 6 6 6
6 6 6 6 6 6 6 6 6 6 6 6 6 6 6 6 6 6 6 7 7 7 7 7 7 7 7 7 7 7 7 7 7 7 7 8 8 8 8 8
8 8 8 8 8 8 8 9 9 9 9 9 9];
mm=minmax(x);
hist(x,10);
fi=[length(find(x<1)), length(find(x>=1&x<2)), length(find(x>=
2&x<3)), length(find(x>=3&x<4)),...
length(find(x>=4&x<5)), length(find(x>=5&x<6)), length
(find(x>=6&x<7)), length(find(x>=7&x<8)), length(find(x>=8&x<
9)), length(find(x>=9))];
mu=mean(x);
sigma=std(x);
fendian=[1,2,3,4,5,6,7,8,9];
p0=normcdf(fendian, mu, sigma);
p1=diff(p0); %中间各区间的概率
p=[p0(1),p1,1-p0(1)];
chi=(fi-128*p).^2./(128*p);
chisum=sum(chi)
x_a=chi2inv(0.95,6)

chisum=
  122.9060
x_a=
  12.5916
```

故 chisum=122.9060，临界值 x_a=12.5916，落入拒绝域，拒绝原假设 H_0，即到达顾客数不服从参数为 $\lambda=1.07$ 的泊松分布。

4. *K* 检验

例 8.5.5　测定某种溶液中的水分含量（%），其 35 组测定值见表 8.5.2，试测试这组数据是否来自均值为 80、标准差为 6 的正态分布。

表 8.5.2　35 组测定值中的水分含量表

87	77	92	68	80	78	84	77	81	80	80	77
76	80	81	75	77	72	81	90	84	86	80	68
76	77	78	92	75	80	78	92	86	77	87	

解：由题意，统计假设为 H_0: 35 组测定值服从正态分布；H_1: 该组测定值不服从正态分布。

实现程序如下：

```
clc; clear
x=[87 77 92 68 80 78 84 76 80 81 75 77 72 81 76 77 78 92 75 80 78 77
81 80 80 77 92 86 90 84 86 80 68 77 87];
[H,p,ksstat,cv]=kstest (x,[ ],0.05)
```

运行结果：

```
H=
    0
p=
    2.7351e-32
ksstat=
    1
cv=
    0.2243
```

故落入接受域，故不能拒绝原假设 H_0，从而接受原假设 H_0，因而说明 35 组测定值服从正态分布。

总复习题 8

1. 下面列出的是某工厂随机选取的 20 只部件的装配时间（以 min 计）：

9.8，10.4，10.6，9.6，9.7，9.9，10.9，11.1，9.6，10.2，10.3，9.6，9.9，11.2，10.6，9.8，10.5，10.1，10.5，9.7

设装配时间的总体服从正态分布，在显著性水平 0.05 条件下，是否可以认为装配时间的均值显著地大于 10?

2. 根据大量调查可知，我国健康成年男子的脉搏平均为 72 次/min，标准差为 6.4 次/min，现从某学校男生中，随机抽出 25 人，测得平均脉搏为 68.6 次/min。根据经验，脉搏 *X* 服从正态分布。如果标准差不变，在显著性水平 0.05 条件下，试问该校男生的脉搏与一般健康成年男子的脉搏有无差异？

3. 某种零件的长度服从正态分布，方差 $\sigma^2=1.21$，现从一批零件中随机抽取 6 件，测得长度（单位：mm）为

32.46，31.54，30.10，29.76，31.67，31.23

问：当显著性水平为 $\alpha=0.01$ 时，能否认为这批零件的平均长度为 32.50mm？

4. 正常生产情况下，某种女表表壳的直径（单位：mm）服从正态分布 $N(20,1)$，某日随机抽取 5 件，测得其直径为

19.0，19.5，19.0，20.0，20.5

如果方差不变，试问这天的生产情况是否正常（$\alpha=0.05$）？

5. 某变速直齿齿轮公法线长度的均方差要求为 0.020mm。现从某滚齿机加工的一批齿轮中任取样品 10 件，测得公法线长度（单位：mm）如下：

30.005，29.993，29.997，30.001，30.017，

29.993，29.988，30.010，29.976，30.020

由经验知公法线的长度服从正态分布，在显著性水平 0.05 条件下，试问这批齿轮公法线的均方差是否合格？

6. 某批矿砂的 5 个样品中的镍含量（%），经测定为

3.25，3.27，3.24，3.26，3.24

设测定值总体服从正态分布，但参数均未知，问在显著性水平 $\alpha=0.05$ 下，能否接受假设：这批矿砂的镍含量的均值为 3.25？

7. 设某次考试的考生成绩服从正态分布，从中随机地抽取 40 位考生的成绩，算得平均成绩为 75 分，标准差为 10 分，问在显著性水平 0.05 条件下，是否可以认为这次考试全体考生的平均成绩为 80 分？

8. 某地区某年高考后随机抽取 15 名女生、12 名男生的化学考试成绩如下：

女生：49，48，47，53，51，43，39，57，56，46，42，44，55，44，40

男生：46，40，47，51，43，36，43，38，48，54，48，34

在显著性水平 0.05 条件下，从这 27 名学生的成绩能说明这个地区男、女生的化学考试成绩不相上下吗？

9. 电力器材厂生产一批保险丝，抽取 10 根试验其熔化时间（单位：ms），结果为

42，65，75，78，76，71，58，68，52，57

熔化时间服从正态分布，是否可以认为整批保险丝的熔化时间的方差小于 8（$\alpha=0.05$）？

10. 某产品的次品率为 0.17。现对此产品进行新工艺试验，从中抽取 400 件检验，发现有次品 56 件。能否认为这项新工艺显著地影响产品的质量（$\alpha=0.05$）？

11. 在一个城市调查医疗改革前后居民个人的年医疗费支出。分别在医改前和医改后抽查了 50 个居民的年医疗费支出，经计算得医改前的样本均值为 1282 元，医改后的样本均值为 1208 元。设医改前后居民个人的年医疗费支出均服从正态分布，且标准差分别为 80 元和 94 元。问医改前后居民的年医疗费用指出是否存在显著性差异？（$\alpha=0.05$）

12. 从两批灯泡中分别抽取相同容量的样本，测得其使用寿命（单位：h），并计算得 $\bar{x}=1409$，$S_1^2=0.078$；$\bar{y}=1377$，$S_2^2=0.071$，设两批灯泡的使用寿命近似服从正态分布 $X\sim N(\mu_1,\sigma_1^2)$，$Y\sim N(\mu_2,\sigma_2^2)$。试问：

（1）可否认为两批灯泡的方差相等（$\alpha=0.1$）？

（2）可否认为两批灯泡的平均使用寿命相等（$\alpha=0.05$）？

13. 某种物品在处理前、处理后抽样分析的含脂率如下：

处理前：0.19，0.18，0.21，0.30，0.41，0.12，0.27

处理后：0.15，0.13，0.07，0.24，0.19，0.06，0.12

假定处理前、处理后的含脂率都服从正态分布，且标准差不变，问处理前、处理后含脂率的均值是否显著变化？（$\alpha=0.05$）

14. 为了比较两种枪弹的速度（单位：m/s），在相同的条件下进行速度测定，得样本均值和样本标准差分别如下：

枪弹甲：$n_1=110$，$\bar{x}=2805$，$S_1^2=120.41$

枪弹乙：$n_2=100$，$\bar{y}=2680$，$S_2^2=105.00$

设枪弹速度服从正态分布，在显著性水平 $\alpha=0.05$ 下，检验两种枪弹的速度在均匀性方面有无显著性差异？

15. 有甲、乙两台机床加工同样产品，从此两台机床加工的产品中随机抽取若干产品，测得产品直径（单位：mm）为

机床甲：20.5，19.8，19.7，20.4，20.1，20.0，19.0，19.9

机床乙：19.7，20.8，20.5，19.8，19.4，20.6，19.2

在显著性水平 $\alpha=0.05$ 下，比较甲、乙两台机床加工的精度有无显著差异。

16. 某电话站在 1h 内接到电话用户的呼唤次数每分钟记录数据如下：

呼唤次数	0	1	2	3	4	5	7	≥7
频数	8	16	17	10	6	2	1	0

在显著性水平 $\alpha=0.05$ 下，判断呼叫次数是否服从泊松分布。

数学家与数学家精神

“中国教育时代人物”——王梓坤

王梓坤（1929—　），中国数学家，中国科学院院士。他最先对多指标 Ornstein-Uhlenbeck 过程进行研究，作为随机泛函分析在国内的首批研究者，创造了多种统计预报和用于导航的数学方法。他被誉为在中国科学和教育事业中做出卓越贡献的数学家和教育家，也是中国概率论研究的先驱和学术带头人之一，入选改革开放 30 年“中国教育时代人物”。他忠诚于党的教育事业，几十年如一日辛勤育人，培养了众多数学人才。

第9章 方差分析与回归分析

在科学实验和生产实践中，影响事物的因素是多种多样的，每一因素的变化都会对事物产生影响，其中有些因素影响显著，有些影响不显著。例如，不同职业的人对服饰的看法存在差异，旅游花销会因人而异，不同年龄的人对网购的看法存在差异等。于是，英国统计学家费希尔在20世纪20年代提出了一种在实践中广泛运用的统计方法，至今被广泛用于分析心理学、生物学、工程和医药实验数据的处理中。其主要用来检验两个以上样本的平均值差异的显著程度，由此判断这些样本究竟是否来自同一均值总体。主要研究分类型自变量对数值型因变量的影响，通过对实验数据的分析，考察哪些因素影响较大，哪些因素影响较小，从而进一步研究各因素的影响程度以及自变量与因变量之间相关关系的统计分析方法，本章主要介绍方差分析和回归分析的统计思想与方法。

9.1 单因素方差分析

在实际应用中，影响事物的因素往往有很多，例如，在房地产行业中房屋价格与地理位置、户型、楼层、面积和交通等因素有关。每个因素的改变都有可能影响房屋的价格。有些因素影响大，有些因素影响较小，为了确定房价就要找到对房价有显著性影响的那些因素。因此我们需要进行试验。**方差分析**（Analysis of Variance）就是根据试验的结果进行分析，鉴别各个有关因素对试验结果影响的有效方法。

在试验中，要考察的指标称为**试验指标**。影响试验指标的条件称为**因素**。对于因素，根据其是否可控分为：可控因素和不可控因素；各因素的不同取值称为该因素的**水平**。如果在一项试验的过程中只有一个因素水平在改变的试验称为**单因素试验**。处理单因素试验的统计推断方法称为**单因素方差分析**。有多个因素水平在改变的试验称为多因素试验，相应的统计推断方法称为**多因素方差分析。

本节讨论单因素试验，假设因素的每一个水平下的试验之间相互独立，其结果是一个样本。现假设各总体均为正态变量，且各总体的方差相等，但参数均未知。那么，这是一个检验同方差的多个正态总体均值是否相等的问题。下面所要讨论的方差分析法，就是解决这类问题的一种统计方法。

下面通过实例引入单因素方差分析的数学模型。

例 9.1.1　茶叶中都含有叶酸，现选取四个产地的红茶，分别对四个产地各抽取 5 个样品，并测得其叶酸含量（单位：mg）具体数据见表 9.1.1。

表 9.1.1　四个产地 5 个样品的叶酸含量

产地 1	9.8	7.9	6.1	8.6	7.4
产地 2	6.1	10.1	9.6	7.5	6.6
产地 3	8.6	8.9	6.6	8.1	6.2
产地 4	7.9	5.0	6.3	7.2	8.0

试检验四个不同产地的茶叶中叶酸含量有无显著差异？

为描述方便，称产地为因素，记为 A，四个不同的产地称为因素 A 的四个水平，分别记为 A_1, A_2, A_3, A_4。由于上述例子仅考虑了一个因素 A（产地），故称其为单因素试验。研究对象的特征值称为指标变量，本例中的指标变量为叶酸含量，可以用 X_{ij} 表示产地 A_i 的第 j 个样品的叶酸含量。研究该问题的主要目的是比较这四个产地的茶叶中叶酸含量是否有显著差异，即判断因素 A 的不同水平对指标变量是否有显著影响。

由已知数据可以看出，即使是同一产地，茶叶的叶酸含量在各次试验中也不尽相同，由此表明茶叶中叶酸的含量 X 是一个随机变量。由于茶叶产地不同，故需要将这些数据根据不同产地，看作是来自四个总体 X_1, X_2, X_3, X_4 的四个样本，即每个水平对应一个总体，表中的四行数据看作是分别来自 X_1, X_2, X_3, X_4 的样本值。因此，要检验四个产地茶叶中叶酸含量是否显著不同，相当于检验四个总体的均值是否相等。

在实际应用中，通常假设随机变量服从正态分布，且方差相同，故上述单因素方差分析的数学模型为：

设总体 $X_i \sim N(\mu, \sigma^2)(i=1,2,3,4)$，独立地从总体中抽取一个样本，记 $(X_{i1}, X_{i2}, , X_{in_i})$ 为取自总体 $X_i(i=1,2,3,4)$ 的样本且相互独立，因此需对假设

$$H_0: \mu_1 = \mu_2 = \mu_3 = \mu_4,$$

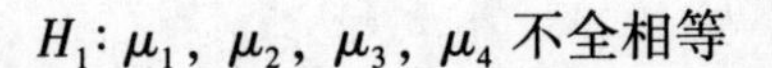

$$H_1: \mu_1, \mu_2, \mu_3, \mu_4 \text{ 不全相等}$$

进行检验。

由例 9.1.1 可知，方差分析就是检验相同方差的多个正态总体的均值是否相同的一种统计法。

下面给出单因素试验的方差分析的一般模型。

设因素 A 有 r 个水平 $A_1, A_2, \cdots, A_r$，在水平 $A_i(i=1,2,\cdots,r)$ 下，进行 $n_i(n_i \geqslant 2)$ 次独立试验，则有各因素样本及相关属性表示见表 9.1.2。

表 9.1.2 各因素样本及相关属性

因素水平	样 本	样本大小	样本均值
A_1	$X_{11}, X_{12}, \cdots, X_{1n_1}$	n_1	$\overline{X}_1$
A_2	$X_{21}, X_{22}, \cdots, X_{2n_2}$	n_2	$\overline{X}_2$
$\vdots$	$\vdots$	$\vdots$	$\vdots$
A_r	$X_{r1}, X_{r2}, \cdots, X_{rn_r}$	n_r	$\overline{X}_r$

假设 $X_{i1}, X_{i2}, \cdots, X_{in_i}$ 独立同分布于 $N(\mu_i, \sigma^2)(i=1,2,\cdots,r)$。方差分析的任务是检验因素的水平变化对响应变量平均值是否有显著影响，即检验假设

$$H_0: \mu_1 = \mu_2 = \cdots = \mu_r,$$

$$H_1: \mu_1, \mu_2, \cdots, \mu_r \text{ 不全相等。}$$

其中原假设 H_0 成立与否通过样本观测值之间的差异体现。样本观测值之间的差异主要来源于随机误差和可能存在的 μ_i 之间的差异（当 H_1 成立时）。

为了描述方便引入以下记号：

$$n = \sum_{i=1}^{r} n_i,\ \mu = \frac{1}{n}\sum_{i=1}^{r} n_i\mu_i,\ \delta_i = \mu_i - \mu,\ \varepsilon_{ij} = X_{ij} - \mu_i$$

$$(i=1,2,\cdots,r; j=1,2,\cdots,n_i),$$

其中 n 为总观测次数，μ 称为**总平均**，δ_i 称为水平 A_i 的效应，其反映了水平 A_i 对试验的响应变量作用的大小，ε_{ij} 称为模型的随机误差项，则由样本独立同分布的假设得到如下**单因素方差分析模型**：

$$\begin{cases} X_{ij} = \mu + \delta_i + \varepsilon_{ij}, \\ \sum\limits_{i=1}^{r} n_i\delta_i = 0, \\ \varepsilon_{ij} \sim N(0, \sigma^2), \end{cases} \tag{9.1.1}$$

其中 $i=1,2,\cdots,r$; $j=1,2,\cdots,n_i$ 且各 ε_{ij} 相互独立。故检验假设问题等价于

H_0: $\delta_1 = \delta_2 = \cdots = \delta_r = 0$，$H_1$：至少有一个 δ_i 不为零。

样本观测值之间的差异的大小可以通过**总偏差平方和** $SST = \sum_{i=1}^{r}\sum_{j=1}^{n_i}(X_{ij} - \overline{X})^2$ 表示，其中 $\overline{X} = \frac{1}{n}\sum_{i=1}^{r}\sum_{j=1}^{n_i}X_{ij} = \frac{1}{n}\sum_{i=1}^{r}n_i\overline{X}_{i\cdot}$，$\overline{X}_{i\cdot} = \frac{1}{n_i}\sum_{j=1}^{n_i}X_{ij}$，有**平方和分解式**

$$SST = SSA + SSE,$$

其中 $SSA = \sum_{i=1}^{r}n_i(\overline{X}_i - \overline{X})^2$ 称为**因子平方和**（组间偏差平方和），反映了因素 A 的不同水平而产生的差异。$SSE = \sum_{i=1}^{r}\sum_{j=1}^{n_i}(X_{ij} - \overline{X}_i)^2$ 称为**误差平方和**（组内偏差平方和），表示由随机观测误差引起的观测值的差异部分。

关于平方和分解有以下结论。

定理　在单因素方差分析模型（9.1.1）中，

（1）$\frac{SSE}{\sigma^2} \sim \chi^2(n-r)$；

（2）当 H_0 成立时，$\frac{SSA}{\sigma^2} \sim \chi^2(r-1)$，且 SSE 与 SSA 相互独立。

由 F 分布的定义可知

$$F = \frac{SSA/(r-1)}{SSE/(n-r)} \sim F(r-1,\ n-r),$$

且对于给定的置信度 α，可以查表确定临界值 F_α，有

$$P\left\{\frac{SSA/(r-1)}{SSE/(n-r)} < F_\alpha\right\} = 1-\alpha，即 P\{F \geqslant F_\alpha\} = \alpha。$$

计算 F 的实际观测值，若 $F<F_\alpha$，则接受原假设 H_0，认为因素的变化对结果无显著影响，若 $F \geqslant F_\alpha$，则拒绝原假设 H_0，即认为因素水平的不同对结果影响显著。也就是说，如果组间方差 $SSA/(r-1)$ 比组内方差大很多，说明不同水平的数据间有明显差异，不能认为 X_{ij} 来自于同一正态总体，应拒绝 H_0；反之说明水平的变化对结果影响不明显，可以接受 H_0。上述检验是显著性检验，接受 H_0 并不等于水平对结果无影响或影响甚微，只能认为影响不显著。

在实际应用中进行检验时，常用表 9.1.3 所示的方差分析表。

表 9.1.3 单因素方差分析表

方差来源	平方和	自由度	均方差	F 值
因素 A（组间）	$SSA=\sum_{i=1}^{r}n_i(\overline{X}_i-\overline{X})^2$	$r-1$	$SSA/(r-1)$	$F=\dfrac{SSA/(r-1)}{SSE/(n-r)}$
误差（组内）	$SSE=\sum_{i=1}^{r}\sum_{j=1}^{n_i}(X_{ij}-\overline{X}_i)^2$	$n-r$	$SSE/(n-r)$	
总和	$SST=SSA+SSE$	$n-1$		

实际计算时，可通过下列公式计算：

$$T_{i\cdot}=\sum_{j=1}^{n_i}X_{ij},\ T=\sum_{i=1}^{r}\sum_{j=1}^{n_i}X_{ij},$$

$$SST=\sum_{i=1}^{r}\sum_{j=1}^{n_i}X_{ij}^2-\frac{T^2}{n},\ SSA=\sum_{i=1}^{r}\frac{T_{i\cdot}^2}{n_i}-\frac{T^2}{n},\ SSE=SST-SSA。$$

注意：如果需要，还可以对数据 X_{ij} 做线性变换，令 $Y_{ij}=b(X_{ij}-a)$，其中 a，b 为适当的常数且 $b\neq 0$，使得 Y_{ij} 变得简单。易证利用 Y_{ij} 进行方差分析与利用 X_{ij} 进行方差分析所得结果相同。

例 9.1.2 对例 9.1.1 做方差分析（显著性水平 $\alpha=0.01$）。

解：根据表 9.1.4

表 9.1.4 各因素样本及相关指标数值表

样品		1	2	3	4	5	行和 $T_{i\cdot}$	$T_{i\cdot}^2$	行平均 $\overline{X}_{i\cdot}$
		叶酸含量/mg							
因素 A（产地）	产地 1（A_1）	9.8	7.9	6.1	8.6	7.4	39.8	1584.04	7.96
	产地 2（A_2）	6.1	10.1	9.6	7.5	6.6	39.9	1592.01	7.98
	产地 3（A_3）	8.6	8.9	6.6	8.1	6.2	38.4	1474.56	7.68
	产地 4（A_4）	7.9	5.0	6.3	7.2	8.0	34.4	1183.36	6.88

则有

$$T=\sum_{i=1}^{r}\sum_{j=1}^{n_i}X_{ij}=152.5,\ \sum_{i=1}^{r}\sum_{j=1}^{n_i}X_{ij}^2=1199.29,$$

$$SST=\sum_{i=1}^{r}\sum_{j=1}^{n_i}X_{ij}^2-\frac{T^2}{n}=1199.29-\frac{152.5^2}{20}=36.4775,$$

$$SSA=\sum_{i=1}^{r}\frac{T_{i\cdot}^2}{n_i}-\frac{T^2}{n}=\frac{1584.04}{5}+\frac{1592.01}{5}+\frac{1474.56}{5}+\frac{1183.36}{5}-\frac{152.5^2}{20}=3.9815,$$

$$SSE=SST-SSA=36.4775-3.9815=32.496,$$

$$F=\frac{SSA/(r-1)}{SSE/(n-r)}=\frac{3.9815/(4-1)}{32.496/(20-4)}=0.65,$$

$F_{0.01}(3,16)=5.29$。

方差分析表见表 9.1.5。

表 9.1.5　方差分析表

方差来源	平方和	自由度	均方差	F 的值
因子 A（组间）	3.9815	3	1.32717	0.65
误差（组内）	32.496	16	2.031	
总和	36.4775	19		

由于 $F=0.65<5.29=F_{0.01}(3,16)$，故接受原假设 H_0，即认为不同产地的茶叶中叶酸含量无显著差异。

例 9.1.3　某工厂用三种不同的工艺生产某种类型电池，从各种工艺生产的电池中分别抽取样本并测得样本的寿命（使用时间）（单位：h）见表 9.1.6。

表 9.1.6　各种工艺生产的电池寿命样本数据

工艺 1	40	46	38	42	44
工艺 2	26	34	30	32	32
工艺 3	39	40	43	48	50

解：由于样本数据较大，考虑对数据进行简单变换，令 $Y_{ij}=b(X_{ij}-a)$，其中 a，b 为适当的常数且 $b\neq 0$，使得样本观测值变得简单。选取 $a=30$，$b=1$，则有 $Y_{ij}=X_{ij}-30$，故原始样本数据变换见表 9.1.7。

表 9.1.7　各工艺样本电池寿命的相关指标数值表

样品		1	2	3	4	5	行和 $T_i.$	$T_i^2.$	行平均 $\overline{X}_i.$
		电池寿命/h							
因素 A（工艺）	工艺 1（A_1）	10	16	8	12	14	60	3600	12
	工艺 2（A_2）	-4	4	0	2	2	4	16	0.8
	工艺 3（A_3）	9	10	13	18	20	70	4900	14

并且有

$$T=\sum_{i=1}^{r}\sum_{j=1}^{n_i}X_{ij}=134,\quad \sum_{i=1}^{r}\sum_{j=1}^{n_i}X_{ij}^2=1874,$$

$$SST=\sum_{i=1}^{r}\sum_{j=1}^{n_i}X_{ij}^2-\frac{T^2}{n}=1874-\frac{134^2}{15}=676.93,$$

$$SSA=\sum_{i=1}^{r}\frac{T_{i\cdot}^{2}}{n_i}-\frac{T^2}{n}=\frac{3600}{5}+\frac{16}{5}+\frac{4900}{5}-\frac{134^2}{15}=506.13,$$

$$SSE=SST-SSA=676.93-506.13=170.8,$$

$$F=\frac{SSA/(r-1)}{SSE/(n-r)}=\frac{506.13/(3-1)}{170.8/(15-3)}=17.78,$$

$F_{0.01}(2,\ 12)=6.93$。

方差分析表见表 9.1.8。

表 9.1.8 方差分析表

方差来源	平方和	自由度	均方差	F 的值
因素 A（组间）	506.13	2	253.07	17.78
误差（组内）	170.8	12	14.23	
总和	676.93	14		

由于 $F=17.78>6.93=F_{0.01}(2,12)$，故拒绝原假设 H_0，即认为三种不同的工艺生产某种类型电池寿命有显著差异。

习题 9.1

1. 某食品公司对某种食品设计了四种新包装。为了考察哪种包装最受欢迎，选了 10 个地段繁华程度相似且规模相近的商店做实验，其中两种包装各指定了两个商店销售，另两种包装各指定三个商店销售。在试验期内各店货架摆放的位置和空间都相同，营业员的促销方法都基本相同，经过一段时间，记录其销售量数据。问：四种包装是否存在显著差异？($\alpha=0.05$)

A_1	12	18	
A_2	14	12	13
A_3	19	17	21
A_4	24	30	

2. 将抗生素注入人体会产生抗生素与血浆蛋白质结合的现象，这种结合会降低药效。下表给出四种常用的抗生素注入实验小白鼠体内时，抗生素与血浆蛋白质结合的百分比：

类型	结合百分比						
A_1	21.5	17.6	19.1	18.2	22.4	15.9	
A_2	28.7	25.1	29.0	31.9	28.9	31.6	26.2
A_3	26.9	33.1	29.7	35.2	32.2		
A_4	30.0	32.5	26.4	24.8	29.2	28.5	

试由上述试验数据推断不同抗生素的结合百分比是否有显著差异。($\alpha=0.05$)

3. 设有 5 种治疗皮炎的药物，要比较它们的疗效，按照试验规则选定 35 名患者并随机分为 5 组，每组 7 人，每组患者指定其中一种治疗药物，记录从治疗开始到痊愈所需要的天数，得到如下数据：

药物类型	治疗所需天数						
1	7	6	7	8	8	10	5
2	6	6	4	3	5	6	5
3	4	5	7	6	6	3	5
4	6	4	3	4	5	4	4
5	9	6	7	5	4	3	7

取得显著性水平 $\alpha=0.05$，问这几种药物的疗效有无差异？

4. 某广告公司通过 5 个平台进行广告宣传，该公司想评估这 5 个平台的宣传效果有无显著差异，通过对 5 个平台在七个不同时段的广告浏览量进行统计，数据如下（单位：万人）：

平台	广告浏览量						
平台 1	20.1	17.2	17.5	21.2	24.5	26.7	22.5
平台 2	20.7	22.5	24.8	30.2	29.8	22.7	20.9
平台 3	17.2	20.0	20.7	16.3	22.5	26.2	20.6
平台 4	18.5	17.8	21.1	17.5	18.9	18.6	16.7
平台 5	25.5	26.1	29.3	30.5	26.5	29.8	28.4

假定数据满足方差分析的假设，在显著性水平 $\alpha=0.05$ 下对其进行方差分析，从浏览量上看这 5 个平台有无显著差异？

9.2 双因素方差分析

在实际问题中，影响实验结果的因素往往有多个。因此，要考虑多个因素的影响是否显著，需要用到多因素试验的统计分析方法。本节介绍双因素方差分析方法。

例 9.2.1 有两种品牌的饮料拟在三个地区进行销售，为了分析饮料的品牌（“品牌”因素）和销售地区（“地区”因素）对销售量的影响，对每种品牌在各地区的销售量统计数据见表 9.2.1。

表 9.2.1　不同品牌在各地区的销售数据

品牌因素 A	地区因素 B		
	地区 1	地区 2	地区 3
品牌 1	558	627	484
品牌 2	464	528	616

该试验有两个因素，其中因素 A（品牌）有 2 个水平，因素 B（地区）有 3 个水平。

若假设因素 A 与因素 B 之间是相互独立的，则上述问题可采用无交互作用的双因素方差分析方法进行分析。

9.2.1 无交互作用的双因素方差分析

设双因素方差分析中，有两个因素 A，B 作用于试验的指标。因素 A 有 r 个水平 $A_1,A_2,\cdots,A_r$，因素 B 有 s 个水平 $B_1,B_2,\cdots,B_s$。在因素 A，B 的每对组合 $(A_i,B_j)(i=1,2,\cdots,r;\ j=1,2,\cdots,s)$ 下相互独立地进行一次试验，试验结果如表 9.2.2 所示。

表 9.2.2 双因素独立试验结果

因素 A	因素 B			
	B_1	B_2	…	B_s
A_1	X_{11}	X_{12}	…	X_{1s}
A_2	X_{21}	X_{22}	…	X_{2s}
⋮	⋮	⋮		⋮
A_r	X_{r1}	X_{r2}	…	X_{rs}

其中 X_{ij} 表示(A_i,B_j)条件下的试验结果。

同样假设 $X_{ij}\sim N(\mu_{ij},\sigma^2)$，$i=1,2,\cdots,r;j=1,2,\cdots,s$，且各个 X_{ij} 相互独立。不考虑两个因素的交互作用，在给定显著性水平 α 下，要检验因素 A 是否有影响，需考虑行因素 A 各水平对响应值的影响有无显著差异，即检验假设

$$H_{0A}: \alpha_1=\alpha_2=\cdots=\alpha_r=0,$$

$$H_{1A}: \text{各 } \alpha_i \text{ 至少有一个不为零},$$

其中 α_i 为**因素 A 的第 i 个水平的主效应**。

同理，要判断因素 B 各水平对响应值的影响有无显著差异，等价于检验假设

$$H_{0B}: \beta_1=\beta_2=\cdots=\beta_s=0,$$

$$H_{1B}: \text{各 } \beta_j \text{ 至少有一个不为零},$$

其中 β_j 为**因素 B 的第 j 个水平的主效应**。

类似于单因素方差分析，为了描述方便引入以下记号：

$$n=rs,\ \mu=\frac{1}{n}\sum_{i=1}^{r}\sum_{j=1}^{s}\mu_{ij},\ \mu_{i\cdot}=\frac{1}{r}\sum_{j=1}^{s}\mu_{ij},\ \mu_{\cdot j}=\frac{1}{s}\sum_{i=1}^{r}\mu_{ij},$$

$$\alpha_i=\mu_{i\cdot}-\mu,\ \beta_j=\mu_{\cdot j}-\mu(i=1,2,\cdots,r;j=1,2,\cdots,s),$$

其中 n 为总观测次数，μ 称为**总平均**，α_i 称为水平 A_i 的主效应，β_j 称为水平 B_j 的主效应，ε_{ij} 称为模型的随机误差项。

类似于单因素方差分析，则由样本独立同分布的假设，得到如下**无交互作用的双因素方差分析模型**：

$$\begin{cases} X_{ij}=\mu+\alpha_i+\beta_j+\varepsilon_{ij}, \\ \sum_{i=1}^{r}\alpha_i=0, \quad \sum_{j=1}^{s}\beta_j=0, \\ \varepsilon_{ij}\sim N(0,\sigma^2), \end{cases} \tag{9.2.1}$$

其中 $i=1,2,\cdots,r$；$j=1,2,\cdots,s$，且各 ε_{ij} 相互独立。

因此，为了对无交互作用的双因素方差分析的假设进行检验，且方便分析，引入以下记号：

$$X_{\cdot j}=\sum_{i=1}^{r}X_{ij},\ \overline{X}_{\cdot j}=\frac{1}{r}X_{\cdot j},$$

$$X_{i\cdot}=\sum_{j=1}^{s}X_{ij},\ \overline{X}_{i\cdot}=\frac{1}{s}X_{i\cdot},$$

$$X_{\cdot\cdot}=\sum_{i=1}^{r}\sum_{j=1}^{s}X_{ij},\ \overline{X}_{\cdot\cdot}=\frac{1}{n}\sum_{i=1}^{r}\sum_{j=1}^{s}X_{ij}=\frac{1}{n}X_{\cdot\cdot}。$$

总偏差平方和 $SST=\sum_{i=1}^{r}\sum_{j=1}^{s}(X_{ij}-\overline{X}_{\cdot\cdot})^2$，且有**平方和分解式**

$$SST=SSA+SSB+SSE,$$

其中 $SSA=s\sum_{i=1}^{r}(\overline{X}_{i\cdot}-\overline{X}_{\cdot\cdot})^2$ 称为 A **因素偏差平方和**，反映了因素 A 的不同水平而产生的差异。$SSB=r\sum_{j=1}^{s}(\overline{X}_{\cdot j}-\overline{X}_{\cdot\cdot})^2$ 称为 B **因素偏差平方和**，$SSE=\sum_{i=1}^{r}\sum_{j=1}^{s}(X_{ij}-\overline{X}_{i\cdot}-\overline{X}_{\cdot j}+\overline{X}_{\cdot\cdot})^2$ 称为**误差平方和**（组内偏差平方和），表示由随机观测误差引起的观测值的差异部分。

关于平方和分解有以下结论。

定理　在无交互双因素方差分析模型（9.2.1）中，

（1）$\frac{SSE}{\sigma^2}\sim\chi^2((r-1)(s-1))$；

（2）当 H_{0A} 成立时，$\frac{SSA}{\sigma^2}\sim\chi^2(r-1)$，且 SSE 与 SSA 相互独立；

（3）当 H_{0B} 成立时，$\frac{SSB}{\sigma^2}\sim\chi^2(s-1)$，且 SSE 与 SSB 相互独立。

从而有

$$F_A=\frac{SSA/(r-1)}{SSE/[(r-1)(s-1)]}\sim F_A(r-1,\ (r-1)(s-1)),$$

$$F_B=\frac{SSB/(s-1)}{SSE/[(r-1)(s-1)]}\sim F_B(s-1,\ (r-1)(s-1))。$$

且对于给定的置信度 α，分别确定相对于 F_A 和 F_B 的 F_α，由观测值得出 H_{0A} 的拒绝域为 $F_A>F_\alpha(r-1,(r-1)(s-1))$；$H_{0B}$ 的拒绝域为 $F_B>F_\alpha(s-1,(r-1)(s-1))$。上述假设检验过程可通过表 9.2.3 所示的方差分析表求得。

表 9.2.3 非重复试验、无交互作用的方差分析表

方差来源	平方和	自由度	均方差	F 值
因素 A（组间）	SSA	$r-1$	$\frac{SSA}{r-1}$	$F=\frac{SSA/(r-1)}{SSE/[(r-1)(s-1)]}$
因素 B（组间）	SSB	$s-1$	$\frac{SSB}{s-1}$	$F=\frac{SSB/(s-1)}{SSE/[(r-1)(s-1)]}$
误差（组内）	SSE	$(r-1)(s-1)$	$\frac{SSE}{(r-1)(s-1)}$	
总和	$SST=SSA+SSB+SSE$	$rs-1$		

例 9.2.2 对例 9.2.1 做双因素方差分析（显著性水平 $\alpha=0.05$），即结合表 9.2.4 所示的数据分析品牌和销售地区对饮料的销售量是否有显著影响。

表 9.2.4 不同品牌在各地区的销售量数据

品牌因素	地区因素		
	地区 1	地区 2	地区 3
品牌 1	558	627	484
品牌 2	464	528	616

解：(1) 提出检验假设

对行因素 A（品牌）提出假设：

H_{0A}：$\mu_1=\mu_2=\mu_3$，行因素 A（品牌）对销售无显著性影响，

H_{1A}：μ_i $(i=1,2,3)$，行因素 A（品牌）对销售有显著性影响。

对列因素 B（地区）提出假设：

H_{0B}：$\mu_1=\mu_2=\mu_3$，列因素 B（地区）对销售无显著性影响，

H_{1B}：μ_i $(i=1,2,3)$，列因素 B（地区）对销售有显著性影响。

(2) 计算检验统计量的值

由于 $r=2$，$s=3$，故有

$$X_{1\cdot}=\sum_{j=1}^{3}X_{1j}=558+627+484=1669,$$

$$X_{2\cdot}=\sum_{j=1}^{3}X_{2j}=464+528+616=1608,$$

$$\overline{X}_{1\cdot}=\frac{1}{s}X_{1\cdot}=\frac{1}{3}\times 1669=556.33,$$

$$\overline{X}_{2\cdot}=\frac{1}{s}X_{2\cdot}=\frac{1}{3}\times 1608=536,$$

$$X_{\cdot 1}=\sum_{i=1}^{2}X_{i1}=558+464=1022,$$

$$X_{\cdot 2}=\sum_{i=1}^{2}X_{i2}=627+528=1155,$$

$$X_{\cdot 3}=\sum_{i=1}^{2}X_{i3}=484+616=1100,$$

$$\overline{X}_{\cdot 1}=\frac{1}{r}X_{\cdot 1}=\frac{1}{2}\times 1022=511,$$

$$\overline{X}_{\cdot 2}=\frac{1}{r}X_{\cdot 2}=\frac{1}{2}\times 1155=577.5,$$

$$\overline{X}_{\cdot 3}=\frac{1}{r}X_{\cdot 3}=\frac{1}{2}\times 1100=550,$$

$$X_{\cdot\cdot}=\sum_{i=1}^{r}\sum_{j=1}^{s}X_{ij}=558+627+484+464+528+616=3277,$$

$$\overline{X}_{\cdot\cdot}=\frac{1}{6}\sum_{i=1}^{2}\sum_{j=1}^{3}X_{ij}=\frac{1}{6}X_{\cdot\cdot}=\frac{1}{6}\times 3277=546.17,$$

$$SST=\sum_{i=1}^{r}\sum_{j=1}^{s}(X_{ij}-\overline{X}_{\cdot\cdot})^2=22496.83,$$

$$SSA=s\sum_{i=1}^{r}(\overline{X}_{i\cdot}-\overline{X}_{\cdot\cdot})^2=3[(556.33-546.17)^2+(536-546.17)^2]=619.96,$$

$$SSB=r\sum_{j=1}^{s}(\overline{X}_{\cdot j}-\overline{X}_{\cdot\cdot})^2=2[(511-546.17)^2+(577.5-546.17)^2+(550-546.17)^2]=4466.33,$$

$$SSE=SST-SSA-SSB=22496.83-619.96-4466.33=17410.54,$$

$$F_A=\frac{SSA/(r-1)}{SSE/[(r-1)(s-1)]}=\frac{619.96}{8705.27}=0.071217,$$

$$F_B=\frac{SSB/(s-1)}{SSE/[(r-1)(s-1)]}=\frac{2233.1667}{8705.27}=0.256530。$$

（3）列出方差分析表见表 9.2.5。

表 9.2.5　方差分析表

方差来源	平方和	自由度	均方和	F 比
因素 A	619.96	1	619.96	0.071217
因素 B	4466.33	2	2233.1667	0.256530
误差	17410.54	2	8705.27	
总计	22496.83	5		

(4) 统计决策

由于 $F_{0.05}(1,2)=18.51$，所以不拒绝关于因素 A 的原假设，即认为地区因素对销售量无显著影响。由于 $F_{0.05}(2,2)=19.00$，所以不拒绝关于因素 B 的原假设，即认为品牌因素对销售量也无显著影响。

9.2.2 有交互作用的双因素方差分析

在上述讨论中，假设两个因素相互独立。但是，在许多实际应用中，两个因素 A 和 B 之间存在一定程度的交互作用。**交互作用**是指因素之间的联合搭配作用对试验结果产生了影响。A 与 B 的交互作用，记为 $A\times B$。为研究因素之间的交互作用，要求两个因素的每一交叉项要有重复试验。如果试验无重复，则误差项方差为 0，这时只能通过交互作用项的方差作为误差方差来检验因素 A 和 B 是否有显著影响，于是交互影响就无法检验，此时就与不考虑交互作用的情况一样。因此考虑交互作用，必须考虑重复试验。下面介绍双因素重复试验的方差分析。

设因素 A 有 r 个水平 $A_1,A_2,\cdots,A_r$，因素 B 有 s 个水平 $B_1,B_2,\cdots,B_s$，对 A 和 B 两因素的每种水平搭配 $A_iB_j(i=1,2,\cdots,r;j=1,2,\cdots,s)$ 都做 $t(t\geqslant 2)$次试验（称为等重复试验），总共要做 $n=rst$ 次试验，得到表 9.2.6 所示结果。

表 9.2.6 交互作用下双因素试验

因素 A	因素 B			
	B_1	B_2	…	B_s
A_1	$X_{111},X_{112},\cdots,X_{11t}$	$X_{121},X_{122},\cdots,X_{12t}$	…	$X_{1s1},X_{1s2},\cdots,X_{1st}$
A_2	$X_{211},X_{212},\cdots,X_{21t}$	$X_{221},X_{222},\cdots,X_{22t}$	…	$X_{2s1},X_{2s2},\cdots,X_{2st}$
⋮	⋮	⋮		⋮
A_r	$X_{r11},X_{r12},\cdots,X_{r1t}$	$X_{r21},X_{r22},\cdots,X_{r2t}$	…	$X_{rs1},X_{rs2},\cdots,X_{rst}$

要求分别检验因素 A，B 及交互作用 $A\times B$ 对试验结果是否有显著影响，即检验假设

H_{0A}：因素 A 无显著影响，H_{0B}：因素 B 无显著影响，H_{0AB}：交互作用 $A\times B$ 无显著影响。

然后，计算偏差平方和与自由度，类似地，有

$$X_{i\cdot\cdot}=\sum_{j=1}^{s}\sum_{k=1}^{t}X_{ijk},\ \overline{X}_{i\cdot\cdot}=\frac{1}{st}X_{i\cdot\cdot},$$

$$X_{\cdot j\cdot}=\sum_{i=1}^{r}\sum_{k=1}^{t}X_{ijk},\ \overline{X}_{\cdot j\cdot}=\frac{1}{rt}X_{\cdot j\cdot},$$

$$X_{\cdots}=\sum_{i=1}^{r}\sum_{j=1}^{s}\sum_{k=1}^{t}X_{ijk},\ \overline{X}_{\cdots}=\frac{1}{rst}\sum_{i=1}^{r}\sum_{j=1}^{s}\sum_{k=1}^{t}X_{ijk}=\frac{1}{n}X_{\cdots},$$

$$SST=\sum_{i=1}^{r}\sum_{j=1}^{s}\sum_{k=1}^{t}(X_{ijk}-\overline{X}_{\cdots})^2,$$

$$SSA=st\sum_{i=1}^{r}(\overline{X}_{i\cdot\cdot}-\overline{X}_{\cdots})^2,$$

$$SSB=rt\sum_{j=1}^{s}(\overline{X}_{\cdot j\cdot}-\overline{X}_{\cdots})^2,$$

$$X_{ij\cdot}=\sum_{k=1}^{t}X_{ijk},\ \overline{X}_{ij\cdot}=\frac{1}{t}X_{ij\cdot},$$

$$SSAB=t\sum_{i=1}^{r}\sum_{j=1}^{s}(\overline{X}_{ij\cdot}-\overline{X}_{i\cdot\cdot}-\overline{X}_{\cdot j\cdot}+\overline{X}_{\cdots})^2,$$

$$SSE=SST-SSA-SSB-SSAB,$$

并且可得 SST，SSA，SSB，$SSAB$，SSE 的自由度依次为 $rst-1$，$r-1$，$s-1$，$(r-1)(s-1)$，$rs(t-1)$。

进一步给出显著性检验的判断方法：

当 H_{0A} 为真时，

$$F_A=\frac{SSA/(r-1)}{SSE/rs(t-1)}\sim F(r-1,\ rs(t-1)),$$

当 H_{0B} 为真时，

$$F_B=\frac{SSB/(s-1)}{SSE/rs(t-1)}\sim F(s-1,\ rs(t-1)),$$

当 H_{0AB} 为真时，

$$F_{AB}=\frac{SSAB/(r-1)(s-1)}{SSE/rs(t-1)}\sim F((r-1)(s-1),\ rs(t-1))。$$

因此，对于给定的显著性水平 α，查表得到在相应自由度下对应的 F_α，若 $F_A\geqslant F_\alpha$，则拒绝 H_{0A}，反之，则接受 H_{0A}；同理，若 $F_B\geqslant F_\alpha$，则拒绝 H_{0B}，反之，则接受 H_{0B}；若 $F_{AB}\geqslant F_\alpha$，则拒绝 H_{0AB}，反之，则接受 H_{0AB}。

于是，可得表 9.2.7 所示的方差分析表。

表 9.2.7　有交互作用的双因素方差分析表

方差来源	平方和	自由度	均方	F 值
因素 A	SSA	$r-1$	$\frac{SSA}{r-1}$	$F_A=\frac{SSA/(r-1)}{SSE/rs(t-1)}$
因素 B	SSB	$s-1$	$\frac{SSB}{s-1}$	$F_B=\frac{SSB/(s-1)}{SSE/rs(t-1)}$
因素 $A\times B$	$SSAB$	$(r-1)(s-1)$	$\frac{SSAB}{(r-1)(s-1)}$	$F_{AB}=\frac{SSAB/(r-1)(s-1)}{SSE/rs(t-1)}$

（续）

方差来源	平方和	自由度	均方	F 值
误差	SSE	$rs(t-1)$	$\frac{SSE}{rs(t-1)}$	
总和	SST	$rst-1$		

例 9.2.3 在某种金属材料的生产过程中，对热处理温度（因素A）与时间（因素B）各取两个水平，产品强度的测定结果（相对值）见表9.2.8。在同一条件下每个实验重复两次。设各水平搭配下强度的总体服从正态分布且方差相同，各样本独立。问热处理温度、时间对产品强度是否有显著性影响（取$\alpha=0.05$）？

表 9.2.8 各因素对产品强度的影响数据

因素 A	因素 B	
	B_1	B_2
A_1	38.0，38.6	47.0，44.8
A_2	45.0，43.8	42.4，40.8

解：检验假设

H_{0A}：因素A（热处理温度）对产品强度无显著影响；

H_{0B}：因素B（时间）对产品强度无显著影响；

H_{0AB}：交互作用$A\times B$对产品强度无显著影响。

首先，计算偏差平方和及自由度

$$X_{1\cdot\cdot}=\sum_{j=1}^{2}\sum_{k=1}^{2}X_{ijk}=168.4,\ X_{2\cdot\cdot}=\sum_{j=1}^{2}\sum_{k=1}^{2}X_{ijk}=172,$$

$$\overline{X}_{1\cdot\cdot}=\frac{1}{st}X_{1\cdot\cdot}=\frac{1}{4}\times 168.4=42.1,\ \overline{X}_{2\cdot\cdot}=\frac{1}{st}X_{2\cdot\cdot}=\frac{1}{4}\times 172=43,$$

$$X_{\cdot1\cdot}=\sum_{i=1}^{2}\sum_{k=1}^{2}X_{ijk}=165.4,\ X_{\cdot2\cdot}=\sum_{i=1}^{2}\sum_{k=1}^{2}X_{ijk}=172,$$

$$\overline{X}_{\cdot1\cdot}=\frac{1}{rt}X_{\cdot1\cdot}=\frac{1}{4}\times 165.4=41.35,\ \overline{X}_{\cdot2\cdot}=\frac{1}{rt}X_{\cdot2\cdot}$$

$$=\frac{1}{4}\times 175=43.75,$$

$$X_{\cdots}=\sum_{i=1}^{2}\sum_{j=1}^{2}\sum_{k=1}^{2}X_{ijk}=340.4,\ \overline{X}_{\cdots}=\frac{1}{rst}X_{\cdots}=\frac{1}{8}\times 340.4=42.55,$$

$$SST=\sum_{i=1}^{2}\sum_{j=1}^{2}\sum_{k=1}^{2}(X_{ijk}-\overline{X}_{\cdots})^2=71.82,$$

$$SSA=4\sum_{i=1}^{2}(\overline{X}_{i\cdot\cdot}-\overline{X}_{\cdots})^2=1.62,$$

$$SSB = 4\sum_{j=1}^{2}(\overline{X}_{\cdot j\cdot} - \overline{X}_{\cdots})^2 = 11.52,$$

$$X_{11\cdot} = \sum_{k=1}^{2} X_{11k} = 76.6,\ \overline{X}_{11\cdot} = \frac{1}{2}X_{11\cdot} = 38.3,$$

$$X_{12\cdot} = \sum_{k=1}^{2} X_{12k} = 91.8,\ \overline{X}_{12\cdot} = \frac{1}{2}X_{12\cdot} = 45.9,$$

$$X_{21\cdot} = \sum_{k=1}^{2} X_{21k} = 88.8,\ \overline{X}_{21\cdot} = \frac{1}{2}X_{21\cdot} = 44.4,$$

$$X_{22\cdot} = \sum_{k=1}^{2} X_{22k} = 83.2,\ \overline{X}_{22\cdot} = \frac{1}{2}X_{22\cdot} = 41.6,$$

$$SSAB = 2\sum_{i=1}^{2}\sum_{j=1}^{2}(\overline{X}_{ij\cdot} - \overline{X}_{i\cdot\cdot} - \overline{X}_{\cdot j\cdot} + \overline{X}_{\cdots})^2 = 54.08,$$

$$\begin{aligned} SSE &= SST - SSA - SSB - SSAB \\ &= 71.82 - 1.62 - 11.52 - 54.08 = 4.6, \end{aligned}$$

得表 9.2.9 所示的方差分析表。

表 9.2.9　双因素方差分析表

方差来源	平方和	自由度	均方	F 值
因素 A	1.62	1	1.62	$F_A = 1.4$
因素 B	11.52	1	11.52	$F_B = 10.0$
因素 $A\times B$	54.08	1	54.08	$F_{AB} = 47.03$
误差	4.6	4	1.15	
总和	71.82	7		

由于 $F_{0.05}(1,4) = 7.71$，所以认为热处理温度（因素 A）对强度无显著影响，而时间（因素 B）对强度有显著影响，交互作用 $A \times B$ 对产品强度有显著影响。

习题 9.2

1. 为了考察高温合金中碳的含量（因素 A）和锑与铝的含量之和（因素 B）对合金强度的影响，因素 A 取 3 个水平，因素 B 取 4 个水平。在每个水平组合下各做一次试验，结果如下表所示：

因素 A	因素 B			
	B_1	B_2	B_3	B_4
A_1	66.5	65.7	66.9	64.0
A_2	65.4	66.7	68.1	68.9
A_3	66.9	71.1	72.0	73.4

试分析因素 A 和因素 B 的不同含量水平对合金强度的影响是否显著不同？($\alpha=0.01$)

2. 某品牌饮品在不同季度和地区的销售量（单位：万杯）如下表，分析季度因素和地区因素对饮品销售结果有无显著影响？($\alpha=0.05$)

季　度	地　区		
	地区 1	地区 2	地区 3
第 1 季度	155	205	116
第 2 季度	160	198	136

（续）

季度	地区		
	地区1	地区2	地区3
第3季度	165	200	142
第4季度	147	201	150

3. 为研究不同的种植技术对樱桃产量的影响，选择5块不同的地块，每个地块分成3个区域，并随机采用3种种植技术，所统计数据结果如下表：

地块 A	种植技术 B		
	B_1	B_2	B_3
A_1	69	75	78
A_2	89	88	90
A_3	60	72	81
A_4	64	61	67
A_5	83	86	84

试分析不同的地块和不同的种植技术对樱桃产量有无显著影响？($\alpha=0.05$)

4. 某企业对所生产商品的销量问题进行研究，对可能影响商品销量的两种主要因素进行分析，其中因素 A（促销活动方式）和因素 B（售后服务方式），并分别研究因素 A 的三种方式和因素 B 的三种方式下的商品销量统计数据如下表所示：

（单位：件）

促销活动（因素 A）	售后服务（因素 B）		
	B_1	B_2	B_3
A_1	150，137，178	50，35，82	25，72，85
A_2	160，132，185	140，125，119	28，75，42
A_3	142，115，170	175，130，156	80，110，89

试分析两种因素的不同方式对该商品销量有无显著影响？($\alpha=0.05$)

5. 为了研究树种（因素 A）和生长环境（因素 B）对杨树生长的影响，对四种生长环境的三种同龄杨树的直径（单位：cm）进行测量得到数据如下表，A_i，$i=1,2,3$，表示3个不同树种；B_j，$j=1,2,3,4$，表示4个不同生长环境。对每一种水平组合，各进行了6次测量，对此试验结果进行方差分析。($\alpha=0.05$)

杨树类型	生长环境			
	B_1	B_2	B_3	B_4
A_1	15，22，26 20，18，21	25，22，20 18，12，14	18，14，15 23，16，17	21，22，16 28，19，20
A_2	29，23，31 18，17，20	27，25，20 24，26，23	23，18，19 20，20，25	25，26，27 28，29，24
A_3	14，19，24 18，11，15	22，20，13 12，26，23	18，21，22 23，13，15	23，13，14 20，22，21

6. 下面给出在某5个不同地区（B）、不同时间（A）空气中的颗粒状物（以 mg/m^3 计）的含量的数据：

因素 A（时间）	因素 B（地区）					
	1	2	3	4	5	$T_{i\cdot}$
2015年10月	76	67	81	56	51	331
2016年1月	82	69	96	59	70	376
2016年5月	68	59	67	54	42	290
2016年9月	63	56	64	58	37	278
$T_{\cdot j}$	289	251	308	227	200	1275

试在显著性水平 $\alpha=0.05$ 下检验：在不同时间颗粒状物含量的均值有无显著性差异，在不同地区颗粒状物含量的均值有无显著差异？

9.3 回归的概念

回归分析研究的主要对象是客观事物变量之间的关系，通过对大量客观事物进行试验和观察，寻找其不确定现象内在规律的统计方法。早在19世纪，英国生物统计学家高尔顿（Galton）在研究人类遗传问题时提出了回归这一术语。高尔顿通过观察1078

对父子的身高（in㊀），用于研究父子身高的遗传规律，并分别以 x，y 表示父亲的身高和孩子的身高，然后将 1078 对数据看作直角坐标系中的点，通过分析发现，这 1078 个点基本上在一条直线附近，最终经过分析确定了该条直线方程为

$$y = 33.73 + 0.516x。$$

由该方程可知，父亲身高每增加一个单位，其孩子的身高平均增加 0.516 个单位；身材高的父亲，他们的孩子也高，但这些孩子平均身高并不像他们的父亲那样高，如 $x=75$，则 $y=72.43$；对于比较矮的父亲，他们的孩子也比较矮，但是这些孩子平均身高要高一些，如 $x=55$，则 $y=62.11$。

上述例子表明，孩子一代的平均身高有向中心回归的趋势，使得一段时间内人的平均身高相对稳定，高尔顿把这种孩子的身高向中间值靠近的趋势称为**回归效应**。之后这种回归的思想也被用于许多学科中。

回归分析是研究变量之间相关关系的一门数学学科。变量之间有两种关系类型：一是确定关系，例如圆的面积可以准确计算，面积和半径之间有确定性关系；二是相关关系，例如身高和体重之间，总体认为身高越高体重越大，但这不是绝对的，因为身高无法完全决定体重，通过大量的试验和统计会揭示出相当稳定的规律，这种潜在的统计规律性在实际生活中经常出现，例如：产品的成本和价格的关系，价格和销量的关系，人均收入与人均支出的关系，施肥量和农作物产量的关系等。

回归分析的主要任务是通过统计相关变量之间对应的观测值，确定一个函数关系式或数学模型对这种统计规律进行表示，回归分析就是根据样本观测值分析事物所服从的内在统计规律，并将变量之间的函数关系式称为**回归函数**或**回归方程**。

例 9.3.1　某水池的蓄水量 y 与时间 t 有关，表 9.3.1 记录了蓄水时长 1~8h 的数据。

表 9.3.1　不同时间水池蓄水量数据

时间 t_i/h	1	2	3	4	5	6	7	8
蓄水量 y_i/m³	5.1	5.7	6.3	7.0	7.7	8.2	9.5	10

数据表明，总的趋势是蓄水量随着时间增长而增加，若能找到近似描述该关系的函数，对于预测和控制有很大作用。

㊀ 1in = 0.0254m。——编辑注

回归函数的获取可分为三个步骤：

(1) 确定相关变量间的函数类型，它常从实际经验中得到，所以这种数学表达式常称为经验公式；

(2) 依据回归标准确定待估参数，得到具体的回归函数；

(3) 检验和判断建立的回归函数的有效性。

当然回归函数并非完全表达了相关变量间的全部统计规律，只是代表了它的主要方面，或者它的一个拟合（故有时也称回归分析为曲线拟合）；最终回归模型的确定也必须是有效的，如果同时有多个模型满足有效性，可以选取其中函数形式简单且待估参数少的作为首选；所确定的函数类型一定要符合实际。

习题 9.3

1. 简述回归分析的思想。

2. 简述获取回归函数的步骤。

9.4 线性回归

9.4.1 一元线性回归模型

1. 数学模型

设自变量 x 和因变量 y 之间存在相关关系，对于 x 的每个取值，y 的取值是不确定的，如果 y 和 x 之间的相关关系可以表示为

$$y=\beta_0+\beta_1 x+\varepsilon, \tag{9.4.1}$$

对于容量为 n 的样本 $(x_1,y_1),(x_2,y_2),\cdots,(x_n,y_n)$，有

$$y_i=\beta_0+\beta_1 x_i+\varepsilon_i,$$

其中 β_0,β_1 为待估参数，并通常假设随机误差 $\varepsilon_i\sim N(0,\sigma^2)$，$\varepsilon_1,\varepsilon_2,\cdots,\varepsilon_n$ 之间相互独立，则称 y 与 x 之间存在线性相关关系，并称式（9.4.1）为**一元线性回归模型**，简称一元线性模型。通常 β_0,β_1 也称为回归系数。同样，因变量 y 的取值可看成由两部分组成：由自变量 x 所影响的部分 $\beta_0+\beta_1 x$，以及无法控制的随机干扰 ε。

例 9.4.1 一般来说，人的血压和年龄之间有着某种密切的联系，通常年龄越大血压会越高。为了进一步研究血压和年龄的关系，调查了 10 个不同年龄的人并多次测量血压记录其血压平均值，具体数据见表 9.4.1。

表 9.4.1　不同年龄血压平均值记录数据

编号	1	2	3	4	5	6	7	8	9	10
年龄 x/岁	20	24	35	45	40	66	47	55	57	62
血压 y/mmHg	120	123	126	135	128	159	138	144	148	156

为了研究两个变量之间的关系，将每对数据看作是直角坐标系中的一个点，即可得到数据对对应的散点图，如图 9.4.1 所示。

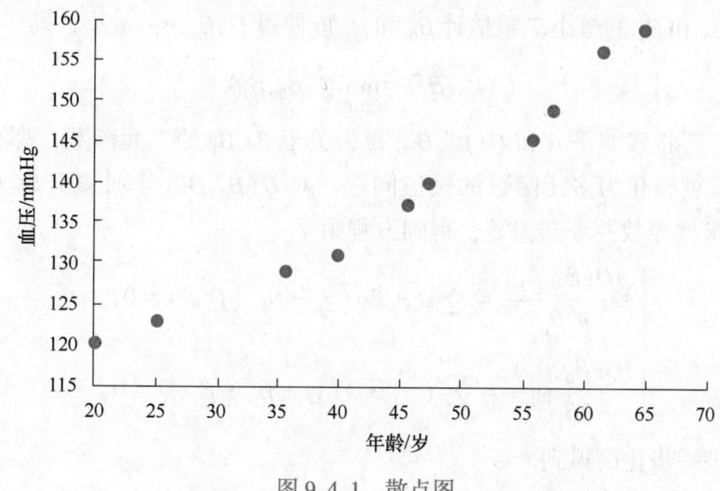

图 9.4.1　散点图

由图 9.4.1 可以看到数据对(x_i,y_i)，$i=1,2,\cdots,10$，基本分布在一条直线附近，虽然不完全在直线上，直观上可认为年龄 x 与血压 y 之间存在线性相关关系。因此，可以通过一元线性回归模型对两个变量之间的关系进行描述。

2. 最小二乘法估计

对于已知的 n 对样本观测值(x_i,y_i)，$i=1,2,\cdots,n$。如果变量 x 和 y 之间存在线性趋势，则可以有无穷条不同的直线，那么如何从中选择出最优的估计呢？首先要确定选择这条最优直线的标准。当然标准有很多，结果也不尽相同，在此介绍最小二乘法。最小二乘法是统计学中用来估计未知参数的一种经典方法，其主要思想就是寻找一条直线使得所有的样本点到该直线的垂直距离的平方和最小。

设 $\hat{\beta}_0$ 和 $\hat{\beta}_1$ 分别是 β_0 和 β_1 的估计，从而可得到拟合的回归直线为 $\hat{y}=\hat{\beta}_0+\hat{\beta}_1 x_1$，则样本中任意点距离该直线的垂直距离为

$$\hat{\varepsilon}_i = y_i - \hat{y}_i = y_i - \hat{\beta}_0 - \hat{\beta}_1 x_i,$$

其刻画了各样本观测值(x_i,y_i)与拟合直线的偏离程度，其中 $\hat{\varepsilon}_i$ 称为**残差**。如果残差尽可能小，那么拟合直线与观测值就尽可能地

接近，可通过绝对残差和度量，即

$$\sum_{i=1}^{n}|\hat{\varepsilon}_i|=\sum_{i=1}^{n}|y_i-\hat{\beta}_0-\hat{\beta}_1x_i|。$$

直接使用绝对值对总误差进行度量，相对比较麻烦，所以一般考虑使用**绝对残差平方和**

$$Q(\beta_0,\beta_1)=\sum_{i=1}^{n}\varepsilon_i^2=\sum_{i=1}^{n}(y_i-\beta_0-\beta_1x_i)^2,$$

则 β_0 和 β_1 的**最小二乘估计** $\hat{\beta}_0$ 和 $\hat{\beta}_1$ 应使得 $Q(\beta_0,\beta_1)$ 最小，即

$$Q(\hat{\beta}_0,\hat{\beta}_1)=\min_{\beta_0,\beta_1}Q(\beta_0,\beta_1)$$

若将残差平方和 $Q(\beta_0,\beta_1)$ 视为关于 β_0,β_1 的二元函数，那么问题就转化为多元函数的极值问题。对 $Q(\beta_0,\beta_1)$ 分别关于 β_0 和 β_1 求偏导数并令其为零，得到方程组

$$\begin{cases}\dfrac{\partial Q(\beta_0,\beta_1)}{\partial\beta_0}=\sum\limits_{i=1}^{n}(-2)(y_i-\beta_0-\beta_1x_i)=0,\\ \dfrac{\partial Q(\beta_0,\beta_1)}{\partial\beta_1}=\sum\limits_{i=1}^{n}(-2x_i)(y_i-\beta_0-\beta_1x_i)=0。\end{cases}$$

并进一步化简得到

$$\begin{cases}n\beta_0+\left(\sum\limits_{i=1}^{n}x_i\right)\beta_1=\sum\limits_{i=1}^{n}y_i,\\ \left(\sum\limits_{i=1}^{n}x_i\right)\beta_0+\left(\sum\limits_{i=1}^{n}x_i^2\right)\beta_1=\sum\limits_{i=1}^{n}x_iy_i。\end{cases}$$

该方程组也称为正规方程组。假设 $x_1,x_2,\cdots,x_n$ 不全相等，则正规方程组的系数行列式不为零，故方程组有唯一解，解得 β_0 和 β_1 的最小二乘估计为

$$\begin{cases}\hat{\beta}_1=\dfrac{\sum\limits_{i=1}^{n}(x_i-\bar{x})(y_i-\bar{y})}{\sum\limits_{i=1}^{n}(x_i-\bar{x})^2},\\ \hat{\beta}_0=\bar{y}-\hat{\beta}_1\bar{x}。\end{cases}$$

为了计算方便，可简写成

$$\begin{cases}\hat{\beta}_1=\dfrac{S_{xy}}{S_{xx}},\\ \hat{\beta}_0=\bar{y}-\hat{\beta}_1\bar{x},\end{cases}\tag{9.4.2}$$

其中 $\bar{x}=\dfrac{1}{n}\sum\limits_{i=1}^{n}x_i$，$\bar{y}=\dfrac{1}{n}\sum\limits_{i=1}^{n}y_i$，$S_{xx}=\sum\limits_{i=1}^{n}(x_i-\bar{x})^2$，$S_{xy}=\sum\limits_{i=1}^{n}(x_i-\bar{x})(y_i-\bar{y})$。

将 $\hat{\beta}_0$ 和 $\hat{\beta}_1$ 代入，即可得到回归方程

$$\hat{y} = \hat{\beta}_0 + \hat{\beta}_1 x。$$

也称为 y 关于 x 的**经验回归函数**，其图形称为回归直线。

例 9.4.2　（接例 9.4.1）假设年龄和血压之间满足一元线性回归模型的条件，试求 y 关于 x 的经验回归方程。

解：本例中样本容量 $n=10$，根据样本观测数据，有

$$\sum_{i=1}^{10} x_i = 451，\bar{x} = \frac{1}{10}\sum_{i=1}^{10} x_i = 45.1，$$

$$\sum_{i=1}^{10} y_i = 1377，\bar{y} = \frac{1}{10}\sum_{i=1}^{10} y_i = 137.7，$$

$$\sum_{i=1}^{10} x_i y_i = 63965，$$

计算可得

$$S_{xx} = \sum_{i=1}^{10}(x_i - \bar{x})^2 = 2168.9，S_{xy} = \sum_{i=1}^{10}(x_i - \bar{x})(y_i - \bar{y}) = 1862.3，$$

故

$$\hat{\beta}_1 = \frac{S_{xy}}{S_{xx}} \approx 0.8586，$$

$$\hat{\beta}_0 = \bar{y} - \hat{\beta}_1 \bar{x} = 98.9754，$$

所以回归方程为

$$\hat{y} = 98.9754 + 0.8586x。$$

上式表明，年龄 x 每增加 1 岁，血压 y 平均增加 0.8586mmHg，回归直线如图 9.4.2 所示。

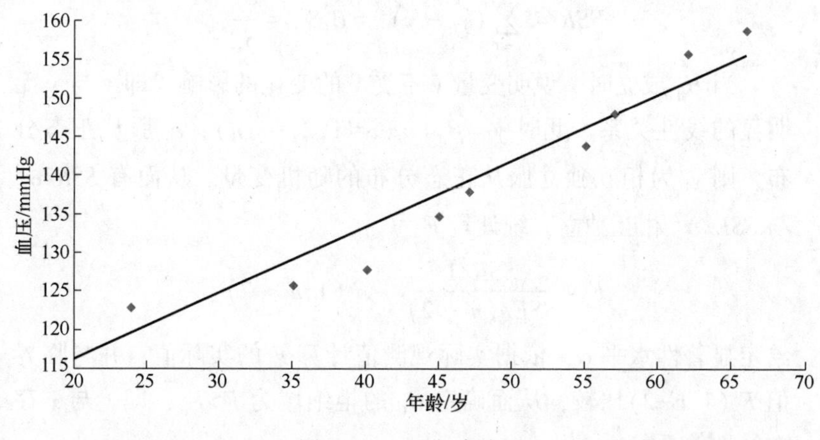

图 9.4.2　回归直线图

3. 回归方程的显著性检验

对于任意样本观测值，无论 x 与 y 之间是否线性相关，都可

以利用式（9.4.2）得到回归方程。但是，如果变量之间不存在线性关系，那么基于线性模型的统计推断都是毫无意义的。对于一元线性回归模型（9.4.1），如果两个变量之间存在线性关系，那么变量 x 的系数 β_1 不应该为零。因此，是否选择一元线性回归模型的问题转化为假设检验

$$H_0: \beta_1 = 0,$$
$$H_1: \beta_1 \neq 0。$$

根据检验统计量的不同，常用的检验方法有 F 检验和 t 检验。

下面主要介绍 F 检验，借用方差分析的思想，对因变量的**总离差平方和**进行分解

$$SST = S_{yy} = \sum_{i=1}^{n}(y_i - \overline{y}) = \sum_{i=1}^{n}[(y_i - \hat{y}_i) + (\hat{y}_i - \overline{y})]^2$$

$$= \sum_{i=1}^{n}(y_i - \hat{y}_i)^2 + \sum_{i=1}^{n}(\hat{y}_i - \overline{y})^2 + 2\sum_{i=1}^{n}(y_i - \hat{y}_i)(\hat{y}_i - \overline{y}),$$

由于 $\hat{\beta}_0$ 和 $\hat{\beta}_1$ 满足正规方程组，则有

$$\sum_{i=1}^{n}(y_i - \hat{y}_i)(\hat{y}_i - \overline{y}) = 0。$$

令 $SSE = \sum_{i=1}^{n}(y_i - \hat{y}_i)^2$，$SSR = \sum_{i=1}^{n}(\hat{y}_i - \overline{y})^2$，则有

$$SST = SSR + SSE。$$

其中 SSR 称为**回归平方和**，表示的是所有 x_i 对应于回归直线上的估计值 $\hat{y}_i$ 相对于样本均值 $\overline{y}$ 的波动；SSE 称为残差平方和，表示的是所有观测值 y_i 偏离回归直线的程度。由于 $\hat{\beta}_1 = S_{xy}/S_{xx}$，故有

$$SSR = \sum_{i=1}^{n}(\hat{y}_i - \overline{y})^2 = \hat{\beta}_1^2 S_{xx} = \frac{S_{xy}^2}{S_{xx}}。$$

当 H_0 成立时，说明变量 y 不受 x 的变化的影响，即 y 与 x 无明显的线性关系。此时 $y_i = \beta_0 + \varepsilon_i (i = 1, 2, \cdots, n)$，$\varepsilon_i$ 服从正态分布，则 y_i 为相互独立服从正态分布的随机变量。从而有 SSR/σ^2 与 SSE/σ^2 相互独立，统计量 F 为

$$F = \frac{SSR/1}{SSE/(n-2)} \sim F(1, n-2)。$$

给定显著性水平 α，依据实际观测值计算 F 的实际值，并与临界值 $F_\alpha(1, n-2)$ 比较，从而确定 H_0 的拒绝域为 $F > F_\alpha$，即 y 与 x 存在线性关系。

由平方和分解式，在总离差平方和中回归平方和所占的比重越大，说明线性回归效果越好，也就是说回归直线和样本的拟合程度越高；反之，如果残差平方和所占的比重越大说明拟合情况

不理想。因此，可通过回归平方和与总偏差平方和之比衡量回归效果，进而可以定义**样本决定系数**，即

$$r^2=\frac{SSR}{SST}=1-\frac{SSE}{SST},$$

由于 $SSR=S_{xy}^2/S_{xx}$，$SST=S_{yy}$，则有

$$r^2=\frac{SSR}{SST}=\frac{S_{xy}^2}{S_{xx}S_{yy}}。$$

其作为衡量回归直线对样本观测值的拟合优度的重要指标，并且 $0\leqslant r^2\leqslant 1$。显然，$r^2$ 越接近于 1，说明回归模型对变量之间关系描述越合适；如果 r^2 很小，说明模型选择是不恰当的，需要对模型进行修改。

4. 预测

建立回归模型的主要目的就是为了应用，预测就是最重要的应用之一。

指定自变量 x 的值 x_0，由于因变量 y 的观测值 y_0 满足条件

$$y_0=\beta_0+\beta_1x_0+\varepsilon_0,\ \varepsilon_i\sim N(0,\sigma^2),$$

其中 ε_0 为随机误差，所以 y_0 也是一个随机变量，通常取

$$\hat{y}_0=\hat{\beta}_0+\hat{\beta}_1x_0$$

作为 y_0 的点预测。如例 9.4.1 中，得到回归方程

$$\hat{y}=98.9754+0.8586x。$$

如果想要得到在点 $x=34$ 岁时，血压 y 的观测值，只需将 $x=34$ 代入上式得到血压的预测值为 $\hat{y}=128.1678$。

9.4.2　多元线性回归

在实际应用过程中，影响试验结果的因素常常不止一个，因此就需要研究一个因变量 y 与多个自变量 $x_1,x_2,\cdots,x_p$ 之间的因果关系。研究该问题的常用方法就是多元回归分析方法，而多元回归分析中最常用的就是多元线性回归分析，它是一元线性回归的推广。

假设影响因变量 y 取值的自变量有 $p(p>1)$ 个，记为 $x_1,x_2,\cdots,x_p$。讨论线性回归模型

$$y=\beta_0+\beta_1x_1+\beta_2x_2+\cdots+\beta_px_p+\varepsilon,$$

其中 $\beta_0,\beta_1,\cdots,\beta_p$ 为未知参数，且 $\varepsilon\sim N(0,\sigma^2)$。

设 $(x_{i1},x_{i2},\cdots,x_{ip},y_i),i=1,2,\cdots,n$ 为样本观测值，同一元线性回归模型一样的思想，采用最小二乘法估计回归系数 $\beta_0,\beta_1,\cdots,\beta_p$，即通过求得误差平方和

$$Q(\beta_0,\beta_1,\cdots,\beta_p)=\sum_{i=1}^{n}\varepsilon_i^2$$
$$=\sum_{i=1}^{n}[y_i-(\beta_0+\beta_1x_{i1}+\beta_2x_{i2}+\cdots+\beta_px_{ip})]^2$$

的最小值得到对应的参数估计 $\hat{\beta}_0,\hat{\beta}_1,\cdots,\hat{\beta}_p$，对 $Q(\beta_0,\beta_1,\cdots,\beta_p)$ 分别关于 $\beta_0,\beta_1,\cdots,\beta_p$ 求一阶偏导数并令其为零，得到方程组

$$\begin{cases}\dfrac{\partial Q(\beta_0,\beta_1,\cdots,\beta_p)}{\partial\beta_0}=\sum\limits_{i=1}^{n}(-2)[y_i-(\beta_0+\beta_1x_{i1}+\beta_2x_{i2}+\cdots+\beta_px_{ip})]=0,\\ \dfrac{\partial Q(\beta_0,\beta_1,\cdots,\beta_p)}{\partial\beta_j}=\sum\limits_{i=1}^{n}(-2x_{ij})[y_i-(\beta_0+\beta_1x_{i1}+\beta_2x_{i2}+\cdots+\beta_px_{ip})]=0,\end{cases}$$

其中 $j=1,2,\cdots,p$，并进一步化简得到**正规方程组**

$$\begin{cases}n\beta_0+\left(\sum\limits_{i=1}^{n}x_{i1}\right)\beta_1+\left(\sum\limits_{i=1}^{n}x_{i2}\right)\beta_2+\cdots+\left(\sum\limits_{i=1}^{n}x_{ip}\right)\beta_p=\sum\limits_{i=1}^{n}y_i,\\ \left(\sum\limits_{i=1}^{n}x_{i1}\right)\beta_0+\left(\sum\limits_{i=1}^{n}x_{i1}^2\right)\beta_1+\left(\sum\limits_{i=1}^{n}x_{i1}x_{i2}\right)\beta_2+\cdots+\left(\sum\limits_{i=1}^{n}x_{i1}x_{ip}\right)\beta_p=\sum\limits_{i=1}^{n}x_{i1}y_i,\\ \qquad\vdots\\ \left(\sum\limits_{i=1}^{n}x_{ip}\right)\beta_0+\left(\sum\limits_{i=1}^{n}x_{ip}x_{i1}\right)\beta_1+\left(\sum\limits_{i=1}^{n}x_{ip}x_{i2}\right)\beta_2+\cdots+\left(\sum\limits_{i=1}^{n}x_{ip}^2\right)\beta_p=\sum\limits_{i=1}^{n}x_{ip}y_i,\end{cases}$$

为了方便讨论，记

$$\boldsymbol{X}=\begin{pmatrix}1&x_{11}&x_{12}&\cdots&x_{1p}\\1&x_{21}&x_{22}&\cdots&x_{2p}\\\vdots&\vdots&\vdots&&\vdots\\1&x_{n1}&x_{n2}&\cdots&x_{np}\end{pmatrix},\quad\boldsymbol{Y}=\begin{pmatrix}y_1\\y_2\\\vdots\\y_n\end{pmatrix},\quad\boldsymbol{B}=\begin{pmatrix}\beta_0\\\beta_1\\\vdots\\\beta_p\end{pmatrix}$$

则对应的矩阵方程为

$$\boldsymbol{X}^{\mathrm{T}}\boldsymbol{X}\boldsymbol{B}=\boldsymbol{X}^{\mathrm{T}}\boldsymbol{Y}。$$

若矩阵 $\boldsymbol{X}^{\mathrm{T}}\boldsymbol{X}$ 可逆，则有参数向量 $\boldsymbol{B}$ 的最小二乘估计

$$\hat{\boldsymbol{B}}=(\boldsymbol{X}^{\mathrm{T}}\boldsymbol{X})^{-1}\boldsymbol{X}^{\mathrm{T}}\boldsymbol{Y},$$

然后，将 $\hat{\boldsymbol{B}}=(\hat{\beta}_0,\hat{\beta}_1,\cdots,\hat{\beta}_p)^{\mathrm{T}}$ 代入，则有

$$\hat{y}=\hat{\beta}_0+\hat{\beta}_1x_1+\hat{\beta}_2x_2+\cdots+\hat{\beta}_px_p,$$

称其为 p **元经验线性回归方程**，简称**回归方程**

例 9.4.3 某气象台为预报本地区某月平均气温 y，选择了与之关系密切的四个因素 (x_1,x_2,x_3,x_4) 作为预报因子进行分析，以以往 15 个月的资料作为样本，见表 9.4.2。试用多元线性回归分析的方法求：

(1) 月平均气温的预报方程；

（2）当 $x_1=0$，$x_2=-6$，$x_3=8$，$x_4=32$ 时，当月平均气温的预报值。

表 9.4.2　观测数据表

月份	1	2	3	4	5	6	7	8	9	10	11	12	13	14	15
x_1	0	0	7	4	4	2	1	0	0	1	2	4	0	8	0
x_2	10	17	9	12	12	2	10	9	-2	-35	19	5	-25	-4	8
x_3	7	4	6	0	5	3	4	4	9	2	7	5	6	4	4
x_4	37	34	30	31	33	29	34	35	34	29	27	33	28	36	36
y	22.4	23.0	21.9	24.6	22.5	24.7	22.6	23.2	22.0	23.0	23.1	23.6	20.8	21.1	24.1

解：(1) 设月平均气温 y 关于四个气象要素 x_1,x_2,x_3,x_4 的回归模型为

$$y=\beta_0+\beta_1x_1+\beta_2x_2+\beta_3x_3+\beta_4x_4+\varepsilon,$$

其中 $\varepsilon\sim N(0,\sigma^2)$，利用最小二乘估计求得参数 $\beta_0,\beta_1,\beta_3,\beta_4$ 的估计值，并代入表 9.4.2 的观测数据，令

$$\boldsymbol{X}^{\mathrm{T}}=\begin{pmatrix}1&1&1&1&1&1&1&1&1&1&1&1&1&1&1\\0&0&7&4&4&2&1&0&0&1&2&4&0&8&0\\10&17&9&12&12&2&10&9&-2&-35&19&5&-25&-4&8\\7&4&6&0&5&3&4&4&9&2&7&5&6&4&4\\37&34&30&31&33&29&34&35&34&29&27&33&28&36&36\end{pmatrix},$$

$\boldsymbol{y}^{\mathrm{T}}=(22.4,23.0,21.9,24.6,22.5,24.7,22.6,23.2,22.0,23.0,23.1,23.6,20.8,21.1,24.1)$，

得

$$\hat{\boldsymbol{B}}=(\boldsymbol{X}^{\mathrm{T}}\boldsymbol{X})^{-1}\boldsymbol{X}^{\mathrm{T}}\boldsymbol{Y}=(27.0706,-0.1576,0.0408,-0.3432,-0.0744)^{\mathrm{T}}$$

进而求得 $\hat{\beta}_0=27.0706$，$\hat{\beta}_1=-0.1576$，$\hat{\beta}_2=0.0408$，$\hat{\beta}_3=-0.3432$，$\hat{\beta}_4=-0.0744$。

所求回归方程为

$$y=27.0706-0.1576x_1+0.0408x_2-0.3432x_3-0.0744x_4。$$

（2）将 $x_1=0$，$x_2=-6$，$x_3=8$，$x_4=32$ 代入回归方程得到

$$\hat{y}=21.6994$$

故当月平均气温的预报值为 21.6994。

习题 9.4

1. 已知观测数据为 $(x_i,y_i)(i=1,2,\cdots,n)$，若 (x,y) 满足线性关系 $y=\beta_0+\beta_1x$。请写出回归方程和回归系数。

2. 已知 (x,y) 满足线性关系，对下表数据进行

计算拟合，并进行解释说明。

x_i	1	2	3
y_i	1	1.8	3.2

3. 某咨询公司为了研究某一类产品的广告费 x 与其销售额 y 之间的关系，对多个厂家进行了调查，获得下表数据：

厂家	1	2	3	4	5	6	7	8
广告费	7	11	20	40	63	65	90	100
销售额	30	56	125	220	286	191	322	405

假设 y_i 与 x_i 之间存在关系：$y_i=\beta_0+\beta_1 x_i+\varepsilon_i(i=1,2,\cdots,8)$，其中 ε_i 相互独立且都服从正态分布 $N(0,\sigma^2)$。试用最小二乘法估计参数 β_0 和 β_1。

4. 某医院用光电比色计检验尿汞时，得尿汞含量浓度与消光系数读数的结果如下：

尿汞的质量浓度 x_i/(mg/L)	2	4	6	8	10
消光系数 y_i	64	138	205	285	360

假设 y 关于 x 的回归满足线性回归 $y=\beta_0+\beta_1 x+\varepsilon$，试求：

(1) 对回归系数 β_0 和 β_1 进行估计；

(2) 检验假设 $H_0:\beta_1=0$，$H_1:\beta_1\neq 0(\alpha=0.05)$。

5. 已知某手机公司的销售量主要取决于营业人员数和所支出的推销费用，相关的统计数据如下表所示：

年份	推销费用 x_1/万元	营业人员数 x_2/人	销售额 y/亿元
2013	169	290	264
2014	181	318	298
2015	160	254	235
2016	187	341	318
2017	184	327	304
2018	178	311	289
2019	172	295	271
2020	175	296	273

试求 y 对 x_1，x_2 的回归模型。

9.5 可线性化的一元非线性回归

实际工作中，线性回归模型无法解决所有问题，当遇到一些变量之间不是线性关系的复杂问题时，就产生了非线性回归模型。针对非线性回归模型的分析比较复杂，但是在某些情况下，可以通过适当的变量替换，将非线性回归转换成线性回归问题。下面以一元回归为例，介绍几种常见的变量替换方法。

1. 指数模型

$$y=\alpha e^{\beta x}\varepsilon,\ \ln\varepsilon \sim N(0,\sigma^2),$$

其中 α,β,σ^2 是与 x 无关的未知参数，$\alpha>0,\beta\neq 0$。将上式两边取对数得

$$\ln y=\ln\alpha+\beta x+\ln\varepsilon,$$

令 $y'=\ln y$，$\beta_0=\ln\alpha$，$\beta_1=\beta$，$\varepsilon'=\ln\varepsilon$，即可转化为一元线性模型

$$y'=\beta_0+\beta_1 x+\varepsilon',\ \varepsilon' \sim N(0,\sigma^2)。$$

2. 幂函数模型

$$y=\alpha x^{\beta}\varepsilon,\ \ln\varepsilon \sim N(0,\sigma^2),$$

其中 α,β,σ^2 是与 x 无关的未知参数，将上式两边取对数得

$$\ln y = \ln\alpha + \beta\ln x + \ln\varepsilon,$$

令 $y' = \ln y$，$\beta_0 = \ln\alpha$，$\beta_1 = \beta$，$x' = \ln x$，$\varepsilon' = \ln\varepsilon$，即可转化为一元线性模型

$$y' = \beta_0 + \beta_1 x' + \varepsilon',\ \varepsilon' \sim N(0,\sigma^2)。$$

3. 双曲线模型

$$y = \beta_0 + \frac{\beta_1}{x} + \varepsilon,\quad \varepsilon \sim N(0,\sigma^2),$$

其中 β_0,β_1,σ^2 是与 x 无关的未知参数。令 $t = \frac{1}{x}$，可将上式转化为一元线性模型

$$y = \beta_0 + \beta_1 t + \varepsilon,\ \varepsilon \sim N(0,\sigma^2)。$$

4. 一般情况下

$$g(y) = \alpha + \beta h(x) + \varepsilon,\ \varepsilon \sim N(0,\sigma^2),$$

其中 α,β,σ^2 是与 x 无关的未知参数，令 $y' = g(y)$，$\beta_0 = \alpha$，$\beta_1 = \beta$，$x' = h(x)$，即可转化为一元线性模型

$$y' = \beta_0 + \beta_1 x' + \varepsilon,\ \varepsilon \sim N(0,\ \sigma^2)。$$

由此可见，上述模型因变量 y 与自变量 x 之间的关系非线性，但通过某种变量的替换可将其转换为线性回归模型。

例 9.5.1　表 9.5.1 是某品牌二手手机价格统计数据，用 x 表示该手机的使用时间，y 表示相应的平均价格。求 y 关于 x 的回归方程。

表 9.5.1　某品牌二手手机价格统计数据

x	1	2	3	4	5	6	7	8	9	10
y	2972	2245	1799	1398	1075	842	776	589	530	502

解：首先，作散点图，如图 9.5.1 所示。

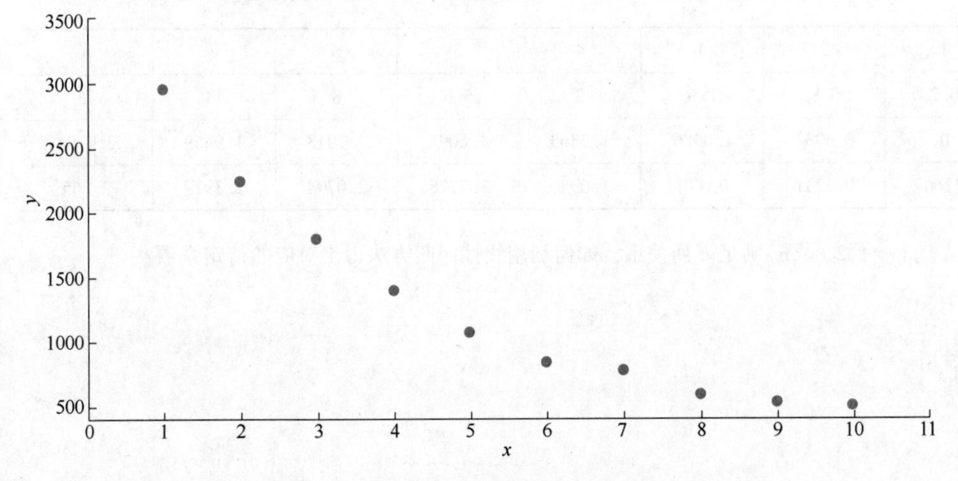

图 9.5.1　散点图

由于 y 与 x 的散点图呈指数曲线形状，于是采用指数模型，即

$$y = \alpha e^{\beta x}\varepsilon,\ \ln\varepsilon \sim N(0,\sigma^2),$$

对上式两边取对数得

$$\ln y = \ln\alpha + \beta x + \ln\varepsilon,$$

令 $y'=\ln y$，$\beta_0=\ln\alpha$，$\beta_1=\beta$，$x'=x$，$\varepsilon'=\ln\varepsilon$，即可转化为一元线性模型

$$y' = \beta_0 + \beta_1 x' + \varepsilon',\ \varepsilon' \sim N(0,\sigma^2)。$$

对所给数据进行变换得到表 9.5.2。

表 9.5.2　某品牌二手手机价格变换后数据

x'	1	2	3	4	5	6	7	8	9	10
y'	7.9970	7.7165	7.4950	7.2428	6.9801	6.7358	6.6542	6.3784	6.2729	6.2186

由最小二乘法参数估计公式计算得到

$$\hat{\beta}_0 = 8.0926,\ \hat{\beta}_1 = -0.2043,$$

故可以确定 y' 与 x' 的样本回归模型为

$$y' = 8.0926 - 0.2043x',$$

并对 y' 与 x' 的模型效果是否显著进行检验，取显著性水平为 0.05，利用公式

$$r^2 = \frac{SSR}{SST} = \frac{S_{xy}^2}{S_{xx}S_{yy}} = 0.9787,$$

即线性回归效果是显著的。代回原变量，得曲线回归方程

$$\hat{y} = \exp(y') = 3270.18e^{-0.2043x}。$$

习题 9.5

1. 利用线性回归方法对呈现幂函数型曲线 $y=ax^b$ 的已知数据点 (x,y)，作曲线拟合。

x	1	2	3	4	5	6	7	8
y	0.2	0.8	1.6	3	5.6	8	11	13
$x'=\ln x$	0	0.6932	1.0986	1.3863	1.6094	1.7918	1.9459	2.0794
$y'=\ln y$	−1.609	0.2231	0.470	1.0986	1.7228	2.0794	2.3979	2.565

2. 数据组 $(x_i,y_i)(i=1,2,\cdots,n)$ 满足下列关系，如何利用线性回归方法得出对应的待定系数？

(1) $y=ke^{-cx}$；

(2) $y=\dfrac{a}{\beta_0+\beta_1 x^2}$。

9.6 方差分析与回归分析的 MATLAB 实现

9.6.1 单因素方差分析的 MATLAB 实现

在 MATLAB 中可通过调用函数 anova1( ) 实现单因素方差分析，单因素方差分析是用于比较两组或多组数据的均值是否相等，其返回原假设——均值相等的概率。

调用格式：[p, table_1, stats] = anova1(X)；

函数说明：

输入参数 X：表示矩阵，其每列是一个因素水平，当重复数不等时，不足的数据会用 nan 补齐；

输出参数 p：表示假设检验的 p 值，将其与显著性水平 α 进行比较，若 p 越接近 0，即 $p<\alpha$ 时，拒绝原假设；反之，接受原假设；

输出参数 table_ 1：表示输出方差分析表，如果无须输出，可省略该输出参数；

输出参数 stats：表示分析结果的构造，如果无须输出，可省略该输出参数。

例 9.6.1　用 MATLAB 程序代码求解 9.1 节中的例 9.1.2。

在 MATLAB 命令窗口中输入：

```
X=[ 9.8   6.1   8.6   7.9
    7.9   10.1  8.9   5.0
    6.1   9.6   6.6   6.3
    8.6   7.5   8.1   7.2
    7.4   6.6   6.2   8.0];
[ p, table_1, stats ]=anova1(X)
```

运行结果：

```
p=
  0.5923
table_1=
  'Source'   'SS'   'df'   'MS'   'F'   'Prob>F'
  'Columns'   [ 3.9815]   [ 3]   [1.3272]   [0.6535]      [0.5923]
  'Error'   [32.4960]   [16]   [2.0310]   [ ]   [ ]
  'Total'   [36.4775]   [19]   [ ]   [ ]   [ ]
```

```
stats =
  gnames: [4x1 char]
    n: [5 5 5 5]
  source: 'anova1'
  means: [7.9600 7.9800 7.6800 6.8800]
    df: 16
     s: 1.4251
```

同时输出方差分析表和方差盒图分别如图 9. 6. 1 和图 9. 6. 2 所示。

ANOVA Table

Source	SS	df	MS	F	Prob>F
Columns	3.9815	3	1.32717	0.65	0.5923
Error	32.496	16	2.031		
Total	36.4775	19			

图 9. 6. 1　方差分析表

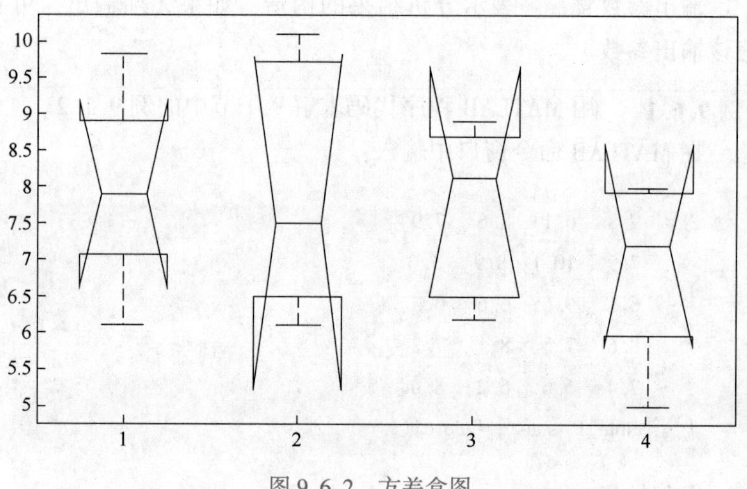

图 9. 6. 2　方差盒图

由运行结果 $p=0.5923>\alpha$ 可以判断应该接受原假设 H_0，即认为不同产地的茶叶中叶酸含量无显著差异。

9. 6. 2　双因素方差分析的 MATLAB 实现

在 MATLAB 中可通过调用函数 anova2( )实现双因素方差分析，双因素方差分析是用于比较观测数据中两列或多列和两行或多行数据的均值是否相等，其返回原假设——列和行均值相等的概率。

1. 无交互作用的双因素方差分析

调用格式：

```
[ p, table_2, stats ] = anova2(X);
```

函数说明：

输入参数 X：表示观测样本矩阵，其中不同列的数据代表因素 A 的变化，不同行的数据代表因素 B 的变化；

输出参数 p：表示假设检验的 p 值，将其与显著性水平 α 进行比较，若 p 越接近 0，即 $p<\alpha$ 时，拒绝原假设；反之，接受原假设；

输出参数 table_2：表示输出方差分析表，如果无须输出，可省略该输出参数；

输出参数 stats：表示分析结果的构造，如果无须输出，可省略该输出参数。

例 9.6.2　火箭的射程（单位：km）与燃料的种类与推进器的型号有关。现对四种不同的燃料与三种不同型号的推进器进行试验，具体的统计的射程数据结果见表 9.6.1。

表 9.6.1　不同类型燃料与推进器组合下的火箭射程数据

燃　料	推　进　器		
	B_1	B_2	B_3
A_1	53.2	55.4	67.4
A_2	48.3	55.2	52.0
A_3	62.6	72.0	38.7
A_4	75.2	57.3	49.5

试用 MATLAB 程序代码求解分析燃料和推进器对火箭的射程有无显著影响？（$\alpha=0.05$）

解：假设 H_{0A}：因素 A（燃料）对火箭射程无显著影响；

H_{0B}：因素 B（推进器）对火箭射程无显著影响。

在 MATLAB 命令窗口中输入：

```
X=[ 53.2   55.4   67.4
    48.3   55.2   52.0
    62.6   72.0   38.7
    75.2   57.3   49.5]';
[ p, table_2, stats ] = anova2(X)
```

运行结果：

```
p=
 0.8339    0.5960
table_2=
 'Source'   'SS'   'df'   'MS'   'F'      'Prob>F'
 'Columns'   [ 129.8600]  [3]  [43.2867]  [0.2864]  [0.8339]
 'Rows'   [ 170.7117]  [2]  [85.3558]  [0.5648]  [0.5960]
 'Error'   [ 906.6950]  [ 6]  [151.1158]  []  []
 'Total'   [1.2073e+03]  [11]  []  []  []
stats=
   source: 'anova2'
   sigmasq: 151.1158
  colmeans: [58.6667 51.8333 57.7667 60.6667]
   coln: 3
  rowmeans: [59.8250 59.9750 51.9000]
   rown: 4
   inter: 0
   pval: NaN
    df: 6
```

同时输出方差分析表如图 9.6.3 所示。

文件(F) 编辑(E) 查看(V) 插入(I) 工具(T) 桌面(D) 窗口(W) 帮助(H)

ANOVA Table

Source	SS	df	MS	F	Prob>F
Columns	129.86	3	43.287	0.29	0.8339
Rows	170.71	2	85.356	0.56	0.596
Error	906.7	6	151.116		
Total	1207.27	11			

图 9.6.3 方差分析表

由运行结果判断应该接受原假设 H_{0A}，即认为因素 A（燃料）对火箭射程无显著影响；接受原假设 H_{0B}，即认为因素 B（推进器）对火箭射程无显著影响。

2. 有交互作用的双因素方差分析

调用格式：

```
[p, table_2, stats]=anova2(X, reps);
```

函数说明：

输入参数 X：表示观测样本矩阵，其中不同列的数据代表因素 A 的变化，不同行的数据代表因素 B 的变化；

输入参数 reps：表示每个单元中观测量的个数，即每行每列匹配点上有一个以上的观测量，默认值 reps=1；

输出参数 p：表示假设检验的 p 值，将其与显著性水平 α 进行比较，若 p 越接近 0，即 $p<\alpha$ 时，拒绝原假设；反之，接受原假设；

输出参数 table_2：表示输出方差分析表，如果无须输出，可省略该输出参数；

输出参数 stats：表示分析结果的构造，如果无须输出，可省略该输出参数。

例 9.6.3　在某产品配方中，考虑三种不同的催化剂（因素 A），四种不同量的氧化锌（因素 B），同样的配方重复一次，并测得 200%的定伸强力数据见表 9.6.2。

表 9.6.2　不同因素下 200%的定伸强力测量数据

催化剂（因素 A）	氧化锌（因素 B）			
	B_1	B_2	B_3	B_4
A_1	33，32	35，36	36，34	38，39
A_2	34，33	39，37	37，36	41，38
A_3	37，35	40，39	38，37	44，42

试用 MATLAB 程序代码求解分析催化剂、氧化锌以及它们的交互作用对定伸强力有无显著影响？($\alpha=0.05$)

解：检验假设 H_{0A}：因素 A（催化剂）对定伸强力无显著影响；

H_{0B}：因素 B（氧化锌）对定伸强力无显著影响；

H_{0AB}：交互作用 $A\times B$ 对定伸强力无显著影响。

在 MATLAB 命令窗口中输入：

```
X=[ 33   34   37
    32   33   35
    35   39   40
    36   37   39
    36   37   38
    34   36   37
    38   41   44
    39   38   42];
[ p, table_2, stats ]=anova2(X,2)
```

运行结果：

```
p=
 0.0002      0.0000      0.7153

table_2=
  Columns 1 through 4
    'Source'   'SS'   'df'   'MS'
 'Columns'   [ 53.0833]   [ 2]   [26.5417]
 'Rows'     [125.8333]   [ 3]   [41.9444]
 'Interaction'   [  4.9167]   [ 6]   [ 0.8194]
 'Error'    [   16]   [12]   [ 1.3333]
 'Total'    [199.8333]   [23]    []
 Columns 5 through 6
 'F'   'Prob>F'
 [19.9063]   [1.5434e-04]
 [31.4583]   [5.7439e-06]
 [ 0.6146]   [   0.7153]
  []      []
  []      []
stats=
source: 'anova2'
 sigmasq: 1.3333
 colmeans: [35.3750 36.8750 39]
  coln: 8
 rowmeans: [34 37.6667 36.3333 40.3333]
  rown: 6
  inter: 1
  pval: 0.7153
   df: 12
```

同时输出方差分析表如图 9.6.4 所示。

文件(F) 编辑(E) 查看(V) 插入(I) 工具(T) 桌面(D) 窗口(W) 帮助(H)

ANOVA Table

Source	SS	df	MS	F	Prob>F
Columns	53.083	2	26.5417	19.91	0.0002
Rows	125.833	3	41.9444	31.46	0
Interaction	4.917	6	0.8194	0.61	0.7153
Error	16	12	1.3333		
Total	199.833	23			

图 9.6.4 方差分析表

由运行结果判断应该拒绝原假设 H_{0A}，即认为因素 A（催化剂）对定伸强力有显著影响；同时拒绝原假设 H_{0B}，即认为因素 B（氧化锌）对定伸强力有显著影响；并不拒绝 H_{0AB}，认为交互作用 $A \times B$ 对定伸强力无显著影响。

9.6.3 线性回归模型的 MATLAB 实现

对于一元线性回归分析，通常是先分析所给数据的散点图，分析散点图中的数据点是否大致在一条直线附近。如果数据点几乎在一条直线附近，则求出其回归直线的函数，并根据确定的函数进行预测。

调用格式：

```
[b, bint, r, rint, stats]=regress(y, X, alpha);
```

函数说明：

输入参数 y：表示因变量观测值向量；

输入参数 X：表示自变量观测样本矩阵，矩阵行数表示样本数，矩阵列数减一表示属性个数；

输入参数 alpha：表示显著性水平（缺省时默认为 0.05）；

输出参数 b：表示回归系数 β 的估计值（第一个为常数项）；

输出参数 bint：表示回归系数的区间估计；

输出参数 r：表示残差；

输出参数 rint：表示残差的置信区间；

输出参数 stats：表示用于检验回归模型的统计量，有四个数值：相关系数 r^2、F 值、与 F 值对应的概率 p 和残差的方差（前两个越大越好，后两个越小越好）。

例 9.6.4 用 MATLAB 程序代码求解 9.4 节中的例 9.4.1。

解：在 MATLAB 命令窗口中输入：

（1）输入数据

```
x=[20 24 35 45 40 66 47 55 57 62]';
X=[ones(size(x)) x];
y=[120 123 126 135 128 159 138 144 148 156]';
```

（2）回归分析及检验

```
[b, bint, r, rint, stats]=regress(y, X);
b, bint, stats
```

运行结果：

```
b=
    98.9754
    0.8586
bint=
    90.5437 107.4071
    0.6809 1.0364
stats=
    0.9395 124.1270 0.0000 12.8823
```

即 $\hat{\beta}_0=98.9754$，$\hat{\beta}_1=0.8586$；$\hat{\beta}_0$ 的置信区间为［90.5437，107.4071］，$\hat{\beta}_1$ 的置信区间为［0.6809，1.0364］；$r^2=0.9395$，$F=124.1270$，$p=0.0000$，由于 $p<0.05$，故有 $y=98.9754+0.8586x$ 成立。

（3）残差分析，作残差图。

```
rcoplot (r, rint)
```

运行结果如图 9.6.5 所示。

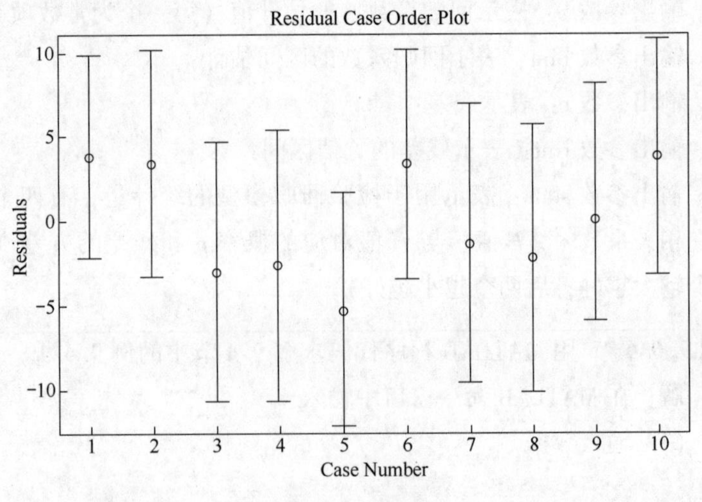

图 9.6.5 残差图

由残差图可看出，各个数据的残差中心均在零点附近，且残差的置信区间均包含零点，说明回归模型 $y=98.9754+0.8586x$ 能较好地符合原始数据。

（4）预测及作图。

```
>> y_hat=b(1) + b(2) * x;
```

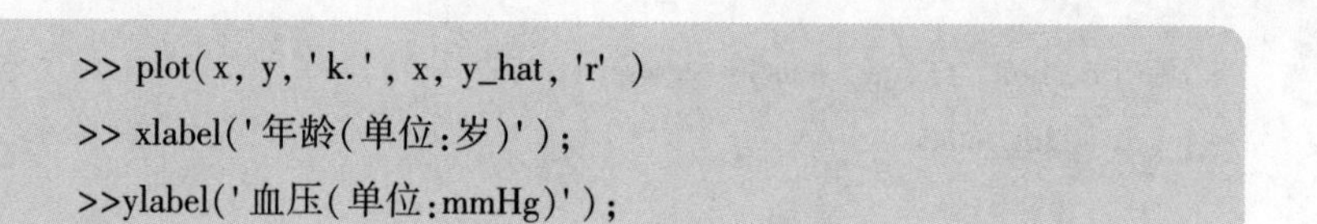

```
>> plot(x, y, 'k.', x, y_hat, 'r' )
>> xlabel('年龄(单位:岁)');
>>ylabel('血压(单位:mmHg)');
```

运行结果如图 9.6.6 所示。

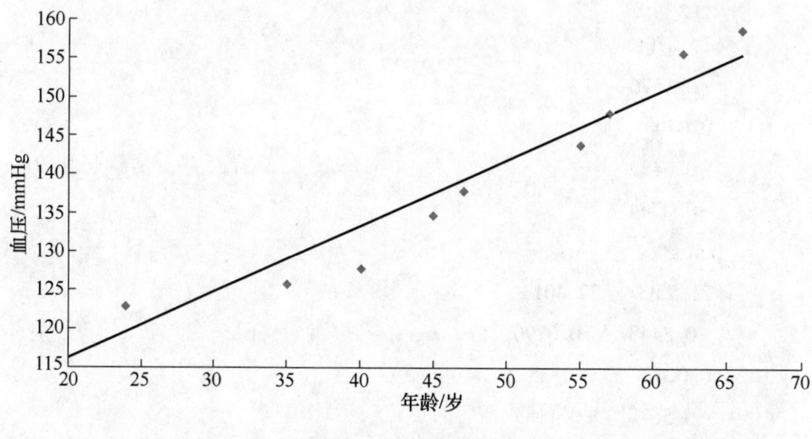

图 9.6.6　线性回归图

多元线性回归分析是一元线性回归的推广，其 MATLAB 实现函数和一元线性回归一样，区别在于一元线性回归输入参数 X 为 n 行 2 列矩阵，其中 n 表示样本个数，2 列中第 1 列全为 1 作用于常数项，第 2 列表示自变量 x 的值；而多元线性回归输入参数 X 为 n 行 p 列矩阵，其中 n 也表示样本个数，p 列中第 1 列全为 1 作用于常数项，剩余的所有列即表示多元中自变量的个数 $p-1$。调用格式：

```
[ b, bint, r, rint, stats ] = regress(y, X, alpha);
```

其中 alpha 缺省时默认为 0. 05。

例 9.6.5　用 MATLAB 程序代码求解 9.4 节中的例 9.4.3。

解：在 MATLAB 命令窗口中输入：

```
x=[0 0 7 4 4 2 1 0 0 1 2 4 0 8 0
   10 17 9 12 12 2 10 9 -2 -35 19 5 -25 -4 8
   7 4 6 0 5 3 4 4 9 2 7 5 6 4 4
   37 34 30 31 33 29 34 35 34 29 27 33 28 36 36]';
[m,n]=size(x);
X=[ones(m,1) x];
y=[22.4 23 21.9 24.6 22.5 24.7 22.6 23.2 22 23 23.1 23.6
20.8 21.1 24.1]';
```

```
[b, bint, r, rint, stats]=regress(y, X);
b, bint, stats
```

运行结果：

```
b=
 27.0706
 -0.1576
 0.0408
 -0.3432
 -0.0744
bint=
 21.7399    32.4013
 -0.3443     0.0290
 0.0062      0.0755
 -0.5678    -0.1185
 -0.2353     0.0865
stats=
 0.6403    4.4510    0.0253    0.6516
```

即 $\hat{\beta}_0=27.0706$，$\hat{\beta}_1=-0.1576$，$\hat{\beta}_2=0.0408$，$\hat{\beta}_3=-0.3432$，$\hat{\beta}_4=-0.0744$；$\hat{\beta}_0$ 的置信区间为[21.7399,32.4013]，$\hat{\beta}_1$ 的置信区间为[-0.3443,0.0290]，$\hat{\beta}_2$ 的置信区间为[0.0062,0.0755]，$\hat{\beta}_3$ 的置信区间为[-0.5678,-0.1185]，$\hat{\beta}_4$ 的置信区间为[-0.2353,0.0865]；$r^2=0.6403$，$F=4.4510$，$p=0.0253$，由于 $p<0.05$，以及残差的方差 0.6516，故有 $y=27.0706-0.1576x_1+0.0408x_2-0.3432x_3-0.0744x_4$ 成立。

```
x0=[1 0 -6 8 32]';
y_hat=sum(b .* x0);
```

即当 $x_1=0$，$x_2=-6$，$x_3=8$，$x_4=32$ 时，代入回归方程得到 $\hat{y}=21.6994$，故当月平均气温的预报值为 21.6994。

9.6.4 非线性回归模型的 MATLAB 实现

例 9.6.6 用 MATLAB 程序代码求解 9.5 节中的例 9.5.1。

解：在 MATLAB 命令窗口中输入：

```
x=[1 2 3 4 5 6 7 8 9 10]';
y=[2972 2245 1799 1398 1075 842 776 589 530 502]';
>> plot(x,y,'.')
```

运行结果如图 9.6.7 所示。

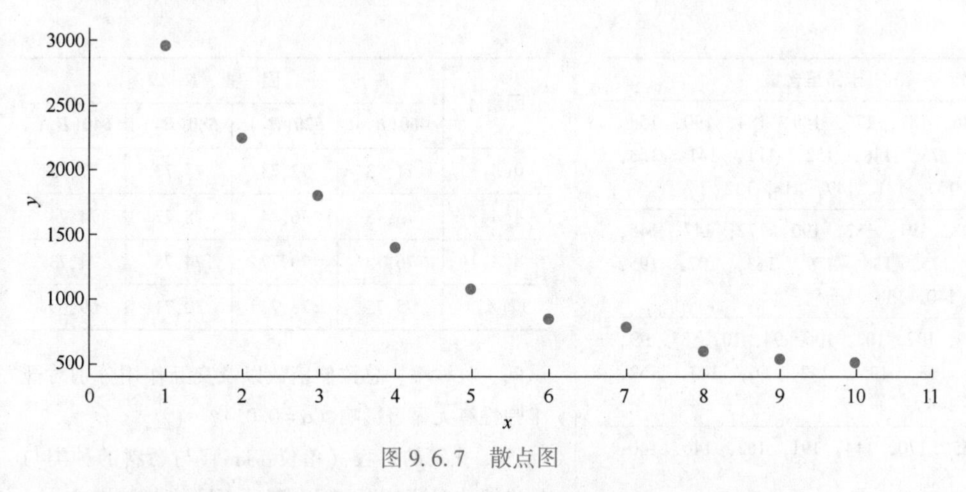

图 9.6.7　散点图

```
X=[ones(size(x))x];
y1=log(y);
[b, bint, r, rint, stats]=regress(y1, X);
b, bint, stats
```

运行结果：

```
b=
      8.0926
      -0.2043
bint=
      7.9401      8.2451
      -0.2288     -0.1797
stats=
      0.9787   367.3186      0.0000      0.0094
```

即 $\hat{\beta}_0=8.0926$，$\hat{\beta}_1=-0.2043$；$\hat{\beta}_0$ 的置信区间为 [7.9401, 8.2451]，$\hat{\beta}_1$ 的置信区间为 [−0.2288, −0.1797]；$r^2=0.9787$，$F=367.3186$，$p=0.0000$，由于 $p<0.05$，以及残差的方差 0.0094，故有 $y=8.0926-0.2043x$ 成立。

总复习题 9

1. 某消费者收集到的有关汉堡所含热量的数据，其中包含了 63 种品牌汉堡的热量数据，如下表：

类型	卡路里含量
牛肉	186，181，176，149，184，190，158，139，175，148，152，111，141，153，190，157，131，149，135，132
猪肉	173，191，182，190，172，147，146，139，175，136，179，153，107，195，135，140，138
禽肉	129，132，102，106，94，102，87，99，107，113，135，142，86，143，152，146，144
特色	155，170，114，191，162，146，140，187，180

汉堡有四种类型：牛肉、猪肉、禽肉和特色类。设 μ_1,μ_2,μ_3,μ_4 分别代表牛肉类、猪肉类、禽肉类和特色类汉堡的平均热量，同时，各类所含热量都是独立的且方差为 σ^2 的正态随机变量。试问不同类型汉堡的热量是否不同？($\alpha=0.05$)

2. 某轿车生产企业为了研究 3 种内容的广告宣传对某种无季节性的家用轿车销售量的影响，进行了调查统计。经广告广泛宣传后，按寄回的广告上的订购数计算，一年 4 个季度的销售量（单位：台）如下：

广告类型	第一季度	第二季度	第三季度	第四季度	平均销售量/台
A_1	163	176	170	185	174
A_2	184	198	179	190	188
A_3	206	191	218	224	210

A_1 是强调耗油指标的广告，A_2 是强调市场占有量指标的广告，A_3 是强调价格指标的广告。试判断广告的类型对家用轿车的销售量有无显著性影响？

3. 考察合成纤维中对纤维弹性有影响的两个因素：收缩率（因素 A）和总拉伸倍数（因素 B）。A 和 B 各取四种水平，整个试验重复两次定结果如下：

因素 A	因素 B			
	460(B_1)	520(B_2)	580(B_3)	640(B_4)
0(A_1)	71,73	72,73	75,73	77,75
4(A_2)	73,75	76,74	78,77	74,74
8(A_3)	76,73	79,77	74,75	74,73
12(A_4)	75,73	73,72	70,71	69,69

试问：收缩率、总拉伸倍数以及交互作用分别对纤维弹性有无显著影响（$\alpha=0.05$）？

4. 火箭的射程（单位：km）与燃料的种类与推进器的型号有关。现对四种不同的燃料与三种不同型号的推进器进行试验，每种组合各收集了三次数据结果，具体的统计的射程数据结果如下：

燃料	推进器		
	B_1	B_2	B_3
A_1	53.2,56.5,58.0	55.4,60.1,43.2	67.4,60.9,64.2
A_2	48.3,43.1,50.1	55.2,49.9,51.7	52.0,47.9,51.3
A_3	62.6,59.4,63.1	72.0,74.1,70.8	38.7,39.6,40.2
A_4	75.2,75.5,70.9	57.3,58.4,51.8	49.5,42.0,45.9

试分析燃料和推进器以及交互作用对火箭的射程有无显著影响？($\alpha=0.05$)

5. 某产品在生产时产生的有害物质的质量 y（单位：kg）与它的燃料消耗量 x（单位：kg）之间存在某种相关关系。由以往的生产记录得到如下数据：

x	288	299	315	325	328	328	330	250
y	43.6	42.8	42.2	39.2	38.0	38.5	38.0	37.0

（1）求经验回归方程；

（2）试进行线性回归的显著性检验（$\alpha=0.05$）。

数学家与数学家精神

“现代统计科学奠基人”——罗纳德·费希尔

罗纳德·费希尔（Ronald Fisher，1890—1962），英国统计与遗传学家，现代统计科学的奠基人之一。费希尔的代表成果有极大似然估计、费希尔咨询、方差分析和试验设计等。他被誉为“一位几乎独自建立现代统计科学的天才”和“达尔文最伟大的继承者”，为人类探索遗传生物学的奥秘做出了重大贡献。他求真务实、勇于探索、永攀高峰的科学精神影响了亿万学者。

第 10 章 概率统计的一些实际应用及其MATLAB实现

10.1 抽样检查

在工农业生产中，产品的质量特征可以通过概率论中的随机变量来刻画。常见的随机变量有离散型和连续型两种，产品的质量特征相应地也有离散型和连续型，例如光盘上的瑕疵点数和计算机的使用寿命都属于产品的质量特征，前者属于离散型随机变量，后者属于连续型随机变量。既然产品的质量特征可以用随机变量刻画，那么生产过程中的产品的质量就可以用随机变量所属分布的数字特征来表示，如过程均值、过程标准差和不合格品率等。

在实际生产中，受到严格的质量管理，产品的质量特征所属分布的位置参数或尺度参数是稳定不变的。然而，生产过程中的产品由于受到随机因素的干扰，如周围温度、操作员和设备磨损等偶然因素，其质量特征会发生变异。质量控制图是针对质量管理中产品质量特征发生变异的问题所提出的有效解决手段。这里介绍最典型的 $\overline{X}$ 控制图（见图 10.1.1）。

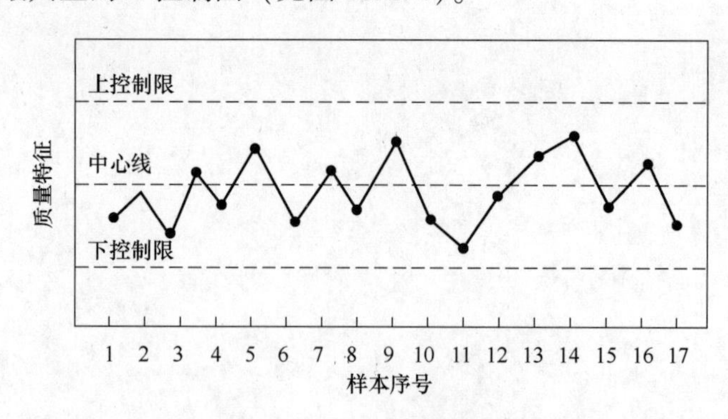

图 10.1.1　典型的控制图

其中，图 10.1.1 所示是某一生产过程的产品质量特征的图形表示，横轴是样本序号，纵轴是质量特征。通常样本以一定周期选取，例如每间隔 1h 抽取一个样本。控制图包含中心线（CL）、上控制限（UCL）和下控制限（LCL）。控制限的选取应该注意：如果过程处于控制状态，则几乎所有的样本点都将落在控制限之间。一般来讲，只要点在控制限之间，就假定过程处于控制状态，没必要采取措施。然而，如果一个点在控制限之外，就认为是过程处于失控状态的证据，需要进行调查和采取补救措施，以此来找出和消除随机因素。控制图上的样本点通常用线段连接起来刻画点序列的随机变化过程。

控制图的基本原理是 3σ 原理，其一般模型如下：

X 是一样本统计量，度量了某一质量特性，假设 X 的均值是 μ_X，标准差是 σ_X，则中心线（CL）、上控制限（UCL）、下控制限（LCL）是

$$\begin{cases} \mathrm{UCL}=\mu_X+k\sigma_X, \\ \mathrm{CL}=\mu_X, \\ \mathrm{LCL}=\mu_X-k\sigma_X, \end{cases} \tag{10.1.1}$$

其中，k 为控制限距离中心的“距离”，一般取 $k=3$。控制图的理论最先由休哈特博士提出，依照 3σ 原理发展的控制图通常为休哈特控制图（Shewhart control chart）。

控制图的优点是显而易见的，能提升质量管理的效果，能为企业增加收益。但是也存在“漏报”的风险，例如样本点本身是异常的，却没有发出警报。针对此类问题，往往需要对产品进行再检验，以判断产品是否满足生产或使用要求。由于生产线上的产品众多，因此对产品进行逐个检验是不可行的，于是我们提出对产品（半成品）进行抽样检查。抽样检查就是不逐个检查产品总体中的所有产品，而只抽取其中的一部分进行检查。抽出检查的这部分产品叫作“样本”，样本中所包含的单位产品的个数叫作“样本容量”。抽样检查的目的是通过检查一个（或几个）样本而对产品总体的质量做出估计。进行抽样检查需要制定一个抽样检查方案，制定方案需要以下准备工作。

（1）衡量产品的质量特征是定性地划分为合格品和不合格品，还是定量地使用数字来表示。在数学上，定性的情况也可以用取值只有“0”和“1”的离散型随机变量来描述，而定量的情况则可用连续型随机变量来描述。

（2）决定产品的质量特征是用什么指标表示的。例如，使用总体不合格品率来表示还是总体均值来表示。

抽检方案分为两类，根据定性的情况而制定的方案为计数抽检方案，根据定量的情况而制定的方案为计量抽检方案。抽检方

案还根据样本个数而分类：有抽检一个样本的一次抽检方案；有抽检两个或多个样本的二次或多次抽检方案；以及不限制抽检样本个数的序贯抽检方案。本书这里只介绍一次抽检方案，对其他抽检方案感兴趣的读者可以参阅有关抽样检查的专著。

10.1.1 计数抽检方案

一次计数抽检方案是推断生产过程中产品是否合格的一套规则。它包含样本的容量 n 和允许的不合格品数 c。今后以 $(n|c)$ 表示抽检方案。抽检步骤如下：

(1) 从 N 个产品中随机抽检 n 件；

(2) 检查出 d 件不合格品；

(3) 若 $d \leqslant c$，推断总体为合格品；若 $d > c$，推断总体为不合格品。

如何确定 $(n|c)$ 中的 n 和 c 呢？首先给定总体不合格品率 p 的两个值 p_0 和 p_1，且 $p_0 < p_1$，p_0 代表厂方的生产质量水平，可用以往的经验来确定，p_1 代表使用方对质量最低的要求，这个数要定得适当，过高会增加成本，过低会影响产品质量。

建立假设

$$H_0: p \leqslant p_0,\ H_1: p \geqslant p_1。$$

若假设检验中规定 α 和 β 是第一类错误概率和第二类错误概率，则制定抽检方案 $(n|c)$ 要满足下列两个条件：

(1) 当总体不合格品率 $p \leqslant p_0$，表明产品质量高于平时质量水平，此时总体被推断为合格品的概率不小于 $1-\alpha$。

(2) 当总体不合格品率 $p \geqslant p_1$，表明产品质量低于使用标准，此时总体产品被推断为合格品的概率不大于 β。

若总体 N 个产品的不合格品率为 p，则 N 个产品中不合格品的数量为 Np，合格品数量为 $N-Np$。为简化计算，记 $Np=D$，在这样的产品中随机抽取 n 个而发现有 d 个不合格品，这一事件等价于从 D 个不合格品中抽取 d 个，从 $N-D$ 个合格品中抽取 $n-d$ 个。根据组合数和乘法原理，从 n 个产品中随机抽取 d 个不合格品共有 $\mathrm{C}_D^d \mathrm{C}_{N-D}^{n-d}$ 种方法；从 N 个产品中随机抽取 n 个共有 C_N^n 种方法。又根据古典概型的定义，随机抽取的 n 个产品中恰好有 d 个不合格品的概率为

$$P\{x=d\} = \frac{\mathrm{C}_D^d \mathrm{C}_{N-D}^{n-d}}{\mathrm{C}_N^n}。\tag{10.1.2}$$

当 N、p 和 n 确定时，$P\{x=d\}$ 只依赖于 d。记

$$h(d;n,D,N)=\frac{C_D^d C_{N-D}^{n-d}}{C_N^n},d=0,1,2,\cdots,\min\{D,n\} \tag{10.1.3}$$

称 $h(d;n,D,N)$，$d=0,1,2,\cdots,\min\{D,n\}$ 为**超几何分布**。

根据抽检步骤，当采用方案 $(n|c)$ 检验一批产品时，只要样本的不合格品数 d 不超过 c 就推断整批产品合格。当产品的不合格品率为 p 时，总体合格的概率为

$$L(p)=\sum_{d=0}^{c} h(d;n,D,N)。 \tag{10.1.4}$$

应用 α 和 β 原则，可得方程组

$$\begin{cases} L(p_0)=\sum_{d=0}^{c} h(d;n,D_0,N) \geqslant 1-\alpha, \\ L(p_1)=\sum_{d=0}^{c} h(d;n,D_1,N) \leqslant \beta, \end{cases} \tag{10.1.5}$$

其中 $D_0=Np_0$，$D_1=Np_1$。在 N、p_0、p_1 和 α、β 给定时，采用试算法，可求 n 和 c 的值。具体通过下面的例子来说明计算过程。

例 10.1.1　对 $N=100$ 的产品，试制定 $\alpha=0.05$，$\beta=0.1$，$p_0=0.02$，$p_1=0.1$ 的抽样方案。

解：计算 $D_0=Np_0=100\times0.02=2$，$D_1=Np_1=100\times0.1=10$。

根据式（10.1.5），可得

$$\sum_{d=0}^{c}\frac{C_2^d C_{98}^{n-d}}{C_{100}^n} \geqslant 0.95, \tag{10.1.6}$$

$$\sum_{d=0}^{c}\frac{C_{10}^d C_{90}^{n-d}}{C_{100}^n} \leqslant 0.10。 \tag{10.1.7}$$

将 $c=0$ 代入式（10.1.6），利用计算机软件尝试不同 n 值计算接受概率，具体结果见表 10.1.1。

表 10.1.1　当 $c=0$ 时，不同 n 值的接受概率值

	n	接受概率
$c=0$	1	0.9800
	2	0.9602
	3	0.9406

由表 10.1.1 可知，当 n 逐渐增加时，接受概率随之减小，因此，在 $c=0$ 时，我们选大于 0.95 而又最靠近 0.95 的 $n=2$ 作为式（10.1.6）的解。

将 $c=1$ 代入式（10.1.6）可得另一组 n 值，具体结果见表 10.1.2。

表 10.1.2 当 $c=1$ 时，不同 n 值的接受概率值

	n	接受概率
$c=1$	21	0.9576
	22	0.9533
	23	0.9489

在表 10.1.2 中，同样选择接受概率大于 0.95 且最靠近 0.95 的值，即 $c=1$，$n=22$ 也是式（10.1.6）的解。于是式（10.1.6）有两对解，具体结果见表 10.1.3。

表 10.1.3 根据式（10.1.6）计算不同组（c,n）的接受概率值

c	n	接受概率
0	2	0.9602
1	22	0.9533

同样地，将 $c=0$，1 代入式（10.1.7），得到两对解，具体结果见表 10.1.4。

表 10.1.4 根据式（10.1.7）计算不同组（c,n）的接受概率值

c	n	接受概率
0	20	0.0951
1	33	0.0958

比较表 10.1.3 和表 10.1.4 中的两组 n，当 $c=1$ 时，两个 n 值比较接近，所以取（22|1）这个方案。

MATLAB 程序代码如下：

```
%c=0, n=1时, 式(10.1.6)的解(c=1时, 代码省略)
clc;clear
N=100;
alpha=0.05;
beta=0.10;
p_0=0.02;
p_1=0.1;
D_0=N*p_0;
D_1=N*p_1;
c=0;
n=1;
for d=0:c
    a=prod(1:D_0)/((prod(1:d))*prod(1:(D_0-d)));
```

```
    b=factorial(100-D_0)/((prod(1:(n-d))) * (factorial((100-D_
0)-(n-d))));
    e=factorial(100)/((prod(1:n)) * (factorial(100-n)));
    s=a * b / e;
  s;
  end
```

运行结果：（命令行窗口输入 s）

```
  s=
  0.9800.
  %c=0, n=20 时, 式(10.1.7)的解
  clc
  N=100;
  alpha=0.05;
  beta=0.10;
  p_0=0.02;
  p_1=0.1;
  D_0=N * p_0;
  D_1=N * p_1;
  c=0;
  n=20;
  s=zeros(1,3);
  for d=0:c
    a=prod(1:D_1)/((prod(1:d)) * prod(1:(D_1-d)));
    b=factorial(100 - D_1)/((prod(1:(n-d))) * (factorial((100 - D_
1)-(n-d))));
    e=factorial(100)/((prod(1:n)) * (factorial(100-n)));
  s(d+1)=a * b / e;
  ss=sum(s);
  end
```

运行结果：（命令行窗口输入 ss）

```
  ss=
  0.0951.
```

10.1.2 计量抽检方案

用连续型随机变量表示的质量特征 X 通常服从正态分布 $N(\mu,\sigma^2)$，产品的质量是以 X 的数学期望 μ 来衡量的。根据客观实际需求，产品检验的标准一般分为两种：

(1) μ 越大越好，因此在制定抽检方案时，只要规定一个下限值即可；

(2) μ 越小越好，这时只需要规定上限值即可，这两种抽检方案统称为**单侧抽检方案**。

下面分别讨论这两种情况。

1. 单侧下限的抽检方案

若质量特征 X 服从正态分布 $N(\mu,\sigma^2)$，从 N 个产品中随机抽取 n 个样本，测量每个样本数据 $x_1,x_2,\cdots,x_n$，则根据中心极限定理可知，$\overline{X}\sim N\left(\mu,\dfrac{\sigma^2}{n}\right)$。用样本信息推断总体的质量情况，若要求总体的质量标准是 μ 越大越好，因此抽检方案是(n,k)，其中 $\overline{X}\geqslant k$ 时，该批产品为合格；$\overline{X}<k$ 时，该批产品为不合格。

由于过程标准差 σ 有可能已知也有可能未知，以下分 σ 已知和 σ 未知两种情况进行讨论。

(1) σ 已知的情况

与制定计量抽检方案一致，需要厂家和使用方规定 μ 的两个值 μ_0 和 $\mu_1(\mu_0>\mu_1)$，其中 μ_0 是厂家长期生产产品质量特征的经验水平值，μ_1 是产品质量特征的使用标准，除此之外，还需规定两个取值在$(0,1)$之间的数 α 和 β。

建立假设

$$H_0:\mu\geqslant\mu_0,\ H_1:\mu\leqslant\mu_1,$$

当 $\mu\geqslant\mu_0$ 时，表明产品质量高于厂家历史水平，于是该批产品推断为合格品的概率不小于 $1-\alpha$。

当 $\mu\leqslant\mu_1$ 时，表明产品质量低于使用标准，于是该批产品推断为合格品的概率不大于 β，其中 α 和 β 就是假设检验中的两类错误的概率。

以下使用 α，β 原则确定抽检方案(n,k)中的 n 和 k。

首先，根据 α 的含义可知，当 $\mu=\mu_0$ 时，有

$$P\{\overline{X}<k\}=\alpha, \tag{10.1.8}$$

对式（10.1.8）进行标准化，可得

$$P\left\{\frac{\overline{X}-\mu_0}{\sigma/\sqrt{n}}<\frac{k-\mu_0}{\sigma/\sqrt{n}}\right\}=\Phi\left(\frac{k-\mu_0}{\sigma/\sqrt{n}}\right)=\alpha。 \tag{10.1.9}$$

其次，根据 β 的含义，有

$$\Phi\left(\frac{k-\mu_1}{\sigma/\sqrt{n}}\right)=1-\beta。 \tag{10.1.10}$$

综上所述，抽检方案中的 n 和 k 应满足方程组

$$\begin{cases}\Phi\left(\dfrac{k-\mu_0}{\sigma/\sqrt{n}}\right)=\alpha,\\ \Phi\left(\dfrac{k-\mu_1}{\sigma/\sqrt{n}}\right)=1-\beta。\end{cases}\tag{10.1.11}$$

由正态分布表可得

$$\begin{cases}n=\left(\dfrac{\Phi^{-1}(\alpha)-\Phi^{-1}(1-\beta)}{\mu_0-\mu_1}\right)^2\sigma^2,\\ k=\dfrac{\mu_1\Phi^{-1}(\alpha)-\mu_0\Phi^{-1}(1-\beta)}{\Phi^{-1}(\alpha)-\Phi^{-1}(1-\beta)},\end{cases}\tag{10.1.12}$$

其中 $\Phi^{-1}(\alpha)$ 表示标准正态分布中概率为 α 的分位点。于是抽检方案 (n,k) 的接受概率

$$L(\mu)=P\{\overline{X}\geqslant k;\ \mu\}=1-\Phi\left(\frac{k-\mu_1}{\sigma/\sqrt{n}}\right)。\tag{10.1.13}$$

(2) σ 未知的情况

当 σ 未知时，使用样本方差 S^2 代替 σ^2，此时

$$\frac{\overline{X}-\mu_0}{S/\sqrt{n}}\sim t(n-1)。$$

建立假设

$$H_0:\ \frac{\overline{X}-\mu_0}{S/\sqrt{n}}\geqslant t',\quad H_1:\ \frac{\overline{X}-\mu_1}{S/\sqrt{n}}<t',$$

为简化计算，令 $t=t'/n$，则 $\dfrac{\overline{X}-\mu_0}{S/\sqrt{n}}\geqslant t'$ 等价于 $\overline{X}-tS\geqslant\mu_0$，$\dfrac{\overline{X}-\mu_1}{S/\sqrt{n}}<t'$ 等价于 $\overline{X}-tS<\mu_1$。

利用正态分布的性质可知，当 n 比较大时，$\mu=\mu_0$ 时，$\overline{X}-tS$ 渐近地服从 $N\left(\mu_0-t\sigma,\ \sigma^2\left(\dfrac{1}{n}+\dfrac{t^2}{2(n-1)}\right)\right)$；$\mu=\mu_1$ 时，$\overline{X}-tS$ 渐近地服从 $N\left(\mu_1-t\sigma,\ \sigma^2\left(\dfrac{1}{n}+\dfrac{t^2}{2(n-1)}\right)\right)$。

类似于式（10.1.11），构建方程组

$$\begin{cases}\Phi\left(\dfrac{t\sigma}{\sigma\sqrt{\dfrac{1}{n}+\dfrac{t^2}{2(n-1)}}}\right)=\alpha,\\ \Phi\left(\dfrac{\mu_0-\mu_1+t\sigma}{\sigma\sqrt{\dfrac{1}{n}+\dfrac{t^2}{2(n-1)}}}\right)=1-\beta。\end{cases}\tag{10.1.14}$$

经计算可得

$$\begin{cases} n = \left(\dfrac{\Phi^{-1}(1-\beta) - \Phi^{-1}(\alpha)}{\mu_0 - \mu_1}\right)^2 \sigma^2 + \dfrac{(\Phi^{-1}(\alpha))^2}{2}, \\ t = \dfrac{(\mu_0 - \mu_1)\Phi^{-1}(\alpha)}{\sigma(\Phi^{-1}(1-\beta) - \Phi^{-1}(\alpha))}, \end{cases} \tag{10.1.15}$$

其中 $\dfrac{n-1}{n} \approx 1$，用 S 代替 σ，于是抽检方案 (n,t) 的接受概率为

$$L(\mu) = 1 - \Phi\left(\frac{\mu_0 - \mu + t\sigma}{\sigma\sqrt{\dfrac{1}{n} + \dfrac{t^2}{n-1}}}\right)。 \tag{10.1.16}$$

2. 单侧上限的抽检方案

单侧上限的抽检方案和单侧下限的抽检方案基本相似，唯一不同的是单侧上限的抽检方案要求总体质量水平 μ 越小越好。以下只给出 σ 已知和 σ 未知情况的结果，具体推导过程大家可参考单侧下限的推导过程自行推导。

（1）σ 已知时，n，k 的值为

$$\begin{cases} n = \left(\dfrac{\Phi^{-1}(1-\alpha) - \Phi^{-1}(\beta)}{\mu_0 - \mu_1}\right)^2 \sigma^2, \\ t = \dfrac{\mu_0\Phi^{-1}(1-\alpha) - \mu_1\Phi^{-1}(\beta)}{\Phi^{-1}(1-\alpha) - \Phi^{-1}(\beta)}; \end{cases}$$

（2）σ 未知的情况

$$\begin{cases} n = \left(\dfrac{\Phi^{-1}(1-\alpha) - \Phi^{-1}(\beta)}{\mu_0 - \mu_1}\right)^2 \sigma^2 + \dfrac{(\Phi^{-1}(1-\alpha))^2}{2}, \\ t = \dfrac{(\mu_0 - \mu_1)\Phi^{-1}(1-\alpha)}{\sigma(\Phi^{-1}(1-\alpha) - \Phi^{-1}(\beta))}。 \end{cases}$$

抽样检查在现代企业管理中非常常见，并且针对不同的抽样要求有不同的抽检方案。我们这里是把抽样检查作为数理统计的一种应用提出来的，只介绍了基本方法和基本思想，感兴趣的读者可参阅相关文献。

习题 10.1

1. 在抽样检验中，符号 N 表示（　　）。

A. 批量　　B. 样本量

C. 抽取的数量

D. 样本中含有的合格品的数量

2. 根据样本中含有的不合格品数来判断产品是否可接受的抽样检验属于（　　）检验。

A. 计件　　B. 计点

C. 计量　　D. 数值

3. 计数型抽样方案是用（　　）对产品做出判断。

A. 合格品数

B. 样本中含有的不合格品数

C. 产品中含有的合格品数

D. 接受概率

4. 对 $N=200$ 的一批产品，试制定 $\alpha=0.05$，$\beta=0.10$，$p_0=0.025$，$p_1=0.10$ 的抽样方案。

10.2 正交试验设计

正交试验设计法是在生产的各个领域中广泛应用的一种试验设计方法。它是借助“正交表”来安排试验和对数据进行统计分析的一种试验设计法。在用正交试验设计法来解决实际问题时，首先要明确试验目的，其次要利用专业经验和专业知识决定试验的因子、水平和交互作用。这些内容我们在第 9 章中已经介绍过了，下面举例说明这些概念在试验设计中的意义。

例 10.2.1　对一容器灌注碳酸饮料，由于灌注时会起泡，响应值为溢出的饮料容量（cm^3）。考虑三个因素并各取三个水平，即（A）输液管的设计类型：$A_1=1$，$A_2=2$，$A_3=3$；（B）灌注速度（r/min）：$B_1=100$，$B_2=120$，$B_3=140$；（C）操作压力（psi[⊖]）：$C_1=10$，$C_2=15$，$C_3=20$，试给出碳酸饮料灌注时的最适条件。

在求解问题之前，我们先在例 10.2.1 中依次确定试验目的、影响因子和因子水平如下：

试验目的：分析影响溢出容量的三种因素（输液管的设计类型、灌注速度、操作压力），寻找降低溢出容量的最佳条件。

影响因子：输液管的设计类型、灌注速度、操作压力，即 A、B、C 三个因子；

因子水平：每个因子各取三个水平。$A_1=1$，$A_2=2$，$A_3=3$，$B_1=100$，$B_2=120$，$B_3=140$，$C_1=10$，$C_2=15$，$C_3=20$。

例 10.2.2　某化工厂生产一种化工产品，影响采收率的 4 个主要因子是

（A）催化剂种类：$A_1=1$，$A_2=2$，

（B）反应时间：$B_1=1.5$，$B_2=2.5$，

（C）反应温度：$C_1=80℃$，$C_2=90℃$，

（D）加减量：$D_1=5\%$，$D_2=7\%$，试寻找生产该产品的最适条件。

依照例 10.2.1，同样可以确定例 10.2.2 的试验目的、影响因

⊖ 1psi（磅力/平方英寸）= 6894.757pa。——编辑注

子和因子水平，此外，根据经验认为可能存在交互作用 $A\times B$ 和 $A\times C$。

10.2.1 正交表和交互作用表

正交表是正交试验设计的工具，对数据进行统计分析有着重要的意义。一般地，正交表表示为 $L_n(q^m)$，其中 L 表示正交表，n 表示试验总数，q 为因子的水平，m 为表中水平 q 因子的列数。常用的正交表如 $L_8(2^7)$，见表 10.2.1。

表 10.2.1 $L_8(2^7)$

试验号	列号						
	1	**2**	**3**	**4**	**5**	**6**	**7**
1	1	1	1	1	1	1	1
2	1	1	1	2	2	2	2
3	1	2	2	1	1	2	2
4	1	2	2	2	2	1	1
5	2	1	2	1	2	1	2
6	2	1	2	2	1	2	1
7	2	2	1	1	2	2	1
8	2	2	1	2	1	1	2

正交表的主要内容包含两个方面：一是任一列中各水平都出现，且出现的次数相等；二是任何两列之间各种不同水平的所有可能组合都出现且出现的次数相等。正交表可进行列间置换、行间置换和同一列的水平置换，正交表可指导试验者如何从全部试验中提取部分试验进行实施。正交表中试验号的选择，应该把所有因素都放下，并且有 1~2 列空列，用以评价试验误差。常用的二水平正交表有 $L_4(2^3)$、$L_8(2^7)$、$L_{16}(2^{15})$、$L_{32}(2^{31})$，常用的三水平正交表有 $L_9(3^4)$、$L_{27}(3^{13})$，四水平正交表有 $L_{16}(4^5)$。

若使用正交表解决有交互作用的试验设计问题，则需要使用交互作用表，见表 10.2.2。

表 10.2.2 $L_8(2^7)$ 两列间交互作用表

试验号	列号						
	1	**2**	**3**	**4**	**5**	**6**	**7**
1	(1)	3	2	5	4	7	6
2		(2)	1	6	7	4	5
3			(3)	7	6	5	4

（续）

试验号	列号						
	1	**2**	**3**	**4**	**5**	**6**	**7**
4				(4)	1	2	3
5					(5)	3	2
6						(6)	1
7							(7)

从交互作用表中可以查出正交表中任意两列的交互作用列。任意两个带括号的数字：(i)、(j)，且 $i<j$，则 (i) 所在的“试验号”中的第 i 行与 (j) 所在的“列号”中的第 j 列纵横相交，在“交互作用列表”中得到数字 k，例如 $L_8(2^7)$ 中第 2 列和第 4 列的交互作用列是第 6 列。若考察因子 A、B、C、D 四个元素及交互作用 $A\times B$、$B\times C$，因子 A 放在第 1 列，因子 B 放在第 2 列，因子 C 放在第 4 列，根据交互作用表，$A\times B$ 应该放在第 3 列，$B\times C$ 应该放在第 6 列，由于 D 没有交互作用，可最后安排，放在第 7 列。具体设计方案见表 10.2.3。

表 10.2.3　设计方案

列号	1	2	3	4	5	6	7
因子	A	B	$A\times B$	C		$B\times C$	D

10.2.2　不考虑交互作用的正交试验设计和数据处理

本节以例 10.2.1 为例，介绍应用正交表安排不考虑交互作用的试验方案，以及正交试验结果分析。

第一步，选择正交表。例 10.2.1 中有三种因子，每种因子有 3 个水平，于是选择三水平正交表 $L_9(3^4)$。

第二步，表头设计。将因子和交互作用放于所选正交表的列，原则是不产生混杂即可。这里有三个因子，不考虑交互作用的情况下，可任意将三个因子放在正交表的任意三列上，见表 10.2.4。

表 10.2.4　表头设计

表头设计	A	B	C	
列　号	1	2	3	4

显然表 10.2.4 只是众多设计中的一种，还可以采用其他形式的表头设计。

第三步，制定试验方案。表头设计完成后，使用因子 A 的三

个水平 A_1、A_2、A_3 分别代替“1”“2”和“3”，用因子 B 和 C 的三个水平分别代替第 2 列和第 3 列中的“1”“2”“3”，这样每一横行里所列出的三个因子的不同水平构成一个试验方案，一个试验方案对应一个试验号，总共 9 个方案。具体设计方案见表 10.2.5。

表 10.2.5 灌注碳酸饮料溢出容量试验方案

试 验 号	A	B	C
1	1（1）	1（100）	1（10）
2	1（1）	2（120）	2（15）
3	1（1）	3（140）	3（20）
4	2（2）	1（100）	2（15）
5	2（2）	2（120）	3（20）
6	2（2）	3（140）	1（10）
7	3（3）	1（100）	3（20）
8	3（3）	2（120）	1（10）
9	3（3）	3（140）	2（15）

第四步，结果分析。在不考虑交互作用的试验结果其数据结构可用三元的线性回归方程表示出来，若以 Y_i，$i=1,2,\cdots,9$ 分别表示第 1 号至第 9 号试验结果，可写出它们的数据结构如下：

$$
\begin{aligned}
Y_1 &= \mu + a_1 + b_1 + c_1 + \varepsilon_1,\\
Y_2 &= \mu + a_1 + b_2 + c_2 + \varepsilon_2,\\
Y_3 &= \mu + a_1 + b_3 + c_3 + \varepsilon_3,\\
Y_4 &= \mu + a_2 + b_1 + c_2 + \varepsilon_4,\\
Y_5 &= \mu + a_2 + b_2 + c_3 + \varepsilon_5,\\
Y_6 &= \mu + a_2 + b_3 + c_1 + \varepsilon_6,\\
Y_7 &= \mu + a_3 + b_1 + c_3 + \varepsilon_7,\\
Y_8 &= \mu + a_3 + b_2 + c_1 + \varepsilon_8,\\
Y_9 &= \mu + a_3 + b_3 + c_2 + \varepsilon_9,
\end{aligned}
$$

其中，μ 称为一般平均，a_1,a_2,a_3 是因子水平 A_1,A_2,A_3 产生的效应，b_1,b_2,b_3 是 B_1,B_2,B_3 的效应，c_1,c_2,c_3 是 C_1,C_2,C_3 的效应，且满足关系式：$a_1+a_2+a_3=0$，$b_1+b_2+b_3=0$，$c_1+c_2+c_3=0$。ε_i，$i=1,2,\cdots,9$ 分别是第 1 号至第 9 号试验的随机误差，一般假设它们是独立同分布的正态随机变量，服从 $N(0,\sigma^2)$。

为达到试验目的，我们需要解决以下两个问题：

1. 分别推断各因子的效应是否有显著差异，即检验以下假设是否成立。

$H_{0A}: a_1 = a_2 = a_3 = 0$，$H_{0B}: b_1 = b_2 = b_3 = 0$，$H_{0C}: c_1 = c_2 = c_3 = 0$。

根据方差分析，首先，令 S_T 是当 H_{0A}，H_{0B}，H_{0C} 均成立时，Y_i，$i=1,2,\cdots,9$ 所产生的总偏差平方和，则

$$S_T = \sum_{i=1}^{9} (Y_i - \overline{Y})^2,$$

其中 $\overline{Y} = \frac{1}{9}\sum_{i=1}^{9} Y_i$，且 $S_T/\sigma^2 \sim \chi^2(8)$，自由度 $f_T = n-1=8$。

其次，设 I_j 表示第 j 列“1”水平所对应数据之和，II_j 表示第 j 列“2”水平所对应数据之和，III_j 表示第 j 列“3”水平所对应数据之和，$j=1,2,3,4$。

每种水平在各列出现 3 次，于是第 j 列的偏差平方和为

$$\begin{aligned} S_j &= 3\left(\frac{\mathrm{I}_j}{3} - \overline{Y}\right)^2 + 3\left(\frac{\mathrm{II}_j}{3} - \overline{Y}\right)^2 + 3\left(\frac{\mathrm{III}_j}{3} - \overline{Y}\right)^2 \\ &= \frac{\mathrm{I}_j^2 + \mathrm{II}_j^2 + \mathrm{III}_j^2}{3} - \frac{1}{9}\left(\sum_{i=1}^{9} Y_i\right)^2, \end{aligned}$$

其中 $j=1,2,3,4$，自由度 $f_j = q-1=2$。

因为总偏差平方和可分解为各列偏差平方和

$$\begin{aligned} S_T &= \sum_{i=1}^{9} (Y_i - \overline{Y})^2 \\ &= \sum_{j=1}^{4}\left[\frac{I_j^2 + \mathrm{II}_j^2 + \mathrm{III}_j^2}{3} - \frac{1}{9}\left(\sum_{i=1}^{9} Y_i\right)^2\right] \\ &= \sum_{j=1}^{4} S_j, \end{aligned}$$

所以将数据结构代入可得

$$\begin{aligned} ES_1 &= 3E\left(\frac{\mathrm{I}_1}{3} - \overline{Y}\right)^2 + 3E\left(\frac{\mathrm{II}_1}{3} - \overline{Y}\right)^2 + 3E\left(\frac{\mathrm{III}_1}{3} - \overline{Y}\right)^2 \\ &= 3E\left(a_1 + \frac{2\varepsilon_1 + 2\varepsilon_2 + 2\varepsilon_3 - \varepsilon_4 - \varepsilon_5 - \varepsilon_6 - \varepsilon_7 - \varepsilon_8 - \varepsilon_9}{9}\right)^2 + \\ &\quad 3E\left(a_2 + \frac{2\varepsilon_4 + 2\varepsilon_5 + 2\varepsilon_6 - \varepsilon_1 - \varepsilon_2 - \varepsilon_3 - \varepsilon_7 - \varepsilon_8 - \varepsilon_9}{9}\right)^2 + \\ &\quad 3E\left(a_3 + \frac{2\varepsilon_7 + 2\varepsilon_8 + 2\varepsilon_9 - \varepsilon_1 - \varepsilon_2 - \varepsilon_3 - \varepsilon_4 - \varepsilon_5 - \varepsilon_6}{9}\right)^2 \\ &= 3\left(a_1^2 + a_2^2 + a_3^2\right) + 2\sigma^2, \end{aligned}$$

同理 $ES_2 = 3(b_1^2+b_2^2+b_3^2)+2\sigma^2$，$ES_3 = 3(c_1^2+c_2^2+c_3^2)+2\sigma^2$，$ES_4 = 2\sigma^2$。

由此可见，各列的偏差平方和不仅含有随机误差的方差 σ^2，还含有相应因子的水平效应，记 $S_1 = S_A$，$S_2 = S_B$，$S_3 = S_C$，$S_4 = S_e$。

当 H_{0A}，H_{0B}，H_{0C} 分别成立时，均有 $\frac{S_1}{\sigma^2}=\frac{S_A}{\sigma^2}$、$\frac{S_2}{\sigma^2}=\frac{S_B}{\sigma^2}$、$\frac{S_3}{\sigma^2}=\frac{S_C}{\sigma^2}$ 服从 $\chi^2(2)$ 分布，$\frac{S_4}{\sigma^2}=\frac{S_e}{\sigma^2}$ 始终都服从 $\chi^2(2)$。

令

$$F_A=\frac{S_A}{f_A}\bigg/\frac{S_e}{f_e},\ F_B=\frac{S_B}{f_B}\bigg/\frac{S_e}{f_e},\ F_C=\frac{S_C}{f_C}\bigg/\frac{S_e}{f_e},$$

则统计量 F_A，F_B，F_C 在 H_{0A}，H_{0B}，H_{0C} 成立时服从 $F(2,2)$。f_A，f_B，f_C，f_e 分别是 S_A、S_B、S_C、S_e 的自由度，这里 $f_A=f_B=f_C=f_e=2$，具体偏差平方和分解和方差分析结果见表 10.2.6 和表 10.2.7。

表 10.2.6 灌注碳酸饮料数据偏差平方和分解表

试验号	A	B	C		溢出容量
1	1（1）	1（100）	1（10）	1	-24
2	1（1）	2（120）	2（15）	2	32
3	1（1）	3（140）	3（20）	3	36
4	2（2）	1（100）	2（15）	3	120
5	2（2）	2（120）	3（20）	1	-62
6	2（2）	3（140）	1（10）	2	4
7	3（3）	1（100）	3（20）	2	-55
8	3（3）	2（120）	1（10）	3	-67
9	3（3）	3（140）	2（15）	1	135
I_1	44	41	-87	49	
II_2	62	-97	287	-19	
III_3	13	175	-81	89	
$\frac{\mathrm{I}_j^2+\mathrm{II}_j^2+\mathrm{III}_j^2}{3}$	1983	13905	32502.33	3561.00	$S_T=\sum_{i=1}^{9}(Y_i-\overline{Y})^2=45321.56$
S_j	409.556	12331.556	30529.8889	1987.556	

表 10.2.7 灌注碳酸饮料数据方差分析表

方差来源	偏差平方和（S）	自由度（f）	均方和（S/f）	F 比	F_α	显 著 性
A *	409.556	2	204.7778	0.3417	$F_\alpha(2,4)=6.94$	
B	12331.6	2	6165.78	10.2887		显著
C	30529.9	2	15296.4	25.5248		高度显著
空列 *	1987.556	2	993.7778	1.6583		
误差	2397.111	4	599.2778			

注意：

(1) 在试验中，误差是由空列计算出来的，为进行方差分析，选正交表时应留出一定空列。如果没有空列，又无历史资料，则应选取更大号的正交表以造成空列。

(2) 进行方差分析时，误差的自由度一般不应小于 2。若误差自由度 f_e 很小，则 F 检验灵敏度很低。有时即使因素对试验指标有影响，用 F 检验也判断不出来，因此，在方差分析表中，有些因素的均方差很小，说明因素对试验结果的影响很小，这些小的均方差通常都加到误差中，作为误差处理。一般地，如果第 j 列的均方差小于 2 倍的均方误差，就把因素 j 的平方和加到误差的平方中，因素 j 的自由度也加到误差的自由度中。

(3) 在方差分析表中，把加到误差中的因素用星号“*”表示出来，然后再做检验。这样使得误差的偏差平方和的自由度 f_e 增大，可提高 F 检验的灵敏度。

当显著性水平 $\alpha=0.01$ 时，因子 A 不显著，认为该因子的各水平的效应相等且等于零。由于因子 A 不显著，于是对因子 A 可根据实际需要选择三个水平中的任一个，本例选择 $A_2=2$。

另外，对于因子 B 和 C，在 0.01 的显著性水平下都是显著的，有必要根据试验结果对因子 B 和 C 的各水平做出选择，如何选择呢？这是我们接下来要讨论的第二个问题。

2. 如果某因子的效应有显著差异，那么该因子应该选哪一个水平较适应？

因为试验的目的是减少灌注碳酸饮料时的溢出容量，所以，对于显著因子，所选水平的效应越小越好。将数据结构式代入可得

$$E(\mathrm{I}_B)=E(\mathrm{I}_2)=3\mu+3b_1,\ E(\mathrm{II}_B)=E(\mathrm{II}_2)=3\mu+3b_2,$$
$$E(\mathrm{III}_B)=E(\mathrm{III}_2)=3\mu+3b_3,$$
$$E(\mathrm{I}_C)=E(\mathrm{I}_3)=3\mu+3c_1,\ E(\mathrm{II}_C)=E(\mathrm{II}_3)=3\mu+3c_2,$$
$$E(\mathrm{III}_C)=E(\mathrm{III}_3)=3\mu+3c_3。$$

可见，因子 B 的哪一个水平的效应小，只需要比较 I_2、II_2、III_2 中哪一个最小，故因子 B 以第二水平 $B_2=120$ 最适宜，同理 $C_1=10\mathrm{psi}$ 也是合适的选择。

综上可得，灌注碳酸饮料时以 $A_2B_2C_1$ 水平组合最适宜。

程序代码如下：

```
clc,clear;
A=[1, 2, 3, 0, 0; 1, 1, 1, 1, -24; 1, 2, 2, 2, 32; 1, 3, 3, 3, 36;
2, 1, 2, 3, 120;2, 2, 3, 1, -6; 2, 2, 3, 1, 2, 4; 3, 1, 3, 2, -55; 3, 2,
1, 3, -67;3, 3, 2, 1, 135];
```

```
    opss(A);
%偏差平方和分解
  function [varargout]=opjs(A,varargin)
  if (nargin>1)& isnumeric(varargin{1})
    ymk=varargin{1};
  else
    ymk=1;
  end
  biaozhi=A(1,1:(end-1));
  A=A(2:end,:);
  [m,n]=size(A);
  B=A(:,1:end-1);
  mm=max(B(:));
  K=zeros(mm,n-1);
  for kh=1:m
    for kl=1:(n-1)
      kt=A(kh,kl);
      K(kt,kl)=K(kt,kl)+A(kh,end);
    end
  end
  tem=biaozhi;
  if ymk==0
    [tem,you]=min(K);
  else
    [tem,you]=max(K);
  end
  YOU=['优水平',num2str(you)];
  tem=biaozhi;
  for k1=1:(length(tem)-1)
    for k2=(k1+1):length(tem)
      if (tem(k1)>100)&(tem(k1)==tem(k2))&(tem(k1)>-1)
        R(k1)=(R(k1)+R(k2))/2;
        R(k2)=nan;
        tem(k2)=-10;
      end
    end
  end
  if nargout==0
    disp('T值')
```

```
    disp(K)
    disp(YOU)
  end
  if nargout>=1
    varargout{1}=K;
  end
  if nargout>=2
    varargout{2}=YOU;
  end
  if nargout>4
    return;
  end
  end
  %方差分析
  function table=opfs(A)
  biaozhi=A(1,1:end-1);
  tmp=A(1,1:end-1);
  A(1,:)=[];
  z0=find(tmp==0);
  x=A(:,end);
  A(:,end)=[];
  [n,k]=size(A);
  if ~isempty(z0)
    z0=z0(:);
  end
  mm=max(A(:));
  K=zeros(mm,k);
  for kk=1:k
    tmp=A(:,kk);
    kmax=max(tmp);
    for kh=1:kmax
      tind=find(tmp==kh);
      K(kh,kk)=sum(x(tind));
    end
  end
  alpha1=0.05; alpha2=0.01;
  m=max(A);
  r=n./m;
  Km=K./r(ones(mm,1),:);
  Kmm=(Km-mean(x)).*(Km-mean(x));
```

```
Kmm(K==0)=0;
SSj=sum(Kmm,1).*r;
SST=sum(SSj);
fT=n-1;
fy=max(A)-1;
nz=nonzeros(biaozhi);
unz=unique(nz);
knz=length(unz);
linshi=[biaozhi',SSj',fy',zeros(k,1)];
for kk=1:knz
   ind=find(biaozhi==unz(kk));
   tsf(kk,:)=[unz(kk),sum(linshi(ind,[2:end]),1)];
   linshi(ind,:)=zeros(length(ind),4);
end
SSj=tsf(:,2);fy=tsf(:,3);lsui=length(fy);
if isempty(z0)
   [tem,z0]=min(SSj);
   Ve=SSj(z0)/fy(z0);
else
   tsf(end+1,:)=sum(linshi,1);
   Ve=tsf(end,2)/tsf(end,3);
   tsf(end,end)=0;
end
V=tsf(:,2)./tsf(:,3);
Se=SST;fe=fT;
for kkk=1:length(V)
   if (V(kkk)>2*Ve)
      Se=Se-tsf(kkk,2);
      fe=fe-tsf(kkk,3);
      tsf(kkk,4)=1;
   end
end
Ve=Se/fe;
Fb=V/Ve;
[ml,tem]=size(tsf);
table=cell(ml+3,7);
table(1,:)={'方差来源','平方和','自由度','均方差','F值','F临界值','显著性'};
for kk=1:ml
   if tsf(kk,4)==0
```

```
        table{kk+1,1}=['因素',num2str(tsf(kk,1)),'*'];
      else
        table{kk+1,1}=['因素',num2str(tsf(kk,1))];
      end
    end
    if (tsf(ml,4)==0)&&(~isempty(z0))&&(ml>lsui)
      table{ml+1,1}=['空列*'];
    end
    M=[tsf(:,[2,3]),V,Fb];
    for kh=2:(ml+1)
      for kl=2:5
        table{kh,kl}=M(kh-1,kl-1);
      end
    end
    ntst=length(Fb);
    for ktst=1:ntst
      F=finv(1-[alpha1;alpha2],tsf(ktst,3),fe);
      F1=min(F);F2=max(F);
      table{ktst+1,6}=[num2str(F1),';',num2str(F2)];
      if Fb(ktst)>F2
        table{ktst+1,7}='高度显著';
      elseif (Fb(ktst)<=F2)&(Fb(ktst)>F1)
        table{ktst+1,7}='显著';
      end
    end
    table(end-1,1:4)={'误差',Se,fe,Ve};
    table(end,1:3)={'总和',SST,n-1};
    end
%整体分析
    function [varargout]=opss(A,varargin)
    if (nargin>1)& isnumeric(varargin{1})
    ymk=varargin{1};
    else
      ymk=1;
    end
    biaozhi=A(1,1:(end-1));
    if nargout==0
      opjs(A,ymk)
      table=opfs(A)
    end
```

```
table=opfs(A);
if nargout>=1
  varargout{1}=T;
end
if nargout>=2
  varargout{2}=YOU;
end
if nargout>=5
  varargout{5}=table;
end
if nargout>=6
  varargout{6}=[];
    return
end
end
```

运行结果:

```
T值
    44    41   -87    49
    62   -97   287   -19
    13   175   -81    89
优水平 2  3  2  3
table=
7×7 cell 数组
{'方差来源'}  {'平方和'}  {'自由度'} {'均方差'}  {'F值'} {'Fα'}  {'显著性'}
{'因素 1 * '}  {[409.5556]}  {[2]}  {[204.7778]} {[0.3417]}  {'6.9443;18'}  {0×0double}
{'因素 2' }  {[1.2332e+04]}  {[2]}  {[6.1658e+03]} {[10.2887]}  {'6.9443;18'}  {'显著'}
{'因素 3' }  {[3.0593e+04]}  {[2]}  {[1.5296e+04]} {[25.5248]}  {'6.9443;18'}  {'高度显著'}
{'空列 * ' }  {[1.9876e+03]}  {[2]}  {[993.7778]} {[1.6583]}  {'6.9443;18'}  {0×0double}
{'误差' }  {[2.3971e+03]}  {[4]}  {[599.2778]}  {0×0 double} {0×0 double }  {0×0double}
{'总和' }  {[4.5322e+04]}  {[8]}  {0×0 double}  {0×0 double} {0×0 double }  {0×0double}
```

注意：正交试验设计的程序包含三个函数：opjs 函数（偏差平方和分解）、opfs 函数（方差分析）、opss 函数（试验设计分析），对不同的正交表或者交互作用表，依次调用这三个函数便可得到相关的试验结果。

10.2.3　考虑交互作用的正交试验设计和数据处理

本节以例 10.2.2 为例介绍考虑交互作用场合的正交试验设计和试验结果分析。

第一步，选择正交表。例 10.2.2 中有四种因子，每种因子有 2 个水平，因为每个水平和 1 对交互作用各需占用一列，因此所选正交表至少需要有 5 列，而列数多于 5 列的最小 2 水平正交表就是 $L_8(2^7)$，我们可暂定选用 $L_8(2^7)$ 进行表头设计。

第二步，表头设计。正交表 $L_8(2^7)$ 中有两个因子，可将因子 A 和因子 B 放置在第 1 列和第 2 列，$A×B$ 放在第 3 列，因子 C 放在第 4 列，$A×C$ 放在第 5 列，因子 D 放在第 6 或 7 列，具体设计见表 10.2.8。

表 10.2.8　交互作用表的表头设计

表头设计	A	B	$A×B$	C	$A×C$	空列	D
列号	1	2	3	4	5	6	7

第三步，制定试验方案。将因子 A、B、C、D 所在的第 1，2，4，7 列抽出，并将这些列中的“1”和“2”代之以相应因子的 1 水平和 2 水平，试验方案和结果见表 10.2.9。

表 10.2.9　化学产品采收率的试验方案和试验结果

试验号	A	B	C	D	采收率（%）
1	1 (1)	1 (1.5)	1 (80)	1 (5)	82
2	1 (1)	1 (1.5)	2 (90)	2 (7)	78
3	1 (1)	2 (2.5)	1 (80)	2 (7)	76
4	1 (1)	2 (2.5)	2 (90)	1 (5)	85
5	2 (2)	1 (1.5)	1 (80)	2 (7)	83
6	2 (2)	1 (1.5)	2 (90)	1 (5)	86
7	2 (2)	2 (2.5)	1 (80)	1 (5)	92
8	2 (2)	2 (2.5)	2 (90)	2 (7)	79

第四步，统计分析。设 Y_i，$i=1, 2, \cdots, 8$ 分别表示第 1 号至第 8 号试验结果。由数据的正态性假设以及试验方案，考虑到 A 和 B 以及 A 和 C 有交互作用，Y_i，$i=1, 2, \cdots, 8$ 的数据结构可写为

$$Y_1=\mu+a_1+b_1+(ab)_{11}+c_1+(ac)_{11}+d_1+\varepsilon_1,$$
$$Y_2=\mu+a_1+b_1+(ab)_{12}+c_2+(ac)_{12}+d_2+\varepsilon_2,$$
$$Y_3=\mu+a_1+b_2+(ab)_{12}+c_1+(ac)_{11}+d_2+\varepsilon_3,$$
$$Y_4=\mu+a_1+b_2+(ab)_{12}+c_2+(ac)_{12}+d_1+\varepsilon_4,$$
$$Y_5=\mu+a_2+b_1+(ab)_{21}+c_1+(ac)_{21}+d_2+\varepsilon_5,$$
$$Y_6=\mu+a_2+b_1+(ab)_{21}+c_2+(ac)_{22}+d_1+\varepsilon_6,$$
$$Y_7=\mu+a_2+b_2+(ab)_{22}+c_1+(ac)_{21}+d_1+\varepsilon_7,$$
$$Y_8=\mu+a_2+b_2+(ab)_{22}+c_2+(ac)_{21}+d_2+\varepsilon_8,$$

其中，μ 称为一般平均，a_1，a_2 是因素水平 A_1，A_2 产生的效应，b_1，b_2 是 B_1，B_2 的效应，c_1，c_2 是 C_1，C_2 的效应，d_1，d_2 是 D_1，D_2 的效应，且满足关系式 $a_1+a_2=0$，$b_1+b_2=0$，$c_1+c_2=0$，$d_1+d_2=0$，因子 A，B，C 和 D 各有一个自由度。$(ab)_{ij}$，$(cd)_{ij}$，i，$j=1$，2 分别表示 A 取 i 水平，B 取 j 水平，C 取 j 水平时，$A\times B$ 和 $A\times C$ 的交互效应，它们满足关系式

$$(ab)_{11}+(ab)_{12}=0,\ (ab)_{21}+(ab)_{22}=0,$$
$$(ab)_{11}+(ab)_{21}=0,\ (ab)_{12}+(ab)_{22}=0,$$
$$(ac)_{11}+(ac)_{12}=0,\ (ac)_{21}+(ac)_{22}=0,$$
$$(ac)_{11}+(ac)_{21}=0,\ (ac)_{12}+(ac)_{22}=0。$$

$A\times B$ 的 4 个效应中，独立的效应有 $(2-1)(2-1)=1$，即 $A\times B$ 有 1 个自由度，同理，$A\times C$ 有 1 个自由度。

令 S_T 是 Y_i 所产生的总的偏差平方和，$i=1,2,\cdots,8$，则

$$S_T=\sum_{i=1}^{8}(Y_i-\overline{Y})^2,\ f_T=7,$$

总偏差平方和分配到正交表的各列上，即 $S_T=\sum_{j=1}^{7}S_j$，且 $S_j=\frac{(\mathrm{I}_j-\mathrm{II}_j)^2}{8}$，$f_j=1$，$j=1,2,\cdots,7$。将数据结构代入可得

$$ES_1=2(a_1-a_2)^2+\sigma^2,$$
$$ES_2=2(b_1-b_2)^2+\sigma^2,$$
$$ES_3=2[(ab)_{11}+(a)_{22}-(ab)_{12}-(ab)_{21}]^2+\sigma^2,$$
$$ES_4=2(c_1-c_2)^2+\sigma^2,$$
$$ES_5=2[(ac)_{11}+(ac)_{22}-(ac)_{12}-(ac)_{21}]^2+\sigma^2,$$
$$ES_6=2(d_1-d_2)^2+\sigma^2,\ ES_7=\sigma^2。$$

记 $S_1=S_A$，$S_2=S_B$，$S_3=S_{A\times B}$，$S_4=S_C$，$S_5=S_{A\times C}$，$S_6=S_e$，$S_7=S_D$，称之为相应因子或交互作用的偏差平方和。类似于例 10.2.2，对表 10.2.9 中的数据进行偏差平方和分解和方差分析，具体结果见表 10.2.10 和表 10.2.11。

表 10.2.10　化学产品采收率数据偏差平方和分解表

试　验　号	A	B	$A\times B$	C	$A\times C$	D		采收率（%）
1	1	1	1	1	1	1	1	82
2	1	1	1	2	2	2	2	78
3	1	2	2	1	1	2	2	76
4	1	2	2	2	2	1		85
5	2	1	2	1	2	2	1	83
6	2	1	2	2	1	1	2	86
7	2	2	1	1	2	1	2	92
8	2	2	1	2	1	2	1	79
I_1	321	329	331	333	323	345	329	
II_2	340	332	330	328	338	316	332	
$S_j=\dfrac{(\mathrm{I}_j-\mathrm{II}_j)^2}{8}$	45. 125	1. 125	0. 125	3. 125	28. 125	105. 125	1. 125	

表 10.2.11　化学产品采收率数据方差分析表

方差来源	偏差平方和（S）	自由度（f）	均方和（S/f）	F 比	F_α	显著性
A	45. 125	1	45. 125	57	$F_{0.01}(1,3)=34.12$	高度显著
B *	1. 125	1	1. 125	1. 4211		
C	3. 125	1	3. 125	3. 9474		
D	105. 125	1	105. 125	132. 7895		高度显著
$A\times B$ *	0. 125	1	0. 125	0. 1579		
$A\times C$	28. 125	1	28. 125	35. 5263		显著
空列 *	1. 125	1	1. 125	1. 4211		
误差	2. 3750	3	0. 7917			

当显著性水平 $\alpha=0.01$ 时，因子 A 和 D 是高度显著的，由于响应量是采收率，即因子的效应越大越好，因为 $\mathrm{I}_A<\mathrm{II}_A$，$\mathrm{I}_C>\mathrm{II}_C$，所以选择因子 A 的第 2 水平即 $A_2=2$，选择因子 D 的第 1 水平即 $D_1=5\%$。进一步地，$A\times C$ 交互作用显著，A 和 C 共有四种搭配 A_1C_1，A_1C_2，A_2C_1，A_2C_2，从表 10.2.2 看到每种搭配有两次试验，相应都有两个响应值，将响应值加在一起取均值就代表了每一种搭配的效果，用这样的方法得到表 10.2.12。

表 10.2.12 显示，交互作用 $A\times C$ 的最优水平搭配是 A_2C_1。反应时间 B 的两个水平对采收率没有显著影响，不妨取反应时间较长的 B_2，认为最好的试验条件为 $A_2B_2C_1D_1$。

表 10.2.12 $A \times C$ 水平搭配表

因子 C	因子 A	
	A_1	A_2
C_1	$\frac{82+76}{2}=79$	$\frac{83+92}{2}=87.5$
C_2	$\frac{78+85}{2}=81.5$	$\frac{86+79}{2}=82.5$

程序代码如下：

```
    clc; clear;
    A=[1, 2, 102, 3    103    4, 0,   0;1, 1, 1, 1, 1, 1, 1, 82; 1, 1, 1,
2, 2, 2, 2, 78; 1, 2, 2, 1, 1, 2, 2, 76; 1, 2,
    2, 2, 2, 1, 1, 85; 2, 1, 2, 1, 2, 2, 1, 83; 2, 1, 2, 2, 1, 1, 2, 86;
2, 2, 1, 1, 2, 1, 2, 92; 2, 2, 1, 2, 1, 2, 1, 79];
    opss(A);
%偏差平方和分解
    function[varargout]=opjs(A,varargin)
    if (nargin>1)& isnumeric(varargin{1})
      ymk=varargin{1};
    else
      ymk=1;
    end
    biaozhi=A(1,1:(end-1));
    A=A(2:end,:);
    [m,n]=size(A);
    B=A(:,1:end-1);
    mm=max(B(:));
    K=zeros(mm,n-1);
    for kh=1:m
      for kl=1:(n-1)
        kt=A(kh,kl);
        K(kt,kl)=K(kt,kl)+A(kh,end);
      end
    end
    tem=biaozhi;
    if ymk==0
      [tem,you]=min(K);
    else
      [tem,you]=max(K);
```

```
    end
    YOU=['优水平',num2str(you)];
    tem=biaozhi;
    for k1=1:(length(tem)-1)
      for k2=(k1+1):length(tem)
        if (tem(k1)>100)&(tem(k1)==tem(k2))&(tem(k1)>-1)
          R(k1)=(R(k1)+R(k2))/2;
          R(k2)=nan;
          tem(k2)=-10;
        end
      end
    end
    if nargout==0
      disp('T 值')
      disp(K)
      disp(YOU)
    end
    if nargout>=1
      varargout{1}=K;
    end
    if nargout>=2
      varargout{2}=YOU;
    end
    if nargout>4
      return;
    end
    end
%方差分析
    function table=opfs(A)
    biaozhi=A(1,1:end-1);
    tmp=A(1,1:end-1);
    A(1,:)=[];
    z0=find(tmp==0);
    x=A(:,end);
    A(:,end)=[];
    [n,k]=size(A);
    if ~isempty(z0)
      z0=z0(:);
    end
```

```
mm=max(A(:));
K=zeros(mm,k);
for kk=1:k
  tmp=A(:,kk);
  kmax=max(tmp);
  for kh=1:kmax
    tind=find(tmp==kh);
    K(kh,kk)=sum(x(tind));
  end
end
alpha1=0.05;alpha2=0.01;
m=max(A);
r=n./m;
Km=K./r(ones(mm,1),:);
Kmm=(Km-mean(x)).*(Km-mean(x));
Kmm(K==0)=0;
SSj=sum(Kmm,1).*r;
SST=sum(SSj);
fT=n-1;
fy=max(A)-1;
nz=nonzeros(biaozhi);
unz=unique(nz);
knz=length(unz);
linshi=[biaozhi',SSj',fy',zeros(k,1)];
for kk=1:knz
  ind=find(biaozhi==unz(kk));
  tsf(kk,:)=[unz(kk),sum(linshi(ind,[2:end]),1)];
  linshi(ind,:)=zeros(length(ind),4);
end
SSj=tsf(:,2);fy=tsf(:,3);lsui=length(fy);
if isempty(z0)
  [tem,z0]=min(SSj);
  Ve=SSj(z0)/fy(z0);
else
  tsf(end+1,:)=sum(linshi,1);
  Ve=tsf(end,2)/tsf(end,3);
  tsf(end,end)=0;
end
V=tsf(:,2)./tsf(:,3);
```

```
    Se=SST;fe=fT;
    for kkk=1:length(V)
        if (V(kkk)>2 * Ve)
            Se=Se-tsf(kkk,2);
            fe=fe-tsf(kkk,3);
            tsf(kkk,4)=1;
        end
    end
    Ve=Se/fe;
    Fb=V/Ve;
    [ml,tem]=size(tsf);
    table=cell(ml+3,7);
    table(1,:)={'方差来源','平方和','自由度','均方差','F值','F临
界值','显著性'};
    for kk=1:ml
        if tsf(kk,4)==0
            table{kk+1,1}=['因素',num2str(tsf(kk,1)),' * '];
        else
            table{kk+1,1}=['因素',num2str(tsf(kk,1))];
        end
    end
    if (tsf(ml,4)==0)&&(~isempty(z0))&&(ml>lsui)
        table{ml+1,1}=['空列 * '];
    end
    M=[tsf(:,[2,3]),V,Fb];
    for kh=2:(ml+1)
        for kl=2:5
            table{kh,kl}=M(kh-1,kl-1);
        end
    end
    ntst=length(Fb);
    for ktst=1:ntst
        F=finv(1-[alpha1;alpha2],tsf(ktst,3),fe);
        F1=min(F);F2=max(F);
        table{ktst+1,6}=[num2str(F1),';',num2str(F2)];
        if Fb(ktst)>F2
            table{ktst+1,7}='高度显著';
        elseif (Fb(ktst)<=F2)&(Fb(ktst)>F1)
            table{ktst+1,7}='显著';
```

```
   end
end
table(end-1,1:4)={'误差',Se,fe,Ve};
table(end,1:3)={'总和',SST,n-1};
end
%整体分析
function [varargout]=opss(A,varargin)
if (nargin>1)& isnumeric(varargin{1})
   ymk=varargin{1};
else
   ymk=1;
end
biaozhi=A(1,1:(end-1));
if nargout==0
   opjs(A,ymk)
   table=opfs(A)
   end
 table=opfs(A);
if nargout>=1
   varargout{1}=T;
end
if nargout>=2
   varargout{2}=YOU;
end
if nargout>=5
   varargout{5}=table;
end
if nargout>=6
   varargout{6}=[];
   return
end
end
```

运行结果：

```
T值
   321   329   331   333   323   345   329
   340   332   330   328   338   316   332
优水平：2  2  1  1  2  1  2
```

注：限于篇幅，方差分析结果未给出，请读者自行验证。

以上我们所举的例子其因子都是等水平的，大家不要认为正交设计法只解决因子水平相同的试验设计问题。实际上，正交表是可以灵活运用的，一般在二水平正交表上可以同时安排 2 水平、3 水平和 4 水平因子，在三水平正交表上也可以安排 2 水平因子，这可以通过正交表的改造完成。这部分内容，本书没有详细介绍，有兴趣的读者可阅读相关文献。

习题 10.2

1. 一个 2×2×2 的多因素试验设计中，主效应和交互作用的个数分别为（　　）。

A. 3 个主效应，4 个交互作用

B. 3 个主效应，8 个交互作用

C. 8 个主效应，4 个交互作用

D. 8 个主效应，8 个交互作用

2. $L_n(r^m)$ 括号中的 r 表示（　　）。

A. 最多安排因素的个数

B. 因素的水平数

C. 正交表的横行数

3. 某试验小组为了测定某农作物在不同因素的不同水平之下的最高产量，选取了对产品有影响的 4 个因素，每个因素取两个水平进行试验，以便确定生产方案。因素水平如下：

水平	因素			
	品种 A	施钾肥（K）量 B/（斤/亩）	施氮肥（N）量 C/（斤/亩）	插值密度 D/（寸×寸）
1	A_1	40	15	5×5
2	A_2	24	10	5×4

用 $L_8(2^7)$ 安排试验，表头设计如下：

因素	A	B		C			D
列号	1	2	3	4	5	6	7

8 次试验的产量（单位：斤/亩）依次为

1125，1052，1077，1130，1100，950，1020，1050

试对上述数据做方差分析以确定最佳水平组合。

10.3　主成分分析

主成分分析是将多指标化为少数几个综合指标的一种统计分析方法，主要解决高维空间中的变量问题。在高维空间中研究样本的分布规律比较复杂，同时也增加分析的复杂性。人们自然希望用较少的综合变量来代替原来较多的变量。在减少变量数量的同时，又尽可能多地保留原始信息，这就是降维的思想。利用这种思想，产生了主成分分析法和因子分析方法。本节主要介绍主成分分析法。

原始变量被少量综合变量代替后，原始变量个数减少了，原始变量的信息“浓缩”了，这样的综合变量称为**主成分**，并且主成分之间互不相关。

设$\boldsymbol{X}_{(i)}=(X_{i1},X_{i2},\cdots,X_{ip})^{\mathrm{T}}$是来自总体$X$的第$i$个样本($i=1,2,\cdots,n$)，样本容量为$n$，且$\boldsymbol{\mu}=E(\boldsymbol{X})$，$\boldsymbol{\Sigma}=D(\boldsymbol{X})$，记样本数据为

$$\boldsymbol{X}=\begin{pmatrix} x_{11} & x_{12} & \cdots & x_{1p} \\ x_{21} & x_{22} & \cdots & x_{2p} \\ \vdots & \vdots & & \vdots \\ x_{n1} & x_{n2} & \cdots & x_{np} \end{pmatrix}=\begin{pmatrix} \boldsymbol{X}_{(1)}^{\mathrm{T}} \\ \boldsymbol{X}_{(2)}^{\mathrm{T}} \\ \vdots \\ \boldsymbol{X}_{(n)}^{\mathrm{T}} \end{pmatrix} \tag{10.3.1}$$

样本协方差矩阵

$$\boldsymbol{S}=\frac{1}{n-1}\sum_{i=1}^{n}(\boldsymbol{X}_{(i)}-\overline{\boldsymbol{X}})(\boldsymbol{X}_{(i)}-\overline{\boldsymbol{X}})^{\mathrm{T}}\overset{\mathrm{def}}{=}(s_{ij})_{p\times p} \tag{10.3.2}$$

其中$\overline{\boldsymbol{X}}=\frac{1}{n}\sum_{i=1}^{n}\boldsymbol{X}_{(i)}=(\bar{x}_1,\bar{x}_2,\cdots,\bar{x}_p)^{\mathrm{T}}$，$s_{ij}=\frac{1}{n-1}\sum_{i=1}^{n}(x_{ij}-\bar{x}_i)(x_{ij}-\bar{x}_j)$，$i,\ j=1,\ 2,\ \cdots,\ p$。

样本相关矩阵

$$\boldsymbol{R}=(r_{ij})_{p\times p},\ r_{ij}=\frac{s_{ij}}{\sqrt{s_{ii}s_{jj}}},\ i,\ j=1,2,\cdots,p。$$

若总体协方差矩阵$\boldsymbol{\Sigma}$已知，则使用$\boldsymbol{\Sigma}$求解主成分。然而在实际应用中，总体协方差矩阵往往是未知的，需要用样本协方差矩阵估计$\boldsymbol{\Sigma}$，由于本章侧重数理统计的实际应用，因此本节只介绍样本的主成分。

10.3.1 主成分的确定

设$\boldsymbol{X}=(X_1,X_2,\cdots,X_p)$是一$p$维随机向量，由于不同的变量往往有不同的量纲，为消除由于量纲的不同可能带来的一些不合理的影响，需将变量$\boldsymbol{X}$标准化，即

$$X_i^*=\frac{X_i-E(X_i)}{\sqrt{D(X_i)}},\ i=1,2,\cdots,p。 \tag{10.3.3}$$

这时样本协方差矩阵就是样本相关矩阵（后面各节内容若没有特殊说明，$\boldsymbol{X}=\boldsymbol{X}^*=(X_1^*,X_2^*,\cdots,X_p^*)$），且

$$\boldsymbol{R}=\frac{1}{n-1}\boldsymbol{X}^{\mathrm{T}}\boldsymbol{X}。 \tag{10.3.4}$$

若λ_j是样本相关矩阵$\boldsymbol{R}$的第j个特征值，$\boldsymbol{a}_j$是λ_j所对应的单位特征向量，且彼此正交。设$\boldsymbol{A}=(\boldsymbol{a}_1,\boldsymbol{a}_2,\cdots,\boldsymbol{a}_p)$，$\boldsymbol{a}_j=(a_{1j},a_{2j},\cdots,a_{pj})^{\mathrm{T}}$，称$\boldsymbol{Z}_j=\boldsymbol{a}_j^{\mathrm{T}}\boldsymbol{X}$为变量$\boldsymbol{X}$的**第$j$个主成分**，并且$\mathrm{Var}(\boldsymbol{Z}_j)=\lambda_j$。将样本$\boldsymbol{X}_{(i)}=(X_{i1},X_{i2},\cdots,X_{ip})^{\mathrm{T}}$代入$\boldsymbol{Z}_j$，经计算得到的值称为第$i$个样本在第$j$个**主成分的得分**，记为$Z_{ij}$，$i,j=1,2,\cdots,p$。

令$\boldsymbol{Z}_{(i)}=(Z_{i1},Z_{i2},\cdots,Z_{ip})^{\mathrm{T}}$，则

$$Z=\begin{pmatrix} z_{11} & z_{12} & \cdots & z_{1p} \\ z_{21} & z_{22} & \cdots & z_{2p} \\ \vdots & \vdots & & \vdots \\ z_{n1} & z_{n2} & \cdots & z_{np} \end{pmatrix} \overset{\text{def}}{=} \begin{pmatrix} Z_{(1)}^{\mathrm{T}} \\ Z_{(2)}^{\mathrm{T}} \\ \vdots \\ Z_{(n)}^{\mathrm{T}} \end{pmatrix}, \tag{10.3.5}$$

那么主成分得分矩阵 $\boldsymbol{Z}$ 和标准化后的数据阵 $\boldsymbol{X}$ 满足 $\boldsymbol{Z}=\boldsymbol{XA}$，且 $D(\boldsymbol{Z})=\mathbf{diag}(\lambda_1,\lambda_2,\cdots,\lambda_p),\lambda_1\geqslant\lambda_2\geqslant\cdots\geqslant\lambda_p$，$\dfrac{\lambda_j}{\sum_{j=1}^{p}\lambda_j}$ 称为主成分 $\boldsymbol{Z}_j$ 的贡献率，$\dfrac{\sum_{j=1}^{m}\lambda_j}{\sum_{i=1}^{p}\lambda_i}$ 称为累计贡献率，$m=1,2,\cdots,p$。

主成分分析的目的之一是为了简化数据结构，故在实际应用中，一般绝不用 p 个主成分，而是选用 m 个（$m<p$），使累计贡献率达到70%或80%以上，其含义是 m 个主成分提取了 X_1，X_2，…，X_p 中原始信息的70%或80%以上。

例 10.3.1　（某国经济分析数据）考虑进口总额 Y 与 3 个自变量：国内总产量 X_1、存储量 X_2 和总消费量 X_3（单位为 10 亿元）之间的关系。现收集了 1949—1959 年共 11 年的数据，见表 10.3.1。

表 10.3.1　某国经济数据

序　号	X_1	X_2	X_3	Y
1	149.3	4.2	108.1	15.9
2	161.2	4.1	114.8	16.4
3	171.5	3.1	123.2	19.0
4	175.5	3.1	126.9	19.1
5	180.8	1.1	132.1	18.8
6	190.7	2.2	137.7	20.4
7	202.1	2.1	146.0	22.7
8	212.4	5.6	154.1	26.5
9	226.1	5.0	162.3	28.1
10	231.9	5.1	164.3	27.6
11	239.0	0.7	167.6	26.3

试用主成分分析法确定 3 个指标的几个主成分，并对主成分进行解释。

解：对数据实施标准化，得样本相关矩阵，见表 10.3.2。

表 10.3.2 某国经济数据的样本相关矩阵

变　量	$\tilde{X}_1$	$\tilde{X}_2$	$\tilde{X}_3$
$\tilde{X}_1$	1	0.026	0.997
$\tilde{X}_2$	0.026	1	0.036
$\tilde{X}_3$	0.997	0.036	1

根据线性代数知识求解相关矩阵的特征值，结果见表 10.3.3。

表 10.3.3 特征值和贡献率

i	1	2	3
λ_i	1.9992	0.9982	0.0027
累计贡献率	66.638%	99.910%	100.00%

λ_3 的值 0.0027 接近于零，λ_1、λ_2 对应主成分的累计贡献率达到 99.91%，于是取前两个主成分。接下来，求解特征值 λ_1、λ_2 所对应的特征向量 $\boldsymbol{a}_1$、$\boldsymbol{a}_2$ 得

$$\boldsymbol{a}_1=(0.7063,\ 0.0435,\ 0.7065)^{\mathrm{T}},$$

$$\boldsymbol{a}_2=(-0.0357,\ 0.9990,\ -0.0258)^{\mathrm{T}},$$

故主成分为

$$\boldsymbol{Z}_1=0.7063\tilde{\boldsymbol{X}}_1+0.0435\tilde{\boldsymbol{X}}_2+0.7065\tilde{\boldsymbol{X}}_3,$$

$$\boldsymbol{Z}_2=-0.0357\tilde{\boldsymbol{X}}_1+0.9990\tilde{\boldsymbol{X}}_2-0.0258\tilde{\boldsymbol{X}}_3。$$

由此可见，主成分 $\boldsymbol{Z}_1$ 主要依赖于国内总产量 $\tilde{\boldsymbol{X}}_1$ 和总消费量 $\tilde{\boldsymbol{X}}_3$，主成分 $\boldsymbol{Z}_2$ 主要依赖于存储量 $\tilde{\boldsymbol{X}}_2$，因此称主成分 $\boldsymbol{Z}_1$ 为产销类因素，主成分 $\boldsymbol{Z}_2$ 为存储类因素。

程序代码如下：

```
clc;clear;
A=[149.3,4.2,108.1,15.9 ;161.2, 4.1, 114.8,16.4;171.5,3.1,
123.2, 19.0;175.5,3.1,126.9, 19.1;180.8,1.1,132.1, 18.8; 190.7,2.2,
137.7, 20.4;202.1,2.1,146.0, 22.7; 212.4,5.6,154.1, 26.5; 226.1,
5.0, 162.3, 28.1;231.9,5.1,164.3, 27.6; 239.0,0.7,167.6, 26.3];
[m, n]=size(A);
x0=A( : , 1 : n-1);
y0=A( : , n);
```

```
r=corrcoef(x0);
xb=zscore(x0);
yb=zscore(y0);
[c, s, t]=princomp(xb)(用于例 10.3.2);
```

运行结果：

```
c=
   0.7063   -0.0357   -0.7070
   0.0435    0.9990   -0.0070
   0.7065   -0.0258    0.7072
s=
  -2.1259    0.6387   -0.0207
  -1.6189    0.5555   -0.0711
  -1.1152   -0.0730   -0.0217
  -0.8943   -0.0824    0.0108
  -0.6442   -1.3067    0.0726
  -0.1904   -0.6591    0.0266
   0.3596   -0.7437    0.0428
   0.9718    1.3541    0.0629
   1.5593    0.9640    0.0236
   1.7670    1.0152   -0.0450
   1.9311   -1.6627   -0.0806
t=
   1.9992
   0.9982
   0.0027
```

10.3.2 主成分回归

在考虑因变量和多个自变量的回归模型中当自变量间存在较强的多重共线性时，利用经典的回归方法求回归系数的最小二乘估计，一般效果较差。然而，主成分的应用就可以较好地解决了此类问题。下面介绍主成分回归模型。

根据主成分的确定方法，在向量组$\boldsymbol{X}_1,\boldsymbol{X}_2,\cdots,\boldsymbol{X}_p$ 中提取 m 个主成分向量组$\boldsymbol{Z}_1,\boldsymbol{Z}_2,\cdots,\boldsymbol{Z}_m$，建立主成分回归模型

$$Y = b_0 + b_1\boldsymbol{Z}_1 + \cdots + b_m\boldsymbol{Z}_m (m \leqslant p)。\qquad(10.3.6)$$

计算样本在 m 个主成分上的得分值，将其作为主成分$\boldsymbol{Z}_1,\boldsymbol{Z}_2,\cdots,\boldsymbol{Z}_m$ 的观测值，建立 Y 与$\boldsymbol{Z}_1,\boldsymbol{Z}_2,\cdots,\boldsymbol{Z}_m$ 的回归模型即为主成分回归方程。因为主成分是综合变量，不可直接观测，含义也不明确，

所以在求得主成分回归方程后，需使用逆变换将其变换为原始变量的回归方程。

例 10.3.2 对例 10.3.1 建立进口总额 $\boldsymbol{Y}$ 与国内总产量 $\boldsymbol{X}_1$、存储量 $\boldsymbol{X}_2$ 和总消费量 $\boldsymbol{X}_3$ 的回归方程。

解：因为例 10.3.1 中 3 个特征值 $\lambda_1=1.9992$、$\lambda_2=0.9982$、$\lambda_3=0.0027$，其中 $\lambda_3=0.0027$ 近似于 0，所以原始变量存在着多重共线性。

建立响应变量 $\boldsymbol{Y}$（进口总额）对主成分 $\boldsymbol{Z}_1$ 和 $\boldsymbol{Z}_2$ 的回归方程

$$\hat{\boldsymbol{Y}}=21.8909+2.9892\boldsymbol{Z}_1-0.8288\boldsymbol{Z}_2。$$

上述方程得到的是响应变量与主成分的关系，但应用起来并不方便，还是希望得到响应变量与原始变量之间的关系。结合主成分 $\boldsymbol{Z}_1$、$\boldsymbol{Z}_2$ 与标准化原始变量 $\tilde{\boldsymbol{X}}_1$、$\tilde{\boldsymbol{X}}_2$、$\tilde{\boldsymbol{X}}_3$ 之间的关系和响应变量 $\boldsymbol{Y}$（进口总额）与主成分 $\boldsymbol{Z}_1$、$\boldsymbol{Z}_2$ 的关系，通过回代的方法得到

$$\hat{\boldsymbol{Y}}=-9.1301+0.0728\boldsymbol{X}_1+0.6092\boldsymbol{X}_2+0.1063\boldsymbol{X}_3。$$

由于回代的步骤较烦琐，读者可以通过运行 MATLAB 程序得到，具体回代过程从略。

程序代码如下：

```
num=2;
hg=s(:, 1:num)\yb;
hg=c(:, 1:num)*hg;
hg2=[mean(y0)-std(y0)*mean(x0)./std(x0)*hg, std(y0)*hg'
./std(x0)];
fprintf('y=%f',hg2(1));
for i=1 : n-1
    fprintf('+%f*x%d', hg2(i+1), i);
end
fprintf('\n');
```

运行结果：

```
y=-9.130108+0.072780*x1+0.609220*x2+0.106259*x3
```

10.3.3 主成分评价

主成分评价是主成分分析的一个重要应用。因为在评价样本时，描述其特征的变量种类肯定是越多越好，但是变量会因为量纲的不同，导致变量之间没有可比性，也不能加总，所以无法通

过传统的方法实现对样本的评价。然而，主成分是不可观测的综合变量，并且自身又保留了足够多的原始变量信息，于是，我们不妨尝试运用主成分来实现对样本的评价。

假设$\boldsymbol{X}_1,\boldsymbol{X}_2,\cdots,\boldsymbol{X}_p$是描述样本的 p 个变量，样本容量为 n，根据 10.3.1 节的内容，可确定主成分$\boldsymbol{Z}_1,\boldsymbol{Z}_2,\cdots,\boldsymbol{Z}_m$，$\lambda_1,\lambda_2,\cdots,\lambda_m$是相关矩阵 $\boldsymbol{R}$ 的前 m 个特征值（$m<p$）。

令$f_j=\dfrac{\lambda_j}{\sum\lambda}(j=1,2,\cdots,m)$，则

$$\boldsymbol{Z}=\sum_{j=1}^{m}f_j\boldsymbol{Z}_j \tag{10.3.7}$$

是每个样本的综合得分，根据综合得分对样本进行评价。

例 10.3.3　利用主成分得分对例 10.3.1 中的样本进行排序。

解：将$\boldsymbol{Z}_1=0.7063\ \boldsymbol{X}_1+0.0435\ \boldsymbol{X}_2+0.7065\ \boldsymbol{X}_3$，$\boldsymbol{Z}_2=-0.0357\ \boldsymbol{X}_1+0.9990\ \boldsymbol{X}_2-0.0258\ \boldsymbol{X}_3$ 代入

$$\boldsymbol{Z}=0.666\boldsymbol{Z}_1+0.333\boldsymbol{Z}_2,$$

计算各样本的综合得分，见表 10.3.4。

表 10.3.4　主成分得分与样本排序

样本序号	得分	排序	样本序号	得分	排序
1	-0.8940	10	7	0.7337	4
2	-0.8640	9	8	1.0981	3
3	-0.7674	8	9	-0.0078	5
4	-1.2042	11	10	1.3599	2
5	-0.6234	7	11	1.5153	1
6	-0.3462	6			

由于主成分 $\boldsymbol{Z}_1$ 的权重较大，且主要依赖于国内总产值 $\boldsymbol{X}_1$ 和总消费量 $\boldsymbol{X}_3$，表 10.3.1 中样本 11 的 $\boldsymbol{X}_1$ 和 $\boldsymbol{X}_3$ 变量值都是最大值，虽 $\boldsymbol{X}_2$ 的变量值较小，但是主成分 $\boldsymbol{Z}_2$ 的权重也小，于是综合来看表 10.3.4 中样本 11 的排名最靠前。

程序代码如下：

```
[x, y, z]=pcacov(r);
f=repmat(sign(sum(c)), size(c, 1), 1)
c=c .* f
df=xb*c(:, 1 : num);
tf=df*z(1 : num) / 100;
[stf, ind]=sort(tf, 'descend');
stf=stf', ind=ind'
```

运行结果：

```
stf=
1.5153  1.3599  1.0981  0.7337  -0.0078  -0.3462  -0.6234
-0.7674  -0.8640  -0.8940  -1.2042
ind=
10  9  8  11  7  6  4  3  5  2  1
```

注意：例 10.3.2 和例 10.3.3 的代码不可单独使用，需结合例 10.3.1 的代码同时运行才可以得到结果。

习题 10.3

1. 主成分分析的基本思想是＿＿＿＿＿＿。

2. 主成分的协方差矩阵为＿＿＿＿＿＿矩阵。

3. 主成分表达式的系数向量是＿＿＿＿＿＿的特征向量。

4. 一种含有四种化学成分的水泥，已知 X_1 是 $3CaO \cdot Al_2O_3$ 的含量（%），X_2 是 $3CaO \cdot SiO_2$ 的含量（%），X_3 是 $4CaO \cdot Al_2O_3 \cdot Fe_2O_3$ 的含量（%），X_4 是 $2CaO \cdot SiO_2$ 的含量（%），每克这样的水泥所释放出的热量（卡）Y 与这四种成分含量之间的关系数据共 13 组，具体如下：

序号	X_1	X_2	X_3	X_4	Y
1	7	26	6	60	78.5
2	1	29	15	52	74.3
3	11	56	8	20	104.3
4	11	31	8	47	87.6
5	7	52	6	33	95.9
6	11	55	9	22	109.2
7	3	71	17	6	102.7
8	1	31	22	44	72.5
9	2	54	18	22	93.1
10	21	47	4	26	115.9
11	1	40	23	34	83.8
12	11	66	9	12	113.3
13	10	68	8	12	109.4

对数据实施标准化得到相关系数表如下：

	X_1	X_2	X_3	X_4
X_1	1	0.2286	−0.8241	−0.2454
X_2	0.2286	1	−0.1392	−0.9730
X_3	−0.8241	−0.1392	1	0.0295
X_4	−0.2454	−0.9730	0.0295	1

请对以上数据案例进行主成分分析，并建立主成分回归模型。

10.4 因子分析

因子分析是主成分分析的推广与发展，是多元统计分析中另一种降维的方法。它主要研究相关矩阵或协方差矩阵的内部依赖关系，将多个变量综合为少数几个因子，以建立原始变量与因子之间的相关关系。

因子分析根据研究对象的不同可以分为 R 型和 Q 型因子分析。R 型因子分析研究变量之间的相关关系，它从变量的相关矩阵出发找出能综合所有变量的几个公共因子，用以对变量或样本进行分类。Q 型因子分析研究样本之间的相关关系，它从样本相似矩阵出发找出能综合所有样本的几个主要因素。这两种因子分析的处理方法一样，只是研究的出发点不同，本节主要介绍 R 型因子分析。

因子分析与主成分分析表面上很相似但又有不同之处。简单来讲，两者都利用“降维”的思想探索变量间的相关关系，然而，形式上却存在很大的不同，首先，因子分析是通过因子模型来描述的，主成分分析只是一个线性变换，其次，因子分析的目的是将原始变量表示为公共因子和特殊因子的线性组合，主成分分析的目的是将主成分表示为原始变量的线性组合。

10.4.1 因子模型

设 $\boldsymbol{X}=(X_1,X_2,\cdots,X_p)^{\mathrm{T}}$ 是可观测的随机向量，$E(\boldsymbol{X})=0$，$D(\boldsymbol{X})=\Sigma$，$\boldsymbol{F}=(\boldsymbol{F}_1,\boldsymbol{F}_2,\cdots,\boldsymbol{F}_m)^{\mathrm{T}}$ 是随机变量，$E(\boldsymbol{F})=\boldsymbol{0}$，$D(\boldsymbol{F})=\boldsymbol{I}_m$（即 $\boldsymbol{F}$ 各分量的方差为 1，且互不相关，$m<p$）。又设 $\boldsymbol{\varepsilon}=(\varepsilon_1,\varepsilon_2,\cdots,\varepsilon_p)^{\mathrm{T}}$ 与 $\boldsymbol{F}$ 互不相关，且 $E(\boldsymbol{\varepsilon})=\boldsymbol{0}$，$D(\boldsymbol{\varepsilon})=\mathbf{diag}(\sigma_1^2,\sigma_2^2,\cdots,\sigma_p^2)$。

若随机向量 $\boldsymbol{X}$ 满足

$$\begin{cases}\boldsymbol{X}_1=a_{11}\boldsymbol{F}_1+a_{12}\boldsymbol{F}_2+\cdots+a_{1m}\boldsymbol{F}_m+\boldsymbol{\varepsilon}_1,\\ \boldsymbol{X}_2=a_{21}\boldsymbol{F}_1+a_{22}\boldsymbol{F}_2+\cdots+a_{2m}\boldsymbol{F}_m+\boldsymbol{\varepsilon}_2,\\ \qquad\vdots\\ \boldsymbol{X}_p=a_{p1}\boldsymbol{F}_1+a_{p2}\boldsymbol{F}_2+\cdots+a_{pm}\boldsymbol{F}_m+\boldsymbol{\varepsilon}_p,\end{cases}\tag{10.4.1}$$

则称模型（10.4.1）为**因子模型**。用矩阵表示为

$$\boldsymbol{X}=\boldsymbol{A}\boldsymbol{F}+\boldsymbol{\varepsilon},$$

其中 $\boldsymbol{F}=(\boldsymbol{F}_1,\boldsymbol{F}_2,\cdots,\boldsymbol{F}_m)^{\mathrm{T}}$，$\boldsymbol{F}_1,\boldsymbol{F}_2,\cdots,\boldsymbol{F}_m$ 称为 $\boldsymbol{X}$ 的**公共因子**，$\boldsymbol{\varepsilon}=(\varepsilon_1,\varepsilon_2,\cdots,\varepsilon_p)^{\mathrm{T}}$，$\varepsilon_1,\varepsilon_2,\cdots,\varepsilon_p$ 称为 $\boldsymbol{X}$ 的**特殊因子**。公共因子 $\boldsymbol{F}_1,\boldsymbol{F}_2,\cdots,\boldsymbol{F}_m$ 是不可观测的随机变量，对每一个分量 $\boldsymbol{X}_i$ 都起作用，而 ε_i 只对 $\boldsymbol{X}_i$ 起作用（$i=1,2,\cdots,p$），而且特殊因子之间以及特殊因子与公共因子之间都是互不相关的。矩阵 $\boldsymbol{A}=(a_{ij})_{p\times m}$ 称为**因子载荷矩阵**，$a_{ij}(i=1,2,\cdots,p;\ j=1,2,\cdots,m)$ 称为第 i 个变量在第 j 个因子上的载荷。

10.4.2 因子载荷的求解

因子分析按步骤可以分为确定因子载荷、因子旋转及计算因子得分，首要的步骤是确定因子载荷。本节主要介绍常用的主成分法、主轴因子法与极大似然法等三种方法。

1. 主成分法

假定从随机向量 $\boldsymbol{X}=(\boldsymbol{X}_1,\boldsymbol{X}_2,\cdots,\boldsymbol{X}_p)^{\mathrm{T}}$ 的相关矩阵出发求解主成分，根据 10.3 节的主成分分析法就可以找出 p 个主成分。将所有主成分按照从大到小排列，记为$\boldsymbol{Z}_1,\boldsymbol{Z}_2,\cdots,\boldsymbol{Z}_p$，则主成分与原始变量之间存在如下线性关系：

$$\begin{cases}\boldsymbol{Z}_1=\gamma_{11}\boldsymbol{X}_1+\gamma_{12}\boldsymbol{X}_2+\cdots+\gamma_{1p}\boldsymbol{X}_p,\\ \boldsymbol{Z}_2=\gamma_{21}\boldsymbol{X}_1+\gamma_{22}\boldsymbol{X}_2+\cdots+\gamma_{2p}\boldsymbol{X}_p,\\ \quad\vdots\\ \boldsymbol{Z}_p=\gamma_{p1}\boldsymbol{X}_1+\gamma_{p2}\boldsymbol{X}_2+\cdots+\gamma_{pp}\boldsymbol{X}_p,\end{cases}\tag{10.4.2}$$

其中，γ_{ij} 是随机向量 $\boldsymbol{X}$ 的相关矩阵的特征值所对应的单位特征向量的分量，因为特征向量之间彼此是正交的，从 $\boldsymbol{X}$ 到 $\boldsymbol{Z}$ 的转换关系是可逆的，很容易得出由 $\boldsymbol{Z}$ 到 $\boldsymbol{X}$ 的转换关系为

$$\begin{cases}\boldsymbol{X}_1=\gamma_{11}\boldsymbol{Z}_1+\gamma_{21}\boldsymbol{Z}_2+\cdots+\gamma_{p1}\boldsymbol{Z}_p,\\ \boldsymbol{X}_2=\gamma_{12}\boldsymbol{Z}_1+\gamma_{22}\boldsymbol{Z}_2+\cdots+\gamma_{p2}\boldsymbol{Z}_p,\\ \quad\vdots\\ \boldsymbol{X}_p=\gamma_{1p}\boldsymbol{Z}_1+\gamma_{2p}\boldsymbol{Z}_2+\cdots+\gamma_{pp}\boldsymbol{Z}_p。\end{cases}\tag{10.4.3}$$

我们对式（10.4.3）的每一等式只保留前 m 个主成分而把后面的部分用 ε_i 代替，则式（10.4.3）变为

$$\begin{cases}\boldsymbol{X}_1=\gamma_{11}\boldsymbol{Z}_1+\gamma_{21}\boldsymbol{Z}_2+\cdots+\gamma_{m1}\boldsymbol{Z}_m+\varepsilon_1,\\ \boldsymbol{X}_2=\gamma_{12}\boldsymbol{Z}_1+\gamma_{22}\boldsymbol{Z}_2+\cdots+\gamma_{m2}\boldsymbol{Z}_m+\varepsilon_2,\\ \quad\vdots\\ \boldsymbol{X}_p=\gamma_{1p}\boldsymbol{Z}_1+\gamma_{2p}\boldsymbol{Z}_2+\cdots+\gamma_{mp}\boldsymbol{Z}_m+\varepsilon_m。\end{cases}\tag{10.4.4}$$

在式（10.4.4）中，令$\boldsymbol{F}_i=\dfrac{\boldsymbol{Z}_i}{\sqrt{\lambda_i}}$，$a_{ij}=\sqrt{\lambda_i}\,\gamma_{ji}$，则式（10.4.4）变为模型（10.4.1），其中 λ_i（$i=1,2,\cdots,m,m<p$）是相关矩阵的特征值，且 $\lambda_1\geqslant\lambda_2\geqslant\cdots\geqslant\lambda_m$，$\boldsymbol{a}_1,\boldsymbol{a}_2,\cdots,\boldsymbol{a}_m$ 为对应的标准正交化特征向量，则因子载荷矩阵 $\boldsymbol{A}$ 的一个解为

$$\hat{\boldsymbol{A}}=(\sqrt{\lambda_1}\boldsymbol{a}_1,\ \sqrt{\lambda_2}\boldsymbol{a}_2,\ \cdots,\ \sqrt{\lambda_m}\boldsymbol{a}_m)。\tag{10.4.5}$$

共同度的估计

$$\hat{h}_i^2=\hat{a}_{i1}^2+\hat{a}_{i2}^2+\cdots+\hat{a}_{im}^2。\tag{10.4.6}$$

特殊因子方差估计

$$\hat{\sigma}_i^2 = 1 - \hat{h}_i^2。\quad (10.4.7)$$

2. 主轴因子法

在因子模型（10.4.1）中，不难得到如下关于 $\boldsymbol{X}$ 的相关矩阵 $\boldsymbol{R}$ 的关系式：

$$\boldsymbol{R}=\boldsymbol{A}\boldsymbol{A}^{\mathrm{T}}+\boldsymbol{D},$$

其中，$\boldsymbol{A}$ 是因子载荷矩阵，$\boldsymbol{D}$ 为 $\mathrm{diag}(\sigma_1^2,\sigma_2^2,\cdots,\sigma_p^2)$，称$\boldsymbol{R}^*=\boldsymbol{R}-\boldsymbol{D}=\boldsymbol{A}\boldsymbol{A}^{\mathrm{T}}$ 为**调整相关矩阵**，分别求解$\boldsymbol{R}^*$ 的特征值和标准正交化特征向量，进而求出因子载荷矩阵 $\boldsymbol{A}$。设 $\lambda_1^*,\lambda_2^*,\cdots,\lambda_m^*$ 为$\boldsymbol{R}^*$ 的特征根，$a_1^*,a_2^*,\cdots,a_m^*(m<p)$ 为对应的标准正交化特征向量，则因子载荷矩阵 $\boldsymbol{A}$ 的一个主轴因子解为

$$\hat{\boldsymbol{A}}=\left(\sqrt{\lambda_1^*}\,a_1^*,\ \sqrt{\lambda_2^*}\,a_2^*,\ \cdots,\ \sqrt{\lambda_m^*}\,a_m^*\right)。\quad (10.4.8)$$

3. 极大似然法

如果假定公共因子 $\boldsymbol{F}$ 和特殊因子 ε 服从正态分布，那么可得到因子载荷矩阵和特殊因子方差的极大似然估计。设$\boldsymbol{X}_1,\boldsymbol{X}_2,\cdots,\boldsymbol{X}_p$ 为来自正态总体 $N_p(\boldsymbol{\mu},\boldsymbol{\Sigma})$ 的随机样本，其中 $\boldsymbol{\Sigma}=\boldsymbol{A}\boldsymbol{A}^{\mathrm{T}}+\boldsymbol{D}$，样本似然函数为 $L(\boldsymbol{\mu},\boldsymbol{\Sigma})$，即

$$L(\boldsymbol{\mu},\boldsymbol{\Sigma})=\frac{1}{(2\pi)^{np/2}\left|\boldsymbol{\Sigma}\right|^{n/2}}\mathrm{e}^{-1/2\mathrm{tr}\left[\Sigma^{-1}\left(\sum_{j=1}^{n}(x_j-\bar{x})(x_j-\bar{x})^{\mathrm{T}}\right)+n(\bar{x}-\mu)(\bar{x}-\mu)^{\mathrm{T}}\right]},\quad (10.4.9)$$

显然 $L(\boldsymbol{\mu},\boldsymbol{\Sigma})$ 的对数是 $\boldsymbol{A}$ 和 $\boldsymbol{D}$ 的函数，为保证得到唯一解，可附加条件

$$\boldsymbol{A}^{\mathrm{T}}\boldsymbol{D}^{-1}\boldsymbol{A}=\boldsymbol{\Lambda}。\quad (10.4.10)$$

这里 $\boldsymbol{\Lambda}$ 是一个对角阵，用数值极大化的方法可以得到 $\boldsymbol{A}$ 和 $\boldsymbol{D}$ 的极大似然估计 $\hat{\boldsymbol{A}}$ 和 $\hat{\boldsymbol{D}}$。

无论采用哪种方法计算的公共因子$\boldsymbol{F}_1,\boldsymbol{F}_2,\cdots,\boldsymbol{F}_m$ 都被称为初始公共因子，至此因子分析和主成分分析的理论是一样的，无任何差异。但是由于初始公共因子不突出，导致公共因子的含义含糊不清，不利于因子的深入解释，为此必须对因子载荷矩阵实施旋转变换，使得各因子载荷矩阵的每一列元素的平方按列向 0 或 1 两极转化，达到其结构简化的目的。因子旋转分正交旋转和斜交旋转，这里不做具体介绍，感兴趣的读者可阅读相关参考文献。

若通过以上步骤计算得到公共因子和因子载荷矩阵（或旋转后的因子载荷矩阵），构建了因子模型，但有时还需要反过来考察样本之间的相互关系。如何利用公共因子评估样本，这时就需要

计算每一个样本在公共因子上的得分，即因子得分。因子得分和主成分得分不同，在主成分分析中，主成分和原始变量之间的线性变换关系是可逆的，而在因子模型中，公共因子和原始变量之间的关系是不可逆的，因而不能直接求得公共因子用原始变量表示的精确线性组合。由于公共因子$\boldsymbol{F}_1,\boldsymbol{F}_2,\cdots,\boldsymbol{F}_m$是不可观测的，我们使用回归法的思想，建立以公共因子为因变量，原始变量为自变量的回归方程

$$\boldsymbol{F}_j=\beta_{j1}\boldsymbol{X}_1+\beta_{j2}\boldsymbol{X}_2+\cdots+\beta_{jp}\boldsymbol{X}_p(j=1,2,\cdots,m), \quad (10.4.11)$$

此处原始变量和公共因子均为标准化变量，根据因子载荷的意义可推导得到$\boldsymbol{F}$的估计值

$$\hat{\boldsymbol{F}}=\boldsymbol{A}^{\mathrm{T}}\boldsymbol{R}^{-1}\boldsymbol{X},$$

其中，$\boldsymbol{A}$为因子载荷矩阵，$\boldsymbol{R}$为原始变量的相关矩阵，$\boldsymbol{X}$为原始变量向量。

10.4.3 因子分析的应用

因子分析的基本步骤如下：

(1) 由样本数据计算样本相关矩阵$\boldsymbol{R}$。

(2) 计算$\boldsymbol{R}$的特征值和标准化特征向量。

(3) 计算因子模型的因子载荷矩阵$\boldsymbol{A}$，写出因子模型。

(4) 计算特殊因子方差$\hat{\sigma}_i^2$和变量共同度$\hat{h}_i^2$。

(5) 计算正交旋转后的因子载荷矩阵。

(6) 计算因子得分。

例题 （邓阜仙岩体化学成分的因子分析）现有7个邓阜仙岩体样本，岩体的部分化学成分见表10.4.1，试对邓阜仙岩体的部分化学成分资料做因子分析。

表10.4.1 邓阜仙岩体的部分化学成分数据

样本	SiO_2	TiO_2	FeO	CaO	KO_2
1	75.20	0.140	1.86	0.91	5.21
2	75.15	0.160	2.11	0.74	4.93
3	72.19	0.130	1.52	0.69	4.65
4	72.35	0.130	1.37	0.83	4.87
5	72.74	0.100	1.41	0.72	4.99
6	73.29	0.033	1.07	0.17	3.15
7	73.72	0.033	0.77	0.28	2.78

解：依照因子分析的步骤，根据岩体样本数据表 10.4.1，可求解其相关矩阵，见表 10.4.2。

表 10.4.2 邓阜仙岩体的化学成分相关矩阵

变量	SiO_2	TiO_2	FeO	CaO	KO_2
SiO_2	1.000	0.239	0.537	0.143	0.116
TiO_2	0.239	1.000	0.899	0.922	0.923
FeO	0.537	0.899	1.000	0.738	0.808
CaO	0.143	0.922	0.738	1.000	0.960
KO_2	0.116	0.923	0.808	0.960	1.000

根据线性代数知识求解相关矩阵的特征值，见表 10.4.3。

表 10.4.3 相关矩阵的特征值和贡献率

i	1	2	3	4	5
λ_i	3.753	1.040	0.148	0.0578	0.0006
累计贡献率	75.05%	95.85%	98.82%	99.99%	100.00%

根据表 10.4.3，选择特征值大于 1 的前两个主成分，其累计贡献率达到 95.85%，即公共因子的个数为 $m=2$，利用主成分可求解初等载荷矩阵 $\boldsymbol{A}$ 为

$$\boldsymbol{A}=\begin{pmatrix}0.3505 & 0.9279\\ 0.9760 & -0.0969\\ 0.9397 & 0.2360\\ 0.9396 & -0.2340\\ 0.9546 & -0.2436\end{pmatrix}。$$

根据因子载荷矩阵可写出因子模型

$$X_1=0.3505F_1+0.9279F_2+\varepsilon_1,$$
$$X_2=0.9760F_1-0.0969F_2+\varepsilon_2,$$
$$X_3=0.9397F_1+0.2360F_2+\varepsilon_3,$$
$$X_4=0.9396F_1-0.2340F_2+\varepsilon_4,$$
$$X_5=0.9546F_1-0.2436F_2+\varepsilon_5,$$

由式（10.4.6）和式（10.4.7）计算可得变量共同度和特殊因子的方差分别为

$$\hat{h}_1^2=0.9839,\ \hat{h}_2^2=0.9620,\ \hat{h}_3^2=0.9388,\ \hat{h}_4^2=0.9376,\ \hat{h}_5^2=0.9706,$$
$$\hat{\sigma}_1^2=0.0161,\ \hat{\sigma}_2^2=0.0380,\ \hat{\sigma}_3^2=0.0612,\ \hat{\sigma}_4^2=0.0624,\ \hat{\sigma}_5^2=0.0294。$$

对以上公共因子进行正交旋转，旋转后的载荷矩阵见表 10.4.4。

表 10.4.4 旋转后的因子载荷矩阵（$m=2$）

变　量	公共因子F_1	公共因子F_2
SiO_2	0.0792	0.9887
TiO_2	0.9646	0.1778
FeO	0.8373	0.4875
CaO	0.9676	0.0359
KO_2	0.9847	0.0309
贡献率	0.7087	0.2498
累计贡献率	0.6980	0.9585
旋转矩阵	0.9607	0.2775
	−0.2775	0.9607

显然，旋转后载荷矩阵各列数据明显向 0 或 1 两极转化，并且第一公共因子中 CaO、TiO_2、FeO 和KO_2 的载荷较高，这四种成分均属于金属成分，对第一公共因子有决定作用；第二公共因子中SiO_2 的因子载荷最大，该公共因子属于非金属成分。

利用回归法计算因子得分系数

$$\boldsymbol{F}_1=-0.1578\boldsymbol{X}_1+0.2757\boldsymbol{X}_2+0.1776\boldsymbol{X}_3+0.3030\boldsymbol{X}_4-0.3094\boldsymbol{X}_5,$$
$$\boldsymbol{F}_2=0.8829\boldsymbol{X}_1-0.0173\boldsymbol{X}_2+0.2875\boldsymbol{X}_3-0.1466\boldsymbol{X}_4-0.1544\boldsymbol{X}_5。$$

将 7 组样本观测值逐个代入以上因子得分函数，即得样本的得分值，具体结果见表 10.4.5。

表 10.4.5 7 个岩体样本的因子得分结果（$m=2$）

样本序号	公共因子F_1	公共因子F_2	综合排名
1	0.7232	1.1589	2
2	0.6637	1.4087	1
3	0.5034	−0.9837	4
4	0.6443	−1.0735	3
5	0.3694	−0.7233	5
6	−1.3665	0.0491	6
7	−1.5376	0.1638	7

除了利用公共因子对样本进行分类之外，还可以计算样本的综合得分，从一定程度上了解样本之间的大小关系。以旋转后公共因子贡献率的比例为权重，对表 10.4.5 中各个样本的因子得分进行加权平均，即

$$\boldsymbol{F}=0.7394\boldsymbol{F}_1+0.2606\boldsymbol{F}_2,$$

计算得到每个样本的综合得分，将样本序号按高分到低分排序：2、1、4、3、5、6、7，即 2 号样本的综合得分最高，为 0.8578 分，7 号样本的综合得分最低，为−1.0941 分。

程序代码如下：

```
rock=[75.2,0.14,1.86,0.91,5.21;75.15,0.16,2.11,0.74,4.93;
72.19,0.13,1.52,0.69,4.65;72.35,0.13, 1.37,0.83,4.87;72.74,0.10,
1.41,0.72,4.99;73.29,0.033,1.07,0.17,3.15;73.72,0.033,0.77,0.28,
2.78];
n=size(rock,1);
x=rock(:,[1:5]);
x=zscore(x);
r=corrcoef(x);
[vec1,val,con1]=pcacov(r);
f1=repmat(sign(sum(vec1)),size(vec1,1),1);
vec2=vec1.*f1;
f2=repmat(sqrt(val)',size(vec2,1),1);
a=vec2.*f2;
num=input('请选择主因子的个数');
am=a(:,1:num);
tcha=diag(r-a1*a1');
gtd1=sum(a1.^2,2)
[b,t]=rotatefactors(am,'method','varimax');
bt=[b,a(:,num+1:end)];
contr=sum(bt.^2);
check=[con1,contr'/sum(contr)*100];
rate=contr(1:num)/sum(contr)
coef=inv(r)*b
score=x*coef
weight=rate/sum(rate)
Tscore=score*weight';
[STscore,ind]=sort(Tscore,'descend');
```

运行结果：

```
coef=
-0.1578     0.8829
 0.2757    -0.0173
 0.1776     0.2875
 0.3030    -0.1466
 0.3094    -0.1544
weight=
0.7394    0.2606
```

习题 10.4

1. 关于因子分析，说法正确的是（　　）。

A. 适用于多变量，大样本

B. 原变量间不应存在高度的相关性

C. 原变量必须是定距或定比变量，定类和定序变量不适合做因子分析

D. 因子得分可以作为新变量存在数据表格

2. 已知变量 X_1，X_2，X_3 的相关矩阵为

$$\boldsymbol{R}=\begin{pmatrix}1 & 0.65 & 0.45\\ 0.65 & 1 & 0.35\\ 0.45 & 0.35 & 1\end{pmatrix},$$

（1）求相关系数矩阵的特征值和特征向量；

（2）取公共因子数为 2，求因子载荷矩阵 $\boldsymbol{A}$；

（3）计算变量共同度 h^2 及公共因子 F 的方差贡献。

10.5 可靠性统计方法

可靠性指产品在规定时间内，在规定条件下，完成规定功能的能力，包含了耐久性、可维修性及设计可靠性三大要素。“规定时间”指的是规定的工作时间，这是可靠性定义中的核心；“规定条件”常指的是使用条件、维护条件、环境条件和操作条件；“规定功能”指产品规格说明书中给出的正常工作的性能指标。可靠性虽然被许多人认为只是概率论和统计学对一类特殊问题的应用，但却推动了统计学中一些新领域的发展，例如用非参数方法来刻画分布函数和研究这些刻画过程中的更新理论、估计理论、排列成序和选择的理论等。“可靠性”这一术语主要应用于工程中，在生物或医学中，可靠性分析又称作生存分析，我们将产品、人或动物的寿命称为生存时间。

10.5.1 常用的可靠性指标

由若干单元组成的一个可完成某一功能的综合体称为**系统**。下面我们介绍几个在系统可靠性分析中常用的数量指标，它们是可靠度、失效率、平均寿命和可靠寿命。

定义 10.5.1　产品在规定时间内，在规定条件下，完成规定功能的概率称为产品的**可靠度函数**，有时也称为**生存概率**，简称**可靠度**，记为 $R(t)$。

对于一种产品来说，其可靠度是时间的函数，也称为可靠度函数或生存函数。部件的寿命通常是一个非负随机变量，将其用 T 来表示，则 T 的分布函数表示为

$$F(t)=P\{T\leqslant t\},\ t\geqslant 0, \tag{10.5.1}$$

$F(t)$ 表示系统在时刻 t 之前均正常工作的概率，则系统在时刻 t 的可靠度函数为

$$R(t)=P\{T>t\}=1-F(t)=\bar{F}(t), \tag{10.5.2}$$

从寿命角度来看，可靠度反应观察个体生存至时间 t 的概率，即在时刻 t 的生存概率。可靠度函数有如下几条性质：

（1）产品的可靠度函数随使用时间的增长而降低；

（2）在 $t=0$ 处，产品可靠度最高，有 $R(0)=1$；

（3）当 $t\to\infty$ 时，$R(0)\to 0$，即产品最终总是要失效的；

（4）$R(t)+F(t)=1$。

定义 10.5.2　已工作到时刻 t 尚未失效的产品中，在时刻 t 后单位时间内失效的概率称为该产品在时刻 t 的失效率函数，简称失效率，记为 $\lambda(t)$。

定理 10.5.1　若产品寿命 T 的概率函数为 $p(t)$，可靠度函数为 $R(t)$，则其失效率函数 $\lambda(t)$ 如下：

$$\lambda(t)=\frac{p(t)}{R(t)}。 \tag{10.5.3}$$

定理 10.5.1 表明：若知失效分布，就可确定失效率函数。反之，若知失效率函数，也能确定失效分布，这是因为可靠度函数满足下列微分方程：

$$\frac{R'(t)}{R(t)}=-\lambda(t), \tag{10.5.4}$$

两边对 t 积分，可得

$$\ln R(t)=-\int_0^t \lambda(t)\,\mathrm{d}t,$$

$$R(t)=\exp\left(-\int_0^t \lambda(t)\,\mathrm{d}t\right)。 \tag{10.5.5}$$

人们在各种产品的使用和试验中得到了大量数据，对它进行统计分析后，发现一般产品的失效率 λ 和时间 t 有如图 10.5.1 所示的浴盆曲线形式。这条曲线分为三个阶段，对应产品的三个时期，早期失效期的特点是失效率较高，但随着工作时间增加失效率迅速降低，这一时期产品失效的原因大多是由于原材料不均匀和制造工艺缺陷等引起的，例如电子器件由于混入导电微粒引起击穿等。偶然失效期又称随机失效期，这是产品最好的工作时期，其特点是失效率低且稳定，可以看作常数。损耗失效期是由于材料老化、疲劳、磨损而引起失效的，其特点是失效率急速增加，

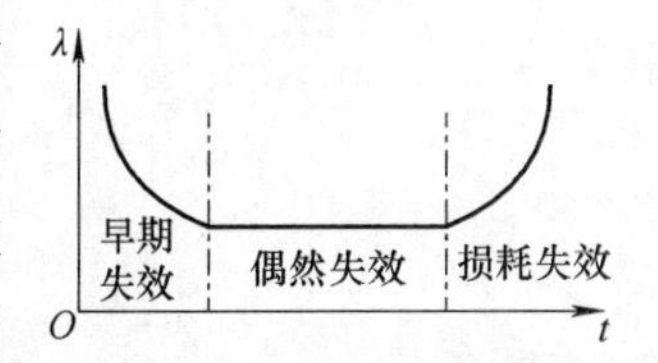

图 10.5.1　产品的失效率曲线

大部分都会失效。

定义 10.5.3 若产品的概率密度函数为 $p(t)$，则其**平均寿命**就是其均值 $E(T)$，即

$$E(T)=\int_0^{+\infty} tp(t)\,\mathrm{d}t。 \tag{10.5.6}$$

当产品为不可修复产品时，其平均寿命又称为**平均失效前时间**（mean time to failure），简记为 MTTF，若取 n 个不可修复产品在相同条件下进行寿命试验，可测得 n 个失效时间 $t_1,t_2,\cdots,t_n$，则其 MTTF 的估计值为

$$\widehat{\mathrm{MTTF}}=\frac{1}{n}\sum_{i=1}^{n} t_i。 \tag{10.5.7}$$

当产品为可修复产品时，其平均寿命又称为**平均失效间隔时间**（mean time between failure），简记为 MTBF，若取 n 个可修复产品，每次故障发生后进行修复，修复后又重新投入使用，共测得 n 个工作持续时间 $t_1,t_2,\cdots,t_n$，则其 MTBF 的估计值为

$$\widehat{\mathrm{MTBF}}=\frac{1}{n}\sum_{i=1}^{n} t_i=\frac{T}{n}, \tag{10.5.8}$$

其中，$T=\sum_{i=1}^{n} t_i$ 称为该产品总工作时间或总试验时间。

定义 10.5.4 设产品的可靠度函数为 $R(t)$，使其等于给定值 $R(0<R<1)$ 的时间 t_R 称为可靠度为 R 的**可靠寿命**，简称可靠寿命 t_R，其中 R 称为**可靠水平**。可靠水平为 0.5 的可靠寿命 $t_{0.5}$ 称为中位寿命，可靠水平 $R=\mathrm{e}^{-1}=0.368$ 的可靠寿命 $t_{0.368}$ 称为**特征寿命**。

从分布角度看，可靠寿命 t_R 满足

$$R(t_R)=R \quad 或 \quad P\{T>t_R\}=R。 \tag{10.5.9}$$

可见可靠寿命 t_R 就是失效分布的上侧 R 分位数。可靠寿命 t_R 在实际问题中经常使用，譬如轴承的可靠性指标就是用 $R=0.9$ 的可靠寿命 $t_{0.9}$。对可靠度有一定要求的产品，工作到了可靠寿命 t_R 时就要替换，否则就不能保证其可靠度。

此外还有故障频度、平均开工时间、平均停工时间、平均周期这些反映可修系统自身可靠性的数量指标，以及修理设备忙的瞬时概率、修理设备忙的稳态概率这些反映修理设备忙闲程度的数量指标等等，此处不再一一赘述。

10.5.2 系统可靠性模型和可靠度计算

系统的可靠度取决于两个因素：①单元本身的可靠度；②各个单元的组合方式。下面我们主要从可靠度指标出发来建立系统的可靠性模型。

可靠性模型描述了系统及其组成单元之间的故障逻辑关系，常见的可靠性建模方法有可靠性框图模型、网络可靠性模型、事件树模型、马尔可夫模型、Petri 网模型及 GO 图模型等。下面我们介绍几个常用的可靠性模型。

1. 串联模型

一个系统由 n 个单元 $A_1, A_2, \cdots, A_n$ 组成，假如每个单元都正常工作时系统才能正常工作，或者说任一单元失效就会引起系统失效，这样的系统称为**"可靠性串联系统"**，简称**串联系统**。

串联系统的可靠性框图如图 10.5.2 所示，假设这 n 个单元相互独立，已知这 n 个单元的可靠度分别为 $R_1(t), R_2(t), \cdots, R_n(t)$，则串联系统的可靠度 $R_s(t)$ 为

$$R_s(t) = \prod_{i=1}^{n} R_i(t)。\tag{10.5.10}$$

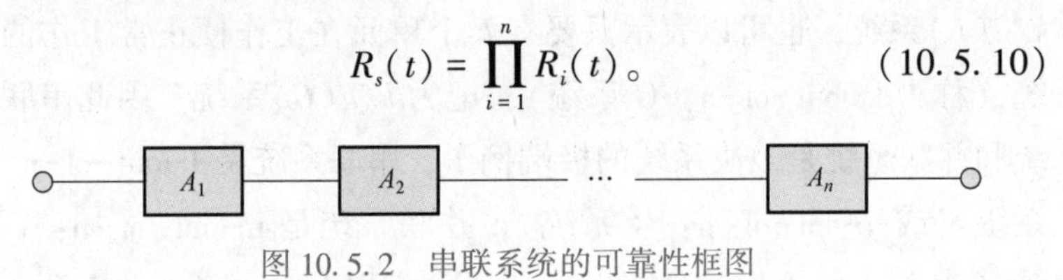

图 10.5.2　串联系统的可靠性框图

串联系统可靠度的特点：

(1) 串联系统的可靠度等于各单元可靠度的乘积；

(2) 串联系统的可靠度小于或最多等于系统内最小的单元可靠度；

(3) 随着单元数量的增多，平均无故障时间下降，即一个串联系统串联的单元越多，可靠度越低。

2. 并联模型

一个系统由 n 个单元 A_1，A_2，…，A_n 组成，只要有一个单元工作，系统就能正常工作，或者说，只有当所有单元都失效时系统才失效，我们称这种系统为**"可靠性并联系统"**，简称**并联系统**。

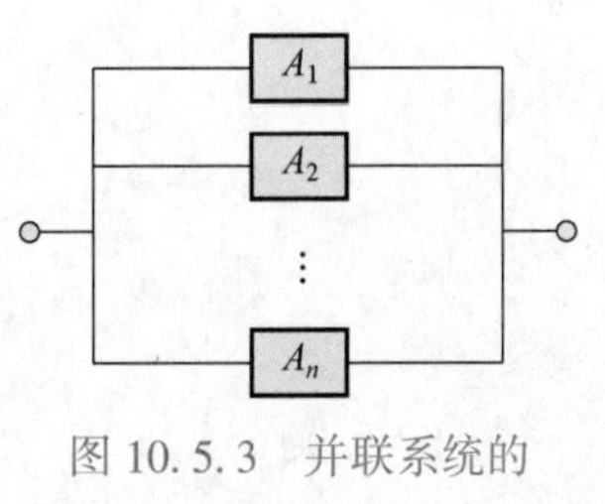

图 10.5.3　并联系统的可靠性框图

并联系统的可靠性框图如图 10.5.3 所示，假设 n 个单元相互独立，并且已知这 n 个单元的失效分布函数分别为 $F_1(t)$，$F_2(t), \cdots, F_n(t)$，则并联系统的失效分布函数 $F_s(t)$ 为

$$F_s(t) = \prod_{i=1}^{n} F_i(t)。\tag{10.5.11}$$

若这 n 个单元的可靠度分别为 $R_1(t), R_2(t), \cdots, R_n(t)$，则并联系统的可靠度 $R_s(t)$ 为

$$R_s(t) = 1 - \prod_{i=1}^{n} [1 - R_i(t)]。\tag{10.5.12}$$

在实际的工程系统中，并非都是单纯的串、并联结构，有时还有由串联和并联组成的所谓“混联系统”，混联模型又有“串—并”和“并—串”两种基本形式，总可以简化为若干典型的串联或并联的子系统，然后再采用“等效模型法”来计算其可靠度，此处不再详细介绍。

3. 表决系统

表决系统又称为 k-out-of-n **系统**，是一种工作贮备系统，把来自各组成单元的输出信号同时输入一个特定的“表决器”，表决器再根据预定的“表决规则”对各单元的工作情况进行检测，进而判定并隔离故障单元。

表决系统的定义有一点模糊，它既可以表示在第 k 个单元发生故障时发生故障的系统（称为 k-out-of-n：F **系统**），记为 $k/n(F)$ 系统，也可以表示只要有 k 个单元在工作便正常工作的系统（称为 k-out-of-n：G **系统**），记为 $k/n(G)$ 系统。因此串联系统和并联系统是表决系统的极端例子，串联系统是 1-out-of-n：F 系统（或 n-out-of-n：G 系统），并联系统是 n-out-of-n：F 系统（或 1-out-of-n：G 系统）。下面我们以 k-out-of-n：G 系统为例进行说明，图 10.5.4 所示是系统的可靠性框图。

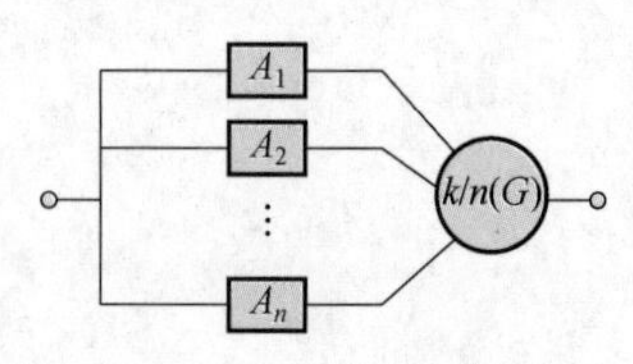

图 10.5.4 表决系统的可靠性框图

当各单元的可靠度相同均为 R_0 时，该系统的可靠度 $R_s(t)$ 为

$$R_s(t) = \sum_{i=k}^{n} C_n^i R_0^i (1 - R_0)^{n-i}。\tag{10.5.13}$$

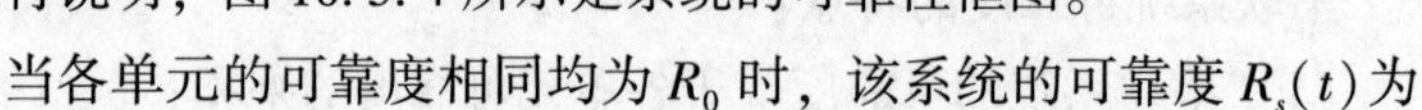

10.5.3 可靠性模型的 MATLAB 实现

假设各单元的寿命分布均为指数型，且工作时间 t 相同，则单元可靠度为

$$R_i(t) = e^{-\lambda_i t},\tag{10.5.14}$$

其中 λ_i 表示第 i 个单元的失效率。如果进一步假设系统的工作时间也为 t，则串联系统的可靠度为

$$R_s(t) = \prod_{i=1}^{n} R_i(t) = \exp\left(-\sum_{i=1}^{n} \lambda_i t\right)。\tag{10.5.15}$$

并联系统的可靠性模型较为复杂，我们以二单元并联系统为例，假设各单元的寿命分布均为指数型，且各单元与系统的工作时间均相同时，则系统的可靠度为

$$\begin{aligned}R_s(t) &= 1 - \prod_{i=1}^{2}(1 - R_i(t)) \\ &= 1 - (1 - R_1(t))(1 - R_2(t)) \\ &= R_1(t) + R_2(t) - R_1(t)R_2(t) \\ &= e^{-\lambda_1 t} + e^{-\lambda_2 t} - e^{-(\lambda_1+\lambda_2)t}。\end{aligned} \tag{10.5.16}$$

例 10.5.1　计算三个部件的串联和并联系统正常工作 1000h 的可靠度，假设各子系统寿命单元服从指数分布，故障率常数均为 0.0001。

解：各单元的可靠度均为 $R_0(t)=e^{-\lambda t}=e^{-0.0001t}$，则对串联系统而言，

$$R_{s_1}(t) = \exp\left(-\sum_{i=1}^{3}\lambda_i t\right) = e^{-0.0003t}$$

当系统工作 1000h 时，

$$R_0 = 0.9048,\ R_{s_1} = 0.7408。$$

并联系统的可靠度为

$$R_{s_2}(t) = 1 - \prod_{i=1}^{3}(1 - R_i(t)) = 1 - (1 - e^{-0.0001t})^3$$

当系统工作 1000h 时，

$$R_{s_2} = 0.9991。$$

编写 MATLAB 程序如下：

（1）串联系统

```
res1=R_0(1000)
res2=R_S(1000)
function res=R_0(t)
  lv=0.0001;
  res=exp(-lv*t);
end
function res=R_S(t)
  res=exp(-3*0.0001*t);
end
```

运行结果：

```
Untitled
res1=
  0.9048
res2=
  0.7408
```

（2）并联系统

```
res1=R_0(1000)
res2=R_S(1000)
function res=R_0(t)
  lv=0.0001;
  res=exp(-lv*t);
end
function res=R_S(t)
  res=1-(1-R_0(t))^3;
end
```

运行结果：

```
Untitled
    res1=
      0.9048
    res2=
    0.9991
```

表决系统常用于数字电路和自动控制系统中，其中的一个应用特例就是“多数表决系统”，即$(i+1)/(2i+1)(G)$系统，其中$i+1=k$，$2i+1=n$。该系统由奇数$2i+1$个单元组成，系统是否“故障”以多数$i+1$单元的工作状态为准。我们以最常见的“三中取二系统”为例，即$2/3(G)$系统，它的可靠性框图如图10.5.5a所示，等效可靠性框图如图10.5.5b所示。

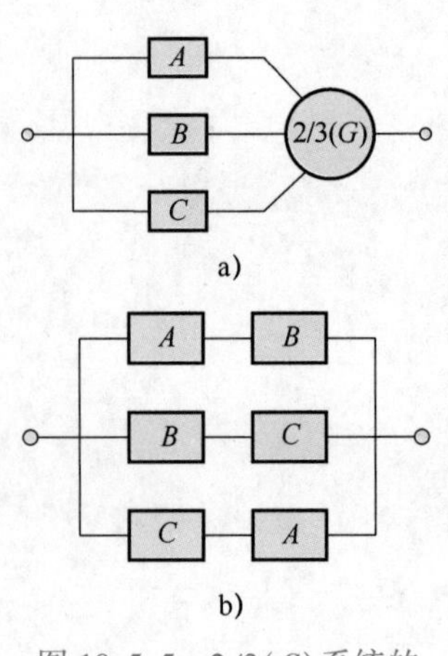

图10.5.5　2/3(G)系统的可靠性框图

假设图10.5.5中的单元A，B，C的寿命分布均为指数型，而且具有相同的可靠度，那么该系统的可靠度$R_{2/3}(t)$为

$$\begin{aligned}R_{2/3}(t)&=\mathrm{C}_3^2\mathrm{e}^{-2\lambda t}(1-\mathrm{e}^{-\lambda t})+\mathrm{C}_3^3\mathrm{e}^{-3\lambda t}\\&=3\mathrm{e}^{-2\lambda t}(1-\mathrm{e}^{-\lambda t})+\mathrm{e}^{-3\lambda t}\\&=3\mathrm{e}^{-2\lambda t}-2\mathrm{e}^{-3\lambda t}。\end{aligned}\tag{10.5.17}$$

例10.5.2　有一架装四台发动机的飞机，至少要两台正常工作时飞机才能安全飞行。假定这种飞机的事故仅由发动机引起，发动机寿命单元服从指数分布，而且整个飞行期间故障率为常数$\lambda=2\times10^{-8}\mathrm{h}^{-1}$。试计算此飞机正常工作10000h及$10^7$h的可靠度。

解：此为$2/4(G)$系统，各单元的可靠度均为$R_0(t)=\mathrm{e}^{-\lambda t}=\mathrm{e}^{-2\times10^{-8}t}$，则

$$R_{2/4}(t)=\mathrm{C}_4^2R_0{}^2(t)(1-R_0(t))^2+\mathrm{C}_4^3R_0{}^3(t)(1-R_0(t))+\mathrm{C}_4^4R_0{}^4(t),$$

当飞机工作10000h时，$R_0=0.9998$，$R_{2/4}\doteq1$；当飞机工作10^7h

时，$R_0=0.8187$，$R_{2/4}\doteq 0.9794$.

编写 MATLAB 程序如下：

```
res1=R_0(10000)
res2=R_0(10^7)
res3=R_S(10000)
res4=R_S(10^7)
function res=R_0(t)
lv=2*10^-8;
res=exp(-lv*t);
end
function res=R_S(t)
res=nchoosek(4,2)*(R_0(t)^2)*(1-R_0(t))^2+nchoosek(4,
3)*(R_0(t)^3)*(1-R_0(t))+R_0(t)^4;
end
```

运行结果：

```
Untitled
res1=
    0.9998
res2=
    0.8187
res3=
    1.0000
res4=
    0.9794
```

习题 10.5

1. 产品的可靠性与（　　）无关。

A. 规定的条件　　B. 规定的功能

C. 规定的时间　　D. 规定的地点

2. 如第 2 题图所示，某系统由三个阀门 A、B、C 连在一起，阀门如发生故障，水便不能通过。设三个阀门发生故障的概率均为 p，求水能流过 s，t 的概率。

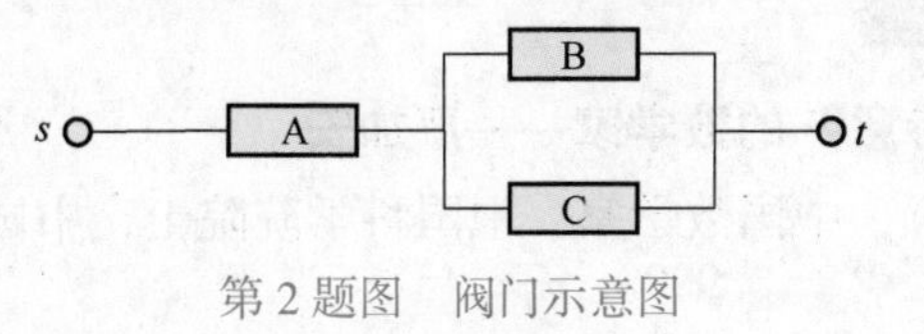

第 2 题图　阀门示意图

3. 计算机内第 k 个元件在时间 T 内发生故障的概率为 p_k（$k=1, 2, \cdots, n$）。所有元件的工作是相互独立的，如果任何一个元件发生故障计算机就不能正常工作，求在时间 T 内计算机正常工作的概率。

4. 第 4 题图是一个串-并联系统，各项目的组合及其可靠度已在图中标出，试求整个系统的可靠度。

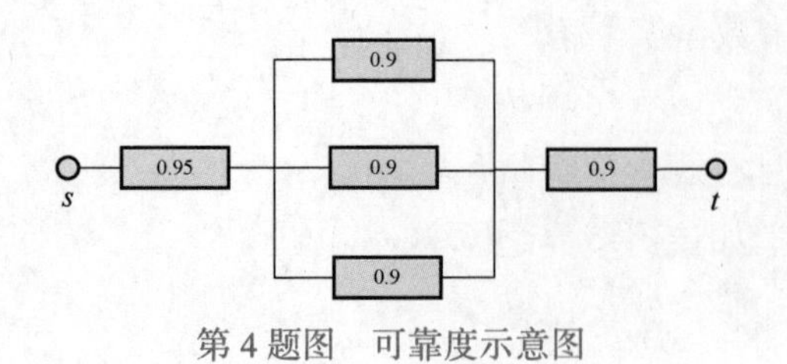

第4题图 可靠度示意图

总复习题10

1. 原始数据经过标准化处理，转化为均值为______，方差为________的标准值，且其________矩阵与相关系数矩阵相等。

2. 样本主成分的总方差和等于____________。

3. 因子分析中因子载荷系数的统计意义是____________。

4. 设有一个由 n 个单元组成的系统，其中任意 r（$r \leqslant n$）个单元正常工作系统就能正常工作，则该系统称为____________系统。

5. 产品的可靠性随工作时间的增加而（　　）。

A. 逐渐增加　　B. 保持不变

C. 逐渐降低　　D. 先降后增

6. 当失效服从指数分布时，为使工作时间为1000h的元件可靠度在80%以上，失效率必须低于多少？

7. 对纽约股票市场上的五种股票的周回升率 X_1，X_2，X_3，X_4，X_5 进行了分析，其中 X_1，X_2，X_3 分别表示一个化学工业公司的股票的周回升率，X_4，X_5 分别表示两个石油公司的股票的周回升率，因子分析是从相关系数矩阵出发进行的，前两个特征根和对应的标准正交特征向量分别为

$$\lambda_1 = 2.857,$$

$$\boldsymbol{a}_1 = (0.464, 0.457, 0.470, 0.421, 0.421)^{\mathrm{T}};$$

$$\lambda_2 = 0.809,$$

$$\boldsymbol{a}_2 = (0.240, 0.509, 0.260, -0.526, -0.582)^{\mathrm{T}}。$$

（1）取公共因子数为2，求因子载荷矩阵 A；

（2）用 F_1，F_2 表示选取的公共因子，ε_1，ε_2 表示特殊因子，写出未旋转的因子模型。

8. 烟灰砖折断力试验。试验目的：寻找用烟灰制造砖的最佳工艺条件，观察的指标是折断力，要求越大越好。

因素水平数：根据生产经验应选如下表所示的三因素三水平，且知各因素间没有交互作用。

水平	因素		
	成型水分 A（%）	碾压时间 B/min	一次碾压料重 C/kg
1	8	7	340
2	10	10	370
3	12	13	400

试验安排：针对本问题无交互作用，选用 $L_9(3^4)$ 可使试验次数最少，表头设计如下：

因素	A	B	C	
列号	1	2	3	4

9次试验的折断力依次为

16.8，18.9，16.5，18.8，23.4，20.2，26.2，21.9，24.1

试对数据做方差分析。

数学家与数学家精神

“最具诗意”的数学家——严加安

严加安（1941—　），中国数学家，中国科学院院士，中国概

率论和随机分析的主要学术带头人之一，“华罗庚数学奖”获得者。他在鞅论、随机分析、白噪声分析和金融数学领域有多项贡献。严加安在人才培养方面具有积极的贡献，他因在数学教育事业中做出了重要贡献而享誉海内外。他形容“数学如诗，境界之上”，展示了一位数学家文理交融“入乎其内，出乎其外”的学术修养与人生境界。

第 11 章 随机过程简介

随机过程通常被视为随机变量的动态部分，概率论中研究的随机现象都是一个或有限多个随机变量的统计规律性。在中心极限定理中讨论的也只不过是相互独立的随机变量序列。事实上，还需要研究一些随机现象的发展和变化过程，即随时间变化的随机变量，而且涉及的随机变量个数往往是无穷多个，这就是随机过程的研究对象。

11.1 随机过程的基本概念

例 11.1.1 乘客到飞机场的登机口进行安检时，陆续到来的乘客一般都需要排队进入。由于乘客到来的时间和每位乘客所需的服务时间都是随机的，用 $X(t)$ 表示 t 时刻的排队人数，用 $Y(t)$ 表示 t 时刻到来的乘客所需的排队等候时间，则 $X(t)$ 和 $Y(t)$ 都是与时间有关的一族随机变量。

例 11.1.2 地震预报中，如果以半年为周期统计某地区发生地震的最大震级，令 $X(n)$ 表示第 n 次测量的结果，则 $X(n)$ 为随机变量。为了预测该地区未来发生地震的强度，就需要研究一族随机变量 $\{X(n),n=1,2,\cdots\}$。

11.1.1 随机过程的定义

定义 11.1.1（随机过程） 设 E 为随机试验，Ω 为样本空间，T 为一实数集，如果对任意给定的 $t\in T$，$X(\omega,t)$ 是定义在 Ω 上的随机变量，且对每一个 $\omega\in\Omega$，$X(\omega,t)$ 是定义在 T 上的函数，则称 $\{X(\omega,t),\omega\in\Omega,t\in T\}$ 为**随机过程**，简记为 $\{X(t),t\in T\}$。

定义中的 T 称为**参数集**或**参数空间**，通常表示时间，也可表示高度、长度等。从数学的观点来看，随机过程是定义在 $\Omega\times T$ 上的二元函数，对于特定的试验结果 $\omega_0\in\Omega$，$X(\omega_0,t)$ 是定义在 T 上的普通函数，称之为随机过程对应于 ω_0 的一个**样本路径**或**样本函数**。对于一切 $t\in T$ 和 $\omega\in\Omega$，$X(t,\omega)$ 的所有取值构成的集合称为**状态集**或**状态空间**，通常记为 S。

例 11.1.3 某电话交换台在时段 $[0,t)$ 内接到的呼叫次数是与 t 有关的取值为非负整数的随机变量 $X(t)$，则 $X(t)$ 是一个随机过程。参数集 $T=\{t\,|\,t\geqslant 0\}$，状态集 $S=\{0,1,2,\cdots\}$。

例 11.1.4 一个醉汉走在路上，以概率 p 前进一步，以概率 $1-p$ 后退一步（假定其前进步长与后退步长相同），以 $X(t)$ 表示 t 时刻该醉汉离初始位置间的距离，则 $X(t)$ 是一个随机过程，参数集 $T=\{t\,|\,t\geqslant 0\}$，状态集 $S=\{s\,|\,s\geqslant 0\}$。

11.1.2 有限维分布

对于一个或有限多个随机变量，掌握其分布函数或联合分布函数，即可以完全了解其统计规律。类似地，对于随机过程 $\{X(t),t\in T\}$，为了描述其统计特征，就要知道对于每一个 $t\in T$，$X(t)$ 的分布函数。

定义 11.1.2（有限维分布） 设 $\{X(t),t\in T\}$ 为一个随机过程。

（1）对于任意确定的 $t\in T$ 及任意实数 x，称

$$F_1(x;t)=P\{X(t)\leqslant x\}$$

为随机过程 $\{X(t),t\in T\}$ 的**一维分布**；

（2）对于任意确定的 t_1，$t_2\in T$ 及任意实数 x_1 和 x_2，称

$$F_2(x_1,x_2;t_1,t_2)=P\{X(t_1)\leqslant x_1,X(t_2)\leqslant x_2\}$$

为随机过程 $\{X(t),t\in T\}$ 的**二维分布**；

（3）对于任意确定的 $t_1,t_2,\cdots,t_n\in T$ 及任意实数 $x_1,x_2,\cdots,x_n$，称

$$F_n(x_1,x_2,\cdots,x_n;t_1,t_2,\cdots,t_n)=P\{X(t_1)\leqslant x_1,\\ X(t_2)\leqslant x_2,\cdots,X(t_n)\leqslant x_n\}$$

为随机过程 $\{X(t),t\in T\}$ 的 ***n* 维分布**。

随机过程的所有有限维分布的全体 $\{F_n(x_1,x_2,\cdots,x_n;t_1,t_2,\cdots,t_n),n\geqslant 1\}$ 称为随机过程 $\{X(t),t\in T\}$ 的**有限维分布族**。

例 11.1.5 设随机过程 $X(t)=\xi\cos t$，$-\infty<t<+\infty$，其中随机变量 ξ 的分布律为 $P\{\xi=i\}=\dfrac{1}{3}$，$i=2,4,6$，试求 X 的一维分布 $F_1\left(x;\ \dfrac{\pi}{3}\right)$ 和 $F_1\left(x;\ \dfrac{\pi}{2}\right)$。

解：当$t=\frac{\pi}{3}$时，$X=\frac{1}{2}\xi$，X可能取值为1,2,3，且$P\{X=j\}=\frac{1}{3}$，$j=1,2,3$，故

$$F_1\left(x;\ \frac{\pi}{3}\right)=\begin{cases}0, & x<1,\\ \frac{1}{3}, & 1\leqslant x<2,\\ \frac{2}{3}, & 2\leqslant x<3,\\ 1, & x\geqslant 3。\end{cases}$$

由于$t=\frac{\pi}{2}$时X只有一个取值0，故

$$F_1\left(x;\ \frac{\pi}{2}\right)=\begin{cases}0, & x<0,\\ 1, & x\geqslant 0。\end{cases}$$

11.1.3 随机过程的数字特征

由随机过程的定义可知，对每一个固定的$t\in T$，$X(t)$是随机变量，那么根据随机变量数字特征的定义可以给出随机过程的数字特征的定义。

定义 11.1.3（数字特征） 设$\{X(t),t\in T\}$为一个随机过程。

（1）如果对任意的$t\in T$，期望$m_X(t)=E[X(t)]$存在，则称其为随机过程$X(t)$的**均值函数**。

（2）如果对任意的$t\in T$，$\varphi_X^2(t)=E[X^2(t)]$存在，则称其为随机过程$X(t)$的**均方值函数**。

（3）如果对任意的$t\in T$，$D_X(t)=E[(X(t)-m_X(t))^2]$存在，则称其为随机过程$X(t)$的**方差函数**。

（4）如果对任意的$t_1,t_2\in T$，$R_X(t_1,t_2)=E[X(t_1)X(t_2)]$存在，则称其为随机过程$X(t)$的**自相关函数**。

（5）如果对任意的$t_1,t_2\in T$，$\gamma_X(t_1,t_2)=E[(X(t_1)-m_X(t_1))(X(t_2)-m_X(t_2))]$存在，则称其为随机过程$X(t)$的**协方差函数**。

11.1.4 随机过程的基本类型

按照随机过程的概率结构可将其分为二阶矩过程、平稳过程、独立增量过程等，下面将逐一介绍。

1. 二阶矩过程

定义 11.1.4（二阶矩过程） 设$\{X(t),t\in T\}$为一个随机过程，如果对任意的$t\in T$，其均方值函数存在，则称$X(t)$为**二阶矩过程**。

例 11.1.6 设随机过程$X(t)=\xi\cos\omega t,t\in T$，其中$\omega$为常数，随机变量$\xi$的概率密度函数为$f(x)=\frac{1}{\pi}\frac{1}{1+x^2}$，试判断$X(t)$是否为二阶矩过程。

解：因为对于满足$\cos\omega t\neq 0$的$t\in T$，有

$$\varphi_X^2(t)=\int_{-\infty}^{+\infty}\frac{1}{\pi}\frac{x^2\cos^2\omega t}{1+x^2}dx=\frac{1}{\pi}\cos^2\omega t\int_{-\infty}^{+\infty}\frac{x^2}{1+x^2}dx=+\infty,$$

因此$X(t)$不是二阶矩过程。

2. 平稳过程

定义 11.1.5（严平稳过程） 设$\{X(t),t\in T\}$为一个随机过程，如果对任意的$t_1,t_2,\cdots,t_n\in T$和任意的h，当t_1+h，t_2+h，$\cdots$，$t_n+h\in T$时，使得$(X(t_1+h),X(t_2+h),\cdots,X(t_n+h))$与$(X(t_1),X(t_2),\cdots,X(t_n))$具有相同的分布，则称$X(t)$为**严平稳过程**。

一般来说，有限维分布的平移不变性是一个很强的条件，不容易满足，且难以验证，因此引入了条件较弱的宽平稳过程。

定义 11.1.6（宽平稳过程） 设$\{X(t),t\in T\}$为二阶矩随机过程，如果$E[X(t)]=\mu$，协方差函数$\gamma_X(t_1,t_2)$只与时间差t_1-t_2有关，则称$X(t)$为**宽平稳过程**。

例 11.1.7 设随机过程$\{X(t)=Z_1\cos\omega t+Z_2\sin\omega t,t\in T\}$，其中随机变量$Z_1$和$Z_2$独立同分布，期望为0，方差为1，$\omega$为常数，试讨论$X(t)$的宽平稳性。

解：因为

$$m_X(t)=E(Z_1\cos\omega t+Z_2\sin\omega t)=0,$$

$$D_X(t)=E(Z_1^2\cos^2\omega t+Z_2^2\sin^2\omega t)=1,$$

$$\begin{aligned}\gamma_X(t_1,t_2)&=E[X(t_1)X(t_2)]\\&=E[(Z_1\cos\omega t_1+Z_2\sin\omega t_1)(Z_1\cos\omega t_2+Z_2\sin\omega t_2)]\\&=\cos\omega t_1\cos\omega t_2+\sin\omega t_1\sin\omega t_2\\&=\cos\omega(t_1-t_2),\end{aligned}$$

因此，根据定义 11.1.6 可知 $X(t)$ 为宽平稳过程。

3. 独立增量过程与平稳增量过程

定义 11.1.7（独立增量过程） 设 $\{X(t),t\in T\}$ 为一个随机过程。

（1）如果对任意的 $t_1,t_2,\cdots,t_n\in T,t_1<t_2<\cdots<t_n$，随机变量 $X(t_2)-X(t_1),\cdots,X(t_n)-X(t_{n-1})$ 相互独立，则称 $X(t)$ 为**独立增量过程**。

（2）如果对任意的 $t_1,t_2\in T$ 和任意的 h，$X(t_1+h)-X(t_1)$ 和 $X(t_2+h)-X(t_2)$ 的分布相同，则称 $X(t)$ 为**平稳增量过程**。

兼有**独立增量**和**平稳增量**的随机过程称为**平稳独立增量过程**。不难证明平稳独立增量过程的均值函数一定是时间的线性函数，例如下一节将要介绍的泊松过程就属于这类过程。

习题 11.1

1. 设随机过程 $X(t)=A+Bt$，$-\infty<t<+\infty$，其中 A 和 B 为独立同分布的随机变量，且均值为 0，方差为 1，试求 $X(t)$ 的数字特征。

2. 试证：若 Z_0，Z_1，…，Z_n，…为独立同分布的随机变量序列，令 $X_n=\sum_{i=0}^{n}Z_i$，则 $\{X_n,n=0,1,2,\cdots\}$ 为独立增量过程。

3. 设 $\{X(t),t\in T\}$ 为二阶矩过程，试证 $X(t)$ 为宽平稳过程的充分必要条件是 $E[X(s)]$ 和 $E[X(s+t)X(s)]$ 都不依赖于 s。

11.2 泊松过程

泊松过程是一种累计随机事件发生次数的最基本的独立增量过程。例如，某一时间段内到达商场购物的人数，经过某一路口的车辆数，保险公司接到的索赔次数等，都可以用泊松过程来建模。

11.2.1 齐次泊松过程

泊松过程是一类具有平稳独立增量的计数过程，下面先给出计数过程的定义。

定义 11.2.1（计数过程） 如果随机过程 $\{N(t),t\geqslant 0\}$ 表示 0 到 t 时刻某一特定事件 A 发生的次数，且具备以下两个特点：

（1）$N(t)$的取值为非负整数；

（2）对于任意两个时刻 $0\leqslant s<t$，有 $N(s)\leqslant N(t)$，且 $N(t)-N(s)$表示$(s,t]$时间内事件 A 发生的次数，

则称 $N(t)$ 为**计数过程**。

计数过程在实际中有着广泛的应用，只要对所观察的事件出现的次数感兴趣，就可以使用计数过程来描述。

定义 11.2.2（齐次泊松过程） 如果计数过程$\{N(t),t\geqslant 0\}$满足：

（1）$N(0)=0$；

（2）$\{N(t),t\geqslant 0\}$为独立增量过程；

（3）对于任意两个时刻 $0\leqslant s<t$，增量 $N(t)-N(s)$服从参数 $\lambda(t-s)$的泊松分布，即

$$P\{N(t)-N(s)=k\}=\frac{[\lambda(t-s)]^k}{k!}e^{-\lambda(t-s)},\ k=0,1,2,\cdots,$$

则称 $N(t)$为强度为 λ（$\lambda>0$）的**齐次泊松过程**。

例 11.2.1 设车辆依齐次泊松过程通过某交通路口，平均每分钟有 4 辆车通过，从中午 12:00 开始观测，试求：至 12:01 有 4 辆车通过而至 12:05 有 15 辆车通过的概率。

解：以 12:00 为时间起点，设 $N(t)$为$[0,t)$内路口通过的车辆数，则依题意可知 $N(t)$为齐次泊松过程，$\lambda=4$，$N(t)-N(s)\sim P(4(t-s))$，因此，至 12:01 有 4 辆车通过而 12:05 有 15 辆车通过的概率为

$$\begin{aligned}
&P\{N(1)=4,\ N(5)=15\}\\
&=P\{N(1)-N(0)=4,\ N(5)-N(1)=11\}\\
&=P\{N(1)-N(0)=4\}P\{N(5)-N(1)=11\}\\
&=\frac{(4\times 1)^4}{4!}e^{-4\times 1}\times\frac{(4\times 4)^{11}}{11!}e^{-4\times 4}\\
&\approx 0.0097。
\end{aligned}$$

11.2.2 与泊松过程相联系的若干分布

齐次泊松过程 $N(t)$表示 0 到 t 时刻某一特定事件 A 发生的次数，而在实际中往往还要研究事件 A 每次发生的时刻及连续两次发生的时间间隔的分布。如图 11.2.1 所示，$\{N(t),t\geqslant 0\}$的样本路径应是跳跃度为 1 的阶梯函数。以 T_n 表示事件 A 第 n 次发生时

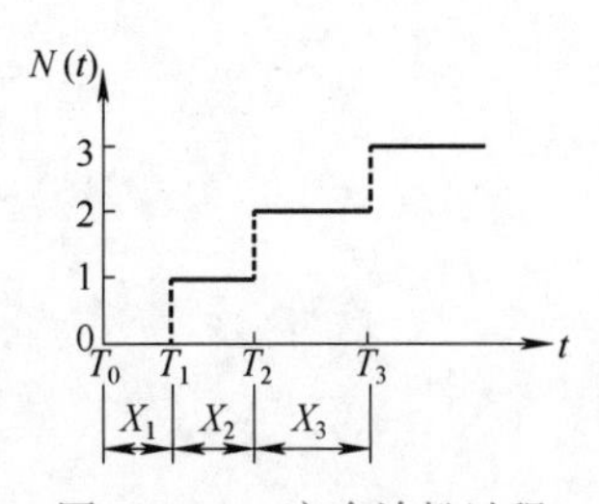

图 11.2.1　齐次泊松过程的样本路径

刻，规定 $T_0=0$，令 $X_n=T_n-T_{n-1}$，则 X_n 表示事件 A 第 n 次与第 $n-1$ 次发生的时间间隔，$n=1,2,\cdots$。

1. 时间间隔的分布

定理 11.2.1 时间间隔 $X_n(n=1,2,\cdots)$ 服从参数为 λ 的指数分布，且相互独立。

证明：首先考虑 X_1 的分布，由于事件 $\{X_1>t\}$ 等价于 $\{N(t)=0\}$，即截止 t 时刻事件没有发生过，因此

$$P\{X_1>t\}=P\{N(t)=0\}=\mathrm{e}^{-t\lambda},$$

故

$$P\{X_1\leqslant t\}=1-\mathrm{e}^{-t\lambda}。$$

接下来再讨论 X_2 的分布：

$$\begin{aligned}P\{X_2>t\mid X_1=s\}&=P\{N(t+s)-N(s)=0\mid N(s)=1\}\\&=P\{N(t+s)-N(s)=0\}\\&=\mathrm{e}^{-\lambda t},\end{aligned}$$

由此可知 X_1 与 X_2 相互独立，且都服从参数为 λ 的指数分布，以此类推可得到一般性的结论。

注：定理 11.2.1 的结论有一定的必然性，由于泊松过程具有平稳独立增量性，表示过程在任何时刻都具有“无记忆性”，这与指数分布的无记忆性是对应的。

2. 到达时刻的分布

定理 11.2.2 到达时刻 $T_n(n=1,2,\cdots)$ 服从参数为 n 和 λ 的 Γ 分布，即 T_n 的概率密度函数为

$$f_{T_n}(t)=\begin{cases}\dfrac{\lambda(\lambda t)^{n-1}}{(n-1)!}\mathrm{e}^{-\lambda t}, & t>0,\\ 0, & t\leqslant 0。\end{cases}$$

证明：由 $X_n=T_n-T_{n-1}$ 可知 $T_n=\sum\limits_{i=1}^{n}X_i$，$n=1,2,\cdots$，由定理 11.2.1 可知 X_n 是独立同分布的指数分布随机变量，而指数分布是参数 $n=1$ 时的 Γ 分布，根据 Γ 分布的独立可加性，可知 T_n 服从参数为 n 和 λ 的 Γ 分布。

注：定理 11.2.2 的证明还可以根据泊松过程的定义使用分布函数法进行推导得到其概率密度函数，有兴趣的读者可以详加讨论。

例 11.2.2　设到达某个景区的游客数服从泊松过程，平均每 10min 有 5 位旅客到达，游客到达后需乘坐摆渡车在景区内游览，有 10 位旅客摆渡车即可开走，试求：

（1）旅客到达时刻的分布；

（2）第 3 位旅客在 6min 之内到达车站的概率。

解：设 $N(t)$ 为 $[0,t)$ 内到达的旅客数，T_n 为第 n 位旅客到达的时刻，则 $N(t)$ 为泊松过程，参数 $\lambda=\frac{5}{10}$人/min $=0.5$ 人/min，$N(t)\sim P(0.5t)$。

（1）根据定理 11.2.2 可知 $T_n\sim\Gamma(n,0.5)$；

（2）第 3 位旅客在 6min 之内到达车站的概率为

$$
\begin{aligned}
P\{T_3\leqslant 6\}&=P\{N(6)\geqslant 3\}\\
&=1-P\{N(6)<3\}\\
&=1-P\{N(6)=0\}-P\{N(6)=1\}-P\{N(6)=2\}\\
&=1-\frac{3^0}{0!}e^{-3}-\frac{3^1}{1!}e^{-3}-\frac{3^2}{2!}e^{-3}\\
&=0.5768。
\end{aligned}
$$

11.2.3 泊松过程的推广

1. 非齐次泊松过程

当泊松过程的强度 λ 依赖于时间 t 时，泊松过程就不再具有平稳增量性。这种泊松过程在实际中也比较常见，例如设备的故障率会随着使用年限的增加而变大，某地区的降水量会随着季节变化而变化等，在这些情况下就需要使用非齐次泊松过程来处理。

定义 11.2.3（非齐次泊松过程）　如果计数过程 $\{N(t),t\geqslant 0\}$ 满足：

（1）$N(0)=0$；

（2）$\{N(t),t\geqslant 0\}$ 为独立增量过程；

（3）$P\{N(t+h)-N(t)=1\}=\lambda(t)h+o(h)$，且 $P\{N(t+h)-N(t)\geqslant 2\}=o(h)$，

则称 $N(t)$ 为强度为 $\lambda(t)$（$\lambda(t)>0$）的**非齐次泊松过程**，称 $m(t)=\int_0^t\lambda(t)\mathrm{d}t$ 为 $N(t)$ 的**均值函数或累积强度函数**。

例 11.2.3　设某设备的使用期限为 10 年，在前 5 年内平均 2.5 年需要维修一次，后 5 年内平均 2 年需要维修一次。试求该设备在使用期限内只维修过一次的概率。

解：设 $N(t)$ 为 $[0,t)$ 内的维修次数，$N(t)$ 为非齐次泊松过程，以年为时间单位，其强度函数为

$$\lambda(t)=\begin{cases}0.4, & 0\leqslant t\leqslant 5,\\ 0.5, & 5<t\leqslant 10,\end{cases}$$

$$m(t)=\int_0^{10}\lambda(t)\mathrm{d}t=\int_0^5 0.4\mathrm{d}t+\int_5^{10}0.5\mathrm{d}t=4.5,$$

$$P\{N(10)-N(0)=1\}=\frac{m(10)}{1!}\mathrm{e}^{-m(10)}=4.5\mathrm{e}^{-4.5}\approx 0.05。$$

2. 复合泊松过程

定义 11.2.4（复合泊松过程） 如果随机过程 $\{X(t),t\geqslant 0\}$ 可以表示为 $X(t)=\sum_{i=1}^{N(t)}Y_i$，其中 $\{N(t),t\geqslant 0\}$ 为泊松过程，$\{Y_i,i=1,2,\cdots\}$ 为独立同分布的随机变量序列，且与 $\{N(t),t\geqslant 0\}$ 相互独立，则称 $X(t)$ 为**复合泊松过程**。

例 11.2.4 设某保险公司接到的索赔次数服从泊松过程 $\{N(t),t\geqslant 0\}$，每次赔付的金额 $Y_i(i=1,2,\cdots)$ 独立同分布，每次索赔的金额与其发生的时刻无关，则 $[0,t)$ 时间内保险公司需要赔付的总金额为 $X(t)=\sum_{i=1}^{N(t)}Y(i)$，是一个复合泊松过程。

习题 11.2

1. 设 $\{X_n,\ t\geqslant 0\}$ 是参数为 λ 的泊松过程的时间间隔，则 X_n 服从__________。

2. 一队学生顺次等候体检，设每人体检所需要的时间服从均值为 2min 的指数分布，并且与其他人所需时间是相互独立的，则 1h 内平均有多少学生接受体检？在这 1h 内最多有 40 名学生接受体检的概率是多少（设学生非常多，医生不会空闲）？

3. 以某火车站售票处为例，设从早上 8:00 开始，此售票处连续售票，乘客以 10 人/h 的平均速率到达，则 9:00~10:00 这 1h 内最多有 5 名乘客来此购票的概率是多少？10:00~11:00 没有人来买票的概率是多少？

11.3 马尔可夫链

有一类随机过程具备“无后效性”，即要确定过程将来的状态，只需知道当前的状态即可，并不需要知道以往的状态，这类过程称为马尔可夫（Markov）过程。这一节将介绍马尔可夫过程中最简单的一种类型：马尔可夫链。

11.3.1 马尔可夫链的定义

定义 11.3.1（马尔可夫链）　设随机过程$\{X_n,n=0,1,2,\cdots\}$的状态集 S 为有限集或可列集，如果对于任意的正整数 n，以及任意的状态$j,i_0,i_1,\cdots,i_{n-1}$，有

$$P\{X_{n+1}=j|X_0=i_0,X_1=i_1,\cdots,X_{n-1}=i_{n-1},$$
$$X_n=i_n\}=P\{X_{n+1}=j|X_n=i_n\}, \quad (11.3.1)$$

则称随机过程$\{X_n,n=0,1,2,\cdots\}$为**马尔可夫链**，式（11.3.1）表示的性质称为**马尔可夫性**。

定义 11.3.2（初始分布）　设随机过程$\{X_n,n=0,1,2,\cdots\}$的状态集为 S，则初始时刻的分布

$$\pi_0(i)=P\{X(0)=i\},i\in S$$

称为该随机过程的**初始分布**，其向量形式为

$$\boldsymbol{\pi}_0=(\pi_0(1),\pi_0(2),\cdots,\pi_0(N),\cdots),$$

显然 $\pi_0(i)$满足下列性质：

（1）$\pi_0(i)\geqslant 0$，$i\in S$；

（2）$\sum\limits_{i\in S}\pi_0(i)=1$。

定义 11.3.3（转移概率）　条件概率 $P\{X_{n+1}=j|X_n=i\}$称为马尔可夫链$\{X_i,i=0,1,2,\cdots\}$的一步转移概率，记为 p_{ij}，其含义为处于状态 i 经过一步转移到状态 j。并且称以 p_{ij} 为元素的矩阵

$$\boldsymbol{P}=(p_{ij})=\begin{pmatrix} p_{00} & p_{01} & p_{02} & \cdots \\ p_{10} & p_{11} & p_{12} & \cdots \\ p_{20} & p_{21} & p_{22} & \cdots \\ \vdots & \vdots & \vdots & \end{pmatrix}$$

为**转移概率矩阵**，简称为**转移矩阵**。由于转移概率是非负的，且过程必须转移到某状态，故容易看出 $p_{ij}(i,j\in S)$有如下性质：

（1）$p_{ij}\geqslant 0$，i，$j\in S$；

（2）$\sum\limits_{j\in S}p_{ij}=1$，$i\in S$。

注：一般情况下，马尔可夫链的转移概率 p_{ij} 与状态 i，j 和时刻 n 有关，当 p_{ij} 只与状态 i 和 j 有关，而与时刻 n 无关时，则称之

为**时齐**马尔可夫链；否则，称为**非时齐**的。为了方便处理，若无特殊说明，本书中所涉及的均属于时齐马尔可夫链。

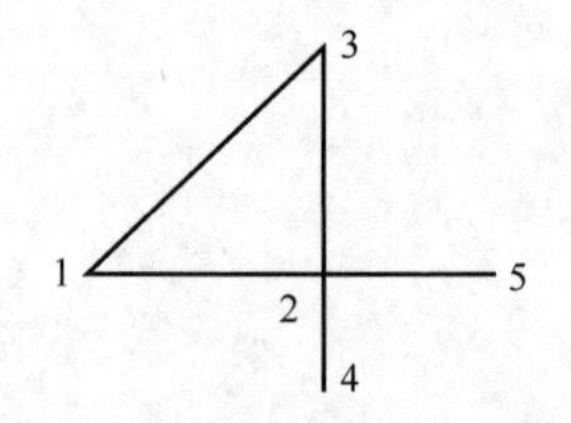

图 11.3.1　蚂蚁爬行示意图

例 11.3.1　设有一只蚂蚁在如图 11.3.1 所示的路线上随机爬行，在交叉节点处爬向与该节点相连的每条路线的概率是相等的，以每个节点为状态，试求该马尔可夫链的转移矩阵。

解：依题意可知，该马尔可夫链的状态集为$\{1,2,3,4,5\}$，且 $p_{12}=p_{13}=\frac{1}{2}$，$p_{21}=p_{23}=p_{24}=p_{25}=\frac{1}{4}$，$p_{31}=p_{32}=\frac{1}{2}$，$p_{42}=1$，$p_{52}=1$，其余元素均为 0，因此，转移矩阵为

$$\boldsymbol{P}=(p_{ij})_{5\times5}=\begin{pmatrix} 0 & \frac{1}{2} & \frac{1}{2} & 0 & 0 \\ \frac{1}{4} & 0 & \frac{1}{4} & \frac{1}{4} & \frac{1}{4} \\ \frac{1}{2} & \frac{1}{2} & 0 & 0 & 0 \\ 0 & 1 & 0 & 0 & 0 \\ 0 & 1 & 0 & 0 & 0 \end{pmatrix}。$$

例 11.3.2　以 S_n 表示某保险公司在时刻 n 的盈余，这里的时间以适当的单位来计算（如天、月等）。初始盈余 $S_0=x$ 已知，但未来的盈余是 $S_1,S_2,\cdots$却必须视为随机变量，增量 S_n-S_{n-1} 表示 $n-1$ 时刻至 n 时刻之间的盈利，试从上述问题中寻找一个马尔可夫链。

解：设 $X_1,X_2,\cdots$是不含利息的盈利，且独立同分布，其分布函数为 $F(x)$，γ 为固定利率，则

$$S_n=S_{n-1}(1+\gamma)+X_n,$$

$\{S_n,n=1,2,\cdots\}$是马尔可夫链，转移概率为 $p_{xy}=F(y-x(1+\gamma))$。

11.3.2　转移概率与 K-C 方程

定义 11.3.4（n 步转移概率）　条件概率

$$p_{ij}^{(n)}=P\{X_{m+n}=j|X_m=i\},\ i,\ j\in S,\ m\geqslant0,\ n\geqslant0$$

称为马尔可夫链的 n **步转移概率**，称相应的矩阵 $\boldsymbol{P}^{(n)}=(p_{ij}^{(n)})$为 n **步转移概率矩阵**。

特殊地，当 $n=1$ 时 $p_{ij}^{(1)}=p_{ij}$，$\boldsymbol{P}^{(1)}=\boldsymbol{P}$，并规定

$$p_{ij}^{(0)}=\begin{cases}0,\ i\neq j,\\1,\ i=j。\end{cases}$$

显然，n 步转移概率 $p_{ij}^{(n)}$ 表示系统从状态 i 经过 n 步后转移到

状态 j 的概率，对中间的 $n-1$ 步经过的状态没有要求。下面的定理给出了 $p_{ij}^{(n)}$ 和 p_{ij} 的关系。

定理 11.3.1［K-C（Chapman-Kolmogorov 方程］ 设 $\{X_n, n=0,1,2,\cdots\}$ 为马尔可夫链，对任意的整数 m，$n \geqslant 0$，$i,j \in S$ 有

（1）$p_{ij}^{(m+n)} = \sum_{k \in S} p_{ik}^{(m)} p_{kj}^{(n)}$；　(11.3.1)

（2）$\boldsymbol{P}^{(n)} = \boldsymbol{P}\boldsymbol{P}^{(n-1)} = \boldsymbol{P}\boldsymbol{P}\boldsymbol{P}^{(n-2)} = \cdots = \boldsymbol{P}^n$。　(11.3.2)

证明：式（11.3.1）可根据马尔可夫性和全概率公式来证明，具体过程如下：

$$
\begin{aligned}
p_{ij}^{(m+n)} &= P\{X_{m+n} = j \mid X_0 = i\} \\
&= \frac{P\{X_{m+n} = j,\ X_0 = i\}}{P\{X_0 = i\}} \\
&= \sum_{k \in S} \frac{P\{X_{m+n} = j,\ X_m = k,\ X_0 = i\}}{P\{X_0 = i\}} \\
&= \sum_{k \in S} \frac{P\{X_{m+n} = j,\ X_m = k,\ X_0 = i\}}{P\{X_0 = i\}} \frac{P\{X_m = k,\ X_0 = i\}}{P\{X_m = k,\ X_0 = i\}} \\
&= \sum_{k \in S} P\{X_{m+n} = j \mid X_m = k,\ X_0 = i\} P\{X_m = k \mid X_0 = i\} \\
&= \sum_{k \in S} p_{ik}^{(m)} p_{kj}^{(n)},
\end{aligned}
$$

而式（11.3.2）是式（11.3.1）的矩阵形式，利用矩阵乘法即可得到。

注：K-C 方程，又称（Chapman-Kolmogorov 方程，全称为柯尔莫哥洛夫-查普曼方程。

例 11.3.3 设马尔可夫链 $\{X_n, n=0,1,2,\cdots\}$，状态集 $S=\{0,1,2\}$，一步状态转移矩阵

$$
\boldsymbol{P} = \begin{pmatrix} 0.75 & 0.25 & 0 \\ 0.25 & 0.5 & 0.25 \\ 0 & 0.75 & 0.25 \end{pmatrix},
$$

试求由状态 1 经过 2 步转移到状态 3 的概率。

解：根据 K-C 方程

$$
\boldsymbol{P}^{(2)} = \boldsymbol{P}^2 = \begin{pmatrix} 0.6250 & 0.3125 & 0.0625 \\ 0.3125 & 0.5000 & 0.1875 \\ 0.1875 & 0.5625 & 0.2500 \end{pmatrix},
$$

因此，由状态 1 经过 2 步转移到状态 3 的概率为 $p_{13}^{(2)} = 0.0625$。

11.3.3 状态的分类及性质

定义 11.3.5 设马尔可夫链的状态集为 S，若存在 $n \geqslant 0$ 使得 $p_{ij}^{(n)} > 0$，记为 $i \to j$（i，$j \in S$），则称状态 i 可达状态 j。若同时有 $j \to i$，则称状态 i 与状态 j 互通，记为 $j \leftrightarrow i$。

定理 11.3.2 互通是一种等价关系，即满足：

（1）自反性：$i \leftrightarrow i$；

（2）对称性：$i \leftrightarrow j$，则 $j \leftrightarrow i$；

（3）传递性：$i \leftrightarrow j$，$j \leftrightarrow k$，则 $i \leftrightarrow k$。

将任何两个互通的状态归为一类，由定理 11.3.2 可知，在同一类的状态应该都是互通的，并且任何一个状态都不可能同时属于一个类。

定义 11.3.6 若马尔可夫链只存在一类，就称之为不可约的；否则，称之为可约的。

定义 11.3.7 若集合 $\{n \mid n \geqslant 1,\ p_{ij}^{(n)} > 0\}$ 非空，则其最大公约数 $d = d(i)$ 为状态 i 的周期。若 $d > 1$，则称 i 为周期的；若 $d = 1$，则称 i 为非周期的。并且规定当集合为空集时，其周期为无穷大。

定理 11.3.3 若状态 i 和 j 属于同一类，则 $d(i) = d(j)$。

定义 11.3.8 对于任何状态 i 和 j，以 $f_{ij}^{(n)}$ 表示从状态 i 出发经历 n 步后首次到达状态 j 的概率，则有

$$f_{ij}^{(0)} = \delta_{ij},$$

$$f_{ij}^{(n)} = P\{X_n = j,\ X_k \neq j,\ k = 1,2,\cdots,n-1 \mid X_0 = i\},\ n \geqslant 1,$$

令 $f_{ij} = \sum_{n=1}^{\infty} f_{ij}^{(n)}$，若 $f_{jj} = 1$，则称状态 j 为常返状态；若 $f_{ij} < 1$，则称状态 j 为非常返状态或瞬时状态。

根据定义 11.3.8 可知，$\mu_i = \sum_{n=1}^{\infty} f_{ii}^{(n)}$ 表示由 i 出发再返回 i 所需的平均步数。

定义 11.3.9　对于常返状态 i，若 $\mu_i<+\infty$，则称 i 为正常返状态；否则称之为零常返状态。

特别地，若 i 为正常返状态，且是非周期的，则称为遍历状态；若 i 为遍历状态，且 $f_{ii}{}^{(1)}=1$，则称 i 为吸收状态，显然有 $\mu_i=1$。

例 11.3.4　设马尔可夫链的状态空间为 $S=\{1,2,3,4\}$，其一步转移概率矩阵为

$$
\boldsymbol{P}=\begin{pmatrix}\frac{1}{2} & \frac{1}{2} & 0 & 0\\ 1 & 0 & 0 & 0\\ 0 & \frac{1}{3} & \frac{2}{3} & 0\\ \frac{1}{2} & 0 & \frac{1}{2} & 0\end{pmatrix},
$$

试将状态进行分类。

解：由一步转移概率矩阵 $\boldsymbol{P}$，对一切 $n\geqslant 1$，$f_{44}{}^{(n)}=0$，从而 $\sum_{n=1}^{\infty}f_{44}{}^{(n)}=0$，故状态 4 是非常返状态。

又 $f_{33}{}^{(1)}=\frac{2}{3}$，且 $f_{33}{}^{(n)}=0$，$n\geqslant 2$，从而 $\sum_{n=1}^{\infty}f_{33}{}^{(n)}=\frac{2}{3}$，故状态 3 是非常返状态。但状态 1 与状态 2 是常返状态，因为

$$
f_{11}=f_{11}^{(1)}+f_{11}^{(2)}=\frac{1}{2}+\frac{1}{2}=1,
$$

$$
f_{22}=\sum_{n=1}^{\infty}f_{22}^{(n)}=0+\frac{1}{2}+\frac{1}{2^2}+\cdots+\frac{1}{2^n}+\cdots=1,
$$

又因为

$$
\mu_1=\sum_{n=1}^{\infty}nf_{11}^{(n)}=1\times\frac{1}{2}+2\times\frac{1}{2}=\frac{3}{2}<\infty,
$$

$$
\mu_2=\sum_{n=1}^{\infty}nf_{22}^{(n)}=\sum_{n=2}^{\infty}\frac{n}{2^{n-1}}=3<\infty
$$

故状态 1 与状态 2 都是正常返状态，又因其周期都是 1，因此都是遍历状态。

11.3.4 极限分布

由 K-C 方程可知，一个马尔可夫链从状态 i 出发，经过 n 步转移到状态 j 的概率满足方程 $p_{ij}^{(n)}=\sum_{k\in S}p_{ik}^{(m)}p_{kj}^{(n-m)}$，$0\leqslant m<n$。此

时，我们便很自然地想要深入了解 $p_{ij}^{(n)}$ 的极限情形，鉴于此，给出如下定理。

定理 11.3.4 设马尔可夫链 $\{X_n, n=0,1,2,\cdots\}$ 的状态集为 $S=\{1,2,\cdots,N\}$，初始分布为 $\boldsymbol{\pi}_0=(\pi_0(1),\pi_0(2),\cdots,\pi_0(N))$。令 $\boldsymbol{\pi}_n=(\pi_n(1),\pi_n(2),\cdots,\pi_n(N))$，其中，$\pi_n(j)=P\{X(n)=j\}$，$j\in S$，则 $\boldsymbol{\pi}_{n+1}=\boldsymbol{\pi}_n\boldsymbol{P}$，$\boldsymbol{\pi}_n=\boldsymbol{\pi}_0\boldsymbol{P}^n$。

证明：对任意的 $j=1,2,\cdots,N$，根据全概率公式有

$$
\begin{aligned}
\pi_{n+1}(j) &= P\{X(n+1)=j\} \\
&= \sum_{i=1}^{N} P\{X(n+1)=j \mid X(n=i)\} P\{X(n=i)\} \\
&= \sum_{i=1}^{N} p_{ij}\pi_n(i),
\end{aligned}
$$

这就证明了 $\boldsymbol{\pi}_{n+1}=\boldsymbol{\pi}_n\boldsymbol{P}$，在此基础上进行迭代即可得到 $\boldsymbol{\pi}_n=\boldsymbol{\pi}_0\boldsymbol{P}^n$。

注：如果当 $n\to\infty$ 时，$\boldsymbol{\pi}_n$ 的极限存在，记为 $\boldsymbol{\pi}$，即 $\pi(i)=\lim\limits_{n\to\infty}\pi_n(i), i\in S$，则对 $\boldsymbol{\pi}_{n+1}=\boldsymbol{\pi}_n\boldsymbol{P}$ 两边同时取极限可得 $\boldsymbol{\pi}=\boldsymbol{\pi}\boldsymbol{P}$，称 $\boldsymbol{\pi}$ 为**极限分布**。

定理 11.3.5（基本极限定理） 若齐次马尔可夫链 $\{X_n, n=0,1,2,\cdots\}$ 的状态空间为有限集 $S=\{1,2,\cdots,N\}$，且满足：

（1）其每一个状态是**非周期的**；

（2）该马尔可夫链**不可约**，

则称该马尔可夫链具有**遍历性**，且 $\pi_j=\lim\limits_{n\to\infty}p_{ij}{}^{(n)}$ 是满足 $\pi_j\geqslant 0$ 和 $\sum\limits_{j\in S}\pi_j=1$ 的方程的唯一解。

注：定理 11.3.5 表明不可约的马尔可夫链，极限分布是存在的，而且是唯一的。

例 11.3.5 设有 6 个车站，车站中间的连接情况如图 11.3.2 所示。汽车每天可以从一个车站驶向与之直接相连的车站，并在夜晚到达车站留宿，次日凌晨按相同的规律行驶。设每日凌晨开往邻近的任何一个车站都是等可能的，试说明很长时间后，各站每晚留宿的汽车比例将趋于稳定，并求出该比例以便于设置各车站的服务规模。

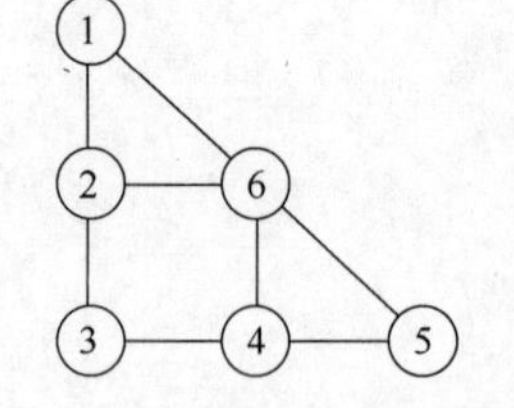

图 11.3.2 车站分布示意图

解：以 X_n 表示第 n 天某辆汽车留宿的车站号，则 $\{X_n, n=0,1,2,\cdots\}$ 是一个马尔可夫链，其转移概率矩阵为

$$
\boldsymbol{P}=\begin{pmatrix}
0 & \frac{1}{2} & 0 & 0 & 0 & \frac{1}{2} \\
\frac{1}{3} & 0 & \frac{1}{3} & 0 & 0 & \frac{1}{3} \\
0 & \frac{1}{2} & 0 & \frac{1}{2} & 0 & 0 \\
0 & 0 & \frac{1}{3} & 0 & \frac{1}{3} & \frac{1}{3} \\
0 & 0 & 0 & \frac{1}{2} & 0 & \frac{1}{2} \\
\frac{1}{4} & \frac{1}{4} & 0 & \frac{1}{4} & \frac{1}{4} & 0
\end{pmatrix},
$$

解方程组

$$
\begin{cases}\boldsymbol{\pi}=\boldsymbol{\pi}\boldsymbol{P}, \\ \sum_{i=1}^{6}\pi_i=1,\end{cases}
$$

其中，$\boldsymbol{\pi}=(\pi_1,\pi_2,\cdots,\pi_6)$，可得 $\boldsymbol{\pi}=\left(\frac{1}{8},\frac{3}{16},\frac{1}{8},\frac{3}{16},\frac{1}{8},\frac{1}{4}\right)$。因此，无论汽车从哪一个车站出发，在很长时间后在任意一个车站留宿的概率都是固定的，故所有的汽车也将以一个稳定的比例在各车站留宿。

习题 11.3

1. 已知 $\begin{pmatrix}\alpha & 0.3\\ 0.7 & \beta\end{pmatrix}$ 是马尔可夫过程 $\{X(t),t\in N\}$ 的状态转移矩阵，则 $\alpha+\beta=$（　　）。

A. 1　　B. 1.1

C. 1.2　　D. 1.3

2. 关于马尔可夫链描述正确的是（　　）。

A. 已知现在，将来与过去相互独立

B. 已知现在，过去与将来相互不相关

C. 已知现在，将来与过去相关

D. 将来与过去相互独立

3. 设今日有雨明日也有雨的概率为 0.7，今日无雨明日有雨的概率为 0H5。求星期一有雨，星期三也有雨的概率。

11.4 常见随机过程的 MATLAB 实现

本节主要介绍使用 MATLAB 软件模拟平稳随机过程、泊松过程、马尔可夫链的方法。

例 11.4.1　根据严平稳随机过程的定义，使用 MATLAB 模拟严平稳过程，MATLAB 代码如下。

```
clc
clear
n=0:1000;
x=randn(1,1001);
figure
plot(n,x);
figure
hist(x,50)
```

运行结果为：模拟产生的平稳随机过程的一条样本路径和频数直方图，分别如图 11.4.1 和图 11.4.2 所示。

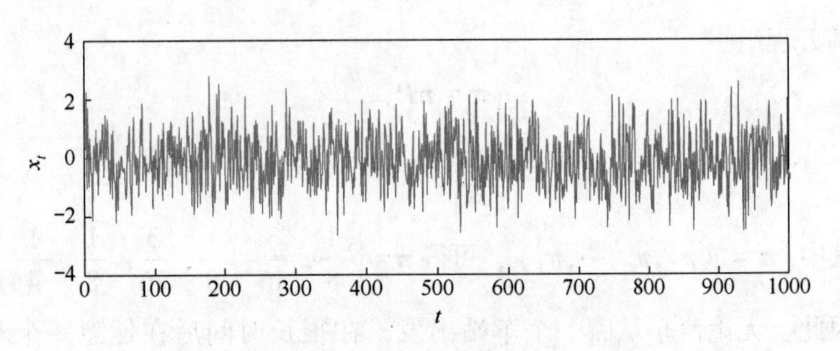

图 11.4.1 平稳随机过程的样本路径模拟

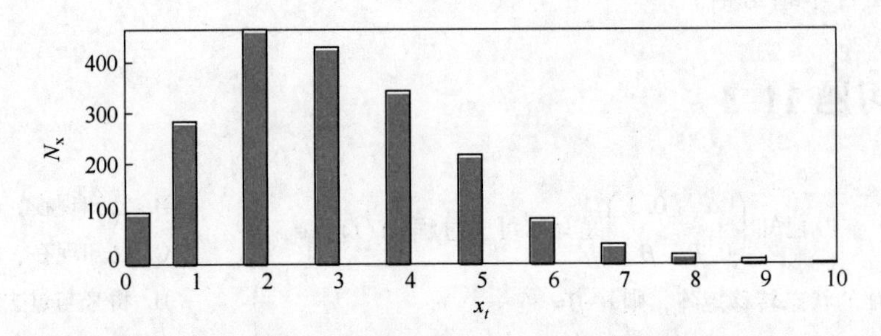

图 11.4.2 平稳随机过程的频率分布模拟

例 11.4.2 根据泊松过程的定义，使用 MATLAB 模拟泊松过程，MATLAB 代码如下。

```
function Ex11_2
clc
clear all
close all
lamda=3;
size=1000;
```

```
x=poisson(lamda, size);
plot(x)
function x=poisson(lamda, size)
x=zeros(1,2*size);
for i=1:size
  u=unifrnd(0,1,1,2);
  X1=sqrt(-2*log(u(1)))*cos(2*pi*u(2));
  X2=sqrt(-2*log(u(1)))*sin(2*pi*u(2));
 z=normcdf([X1, X2]);
 x(2*i-1)=pois_rand(lamda, X1, z(1)); x(2*i)=pois_rand(lam-
da, X2, z(2));
end
end
function m=pois_rand(lamda, x, z)
  m0=max(floor(lamda+x*sqrt(lamda)), 0);
  if F(lamda, m0)<z
    m=m0+1;
    while F(lamda, m)<z
      m=m+1;
    end
  else
    m=m0;
    while F(lamda, m)>=z
      m=m-1;
    end
    m=m+1;
  end
end
function F=F(lamda, m)
if m<0
  F=0;
else
  F=exp(-lamda);
  for i=1:m
    F=F+lamda^(i)*exp(-lamda)./factorial(i);
  end
end
end
end
```

运行结果为：模拟产生的泊松过程的一条样本路径和频数直方图，分别如图 11.4.3 和图 11.4.4 所示。

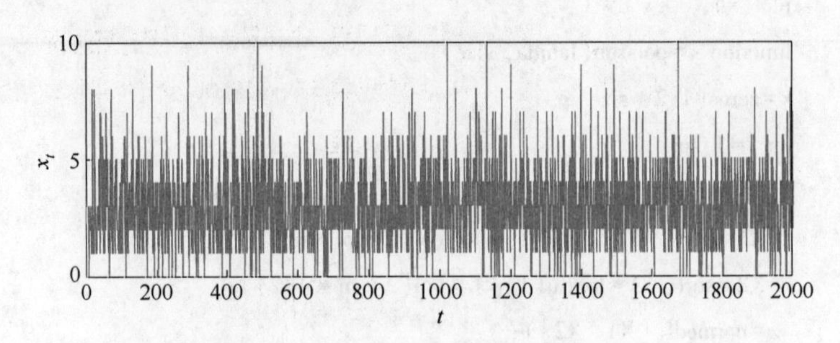

图 11.4.3　泊松过程的样本路径模拟

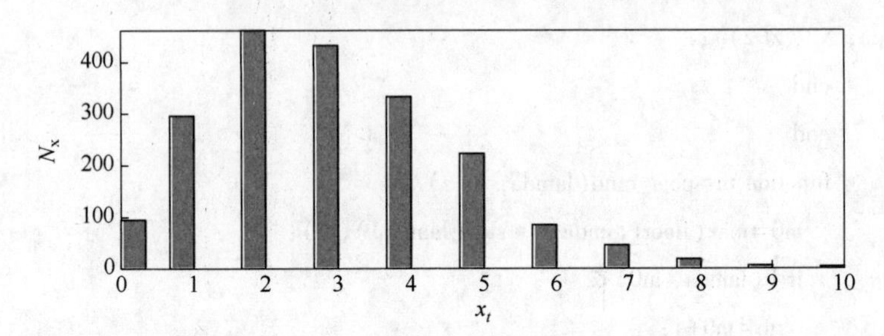

图 11.4.4　泊松过程的频率分布模拟

例 11.4.3　假定马尔可夫链有三个状态 1，2，3，转移概率矩阵为

$$\begin{pmatrix} 0 & 0.5 & 0.5 \\ 0.5 & 0 & 0.5 \\ 0.5 & 0.5 & 0 \end{pmatrix},$$

求该马尔可夫链的极限分布。

解：MATLAB 程序代码如下：

```
clc
clear all
close all
n=1000000;
t0=1000000;
P=[0 0.5 0.5;0.5 0 0.5;0.5 0.5 0];
C=cumsum(P,2);
state=ones(n,1);
r=unifrnd(0,1,[1,n]);
state0=1;
i=state0;
for t=1:n
```

```
    j=state(t);
    while r(t)>C(i,j)
        j=j+1;
    end
    state(t)=j;
    i=j;
end
h=hist(state(t0+1:n),[1,2,3]);
p=h/(n-t0)
```

运行结果为

```
p=
    0.3324    0.3337    0.3338
```

总复习题 11

1. 设随机过程 $X(t)=A\cos t$，$-\infty<t<+\infty$，其中 A 是随机变量，且分布律为

$$P\{A=i\}=\frac{1}{3},\ i=1,\ 2,\ 3,$$

试求：$X(t)$的一维分布函数 $F_1\left(x,\ \frac{\pi}{4}\right)$。

2. 设随机过程 $X(t)=A+Bt$，$-\infty<t<+\infty$，其中 A，B 是独立同分布的随机变量，且其均值为 0，方差为 1，求 $X(t)$的协方差函数。

3. 设随机过程$\{X(t)=X\cos\omega t, t\in\mathbf{R}\}$，其中 ω 是实常数，ξ 服从柯西分布，试判断 $X(t)$是否为二阶矩过程。

4. 设$\{N(t),t\geqslant 0\}$为参数 $\lambda=3$ 的泊松过程，试求：

(1) $P\{N(1)\leqslant 3\}$；

(2) $P\{N(1)=1,N(3)=2\}$；

(3) $P\{N(1)\geqslant 2|N(1)\geqslant 1\}$。

5. 经过大量的观测与数据统计，发现某地区的天气变化满足如下规律：

1）今天晴，明天仍是晴的概率为 0.5，明天阴的概率为 0.5；

2）今天阴，明天晴的概率为 0.5，明天下雨的概率为 0.5；

3）今天下雨，明天阴的概率为 0.5，明天仍下雨的概率为 0.5。

上述信息可使用马尔可夫模型来描述，请以数字“1”“2”“3”分别代表天气状态“晴”“阴”“下雨”，解决下列问题：

(1) 画出状态转移图；

(2) 给出 1 步状态转移矩阵 $\boldsymbol{P}$；

(3) 给出 2 步状态转移矩阵 $\boldsymbol{P}^{(2)}$；

(4) 给出极限分布。

数学家与数学家精神

从炊事员到数学家——马志明

马志明（1948—　），中国数学家，中国科学院院士，“华罗庚数学奖”获得者。曾经的炊事员可以成为数学家吗？马志明的故事告诉我们：可以！他就是这样一位具有传奇色彩的人物。

马志明早年曾做过炊事员，但他凭借坚持不懈的努力和对数学的热爱考入重庆师范学院数学系，毕业后逐渐成长为一名国际著名的数学家。马志明主要从事概率论与随机分析方面的研究，并取得了多项重要成果，还曾解决了困扰数学界20年之久的难题。近年来，他又开始关注概率与数学其他分支的交叉与融合，以及概率统计在生命、信息等其他领域的应用。马志明以其坚强的意志、学不止步的科学精神激励着无数年轻人。

习题参考答案

第1章

习题1.1

1. （1）$\{H,T\}$；（2）$\{HH,HT,TH,TT\}$；（3）$\{0,1,2\}$；（4）$\{(x,y)\mid x^2+y^2<1\}$；（5）$\{(x,y)\mid x,y=1,2,3,4,5,6\}$。

2. $\{(1,2,3),(1,2,4,)(1,2,5),(1,3,4),(1,3,5),(1,4,5),(2,3,4),(2,3,5,),(2,4,5),(3,4,5)\}$；10。

3. （1）$\overline{A}$；（2）$AB\overline{C}$；（3）ABC；（4）$A\cup B\cup C$；（5）$A\overline{B}\,\overline{C}\cup\overline{A}B\overline{C}\cup\overline{A}\,\overline{B}C$；（6）$AB\overline{C}\cup\overline{A}BC\cup A\overline{B}C$；（7）$AB\cup BC\cup AC$；（8）$\overline{A}\,\overline{B}\,\overline{C}$；（9）$A\overline{B}\,\overline{C}\cup\overline{A}B\overline{C}\cup\overline{A}\,\overline{B}C\cup\overline{A}\,\overline{B}\,\overline{C}$。

4. （1）三次都中靶；（2）至少有一次未中靶；（3）至少有一次中靶；（4）三次都未中靶；（5）仅有第一次中靶；（6）第一次中靶且后两次未中靶。

习题1.2

1. （1）$\dfrac{C_6^4C_4^1}{C_{10}^5}=\dfrac{5}{21}$；（2）$1-\dfrac{C_6^5}{C_{10}^5}=\dfrac{41}{42}$；（3）$\dfrac{C_6^5+C_6^4C_4^1}{C_{10}^5}=\dfrac{11}{42}$。

2. （1）$\dfrac{2}{5}$；（2）$\dfrac{7}{15}$；（3）$\dfrac{14}{15}$。

3. （1）$\dfrac{8}{15}$；（2）$\dfrac{7}{15}$。

4. $\dfrac{3}{5}$。

5. $\dfrac{3}{4}$。

习题1.3

1. 0.1.

2. （1）0.5，0.2；（2）0.8，0.5；（3）0.2。

3. 0.4，0.2。

4. $\dfrac{5}{8}$，$\dfrac{3}{8}$。

5. 略。

习题1.4

1. $\dfrac{1}{12}$，$\dfrac{1}{3}$。

2. $\frac{1}{5}$。

3. (1) $\frac{19}{20}$;(2) $\frac{893}{990}$;(3) $\frac{27683}{32340}$。

4. $\frac{7}{10}$。

5. 0.0826。

6. (1) 0.36;(2) 0.91。

7. 0.3302。

习题 1.5

1. 0.4。

2. 0.00025。

3. (1) 00443;(2) 0.0453。

4. (1) 0.0285;(2) 0.3509,0.3684,0.2807;第二条。

5. (1) 0.94;(2) 0.85。

6. 29。

总复习题 1

一、选择题

1. C。

2. B。

3. C。

4. B。

5. C。

二、填空题

6. (1) $\Omega=\{2,3,4,\cdots,12\}$;(2) $\Omega=\{$黑色,白色$\}$;(3) $\Omega=\{v|v\geqslant 0\}$。

7. (1) $1-P(A)$;(2) $P(B)-P(AB)$;

(3) $P(A)+P(B)+P(C)-P(AB)-P(BC)-P(AC)+P(ABC)$。

8. (1) $A\bar{B}\bar{C}\cup\bar{A}B\bar{C}\cup\bar{A}\bar{B}C$;(2) $A\cup B\cup C$;(3) $AB\bar{C}\cup A\bar{B}C\cup\bar{A}BC$;(4) $A\bar{B}\bar{C}\cup\bar{A}B\bar{C}\cup\bar{A}\bar{B}C\cup\bar{A}\bar{B}\bar{C}$;(5) $\bar{A}\bar{B}\bar{C}$ 或 $\overline{A\cup B\cup C}$。

9. (1) 0.3;(2) 0.5。

10. (1) $\frac{3}{4}$;(2) $\frac{8}{25}$。

三、计算题

11. $\frac{5}{8}$。

12. $\frac{252}{2431}$。

13. $\frac{13}{21}$。

14. $\frac{6}{16}$，$\frac{9}{16}$，$\frac{1}{16}$。

15. $\frac{1}{1960}$。

16. 0.18。

17. 0.3；0.6。

18. $\frac{20}{21}$。

19. （1）$\frac{3}{2}p-\frac{1}{2}p^2$；（2）$\frac{2p}{p+1}$。

20. 0.542。

21. $\frac{196}{197}$。

22. （1）第二种；（2）第一种。

23. （1）0.356475，0.4365；（2）0.207025。

24. 0.8731，0.1268，0.0001。

25. $\frac{2\alpha p_1}{(3\alpha-1)p_1+1-\alpha}$。

第2章

习题2.1

1. $F(x)=\begin{cases}0, & x<0,\\ \frac{x^2}{4}, & 0\leqslant x<2,\\ 1, & x\geqslant 2\text{。}\end{cases}$

2. $F(x)=\begin{cases}0, & x<1,\\ \frac{1}{4}(x-1), & 1\leqslant x<5,\\ 1, & x\geqslant 5\text{。}\end{cases}$

3. （1）1；（2）$e^{-1}-e^{-3}$。

4. （1）1；（2）$\frac{1}{2}$；（3）1。

习题 2.2

1.

X	0	1	2
P	0.3	0.6	0.1

2.

X	0	2	3	4
P	$\frac{1}{14}$	$\frac{3}{7}$	$\frac{3}{7}$	$\frac{1}{14}$

3. (1) $a=\frac{2}{5}$; (2) $\frac{1}{9}$; (3) $\frac{2}{15}$。

4. (1) 0.45; (2) 0.25; (3) $F(x)=\begin{cases}0, & x<-1,\\ 0.25, & -1\leqslant x<0,\\ 0.45, & 0\leqslant x<1,\\ 0.75, & 1\leqslant x<2,\\ 1, & x\geqslant 2。\end{cases}$

5. (1)

X	0	1	3	6
P	$\frac{1}{4}$	$\frac{1}{12}$	$\frac{1}{6}$	$\frac{1}{2}$

(2) $\frac{1}{3}$, $\frac{1}{2}$; (3) $\frac{2}{3}$, $\frac{3}{4}$。

6. 0.9885。

7. (1) $P\{X=k\}=C_{10}^{k}0.85^{k}0.15^{10-k}(k=0,1,2,\cdots,10)$

(2) 0.8202; (3) 0.8031; (4) 5 部。

8. (1) 0.02977; (2) 0.00284。

9. (1) $P\{X=k\}=0.8\cdot(0.2)^{k-1}(k=1,2,\cdots)$; (2) 0.032; (3) 0.99968。

10. 不少于 8 万元。

习题 2.3

1. (1) $\frac{1}{12}$; (2) $\frac{1}{6}$。

2. (1) $F(x)=\begin{cases}0, & x<0,\\ \dfrac{x^2}{2}, & 0\leqslant x<1,\\ -\dfrac{x^2}{2}+2x-1, & 1\leqslant x<2,\\ 1, & x\geqslant 2;\end{cases}$ (2) $\dfrac{7}{8}$。

3. (1) $\dfrac{1}{2}$; (2) $F(x)=\begin{cases}0, & x<-\dfrac{\pi}{2},\\ \dfrac{1}{2}(1+\sin x), & -\dfrac{\pi}{2}\leqslant x\ \dfrac{\pi}{2},\\ 1, & x\geqslant\dfrac{\pi}{2};\end{cases}$ (3) $\dfrac{\sqrt{2}}{4}$。

4. $\dfrac{1}{3}$。

5. (1) 0.1360; (2) 0.025; (3) 0.9500; (4) 1.000。

6. (1) 0.4332; (2) 0.6826。

7. (1) 0.5328; (2) $c=3$。

8. (1) 0.3058, 0.5468; (2) 132.56。

9. (1) 0.0228; (2) 16.47。

习题 2.4

1.

$Y=X+2$	1	2	3	4
P	0.2	0.2	0.3	0.3

$Z=X^2$	0	1	4
P	0.2	0.5	0.3

2.

$Y=X^4-X^2$	0	6
P	0.85	0.15

3. $f_Y(y)=\dfrac{1}{\pi(1+y^2)}$。

4. $f_Y(y)=\begin{cases}\dfrac{1}{y\sqrt{2\pi}}e^{-\frac{(\ln y)^2}{2}}, & y>0,\\ 0, & y\leqslant 0。\end{cases}$

5. $f_Y(y)=\begin{cases}\dfrac{\sqrt{y}}{3}, & 0<y\leqslant 1,\\ \dfrac{\sqrt{y}}{6}, & 1<y\leqslant 4,\\ 0, & \text{其他。}\end{cases}$

6. $f_Y(y)=\begin{cases}\dfrac{2}{\pi\sqrt{1-y^2}}, & 0<y<1,\\ 0, & \text{其他。}\end{cases}$

总复习题 2

1.

X	3	4	5
P	0.1	0.3	0.6

2.

X	0	1	2	3
P	$\frac{3}{4}$	$\frac{9}{44}$	$\frac{9}{220}$	$\frac{1}{220}$

3.

X	3	4	5	6
P	$\frac{1}{20}$	$\frac{3}{20}$	$\frac{3}{10}$	$\frac{1}{2}$

$$F(x)=\begin{cases}0, & x<3,\\ 0.05, & 3\leqslant x<4,\\ 0.20, & 4\leqslant x<5,\\ 0.50, & 5\leqslant x<6,\\ 1, & x\geqslant 6。\end{cases}$$

4. （1）0.6；（2）1；（3）0.375。

5. （1）0.24；（2）0.59；（3）$\dfrac{59}{65}$。

6. $F(x)=\begin{cases}0, & x<0,\\ \dfrac{1}{3}, & 0\leqslant x<1,\\ \dfrac{1}{2}, & 1\leqslant x<2,\\ 1, & 2\leqslant x。\end{cases}$

7. $F(x)=\begin{cases}0, & x<3,\\ \dfrac{1}{20}, & 3\leqslant x<4,\\ \dfrac{7}{20}, & 4\leqslant x<5,\\ \dfrac{13}{20}, & 5\leqslant x<6,\\ \dfrac{19}{20}, & 6\leqslant x<7,\\ 1, & 7\leqslant x。\end{cases}$

8. （1）0.02977；（2）0.00284。

9. $\dfrac{232}{243}$。

10. 0.6。

11. 0.9544。

12. （1）$C=\dfrac{1}{2a}$；（2）$F(x)=\begin{cases}\dfrac{1}{2}e^{\frac{x}{a}}, & x<0,\\ 1-\dfrac{1}{2}e^{-\frac{x}{a}}, & x\geqslant 0;\end{cases}$

（3）$1-e^{-\frac{2}{a}}$；（4）$f_Y(y)=\begin{cases}\dfrac{1}{a}y^{-\frac{1}{2}}e^{-\frac{2\sqrt{y}}{a}}, & y\geqslant 0,\\ 0, & y<0。\end{cases}$

13. 0.1359。

14. （1）0.8413；（2）0.9545；（3）0.1573。

15. （1）0.988；（2）111.84；（3）57.5。

16.

S	100π	121π	144π	169π
P	0.1	0.4	0.3	0.2

L	20π	22π	24π	26π
P	0.1	0.4	0.3	0.2

17.

Y	2	$2+\dfrac{\pi}{3}$	$2+\dfrac{2\pi}{3}$
P	$\dfrac{1}{4}$	$\dfrac{1}{2}$	$\dfrac{1}{4}$

Z	-1	0	1
P	$\frac{1}{4}$	$\frac{1}{2}$	$\frac{1}{4}$

18. $f_Y(y)=\begin{cases}\dfrac{2}{\pi\sqrt{1-y^2}}, & 0<y<1,\\ 0, & 其他。\end{cases}$

19. $f_Y(y)=\begin{cases}\sqrt{\dfrac{2}{\pi}}e^{-\frac{y^2}{2}}, & y\geqslant 0,\\ 0, & 其他。\end{cases}$

20. $f_Y(y)=\begin{cases}\dfrac{1}{2\sqrt{\pi(y-1)}}e^{-\frac{y-1}{4}}, & y>1,\\ 0, & y\leqslant 1。\end{cases}$

第3章

习题 3.1

1. （1）$F(b,c)-F(a,c)$；（2）$F(+\infty,b)-F(+\infty,0)$。
2. 否。
3. $\frac{3}{128}$。

习题 3.2

1. (X,Y)的联合分布律为

X	Y	
	0	1
0	$\frac{9}{25}$	$\frac{6}{25}$
1	$\frac{6}{25}$	$\frac{4}{25}$

2. 0.3。
3.

X	0	1	2
P	0.4	0.3	0.3

Y	1	2	3
P	0.3	0.1	0.6

4. （1）

X	1	2	3
P	$\frac{1}{6}$	$\frac{1}{3}$	$\frac{1}{2}$

Y	1	2	3
P	$\frac{1}{6}$	$\frac{1}{3}$	$\frac{1}{2}$

（2）不一定。

习题 3.3

1. 不能。

2. （1）8；

（2）$F(x,y)=\begin{cases}0, & x<0 \text{ 或 } y<0,\\ 0.3, & 0\leqslant x<1,\ 0\leqslant y<1,\\ 0.55, & 0\leqslant x<1,\ y\geqslant 1,\\ 0.6, & x\geqslant 1,\ 0\leqslant y<1,\\ 1, & x\geqslant 1,\ y\geqslant 1;\end{cases}$ （3）$\frac{5}{6}$。

3. （1）$f(x,y)=\begin{cases}\frac{1}{4}, & (x,y)\in D,\\ 0, & \text{其他};\end{cases}$ （2）$\frac{1}{4}$。

4. $f_X(x)=\begin{cases}\frac{3}{4}-\frac{3}{16}x^2, & 0\leqslant x\leqslant 2,\\ 0, & \text{其他};\end{cases}$ $f_Y(y)=\begin{cases}3y^2, & 0\leqslant y\leqslant 1,\\ 0, & \text{其他}。\end{cases}$

5. $f_X(x)=\begin{cases}\frac{3}{2}-\frac{3}{2}x^2, & 0\leqslant x\leqslant 1,\\ 0, & \text{其他};\end{cases}$ $f_Y(y)=\begin{cases}\frac{3}{2}y^2, & 0\leqslant y\leqslant 1,\\ 0, & \text{其他}。\end{cases}$

6. （1）$C=\frac{1}{\pi r^2}$；

（2）$f_X(x)=\begin{cases}\frac{2\sqrt{r^2-x^2}}{\pi r^2}, & -r<x<r,\\ 0, & \text{其他};\end{cases}$ $f_Y(y)=\begin{cases}\frac{2\sqrt{r^2-y^2}}{\pi r^2}, & -r<y<r,\\ 0, & \text{其他}。\end{cases}$

习题 3.4

1. （1）

$X\mid Y=0$	0	1	2
P	$\frac{6}{13}$	$\frac{4}{13}$	$\frac{3}{13}$

$X\mid Y=1$	0	1	2
P	$\frac{6}{11}$	$\frac{3}{11}$	$\frac{2}{11}$

（2）

$Y\mid X=0$	0	1
P	$\frac{1}{2}$	$\frac{1}{2}$

$Y\mid X=1$	0	1
P	$\frac{4}{7}$	$\frac{3}{7}$

$Y\mid X=2$	0	1
P	$\frac{3}{5}$	$\frac{2}{5}$

2. 当 $0<x<1$ 时，$f_{Y|X}(y|x)=\begin{cases}\frac{1}{x}, & 0<y<x,\\ 0, & 其他。\end{cases}$

3. （1）$f_X(x)=\begin{cases}x, & 0\leqslant x\leqslant 1,\\ 2-x, & 1<x\leqslant 2,\\ 0, & 其他;\end{cases}$

（2）当 $0\leqslant y<1$ 时，$f_{X\mid Y}(x\mid y)=\begin{cases}\frac{1}{2-2y}, & 0\leqslant y\leqslant x\leqslant 2-y\leqslant 2,\\ 0, & 其他。\end{cases}$

4. （1）$\frac{4}{9}$；

（2）

X \ Y	0	1	2
0	$\frac{1}{4}$	$\frac{1}{3}$	$\frac{1}{9}$
1	$\frac{1}{6}$	$\frac{1}{9}$	0
2	$\frac{1}{36}$	0	0

5. 不相互独立。

6. （1）$f(x,y)=\begin{cases}\frac{1}{(b-a)(d-c)}, & a\leqslant x\leqslant b,\ c\leqslant y\leqslant d,\\ 0, & 其他;\end{cases}$

(2) $f_X(x)=\begin{cases}\dfrac{1}{b-a}, & a\leqslant x\leqslant b,\\ 0, & \text{其他},\end{cases}$ $f_Y(y)=\begin{cases}\dfrac{1}{d-c}, & c\leqslant y\leqslant d,\\ 0, & \text{其他},\end{cases}$ X 与 Y 相互独立。

7. $\dfrac{1}{2}$。

习题 3.5

1.

$X+Y$	0	1	2	3	4
P	0.56	0.3	0.12	0.02	0

2.

X	Y		
	0	1	2
0	0.16	0.08	0.01
1	0.32	0.16	0.02
2	0.16	0.08	0.01

M	0	1	2
P	0.16	0.56	0.28

N	0	1	2
P	0.73	0.26	0.01

3. $f_Z(z)=\begin{cases}1-\dfrac{z}{2}, & 0\leqslant z\leqslant 2,\\ 0, & \text{其他}。\end{cases}$

4. 略。

5. $f_Z(z)=\begin{cases}0, & z\leqslant 0,\\ \dfrac{1}{2}, & 0<z<1,\\ \dfrac{1}{2x^2}, & z\geqslant 1。\end{cases}$

总复习题 3

1.

X	Y	
	1	2
1	$\dfrac{1}{3}$	$\dfrac{1}{3}$
2	$\dfrac{1}{3}$	0

2. （1）4；（2）0；（3）0.5。

3. $\frac{65}{72}$。

4（1）$\frac{1}{8}$；

（2）$\frac{3}{8}$；

（3）$\frac{27}{32}$；

（4）$\frac{3}{2}$。

5.（1）$\frac{1}{3}$；

（2）

X	1	2
P	0.5	0.5

Y	-1	0
P	$\frac{5}{12}$	$\frac{7}{12}$

$$F_X(x)=\begin{cases}0, & x<1,\\ \frac{1}{2}, & 1\leqslant x<2,\\ 1, & x\geqslant 2,\end{cases}\quad F_Y(y)=\begin{cases}0, & y<-1,\\ \frac{5}{12}, & -1\leqslant y<0,\\ 1, & y\geqslant 0。\end{cases}$$

6. $F_X(x)=\begin{cases}\frac{21}{8}x^2\ (1-x^4), & -1\leqslant x\leqslant 1,\\ 0, & \text{其他},\end{cases}$

$$F_Y(y)=\begin{cases}\frac{7}{2}y^{\frac{5}{2}}, & 0\leqslant y\leqslant 1,\\ 0, & \text{其他}。\end{cases}$$

7. 当$|y|<1$时，$f_{X|Y}(x|y)=\begin{cases}\frac{1}{1-|y|}, & |y|<x<1,\\ 0, & x\text{取其他值},\end{cases}$

当$0<x<1$时，$f_{Y|X}(y|x)=\begin{cases}\frac{1}{2x}, & |y|<x,\\ 0, & y\text{取其他值}。\end{cases}$

8. $a=\frac{2}{9}$，$b=\frac{1}{9}$。

9. (1)

X	Y		
	3	4	5
1	0.1	0.2	0.3
2	0	0.1	0.2
3	0	0	0.1

(2) 不相互独立。

10.

Z_1	-2	0	1	3	4
P	0.1	0.2	0.5	0.1	0.1

Z_2	-1	1	2
P	0.1	0.2	0.7

11. $f_Z(z)=\begin{cases} z^2, & 0<z<1, \\ 2z-z^2, & 1\leqslant z<2, \\ 0, & \text{其他}。\end{cases}$

12. (1) $f_1(t)=\begin{cases} \dfrac{t^3\mathrm{e}^{-t}}{3!}, & t>0, \\ 0, & \text{其他};\end{cases}$ (2) $f_2(t)=\begin{cases} \dfrac{t^5\mathrm{e}^{-t}}{5!}, & t>0, \\ 0, & \text{其他}。\end{cases}$

第4章

习题 4.1

1. $\dfrac{12}{5}$。

2. $\dfrac{81}{64}$。

3. 6.89。

4. 0.9, 4.5, 2.1。

5. (1) 3; (2) $\dfrac{3}{4}$。

6. 3。

7. 1; 1。

8. 7。

9. 5.20896。

10.

(1)

Z	W		
	1	2	3
1	1/9	2/9	2/9
2	0	1/9	2/9
3	0	0	1/9

(2) $\frac{22}{9}$，$\frac{14}{9}$。

习题 4.2

1. D。
2. A。
3. C。
4. D。
5. 0.49。
6. (1) 0.3，(2) 3.84。
7. 0。
8. 1，$\frac{1}{6}$。
9. 1，$\frac{1}{3}$。

习题 4.3

1. B。
2. C。
3. A。
4. 12.4。
5. 略。
6. $\frac{2}{3}$。
7. (1) $\frac{1}{2}$，1；(2) $\frac{1}{4}$，1；(3) 0，0。

总复习题 4

1. 5。
2. $\frac{3}{2}$。
3. 0.6。

4. $27.1136e^{-0.8}$

5. $\frac{11}{6}$。

6. $\frac{104}{25}$。

7. $\frac{2}{5}$，$\frac{2}{5}$，$\frac{2}{15}$。

8. 0.3，0.32。

9. 方案二。

10. 11，51。

11. b，$2a^2$。

12. （1）$\frac{\alpha^2-\beta^2}{\alpha^2+\beta^2}$；（2）$\alpha=-\beta$。

13. （1）$f_X(x)=\begin{cases}\frac{1}{b-a}, & a<x<b,\\ 0, & 其他,\end{cases}$ $f_Y(y)=\begin{cases}\frac{1}{d-c}, & c<x<d,\\ 0, & 其他;\end{cases}$

（2）$E(Z)=\frac{1}{2}(2a+2b-c-d), D(Z)=\frac{4(b-a)^2+(d-c)^2}{12}$；

（3）$\mathrm{Cov}(X,Z)=\frac{(b-a)^2}{6}$；

（4）0，独立。

第5章

习题 5.1

1. $\frac{3}{4}$。

2. 0.975。

3. 250。

4. $\frac{39}{40}$。

习题 5.2

1. 0.2119。

2. （1）0.3299；（2）$n\geqslant623$。

3. 142kW。

4. 0.5。

5. 0.927。

6. 14。

总复习题 5

1. $\frac{1}{2}$。
2. 0.9297。
3. $n \geqslant 537$。
4. 0.95。
5. （1）0.0003；（2）0.5。
6. 0.9525。
7. 12655。
8. 0.0793。

第 6 章

习题 6.1

1. $f^*(x_1, x_2, \cdots, x_n) = \theta^n e^{-\theta \sum\limits_{i=1}^{n} x_i}$
2. 频率直方图如第 2 题解答图所示。

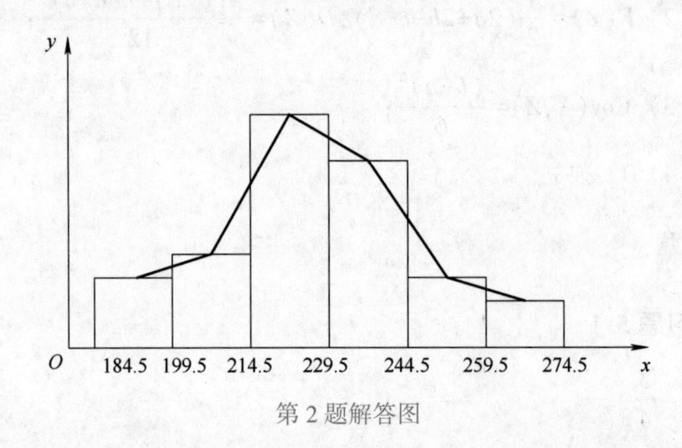

第 2 题解答图

习题 6.2

1. （1）（2）（4）（5）。
2. $\chi^2(6)$。
3. $t_1 = 1.3772$，$t_2 = 0.6998$。
4. （1）$\chi^2_{0.9}(10) = 4.865$；（2）$\chi^2_{0.95}(20) = 10.851$；
（3）$\chi^2_{0.975}(30) = 16.791$；（4）$t_{0.9}(10) = -1.3722$；
（5）$t_{0.95}(20) = -1.7247$；（6）$t_{0.025}(30) = 2.0423$；
（7）$F_{0.9}(10,10) = 0.431$；（8）$F_{0.05}(5,6) = 4.39$；
（9）$F_{0.025}(2,3) = 16.04$。

习题 6.3

1. $P\{1\leqslant X\leqslant 3\}=0.6826, P\{1\leqslant \overline{X}\leqslant 3\}=0.9974, N(0,1)$。
2. $\chi^2(7)$。
3. $N\left(-1,\ \dfrac{3}{n}\right)$。
4. $t(8)$。
5. $F(7,8)$。

总复习题 6

1. $p^{\sum\limits_{i=1}^{n}x_i}(1-p)^{n-\sum\limits_{i=1}^{n}x_i}$。
2. （1）$(2\pi)^{-n/2}\mathrm{e}^{-\frac{1}{2}\sum\limits_{i=1}^{n}x_i^2}$；（2）$\sqrt{\dfrac{n}{2\pi}}\mathrm{e}^{-\frac{n}{2}x^2}$。
3. $F_{20}(x)=\begin{cases}0, & x<0,\\ \dfrac{1}{5}, & 0\leqslant x<1,\\ \dfrac{11}{20}, & 1\leqslant x<2,\\ \dfrac{17}{20}, & 2\leqslant x<3,\\ \dfrac{19}{20}, & 3\leqslant x<4,\\ 1, & x\geqslant 4。\end{cases}$
4. （1）（5）。
5. 4.865；12.549。
6. 3.73，0.2857，8.68，0.13。
7. 0.9544。
8. （1）$\chi^2(10)$；（2）$\chi^2(20)$；（3）$F(10,20)$。
9. $a=\dfrac{1}{20}$，$b=\dfrac{1}{100}$；自由度为 2。

第 7 章

习题 7.1

1. $\hat{p}_{ME}=\overline{X}$，$\hat{p}_{MLE}=\overline{X}$。
2. $\hat{\theta}_{ME}=\overline{X}$，$\hat{\theta}_{MLE}=\alpha(x_{(1)}+1)+(1-\alpha)x_{(n)}$。
3. $\hat{\alpha}_{ME}=\dfrac{\overline{X}}{1-\overline{X}}$，$\hat{\alpha}_{MLE}=-\dfrac{n}{\sum\limits_{i=1}^{n}\ln x_i}$，2.3708，2.8405。

4. $\hat{\mu}_{MLE}=\frac{1}{n}\sum_{i=1}^{n}\ln X_i$，$\sigma^2_{MLE}=\frac{1}{n}\left(\ln X_i-\frac{1}{n}\sum_{i=1}^{n}\ln X_i\right)^2$。

习题 7.2

1. （1）提示：使用无偏估计的定义；（2）$\hat{\mu}_2$ 最有效，其方差最小。

2. $C=\frac{1}{2(n-1)}$。

3. 提示：使用无偏估计的定义及 $\sum_{i=1}^{n} i=\frac{n(n+1)}{2}$。

4. （1）提示：使用无偏估计的定义；（2）$\alpha=\frac{\sigma_2^2}{\sigma_1^2+\sigma_2^2}$时，其方差最小。

习题 7.3

1. [1244.18, 1273.82]。

2. （1）[2.1209, 2.1291]；（2）[2.1175, 2.1325]。

3. [0.0125, 0.1455]。

4. $n\geqslant\left(\frac{2\sigma}{L}u_{\alpha/2}\right)^2$。

习题 7.4

1. [−0.3940, 0.4940]。

2. [0.0299, 0.0501]。

3. [0.2217, 3.6008]。

习题 7.5

1. 下限为 145.6246，上限为 149.0421。

2. [103.4290, 106.6710]。

3. 下限为 24.4497，上限为 25.1503。

总复习题 7

1. B。2. D。3. B。4. C。5. A。

6. 1.71。7. $2\overline{X}-1$。8. $\hat{\lambda}^2$。9. $\overline{X}$。10. 短。

11. （1）提示：使用无偏估计的定义；（2）T_3 较为有效，其方差最小。

12. [5.6080, 6.3920]，[5.5584, 6.4416]。

13. [7.4300, 21.0735]。

14. [−6.04, −5.96]。

15. （1）[0.2895, 4.6923]；（2）单侧置信下限为 0.3666,

单侧置信上限为3.7050。

第8章

习题8.1

1. 在原假设 H_0 成立的情况下，样本值落入了拒绝域 W，因而 H_0 被拒绝了，称这类错误为第一类错误或“弃真”错误；在原假设 H_0 不成立、H_1 成立的情况下，样本值落入了接受域 $\overline{W}$，因而 H_0 被接受了，称这类错误为第二类错误或“取伪”错误。

2. 统计量落入拒绝域的概率为显著性水平 α，α 的取值一般为0.05，0.01，0.1，一般认为拒绝域即为小概率区域；对应的接受域为大概率区域。

3. 假设检验的基本步骤为：第一步，建立假设。根据实际问题提出原假设 H_0 及备择假设 H_1。

第二步，选择合适的统计量。选取在原假设成立的条件下能确定其分布的统计量为检验统计量。

第三步，做出判断。给定显著性水平 α（一般地，取 $\alpha=$ 0.01，0.05或0.10），在显著性水平为 α 的条件下根据样本观测值计算检验统计量 T，根据对应分布的临界值表查找相应的临界值，确定拒绝域 W，以验证拒绝条件是否成立，如果拒绝条件成立，就拒绝原假设 H_0，否则接受原假设 H_0。

4. 假设检验是指判断关于一个或多个总体的概率分布或参数的假设正确与否的过程。

习题8.2

1. 有差异。
2. 不可以认为。
3. 可以认为。
4. 合格。
5. 有显著差异。

习题8.3

1. 无明显差异。
2. 可以认为相等。
3. 可以认为。
4. 建议的新操作方法可以提高产率，比原方法好。

习题8.4

1. 这颗骰子不是均匀的。

2. 通过该交叉路口的汽车数量服从泊松分布。

3. 这组数据不是来自于(0,1)区间上均匀分布的随机数。

总复习题 8

1. 不显著。
2. 有差异。
3. 不能认为。
4. 正常。
5. 合格。
6. 接受假设。
7. 不能认为。
8. 不相上下。
9. 可以认为。
10. 可以认为。
11. 存在显著差异。
12. （1）相等；（2）相等。
13. 无显著变化。
14. 速度方面有显著差异，均匀性方面无显著差异。
15. 无显著差异。
16. 可以看作服从泊松分布。

第 9 章

习题 9.1

1. 无显著差异。
2. 无显著差异。
3. 有显著差异。
4. 有显著差异。

习题 9.2

1. $F_A=7.5$，$F_B=1.27$。

因素 A 和因素 B 的不同含量水平对合金强度的影响均没有显著不同。

2. $F_A=0.51$，$F_B=39.77$。

季度变化对饮品销售结果无显著影响，地区因素对饮品销售结果有显著影响。

3. $F_A=14.82$，$F_B=2.95$。

不同的地块对樱桃产量有显著影响，不同的种植技术对樱桃产量无显著影响。

4. $F_A=6.35$，$F_B=29.64$，$F_{AB}=5.58$。

A、B 两种因素的不同方式对该商品销量均无显著影响，A 与 B 的交互响应对该商品销量也无显著影响。

5. $F_A=11.19$，$F_B=1.93$，$F_{AB}=0.79$。

杨树类型（因素 A）对杨树生长有显著影响，生长环境（因素 B）对杨树生长无显著影响，杨树类型（因素 A）与生长环境（因素 B）的交互作用对杨树生长无显著影响。

6. 略。

习题 9.3

1. 略。

2. 略。

习题 9.4

1. 略。

2. 略。

3. $\beta_0=30.6251$，$\beta_1=3.5101$。

4. （1）$\beta_0=-11.30$，$\beta_1=36.95$；（2）略。

5. $y=-97.4923+1.0515x_1+0.6388x_2$。

习题 9.5

1. 略。

2. 略。

总复习题 9

1. 不同类型汉堡的热量不同。

2. 有显著性影响。

3. $F_A=17.51$，$F_B=2.13$，$F_{AB}=6.58$。

收缩率（因素 A）对纤维弹性有显著影响、总拉伸倍数（因素 B）对纤维弹性无显著影响，收缩率（因素 A）和总拉伸倍数（因素 B）的交互作用分别对纤维弹性有显著影响。

4. $F_A=11.13$，$F_B=25.06$，$F_{AB}=31.24$。

燃料对火箭的射程有显著影响，推进器对火箭的射程有显著影响，燃料与推进器交互作用对火箭的射程有显著影响。

5. （1）$y=41.911-0.0065x$；（2）不显著。

第 10 章

习题 10.1

1. A。

2. A。

3. B。

4. $n=69$，$c=3$。

习题 10.2

1. A。

2. B。

3. 主次顺序：A、C、D、B，最佳工艺条件 $A_1B_2C_1D_2$。

习题 10.3

1. 用少数几个综合变量替代原始变量，同时尽可能降低原始数据信息的损失，以达到降维的目的。

2. 实对称。

3. 协方差矩阵或者相关系数矩阵。

4. $\hat{y}=85.7433+1.3119x_1+0.2694x_2-0.1428x_3-0.3801x_4$。

习题 10.4

1. A。

2. （1）特征值 $\lambda_1=1.9782$，$\lambda_2=0.6838$，$\lambda_3=0.3380$；

特征向量 $\boldsymbol{a}_1=(0.6269, 0.5961, 0.5017)^{\mathrm{T}}$，$\boldsymbol{a}_2=(0.2243, 0.4786, -0.8489)^{\mathrm{T}}$，$\boldsymbol{a}_3=(0.7461, -0.6447, -0.1663)^{\mathrm{T}}$。

（2）$A=\begin{pmatrix}0.8817 & 0.1855\\ 0.8384 & 0.3958\\ 0.7056 & -0.7020\end{pmatrix}$。

（3）变量 X_1 的共同度 h_1^2 为 0.8118，变量 X_2 的共同度 h_2^2 为 0.8595，变量 X_3 的共同度 h_3^2 为 0.9906；第一公共因子 F_1 的方差贡献为 0.6594，第二公共因子 F_2 的方差贡献为 0.2279。

习题 10.5

1. D。

2. $(1-p)(1-p^2)$。

3. $\prod_{k=1}^{n}(1-p_k)$。

4. 0.854145。

总复习题 10

1. 0，1，协方差。

2. 1。

3. 变量和公共因子的相关系数。

4. $r/n\ (G)$。

5. C。

6. $2.23\times10^{-4}\text{h}^{-1}$。

7. （1）$\boldsymbol{A}=\begin{pmatrix}0.7843 & 0.2159\\0.7725 & 0.4578\\0.7944 & 0.2339\\0.7116 & -0.4731\\0.7116 & -0.5235\end{pmatrix}$；

（2）$F_1=0.7843X_1+0.7725X_2+0.7944X_3+0.7116X_4+0.7116X_5+\varepsilon_1$；

$F_2=0.2159X_1+0.4578X_2+0.2339X_3-0.4731X_4-0.5235X_5+\varepsilon_2$。

8. 主次顺序 A、C、B，最佳工艺条件是 $A_3B_2C_3$。

第 11 章

习题 11.1

1. $m_X(t)=0$，$R_X(t_1,t_2)=1+t_1t_2$，$\gamma_X(t_1,t_2)=1+t_1t_2$，$D_X(t)=1+t^2$，$\varphi_X^2(t)=1+t^2$。

2. 略。

3. 略。

习题 11.2

1. $\text{Exp}(\lambda)$。

2. $\sum\limits_{n=0}^{40}\frac{30^n}{n!}\text{e}^{-30}$。

3. $\sum\limits_{n=0}^{5}\frac{10^n}{n!}\text{e}^{-10}$，$\text{e}^{-10}$。

习题 11.3

1. A。

2. A。

3. 0.64。

总复习题 11

1. $F_1\left(x,\ \frac{\pi}{4}\right)=\begin{cases}0,\ x<\frac{\sqrt{2}}{2},\\ \frac{1}{3},\ \frac{\sqrt{2}}{2}\leqslant x<\sqrt{2},\\ \frac{2}{3},\ \sqrt{2}\leqslant x<\frac{3\sqrt{2}}{2},\\ 1,\ x\geqslant\frac{3\sqrt{2}}{2}.\end{cases}$

2. 1。

3. 不是二阶矩过程。

4. （1）$13\mathrm{e}^{-3}$；（2）$18\mathrm{e}^{-9}$；（3）$\dfrac{1-4\mathrm{e}^{-3}}{1-\mathrm{e}^{-3}}$。

5. （1）状态转移图如第 5（1）题解答图所示。

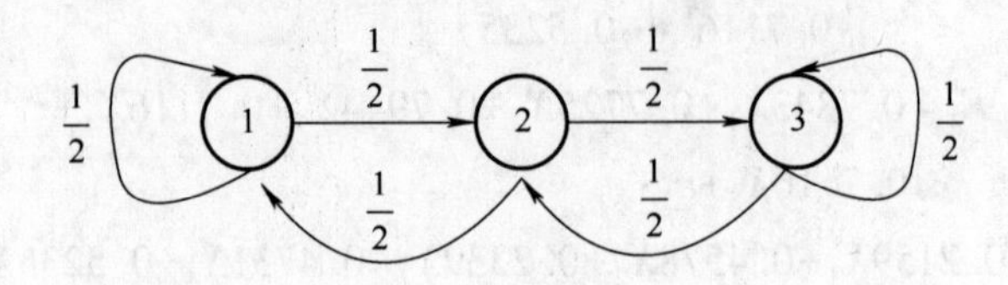

第 5（1）题解答图

（2）转移矩阵 $\boldsymbol{P}=\begin{pmatrix}\frac{1}{2} & \frac{1}{2} & 0\\ \frac{1}{2} & 0 & \frac{1}{2}\\ 0 & \frac{1}{2} & \frac{1}{2}\end{pmatrix}$；

（3）2 步状态转移矩阵 $\boldsymbol{P}^{(2)}=\boldsymbol{P}^2=\begin{pmatrix}\frac{1}{2} & \frac{1}{4} & \frac{1}{4}\\ \frac{1}{4} & \frac{1}{2} & \frac{1}{4}\\ \frac{1}{4} & \frac{1}{4} & \frac{1}{2}\end{pmatrix}$；

（4）极限分布为 $\begin{pmatrix}\frac{1}{3} & \frac{1}{3} & \frac{1}{3}\end{pmatrix}^{\mathrm{T}}$。

附　录

附录 A　标准正态分布表

$$\Phi(x) = P\{X \leqslant x\} = \int_{-\infty}^{x} \frac{1}{\sqrt{2\pi}} e^{-\frac{t^2}{2}} dt$$

x	**0.00**	**0.01**	**0.02**	**0.03**	**0.04**	**0.05**	**0.06**	**0.07**	**0.08**	**0.09**
0.0	0.5000	0.5040	0.5080	0.5120	0.5160	0.5199	0.5239	0.5279	0.5319	0.5359
0.1	0.5398	0.5438	0.5478	0.5517	0.5557	0.5596	0.5636	0.5675	0.5714	0.5753
0.2	0.5793	0.5832	0.5871	0.5910	0.5948	0.5987	0.6026	0.6064	0.6103	0.6141
0.3	0.6179	0.6217	0.6255	0.6293	0.6331	0.6368	0.6404	0.6443	0.6480	0.6517
0.4	0.6554	0.6591	0.6628	0.6664	0.6700	0.6736	0.6772	0.6808	0.6844	0.6879
0.5	0.6915	0.6950	0.6985	0.7019	0.7054	0.7088	0.7123	0.7157	0.7190	0.7224
0.6	0.7257	0.7291	0.7324	0.7357	0.7389	0.7422	0.7454	0.7486	0.7517	0.7549
0.7	0.7580	0.7611	0.7642	0.7673	0.7703	0.7734	0.7764	0.7794	0.7823	0.7852
0.8	0.7881	0.7910	0.7939	0.7967	0.7995	0.8023	0.8051	0.8078	0.8106	0.8133
0.9	0.8159	0.8186	0.8212	0.8238	0.8264	0.8289	0.8355	0.8340	0.8365	0.8389
1.0	0.8413	0.8438	0.8461	0.8485	0.8508	0.8531	0.8554	0.8577	0.8599	0.8621
1.1	0.8643	0.8665	0.8686	0.8708	0.8729	0.8749	0.8770	0.8790	0.8810	0.8830
1.2	0.8849	0.8869	0.8888	0.8907	0.8925	0.8944	0.8962	0.8980	0.8997	0.9015
1.3	0.9032	0.9049	0.9066	0.9082	0.9099	0.9115	0.9131	0.9147	0.9162	0.9177
1.4	0.9192	0.9207	0.9222	0.9236	0.9251	0.9265	0.9279	0.9292	0.9306	0.9319
1.5	0.9332	0.9345	0.9357	0.9370	0.9382	0.9394	0.9406	0.9418	0.9430	0.9441
1.6	0.9452	0.9463	0.9474	0.9484	0.9495	0.9505	0.9515	0.9525	0.9535	0.9535
1.7	0.9554	0.9564	0.9573	0.9582	0.9591	0.9599	0.9608	0.9616	0.9625	0.9633
1.8	0.9641	0.9648	0.9656	0.9664	0.9672	0.9678	0.9686	0.9693	0.9700	0.9706
1.9	0.9713	0.9719	0.9726	0.9732	0.9738	0.9744	0.9750	0.9756	0.9762	0.9767
2.0	0.9772	0.9778	0.9783	0.9788	0.9793	0.9798	0.9803	0.9808	0.9812	0.9817
2.1	0.9821	0.9826	0.9830	0.9834	0.9838	0.9842	0.9846	0.9850	0.9854	0.9857
2.2	0.9861	0.9864	0.9868	0.9871	0.9874	0.9878	0.9881	0.9884	0.9887	0.9890
2.3	0.9893	0.9896	0.9898	0.9901	0.9904	0.9906	0.9909	0.9911	0.9913	0.9916
2.4	0.9918	0.9920	0.9922	0.9925	0.9927	0.9929	0.9931	0.9932	0.9934	0.9936
2.5	0.9938	0.9940	0.9941	0.9943	0.9945	0.9946	0.9948	0.9949	0.9951	0.9952
2.6	0.9953	0.9955	0.9956	0.9957	0.9959	0.9960	0.9961	0.9962	0.9963	0.9964
2.7	0.9965	0.9966	0.9967	0.9968	0.9969	0.9970	0.9971	0.9972	0.9973	0.9974
2.8	0.9974	0.9975	0.9976	0.9977	0.9977	0.9978	0.9979	0.9979	0.9980	0.9981
2.9	0.9981	0.9982	0.9982	0.9983	0.9984	0.9984	0.9985	0.9985	0.9986	0.9986
3.0	0.9987	0.9990	0.9993	0.9995	0.9997	0.9998	0.9998	0.9999	0.9999	1.0000

附录 B 泊松分布表

$$F(k)=P\{X\leqslant k\}=\sum_{i=0}^{k}\frac{\lambda^i}{i!}e^{-\lambda}$$

k	λ = 0.1	0.2	0.3	0.4	0.5	0.6	0.7	0.8	0.9	1.0	1.5	2.0	2.5	3.0
0	0.9048	0.8187	0.7408	0.6703	0.6065	0.5488	0.4966	0.4493	0.4066	0.3679	0.2231	0.1353	0.0821	0.0498
1	0.9953	0.9825	0.9631	0.9384	0.9098	0.8781	0.8442	0.8088	0.7725	0.7358	0.5578	0.4060	0.2873	0.1991
2	0.9998	0.9989	0.9964	0.9921	0.9856	0.9769	0.9659	0.9526	0.9371	0.9197	0.8088	0.6767	0.5438	0.4232
3	1.0000	0.9999	0.9997	0.9992	0.9982	0.9966	0.9942	0.9909	0.9865	0.9810	0.9344	0.8571	0.7576	0.6472
4		1.0000	1.0000	0.9999	0.9998	0.9996	0.9992	0.9986	0.9977	0.9963	0.9814	0.9473	0.8912	0.8153
5				1.0000	1.0000	1.0000	0.9999	0.9998	0.9997	0.9994	0.9955	0.9834	0.9580	0.9161
6							1.0000	1.0000	1.0000	0.9999	0.9991	0.9955	0.9858	0.9665
7										1.0000	0.9998	0.9989	0.9958	0.9881
8											1.0000	0.9998	0.9989	0.9962
9												1.0000	0.9997	0.9989
10													0.9999	0.9997
11													1.0000	0.9999
12														1.0000

附录C t分布表

$$P\{t(n) > t_\alpha(n)\} = \alpha$$

n	α					
	0.250	**0.100**	**0.050**	**0.025**	**0.010**	**0.005**
1	1.0000	3.0777	6.3138	12.7062	31.8205	63.6567
2	0.8165	1.8856	2.9200	4.3027	6.9646	9.9248
3	0.7649	1.6377	2.3534	3.1824	4.5407	5.8409
4	0.7407	1.5332	2.1318	2.7764	3.7469	4.6041
5	0.7267	1.4759	2.0150	2.5706	3.3649	4.0321
6	0.7176	1.4398	1.9432	2.4469	3.1427	3.7074
7	0.7111	1.4149	1.8946	2.3646	2.9980	3.4995
8	0.7064	1.3968	1.8595	2.3060	2.8965	3.3554
9	0.7027	1.3830	1.8331	2.2622	2.8214	3.2498
10	0.6998	1.3722	1.8125	2.2281	2.7638	3.1693
11	0.6974	1.3634	1.7959	2.2010	2.7181	3.1058
12	0.6955	1.3562	1.7823	2.1788	2.6810	3.0545
13	0.6938	1.3502	1.7709	2.1604	2.6503	3.0123
14	0.6924	1.3450	1.7613	2.1448	2.6245	2.9768
15	0.6912	1.3406	1.7531	2.1314	2.6025	2.9467
16	0.6901	1.3368	1.7459	2.1199	2.5835	2.9208
17	0.6892	1.3334	1.7396	2.1098	2.5669	2.8982
18	0.6884	1.3304	1.7341	2.1009	2.5524	2.8784
19	0.6876	1.3277	1.7291	2.0930	2.5395	2.8609
20	0.6870	1.3253	1.7247	2.0860	2.5280	2.8453
21	0.6864	1.3232	1.7207	2.0796	2.5176	2.8314
22	0.6858	1.3212	1.7171	2.0739	2.5083	2.8188

（续）

n	α					
	0.250	0.100	0.050	0.025	0.010	0.005
23	0.6853	1.3195	1.7139	2.0687	2.4999	2.8073
24	0.6848	1.3178	1.7109	2.0639	2.4922	2.7969
25	0.6844	1.3163	1.7081	2.0595	2.4851	2.7874
26	0.6840	1.3150	1.7056	2.0555	2.4786	2.7787
27	0.6837	1.3137	1.7033	2.0518	2.4727	2.7707
28	0.6834	1.3125	1.7011	2.0484	2.4671	2.7633
29	0.6830	1.3114	1.6991	2.0452	2.4620	2.7564
30	0.6828	1.3104	1.6973	2.0423	2.4573	2.7500
31	0.6825	1.3095	1.6955	2.0395	2.4528	2.7440
32	0.6822	1.3086	1.6939	2.0369	2.4487	2.7385
33	0.6820	1.3077	1.6924	2.0345	2.4448	2.7333
34	0.6818	1.3070	1.6909	2.0322	2.4411	2.7284
35	0.6816	1.3062	1.6896	2.0301	2.4377	2.7238
36	0.6814	1.3055	1.6883	2.0281	2.4345	2.7195
37	0.6812	1.3049	1.6871	2.0262	2.4314	2.7154
38	0.6810	1.3042	1.6860	2.0244	2.4286	2.7116
39	0.6808	1.3036	1.6849	2.0227	2.4258	2.7079
40	0.6807	1.3031	1.6839	2.0211	2.4233	2.7045
41	0.6805	1.3025	1.6829	2.0195	2.4208	2.7012
42	0.6804	1.3020	1.6820	2.0181	2.4185	2.6981
43	0.6802	1.3016	1.6811	2.0167	2.4163	2.6951
44	0.6801	1.3011	1.6802	2.0154	2.4141	2.6923
45	0.6800	1.3006	1.6794	2.0141	2.4121	2.6896

附录 D χ^2 分布表

$$P\{\chi^2(n) > \chi^2_\alpha(n)\} = \alpha$$

n	α											
	0.995	**0.990**	**0.975**	**0.950**	**0.900**	**0.750**	**0.250**	**0.100**	**0.050**	**0.025**	**0.010**	**0.005**
1	0.000	0.000	0.001	0.004	0.016	0.102	1.323	2.706	3.841	5.024	6.635	7.879
2	0.010	0.020	0.051	0.103	0.211	0.575	2.773	4.605	5.991	7.378	9.210	10.597
3	0.072	0.115	0.216	0.352	0.584	1.213	4.108	6.251	7.815	9.348	11.345	12.838
4	0.207	0.297	0.484	0.711	1.064	1.923	5.385	7.779	9.488	11.143	13.277	14.860
5	0.412	0.554	0.831	1.145	1.610	2.675	6.626	9.236	11.070	12.833	15.086	16.750
6	0.676	0.872	1.237	1.635	2.204	3.455	7.841	10.645	12.592	14.449	16.812	18.548
7	0.989	1.239	1.690	2.167	2.833	4.255	9.037	12.017	14.067	16.013	18.475	20.278
8	1.344	1.646	2.180	2.733	3.490	5.071	10.219	13.362	15.507	17.535	20.090	21.955
9	1.735	2.088	2.700	3.325	4.168	5.899	11.389	14.684	16.919	19.023	21.666	23.589
10	2.156	2.558	3.247	3.940	4.865	6.737	12.549	15.987	18.307	20.483	23.209	25.188
11	2.603	3.053	3.816	4.575	5.578	7.584	13.701	17.275	19.675	21.920	24.725	26.757
12	3.074	3.571	4.404	5.226	6.304	8.438	14.845	18.549	21.026	23.337	26.217	28.300
13	3.565	4.107	5.009	5.892	7.042	9.299	15.984	19.812	22.362	24.736	27.688	29.819
14	4.075	4.660	5.629	6.571	7.790	10.165	17.117	21.064	23.685	26.119	29.141	31.319
15	4.601	5.229	6.262	7.261	8.547	11.037	18.245	22.307	24.996	27.488	30.578	32.801
16	5.142	5.812	6.908	7.962	9.312	11.912	19.369	23.542	26.296	28.845	32.000	34.267
17	5.697	6.408	7.564	8.672	10.085	12.792	20.489	24.769	27.587	30.191	33.409	35.718
18	6.265	7.015	8.231	9.390	10.865	13.675	21.605	25.989	28.869	31.526	34.805	37.156
19	6.844	7.633	8.907	10.117	11.651	14.562	22.718	27.204	30.144	32.852	36.191	38.582
20	7.434	8.260	9.591	10.851	12.443	15.452	23.828	28.412	31.410	34.170	37.566	39.997
21	8.034	8.897	10.283	11.591	13.240	16.344	24.935	29.615	32.671	35.479	38.932	41.401
22	8.643	9.542	10.982	12.338	14.041	17.240	26.039	30.813	33.924	36.781	40.289	42.796

（续）

n	α											
	0.995	0.990	0.975	0.950	0.900	0.750	0.250	0.100	0.050	0.025	0.010	0.005
23	9.260	10.196	11.689	13.091	14.848	18.137	27.141	32.007	35.172	38.076	41.638	44.181
24	9.886	10.856	12.401	13.848	15.659	19.037	28.241	33.196	36.415	39.364	42.980	45.559
25	10.520	11.524	13.120	14.611	16.473	19.939	29.339	34.382	37.652	40.646	44.314	46.928
26	11.160	12.198	13.844	15.379	17.292	20.843	30.435	35.563	38.885	41.923	45.642	48.290
27	11.808	12.879	14.573	16.151	18.114	21.749	31.528	36.741	40.113	43.195	46.963	49.645
28	12.461	13.565	15.308	16.928	18.939	22.657	32.620	37.916	41.337	44.461	48.278	50.993
29	13.121	14.256	16.047	17.708	19.768	23.567	33.711	39.087	42.557	45.722	49.588	52.336
30	13.787	14.953	16.791	18.493	20.599	24.478	34.800	40.256	43.773	46.979	50.892	53.672
31	14.458	15.655	17.539	19.281	21.434	25.390	35.887	41.422	44.985	48.232	52.191	55.003
32	15.134	16.362	18.291	20.072	22.271	26.304	36.973	42.585	46.194	49.480	53.486	56.328
33	15.815	17.074	19.047	20.867	23.110	27.219	38.058	43.745	47.400	50.725	54.776	57.648
34	16.501	17.789	19.806	21.664	23.952	28.136	39.141	44.903	48.602	51.966	56.061	58.964
35	17.192	18.509	20.569	22.465	24.797	29.054	40.223	46.059	49.802	53.203	57.342	60.275
36	17.887	19.233	21.336	23.269	25.643	29.973	41.304	47.212	50.998	54.437	58.619	61.581
37	18.586	19.960	22.106	24.075	26.492	30.893	42.383	48.363	52.192	55.668	59.893	62.883
38	19.289	20.691	22.878	24.884	27.343	31.815	43.462	49.513	53.384	56.896	61.162	64.181
39	19.996	21.426	23.654	25.695	28.196	32.737	44.539	50.660	54.572	58.120	62.428	65.476
40	20.707	22.164	24.433	26.509	29.051	33.660	45.616	51.805	55.758	59.342	63.691	66.766
41	21.421	22.906	25.215	27.326	29.907	34.585	46.692	52.949	56.942	60.561	64.950	68.053
42	22.138	23.650	25.999	28.144	30.765	35.510	47.766	54.090	58.124	61.777	66.206	69.336
43	22.859	24.398	26.785	28.965	31.625	36.436	48.840	55.230	59.304	62.990	67.459	70.616
44	23.584	25.148	27.575	29.787	32.487	37.363	49.913	56.369	60.481	64.201	68.710	71.893
45	24.311	25.901	28.366	30.612	33.350	38.291	50.985	57.505	61.656	65.410	69.957	73.166

附录E　F分布表

$$P\{F(n_1,n_2) > F_\alpha(n_1,n_2)\} = \alpha$$

$\alpha=0.1$

n_2	n_1																		
	1	2	3	4	5	6	7	8	9	10	12	15	20	24	30	40	60	120	∞
1	39.86	49.50	53.59	55.83	57.24	58.20	58.91	59.44	59.86	60.19	60.71	61.22	61.74	62.00	62.26	62.53	62.79	63.06	63.33
2	8.53	9.00	9.16	9.24	9.29	9.33	9.35	9.37	9.38	9.39	9.41	9.42	9.44	9.45	9.46	9.47	9.47	9.48	9.49
3	5.54	5.46	5.39	5.34	5.31	5.28	5.27	5.25	5.24	5.23	5.22	5.20	5.18	5.18	5.17	5.16	5.15	5.14	5.13
4	4.54	4.32	4.19	4.11	4.05	4.01	3.98	3.95	3.94	3.92	3.90	3.87	3.84	3.83	3.82	3.80	3.79	3.78	4.76
5	4.06	3.78	3.62	3.52	3.45	3.40	3.37	3.34	3.32	3.30	3.27	3.24	3.21	3.19	3.17	3.16	3.14	3.12	3.10
6	3.78	3.46	3.29	3.18	3.11	3.05	3.01	2.98	2.96	2.94	2.90	2.87	2.84	2.82	2.80	2.78	2.76	2.74	2.72
7	3.59	3.26	3.07	2.96	2.88	2.83	2.78	2.75	2.72	2.70	2.67	2.63	2.59	2.58	2.56	2.54	2.51	2.49	2.47
8	3.46	3.11	2.92	2.81	2.73	2.67	2.62	2.59	2.56	2.54	2.50	2.46	2.42	2.40	2.38	2.36	2.34	2.32	2.29
9	3.36	3.01	2.81	2.69	2.61	2.55	2.51	2.47	2.44	2.42	2.38	2.34	2.30	2.28	2.25	2.23	2.21	2.18	2.16
10	3.29	2.92	2.73	2.61	2.52	2.46	2.41	2.38	2.35	2.32	2.28	2.24	2.20	2.18	2.16	2.13	2.11	2.08	2.06
11	3.23	2.86	2.66	2.54	2.45	2.39	2.34	2.30	2.27	2.25	2.21	2.17	2.12	2.10	2.08	2.05	2.03	2.00	1.97
12	3.18	2.81	2.61	2.48	2.39	2.33	2.28	2.24	2.21	2.19	2.15	2.10	2.06	2.04	2.01	1.99	1.96	1.93	1.90
13	3.14	2.76	2.56	2.43	2.35	2.28	2.23	2.20	2.16	2.14	2.10	2.05	2.01	1.98	1.96	1.93	1.90	1.88	1.85
14	3.10	2.73	2.52	2.39	2.31	2.24	2.19	2.15	2.12	2.10	2.05	2.01	1.96	1.94	1.91	1.89	1.86	1.83	1.80
15	3.07	2.70	2.49	2.36	2.27	2.21	2.16	2.12	2.09	2.06	2.02	1.97	1.92	1.90	1.87	1.85	1.82	1.79	1.76
16	3.05	2.67	2.46	2.33	2.24	2.18	2.13	2.09	2.06	2.03	1.99	1.94	1.89	1.87	1.84	1.81	1.78	1.75	1.72

（续）

n_2	$\alpha=0.1$																		
	n_1																		
	1	2	3	4	5	6	7	8	9	10	12	15	20	24	30	40	60	120	∞
17	3.03	2.64	2.44	2.31	2.22	2.15	2.10	2.06	2.03	2.00	1.96	1.91	1.86	1.84	1.81	1.78	1.75	1.72	1.69
18	3.01	2.62	2.42	2.29	2.20	2.13	2.08	2.04	2.00	1.98	1.93	1.89	1.84	1.81	1.78	1.75	1.72	1.69	1.66
19	2.99	2.61	2.40	2.27	2.18	2.11	2.06	2.02	1.98	1.96	1.91	1.86	1.81	1.79	1.76	1.73	1.70	1.67	1.63
20	2.97	2.59	2.38	2.25	2.16	2.09	2.04	2.00	1.96	1.94	1.89	1.84	1.79	1.77	1.74	1.71	1.68	1.64	1.61
21	2.96	2.57	2.36	2.23	2.14	2.08	2.02	1.98	1.95	1.92	1.87	1.83	1.78	1.75	1.72	1.69	1.66	1.62	1.59
22	2.95	2.56	2.35	2.22	2.13	2.06	2.01	1.97	1.93	1.90	1.86	1.81	1.76	1.73	1.70	1.67	1.64	1.60	1.57
23	2.94	2.55	2.34	2.21	2.11	2.05	1.99	1.95	1.92	1.89	1.84	1.80	1.74	1.72	1.69	1.66	1.62	1.59	1.55
24	2.93	2.54	2.33	2.19	2.10	2.04	1.98	1.94	1.91	1.88	1.83	1.78	1.73	1.70	1.67	1.64	1.61	1.57	1.53
25	2.92	2.53	2.32	2.18	2.09	2.02	1.97	1.93	1.89	1.87	1.82	1.77	1.72	1.69	1.66	1.63	1.59	1.56	1.52
26	2.91	2.52	2.31	2.17	2.08	2.01	1.96	1.92	1.88	1.86	1.81	1.76	1.71	1.68	1.65	1.61	1.58	1.54	1.50
27	2.90	2.51	2.30	2.17	2.07	2.00	1.95	1.91	1.87	1.85	1.80	1.75	1.70	1.67	1.64	1.60	1.57	1.53	1.49
28	2.89	2.50	2.29	2.16	2.06	2.00	1.94	1.90	1.87	1.84	1.79	1.74	1.69	1.66	1.63	1.59	1.56	1.52	1.48
29	2.89	2.50	2.28	2.15	2.06	1.99	1.93	1.89	1.86	1.83	1.78	1.73	1.68	1.65	1.62	1.58	1.55	1.51	1.47
30	2.88	2.49	2.28	2.14	2.05	1.98	1.93	1.88	1.85	1.82	1.77	1.72	1.67	1.64	1.61	1.57	1.54	1.50	1.46
40	2.84	2.44	2.23	2.09	2.00	1.93	1.87	1.83	1.79	1.76	1.71	1.66	1.61	1.57	1.54	1.51	1.47	1.42	1.38
60	2.79	2.39	2.18	2.04	1.95	1.87	1.82	1.77	1.74	1.71	1.66	1.60	1.54	1.51	1.48	1.44	1.40	1.35	1.29
120	2.75	2.35	2.13	1.99	1.90	1.82	1.77	1.72	1.68	1.65	1.60	1.55	1.48	1.45	1.41	1.37	1.32	1.26	1.19
∞	2.71	2.30	2.08	1.94	1.85	1.77	1.72	1.67	1.63	1.60	1.55	1.49	1.42	1.38	1.34	1.30	1.24	1.17	1.00

（续）

n_2	$\alpha=0.05$																		
	n_1																		
	1	2	3	4	5	6	7	8	9	10	12	15	20	24	30	40	60	120	∞
1	161.4	199.5	215.7	224.6	230.2	234.0	236.8	238.9	240.5	241.9	243.9	245.9	248.0	249.1	250.1	251.1	252.2	253.3	254.3
2	18.51	19.00	19.16	19.25	19.30	19.33	19.35	19.37	19.38	19.40	19.41	19.43	19.45	19.45	19.46	19.47	19.48	19.49	19.50
3	10.13	9.55	9.28	9.12	9.01	8.94	8.89	8.85	8.81	8.79	8.74	8.70	8.66	8.64	8.62	8.59	8.57	8.55	8.53
4	7.71	6.94	6.59	6.39	6.26	6.16	6.09	6.04	6.00	5.96	5.91	5.86	5.80	5.77	5.75	5.72	5.69	5.66	5.63
5	6.61	5.79	5.41	5.19	5.05	4.95	4.88	4.82	4.77	4.74	4.68	4.62	4.56	4.53	4.50	4.46	4.43	4.40	4.36
6	5.99	5.14	4.76	4.53	4.39	4.28	4.21	4.15	4.10	4.06	4.00	3.94	3.87	3.84	3.81	3.77	3.74	3.70	3.67
7	5.59	4.74	4.35	4.12	3.97	3.87	3.79	3.73	3.68	3.64	3.57	3.51	3.44	3.41	3.38	3.34	3.30	3.27	3.23
8	5.32	4.46	4.07	3.84	3.69	3.58	3.50	3.44	3.39	3.35	3.28	3.22	3.15	3.12	3.08	3.04	3.01	2.97	2.93
9	5.12	4.26	3.86	3.63	3.48	3.37	3.29	3.23	3.18	3.14	3.07	3.01	2.94	2.90	2.86	2.83	2.79	2.75	2.71
10	4.96	4.10	3.71	3.48	3.33	3.22	3.14	3.07	3.02	2.98	2.91	2.85	2.77	2.74	2.70	2.66	2.62	2.58	2.54
11	4.84	3.98	3.59	3.36	3.20	3.09	3.01	2.95	2.90	2.85	2.79	2.72	2.65	2.61	2.57	2.53	2.49	2.45	2.40
12	4.75	3.89	3.49	3.26	3.11	3.00	2.91	2.85	2.80	2.75	2.69	2.62	2.54	2.51	2.47	2.43	2.38	2.34	2.30
13	4.67	3.81	3.41	3.18	3.03	2.92	2.83	2.77	2.71	2.67	2.60	2.53	2.46	2.42	2.38	2.34	2.30	2.25	2.21
14	4.60	3.74	3.34	3.11	2.96	2.85	2.76	2.70	2.65	2.60	2.53	2.46	2.39	2.35	2.31	2.27	2.22	2.18	2.13
15	4.54	3.68	3.29	3.06	2.90	2.79	2.71	2.64	2.59	2.54	2.48	2.40	2.33	2.29	2.25	2.20	2.16	2.11	2.07
16	4.49	3.63	3.24	3.01	2.85	2.74	2.66	2.59	2.54	2.49	2.42	2.35	2.28	2.24	2.19	2.15	2.11	2.06	2.01
17	4.45	3.59	3.20	2.96	2.81	2.70	2.61	2.55	2.49	2.45	2.38	2.31	2.23	2.19	2.15	2.10	2.06	2.01	1.96

（续）

n_2	$\alpha=0.05$																		
	n_1																		
	1	2	3	4	5	6	7	8	9	10	12	15	20	24	30	40	60	120	∞
18	4.41	3.55	3.16	2.93	2.77	2.66	2.58	2.51	2.46	2.41	2.34	2.27	2.19	2.15	2.11	2.06	2.02	1.97	1.92
19	4.38	3.52	3.13	2.90	2.74	2.63	2.54	2.48	2.42	2.38	2.31	2.23	2.16	2.11	2.07	2.03	1.98	1.93	1.88
20	4.35	3.49	3.10	2.87	2.71	2.60	2.51	2.45	2.39	2.35	2.28	2.20	2.12	2.08	2.04	1.99	1.95	1.90	1.84
21	4.32	3.47	3.07	2.84	2.68	2.57	2.49	2.42	2.37	2.32	2.25	2.18	2.10	2.05	2.01	1.96	1.92	1.87	1.81
22	4.30	3.44	3.05	2.82	2.66	2.55	2.46	2.40	2.34	2.30	2.23	2.15	2.07	2.03	1.98	1.94	1.89	1.84	1.78
23	4.28	3.42	3.03	2.80	2.64	2.53	2.44	2.37	2.32	2.27	2.20	2.13	2.05	2.01	1.96	1.91	1.86	1.81	1.76
24	4.26	3.40	3.01	2.78	2.62	2.51	2.42	2.36	2.30	2.25	2.18	2.11	2.03	1.98	1.94	1.89	1.84	1.79	1.73
25	4.24	3.39	2.99	2.76	2.60	2.49	2.40	2.34	2.28	2.24	2.16	2.09	2.01	1.96	1.92	1.87	1.82	1.77	1.71
26	4.23	3.37	2.98	2.74	2.59	2.47	2.39	2.32	2.27	2.22	2.15	2.07	1.99	1.95	1.90	1.85	1.80	1.75	1.69
27	4.21	3.35	2.96	2.73	2.57	2.46	2.37	2.31	2.25	2.20	2.13	2.06	1.97	1.93	1.88	1.84	1.79	1.73	1.67
28	4.20	3.34	2.95	2.71	2.56	2.45	2.36	2.29	2.24	2.19	2.12	2.04	1.96	1.91	1.87	1.82	1.77	1.71	1.65
29	4.18	3.33	2.93	2.70	2.55	2.43	2.35	2.28	2.22	2.18	2.10	2.03	1.94	1.90	1.85	1.81	1.75	1.70	1.64
30	4.17	3.32	2.92	2.69	2.53	2.42	2.33	2.27	2.21	2.16	2.09	2.01	1.93	1.89	1.84	1.79	1.74	1.68	1.62
40	4.08	3.23	2.84	2.61	2.45	2.34	2.25	2.18	2.12	2.08	2.00	1.92	1.84	1.79	1.74	1.69	1.64	1.58	1.51
60	4.00	3.15	2.76	2.53	2.37	2.25	2.17	2.10	2.04	1.99	1.92	1.84	1.75	1.70	1.65	1.59	1.53	1.47	1.39
120	3.92	3.07	2.68	2.45	2.29	2.18	2.09	2.02	1.96	1.91	1.83	1.75	1.66	1.61	1.55	1.50	1.43	1.35	1.25
∞	3.84	3.00	2.60	2.37	2.21	2.10	2.01	1.94	1.88	1.83	1.75	1.67	1.57	1.52	1.46	1.39	1.32	1.22	1.00

（续）

n_2	$\alpha=0.025$																		
	n_1																		
	1	2	3	4	5	6	7	8	9	10	12	15	20	24	30	40	60	120	∞
1	647.8	799.5	864.2	899.6	921.8	937.1	948.2	956.7	963.3	968.6	976.7	984.9	993.1	997.2	1001	1006	1010	1014	1018
2	38.51	39.00	39.17	39.25	39.30	39.33	39.36	39.37	39.39	39.40	39.41	39.43	39.45	39.46	39.46	39.47	39.48	39.49	39.50
3	17.44	16.04	15.44	15.10	14.88	14.73	14.62	14.54	14.47	14.42	14.34	14.25	14.17	14.12	14.08	14.04	13.99	13.95	13.90
4	12.22	10.65	9.98	9.60	9.36	9.20	9.07	8.98	8.90	8.84	8.75	8.66	8.56	8.51	8.46	8.41	8.36	8.31	8.26
5	10.01	8.43	7.76	7.39	7.15	6.98	6.85	6.76	6.68	6.62	6.52	6.43	6.33	6.28	6.23	6.18	6.12	6.07	6.02
6	8.81	7.26	6.60	6.23	5.99	5.82	5.70	5.60	5.52	5.46	5.37	5.27	5.17	5.12	5.07	5.01	4.96	4.90	4.85
7	8.07	6.54	5.89	5.52	5.29	5.12	4.99	4.90	4.82	4.76	4.67	4.57	4.47	4.41	4.36	4.31	4.25	4.20	4.14
8	7.57	6.06	5.42	5.05	4.82	4.65	4.53	4.43	4.36	4.30	4.20	4.10	4.00	3.95	3.89	3.84	3.78	3.73	3.67
9	7.21	5.71	5.08	4.72	4.48	4.32	4.20	4.10	4.03	3.96	3.87	3.77	3.67	3.61	3.56	3.51	3.45	3.39	3.33
10	6.94	5.46	4.83	4.47	4.24	4.07	3.95	3.85	3.78	3.72	3.62	3.52	3.42	3.37	3.31	3.26	3.20	3.14	3.08
11	6.72	5.26	4.63	4.28	4.04	3.88	3.76	3.66	3.59	3.53	3.43	3.33	3.23	3.17	3.12	3.06	3.00	2.94	2.88
12	6.55	5.10	4.47	4.12	3.89	3.73	3.61	3.51	3.44	3.37	3.28	3.18	3.07	3.02	2.96	2.91	2.85	2.79	2.72
13	6.41	4.97	4.35	4.00	3.77	3.60	3.48	3.39	3.31	3.25	3.15	3.05	2.95	2.89	2.84	2.78	2.72	2.66	2.60
14	6.30	4.86	4.24	3.89	3.66	3.50	3.38	3.29	3.21	3.15	3.05	2.95	2.84	2.79	2.73	2.67	2.61	2.55	2.49
15	6.20	4.77	4.15	3.80	3.58	3.41	3.29	3.20	3.12	3.06	2.96	2.86	2.76	2.70	2.64	2.59	2.52	2.46	2.40
16	6.12	4.69	4.08	3.73	3.50	3.34	3.22	3.12	3.05	2.99	2.89	2.79	2.68	2.63	2.57	2.51	2.45	2.38	2.32
17	6.04	4.62	4.01	3.66	3.44	3.28	3.16	3.06	2.98	2.92	2.82	2.72	2.62	2.56	2.50	2.44	2.38	2.32	2.25

（续）

n_2	$\alpha=0.025$																		
	n_1																		
	1	2	3	4	5	6	7	8	9	10	12	15	20	24	30	40	60	120	∞
18	5.98	4.56	3.95	3.61	3.38	3.22	3.10	3.01	2.93	2.87	2.77	2.67	2.56	2.50	2.44	2.38	2.32	2.26	2.19
19	5.92	4.51	3.90	3.56	3.33	3.17	3.05	2.96	2.88	2.82	2.72	2.62	2.51	2.45	2.39	2.33	2.27	2.20	2.13
20	5.87	4.46	3.86	3.51	3.29	3.13	3.01	2.91	2.84	2.77	2.68	2.57	2.46	2.41	2.35	2.29	2.22	2.16	2.09
21	5.83	4.42	3.82	3.48	3.25	3.09	2.97	2.87	2.80	2.73	2.64	2.53	2.42	2.37	2.31	2.25	2.18	2.11	2.04
22	5.79	4.38	3.78	3.44	3.22	3.05	2.93	2.84	2.76	2.70	2.60	2.50	2.39	2.33	2.27	2.21	2.14	2.08	2.00
23	5.75	4.35	3.75	3.41	3.18	3.02	2.90	2.81	2.73	2.67	2.57	2.47	2.36	2.30	2.24	2.18	2.11	2.04	1.97
24	5.72	4.32	3.72	3.38	3.15	2.99	2.87	2.78	2.70	2.64	2.54	2.44	2.33	2.27	2.21	2.15	2.08	2.01	1.94
25	5.69	4.29	3.69	3.35	3.13	2.97	2.85	2.75	2.68	2.61	2.51	2.41	2.30	2.24	2.18	2.12	2.05	1.98	1.91
26	5.66	4.27	3.67	3.33	3.10	2.94	2.82	2.73	2.65	2.59	2.49	2.39	2.28	2.22	2.16	2.09	2.03	1.95	1.88
27	5.63	4.24	3.65	3.31	3.08	2.92	2.80	2.71	2.63	2.57	2.47	2.36	2.25	2.19	2.13	2.07	2.00	1.93	1.85
28	5.61	4.22	3.63	3.29	3.06	2.90	2.78	2.69	2.61	2.55	2.45	2.34	2.23	2.17	2.11	2.05	1.98	1.91	1.83
29	5.59	4.20	3.61	3.27	3.04	2.88	2.76	2.67	2.59	2.53	2.43	2.32	2.21	2.15	2.09	2.03	1.96	1.89	1.81
30	5.57	4.18	3.59	3.25	3.03	2.87	2.75	2.65	2.57	2.51	2.41	2.31	2.20	2.14	2.07	2.01	1.94	1.87	1.79
40	5.42	4.05	3.46	3.13	2.90	2.74	2.62	2.53	2.45	2.39	2.29	2.18	2.07	2.01	1.94	1.88	1.80	1.72	1.64
60	5.29	3.93	3.34	3.01	2.79	2.63	2.51	2.41	2.33	2.27	2.17	2.06	1.94	1.88	1.82	1.74	1.67	1.58	1.48
120	5.15	3.80	3.23	2.89	2.67	2.52	2.39	2.30	2.22	2.16	2.05	1.94	1.82	1.76	1.69	1.61	1.53	1.43	1.31
∞	5.02	3.69	3.12	2.79	2.57	2.41	2.29	2.19	2.11	2.05	1.94	1.83	1.71	1.64	1.57	1.48	1.39	1.27	1.00

（续）

n_2	$\alpha=0.01$																		
	n_1																		
	1	**2**	**3**	**4**	**5**	**6**	**7**	**8**	**9**	**10**	**12**	**15**	**20**	**24**	**30**	**40**	**60**	**120**	**∞**
1	4052	5000	5403	5625	5764	5859	5928	5982	6022	6056	6106	6057	6209	6235	6261	6287	6313	6339	6366
2	98.50	99.00	99.17	99.25	99.30	99.33	99.36	99.37	99.39	99.40	99.42	99.43	99.45	99.46	99.47	99.47	99.48	99.49	99.50
3	34.12	30.82	29.46	28.71	28.24	27.91	27.67	27.49	27.35	27.23	27.05	26.87	26.69	26.60	26.50	26.41	26.32	26.22	26.13
4	21.20	18.00	16.69	15.98	15.52	15.21	14.98	14.80	14.66	14.55	14.37	14.20	14.02	13.93	13.84	13.75	13.65	13.56	13.46
5	16.26	13.27	12.06	11.39	10.97	10.67	10.46	10.29	10.16	10.05	9.89	9.72	9.55	9.47	9.38	9.29	9.20	9.11	9.02
6	13.75	10.92	9.78	9.15	8.75	8.47	8.26	8.10	7.98	7.87	7.72	7.56	7.40	7.31	7.23	7.14	7.06	6.97	6.88
7	12.25	9.55	8.45	7.85	7.46	7.19	6.99	6.84	6.72	6.62	6.47	6.31	6.16	6.07	5.99	5.91	5.82	5.74	5.65
8	11.26	8.65	7.59	7.01	6.63	6.37	6.18	6.03	5.91	5.81	5.67	5.52	5.36	5.28	5.20	5.12	5.03	4.95	4.86
9	10.56	8.02	6.99	6.42	6.06	5.80	5.61	5.47	5.35	5.26	5.11	4.96	4.81	4.73	4.65	4.57	4.48	4.40	4.31
10	10.04	7.56	6.55	5.99	5.64	5.39	5.20	5.06	4.94	4.85	4.71	4.56	4.41	4.33	4.25	4.17	4.08	4.00	3.91
11	9.65	7.21	6.22	5.67	5.32	5.07	4.89	4.74	4.63	4.54	4.40	4.25	4.10	4.02	3.94	3.86	3.78	3.69	3.60
12	9.33	6.93	5.95	5.41	5.06	4.82	4.64	4.50	4.39	4.30	4.16	4.01	3.86	3.78	3.70	3.62	3.54	3.45	3.36
13	9.07	6.70	5.74	5.21	4.86	4.62	4.44	4.30	4.19	4.10	3.96	3.82	3.66	3.59	3.51	3.43	3.34	3.25	3.17
14	8.86	6.51	5.56	5.04	4.69	4.46	4.28	4.14	4.03	3.94	3.80	3.66	3.51	3.43	3.35	3.27	3.18	3.09	3.00
15	8.68	6.36	5.42	4.89	4.56	4.32	4.14	4.00	3.89	3.80	3.67	3.52	3.37	3.29	3.21	3.13	3.05	2.96	2.87
16	8.53	6.23	5.29	4.77	4.44	4.20	4.03	3.89	3.78	3.69	3.55	3.41	3.26	3.18	3.10	3.02	2.93	2.84	2.75
17	8.40	6.11	5.18	4.67	4.34	4.10	3.93	3.79	3.68	3.59	3.46	3.31	3.16	3.08	3.00	2.92	2.83	2.75	2.65

（续）

n_2	$\alpha=0.01$																		
	n_1																		
	1	2	3	4	5	6	7	8	9	10	12	15	20	24	30	40	60	120	∞
18	8.29	6.01	5.09	4.58	4.25	4.01	3.84	3.71	3.60	3.51	3.37	3.23	3.08	3.00	2.92	2.84	2.75	2.66	2.57
19	8.18	5.93	5.01	4.50	4.17	3.94	3.77	3.63	3.52	3.43	3.30	3.15	3.00	2.92	2.84	2.76	2.67	2.58	2.49
20	8.10	5.85	4.94	4.43	4.10	3.87	3.70	3.56	3.46	3.37	3.23	3.09	2.94	2.86	2.78	2.69	2.61	2.52	2.42
21	8.02	5.78	4.87	4.37	4.04	3.81	3.64	3.51	3.40	3.31	3.17	3.03	2.88	2.80	2.72	2.64	2.55	2.46	2.36
22	7.95	5.72	4.82	4.31	3.99	3.76	3.59	3.45	3.35	3.26	3.12	2.98	2.83	2.75	2.67	2.58	2.50	2.40	2.31
23	7.88	5.66	4.76	4.26	3.94	3.71	3.54	3.41	3.30	3.21	3.07	2.93	2.78	2.70	2.62	2.54	2.45	2.35	2.26
24	7.82	5.61	4.72	4.22	3.90	3.67	3.50	3.36	3.26	3.17	3.03	2.89	2.74	2.66	2.58	2.49	2.40	2.31	2.21
25	7.77	5.57	4.68	4.18	3.85	3.63	3.46	3.32	3.22	3.13	2.99	2.85	2.70	2.62	2.54	2.45	2.36	2.27	2.17
26	7.72	5.53	4.64	4.14	3.82	3.59	3.42	3.29	3.18	3.09	2.96	2.81	2.66	2.58	2.50	2.42	2.33	2.23	2.13
27	7.68	5.49	4.60	4.11	3.78	3.56	3.39	3.26	3.15	3.06	2.93	2.78	2.63	2.55	2.47	2.38	2.29	2.20	2.10
28	7.64	5.45	4.57	4.07	3.75	3.53	3.36	3.23	3.12	3.03	2.90	2.75	2.60	2.52	2.44	2.35	2.26	2.17	2.06
29	7.60	5.42	4.54	4.04	3.73	3.50	3.33	3.20	3.09	3.00	2.87	2.73	2.57	2.49	2.41	2.33	2.23	2.14	2.03
30	7.56	5.39	4.51	4.02	3.70	3.47	3.30	3.17	3.07	2.98	2.84	2.70	2.55	2.47	2.39	2.30	2.21	2.11	2.01
40	7.31	5.18	4.31	3.83	3.51	3.29	3.12	2.99	2.89	2.80	2.66	2.52	2.37	2.29	2.20	2.11	2.02	1.92	1.80
60	7.08	4.98	4.13	3.65	3.34	3.12	2.95	2.82	2.72	2.63	2.50	2.35	2.20	2.12	2.03	1.94	1.84	1.73	1.60
120	6.85	4.79	3.95	3.48	3.17	2.96	2.79	2.66	2.56	2.47	2.34	2.19	2.03	1.95	1.86	1.76	1.66	1.53	1.38
∞	6.63	4.61	3.78	3.32	3.02	2.80	2.64	2.51	2.41	2.32	2.18	2.04	1.88	1.79	1.70	1.59	1.47	1.32	1.00

（续）

n_2	$\alpha=0.005$																		
	n_1																		
	1	2	3	4	5	6	7	8	9	10	12	15	20	24	30	40	60	120	∞
1	16210	20000	21615	22400	23056	23437	23715	23925	24091	24224	24426	24630	24836	24936	25044	25148	25253	25359	25465
2	198.5	199.0	199.2	199.2	199.3	199.3	199.4	199.4	199.4	199.4	199.4	199.4	199.4	199.5	199.5	199.5	199.5	199.5	199.5
3	55.55	49.80	47.47	46.19	45.39	44.84	44.43	44.13	43.88	43.69	43.39	43.08	42.78	42.62	42.47	42.31	42.15	41.99	41.83
4	31.33	26.28	24.26	23.15	22.46	21.97	21.62	21.35	21.14	20.97	20.70	20.44	20.17	20.03	19.89	19.75	19.61	19.47	19.32
5	22.78	18.31	16.53	15.56	14.94	14.51	14.20	13.96	13.77	13.62	13.38	13.15	12.90	12.78	12.66	12.53	12.40	12.27	12.14
6	18.63	14.54	12.92	12.03	11.46	11.07	10.79	10.57	10.39	10.25	10.03	9.81	9.59	9.47	9.36	9.24	9.12	9.00	8.88
7	16.24	12.40	10.88	10.05	9.52	9.16	8.89	8.68	8.51	8.38	8.18	7.97	7.75	7.64	7.53	7.42	7.31	7.19	7.08
8	14.69	11.04	9.60	8.81	8.30	7.95	7.69	7.50	7.34	7.21	7.01	6.81	6.61	6.50	6.40	6.29	6.18	6.06	5.95
9	13.61	10.11	8.72	7.96	7.47	7.13	6.88	6.69	6.54	6.42	6.23	6.03	5.83	5.73	5.62	5.52	5.41	5.30	5.19
10	12.83	9.43	8.08	7.34	6.87	6.54	6.30	6.12	5.97	5.85	5.66	5.47	5.27	5.17	5.07	4.97	4.86	4.75	4.64
11	12.23	8.91	7.60	6.88	6.42	6.10	5.86	5.68	5.54	5.42	5.24	5.05	4.86	4.76	4.65	4.55	4.45	4.34	4.23
12	11.75	8.51	7.23	6.52	6.07	5.76	5.52	5.35	5.20	5.09	4.91	4.72	4.53	4.43	4.33	4.23	4.12	4.01	3.90
13	11.37	8.19	6.93	6.23	5.79	5.48	5.25	5.08	4.94	4.82	4.64	4.46	4.27	4.17	4.07	3.97	3.87	3.76	3.65
14	11.06	7.92	6.68	6.00	5.56	5.26	5.03	4.86	4.72	4.60	4.43	4.25	4.06	3.96	3.86	3.76	3.66	3.55	3.44
15	10.80	7.70	6.48	5.80	5.37	5.07	4.85	4.67	4.54	4.42	4.25	4.07	3.88	3.79	3.69	3.58	3.48	3.37	3.26
16	10.58	7.51	6.30	5.64	5.21	4.91	4.69	4.52	4.38	4.27	4.10	3.92	3.73	3.64	3.54	3.44	3.33	3.22	3.11
17	10.38	7.35	6.16	5.50	5.07	4.78	4.56	4.39	4.25	4.14	3.97	3.79	3.61	3.51	3.41	3.31	3.21	3.10	2.98

（续）

$\alpha = 0.005$

n_2 \ n_1	1	2	3	4	5	6	7	8	9	10	12	15	20	24	30	40	60	120	∞
18	10.22	7.21	6.03	5.37	4.96	4.66	4.44	4.28	4.14	4.03	3.86	3.68	3.50	3.40	3.30	3.20	3.10	2.99	2.87
19	10.07	7.09	5.92	5.27	4.85	4.56	4.34	4.18	4.04	3.93	3.76	3.59	3.40	3.31	3.21	3.11	3.00	2.89	2.78
20	9.94	6.99	5.82	5.17	4.76	4.47	4.26	4.09	3.96	3.85	3.68	3.50	3.32	3.22	3.12	3.02	2.92	2.81	2.69
21	9.83	6.89	5.73	5.09	4.68	4.39	4.18	4.01	3.88	3.77	3.60	3.43	3.24	3.15	3.05	2.95	2.84	2.73	2.61
22	9.73	6.81	5.65	5.02	4.61	4.32	4.11	3.94	3.81	3.70	3.54	3.36	3.18	3.08	2.98	2.88	2.77	2.66	2.55
23	9.63	6.73	5.58	4.95	4.54	4.26	4.05	3.88	3.75	3.64	3.47	3.30	3.12	3.02	2.92	2.82	2.71	2.60	2.48
24	9.55	6.66	5.52	4.89	4.49	4.20	3.99	3.83	3.69	3.59	3.42	3.25	3.06	2.97	2.87	2.77	2.66	2.55	2.43
25	9.48	6.60	5.46	4.84	4.43	4.15	3.94	3.78	3.64	3.54	3.37	3.20	3.01	2.92	2.82	2.72	2.61	2.50	2.38
26	9.41	6.54	5.41	4.79	4.38	4.10	3.89	3.73	3.60	3.49	3.33	3.15	2.97	2.87	2.77	2.67	2.56	2.45	2.33
27	9.34	6.49	5.36	4.74	4.34	4.06	3.85	3.69	3.56	3.45	3.28	3.11	2.93	2.83	2.73	2.63	2.52	2.41	2.29
28	9.28	6.44	5.32	4.70	4.30	4.02	3.81	3.65	3.52	3.41	3.25	3.07	2.89	2.79	2.69	2.59	2.48	2.37	2.25
29	9.23	6.40	5.28	4.66	4.26	3.98	3.77	3.61	3.48	3.38	3.21	3.04	2.86	2.76	2.66	2.56	2.45	2.33	2.21
30	9.18	6.35	5.24	4.62	4.23	3.95	3.74	3.58	3.45	3.34	3.18	3.01	2.82	2.73	2.63	2.52	2.42	2.30	2.18
40	8.83	6.07	4.98	4.37	3.99	3.71	3.51	3.35	3.22	3.12	2.95	2.78	2.60	2.50	2.40	2.30	2.18	2.06	1.93
60	8.49	5.79	4.73	4.14	3.76	3.49	3.29	3.13	3.01	2.90	2.74	2.57	2.39	2.29	2.19	2.08	1.96	1.83	1.69
120	8.18	5.54	4.50	3.92	3.55	3.28	3.09	2.93	2.81	2.71	2.54	2.37	2.19	2.09	1.98	1.87	1.75	1.61	1.43
∞	7.88	5.30	4.28	3.72	3.35	3.09	2.90	2.74	2.62	2.52	2.36	2.19	2.00	1.90	1.79	1.67	1.53	1.36	1.00

参考文献

[1] 赵仪娜．概率论与数理统计［M］．西安：西安交通大学出版社，2014.

[2] 盛骤，谢式千，潘承毅．概率论与数理统计［M］．4版．北京：高等教育出版社，2008.

[3] 马新民，王逸讯，张德生．概率论与数理统计［M］．2版．北京：机械工业出版社，2015.

[4] 崔宁，李春．概率论与数理统计［M］．北京：机械工业出版社，2019.

[5] 黄文旭，张庆，苗俊红．概率论与数理统计［M］．北京：清华大学出版社，2011.

[6] 贺兴时，薛红．概率论与数理统计［M］．北京：高等教育出版社，2015.

[7] 宗序平．概率论与数理统计［M］．4版．北京：机械工业出版社，2019.

[8] 汪祥莉，孙琳．数理统计及其在数学建模中的实践：使用MATLAB［M］．北京：机械工业出版社，2013.

[9] 王岩，隋思涟．数理统计与MATLAB数据分析［M］．2版．北京：清华大学出版社，2014.

[10] 刘金山．概率论与数理统计教程［M］．北京：科学出版社，2016.

[11] 王松桂，张忠占，程维虎，等．概率论与数理统计［M］．3版．北京：科学出版社，2011.

[12] 西南交通大学数学学院统计系．概率论与数理统计［M］．2版．北京：科学出版社，2017.

[13] 茆诗松，吕晓玲．数理统计学［M］．2版．北京：中国人民大学出版社，2016.

[14] RICE J. A. 数理统计与数据分析：原书第3版［M］．田金方，译．北京：机械工业出版社，2011.

[15] 张波，商豪．应用随机过程［M］．2版．北京：中国人民大学出版社，2016.

[16] 刘秀芹，李娜，赵金玲．应用随机过程［M］．北京：科学出版社，2015.